大跨度拦河闸坝工程设计实例

李四静　曹先玉　著

黄河水利出版社
·郑州·

内 容 提 要

本书为水利工程大跨度拦河闸坝设计实例合集，包括橡胶坝、钢坝两种结构形式，其中橡胶坝包括结合调节闸和小型船闸两种形式。本书中所列工程均为已实施的工程，各具特色。设计阶段包括可行性研究、初步设计不同的阶段，设计内容包括新建和除险加固两类工程。本书内容按照《水利水电工程可行性研究报告编制规程》(SL 618—2013)和《水利水电工程初步设计报告编制规程》(SL 619—2013)的要求进行撰写，因受篇幅所限，各篇的第1章均进行了精简，其他章节对公式的内容和解释进行了删减。

本书内容翔实，具有很强的实用性，可供从事水利水电工程工作的设计、科研、教学等技术人员使用，也可作为大专院校师生的参考资料和工程安全读物，工程实例中的拦河闸坝均已建成并投入使用，水生态景观良好，欢迎有旅游兴趣的人士到实地考察。

图书在版编目(CIP)数据

大跨度拦河闸坝工程设计实例/李四静，曹先玉著.
—郑州：黄河水利出版社，2023.8
ISBN 978-7-5509-3733-8

Ⅰ.①大…　Ⅱ.①李…②曹…　Ⅲ.①大跨度结构-水闸-设计　Ⅳ.①TV66

中国国家版本馆 CIP 数据核字(2023)第172791号

策划编辑：贾会珍　电话：0371-66028027　E-mail：110885539@qq.com

出 版 社：黄河水利出版社　　网址：www.yrcp.com
地址：河南省郑州市顺河路黄委会综合楼14层　　邮政编码：450003
发行单位：黄河水利出版社
发行部电话：0371-66026940、66020550、66028024、66022620(传真)
E-mail：hhslcbs@126.com
承印单位：郑州市今日文教印制有限公司
开本：787 mm×1 092 mm　1/16
印张：25.75
字数：627千字
版次：2023年8月第1版　　印次：2023年8月第1次印刷

定价：138.00元

前　言

拦河闸坝是一种低水头的拦河建筑物,具有拦蓄河水、泄洪、生态景观等功能。本书介绍的拦河闸坝均基于河道的防洪和景观要求,具有跨度大、无上部结构、形式各异、工程造价各异的特点,适合在一条河道的综合治理中根据其特点布置于不同的河段,形成不同的景观效果。

本书的第1篇和第2篇均为橡胶坝,橡胶坝是用高强度合成纤维织物作受力骨架,内外涂敷橡胶作保护层,加工成胶布,再将其锚固于底板上成封闭状的坝袋,通过充排管路用水(气)将其充胀形成的袋式挡水坝。坝顶可以溢流,并可根据需要调节坝高,控制上游水位,以发挥灌溉、发电、航运、防洪、挡潮等效益。国内橡胶坝目前最高6.5 m,多跨最长1 135 m。橡胶坝分为充水坝和充气坝两种。充水坝的充排时间要长于充气坝。在造价方面,两种坝型相差不多。橡胶坝运用条件与水闸相似,与常规闸坝相比又有以下特点:一是造价低,可减少投资30%~70%,可节省钢材30%~50%、水泥50%左右、木材60%以上。二是施工期短,坝袋只需3~15 d即可安装完毕,多数橡胶坝工程当年施工当年受益。三是坝体为柔性软壳结构,能抵抗地震、波浪等冲击,且止水效果好,跨度大,汛期塌坝基本不阻水。四是维修少,管理方便。橡胶坝袋的使用寿命一般为15~25年。

本书第3篇介绍的是钢坝闸,钢坝闸为液压底轴驱动式闸门,结构简单,立门蓄水,卧门行洪。闸门门叶固定于底轴上,底轴支承在固定于闸底板的铰座上,底轴穿过闸墩处设置密封装置;闸门侧止水位于门叶两侧,底止水固定于闸底板预埋件上。闸门门叶、底轴、拐臂的材质均为Q345B。液压启闭机活塞杆吊耳通过拐臂与闸门底轴连接,拐臂固定于闸门底轴端部,通过液压启闭机活塞杆的往复运动带动闸门底轴转动,实现闸门的开启和关闭。钢坝采用液压启闭机控制,同步性强,启闭速度快,每座坝的升、卧坝时间仅需3~5 min,可向下游90°范围任意角度启闭,对漂浮物、推移质有较强的承受能力。

本书所示工程实例均是作者在山东省水利勘测设计院有限公司参加工作以来担任项目负责人的项目。在本书的编写过程中得到了山东省水利勘测设计院有限公司总经理助理楚涛的指导,同时也对项目设计组徐瑞兰、吴春澍、吴建伟及全体成员表示感谢!

本书的出版得到了山东省水利勘测设计院有限公司党委副书记、董事、总经理李贵清(主持公司全面工作)的大力支持和帮助,在此深致谢忱!

另外,本书中的许多计算表格是采用电子表格进行关联计算的,转为文字表格后,因小数位数和进位的问题,个别数据不能完全闭合,敬请谅解!

为总结大跨度拦河闸坝工程设计经验,兹编写本书,以期与同行进行技术交流。由于时间仓促,加之作者水平有限,书中疏漏之处在所难免,不当之处恳请读者批评指正。

作　者

2023年3月

目　录

第1篇　泗河综合开发工程临泗橡胶坝工程

第2篇　枣庄市蟠龙河综合整治工程山家林橡胶坝工程

第3篇 枣庄市薛城区蟠龙河匡山头闸除险加固工程

第 1 篇　泗河综合开发工程
临泗橡胶坝工程

临泗橡胶坝位于济宁市泗水县,主要建设内容包括 7 跨橡胶坝和 2 孔调节闸,橡胶坝单孔跨度 60 m,调节闸单孔跨度 2.5 m,橡胶坝挡水高度 4.8 m。临泗橡胶坝和上游的泗水生态 1 号橡胶坝形成连续水面,在满足灌溉要求的前提下,形成了很好的景观效果。

第1章　综合说明

泗河发源于山东省泰安市新泰太平顶西，流经济宁市泗水县、曲阜市、兖州区、邹城区、高新技术开发区、微山县，于太白湖新区辛闸村入南阳湖。泗河地形地貌可分为上游山丘区、中游山前平原区和下游滨湖区。上游山丘区主要包括泗水县和曲阜市王庄镇、尼山镇、防山镇等的部分地区，中游山前平原区主要包括曲阜市、兖州区，下游滨湖区主要包括高新技术开发区、邹城市、太白湖新区和微山县。

泗水县隶属于山东省济宁市，位于山东省中南部，泰沂山区南麓，行政面积1 118.11 km^2，辖2个街道、11个镇，县人民政府驻泗河街道泉兴路，2017年常住人口55.23万人。

泗水县属淮河流域南四湖水系，泗河主干河流自东向西横贯全境。泗河为季节性河道，来水量大，降水量年际变化大，年内分布不均，径流量利用率低。近年来，随着工农业生产的迅猛发展和城市化建设进程的加快，工农业用水急剧增长，河道生态用水要求日益迫切。

临泗橡胶坝位于济宁市泗水县泗河设计桩号87+200处，规划在泗河建设橡胶坝工程，拦蓄河道雨洪资源。平面布置包括上游连接段、控制段、下游连接段、充排水系统、液压启闭系统、管理设施等。橡胶坝正常蓄水位85.50 m，河底高程80.50 m，坝顶高程85.70 m，坝高5.0 m。

工程场区东北方向距汶泗断裂约5.2 km，东南方向距独角断裂约9.4 km，西南方向距尼山断裂约12.1 km，西距峄山断裂约23.9 km。橡胶坝坝址处场地类别为Ⅱ类，地震动峰值加速度为0.082g，地震动加速度反应谱特征周期0.40 s。

临泗橡胶坝的主要任务是根据泗河流域经济社会发展的需要，结合区域规划和流域规划，在泗河泗水县临泗村建设河道拦蓄工程，拦蓄泗河地表水。通过建设该拦蓄工程，提高区域雨洪资源利用水平和水资源开发利用效率，满足沿岸0.44万亩（1亩=1/15 hm^2，下同。）农田灌溉和河道生态用水需要，提高农田灌溉保证率，改善区域生态环境，实现区域内社会、经济和环境的可持续发展。河道生态用水为满足泗河临泗村至下游河道生态需水要求。

根据临泗橡胶坝平水年（$P=50\%$）逐月来水量及供水规模，采用典型年法按水量平衡原理逐月进行调节计算。经调算，临泗橡胶坝正常蓄水位85.5 m，蓄水量980万 m^3，灌溉供水量129.1万 m^3，向下游河道年补水677.6万 m^3，蒸发、渗漏损失水量合计417.7万 m^3。

临泗橡胶坝50年一遇河道断面设计流量为2 811 m^3/s。

根据《防洪标准》（GB 50201—2014）、《水利水电工程等级划分及洪水标准》（SL 252—2017），工程规模为大（2）型，工程等别为Ⅱ等。

根据《水利水电工程等级划分及洪水标准》（SL 252—2017）及建筑物的重要性，鉴于橡胶坝工程实施后，工程失事后造成损失不大，本次设计将主要、次要及临时建筑物降低一级设计，主要建筑物橡胶坝级别确定为3级，次要建筑物级别确定为4级，施工等临时建筑物级别确定为5级。

橡胶坝运用原则：汛期塌坝行洪，非汛期拦蓄来水，用于灌溉农田及河道生态用水。调节闸运用原则:汛期闸门开启放平,满足行洪;非汛期调节上游来水、非汛期达到 5 年一遇洪水标准时闸门全开行洪,其他时段根据下游生态用水情况,适时适量向下游补水,或用以调节闸前水位。临泗橡胶坝特性见表 1-1-1。

表 1-1-1　临泗橡胶坝特性

序号及名称	单位	数量	备注
一、水文			
1. 工程以上控制流域面积	km^2	1 062.2	
2. 洪峰流量			
校核流量(1%)	m^3/s	4 294	100 年一遇
设计流量(2%)	m^3/s	2 811	50 年一遇
二、工程规模			
泗河中泓桩号		87+200	
校核洪水位(1%)	m	86.77/86.61	坝上/坝下
设计洪水位(2%)	m	85.07/84.92	坝上/坝下
正常蓄水位	m	85.50	
拦蓄库容	万 m^3	980	
正常蓄水位时水面面积	万 m^2	350.2	
三、工程迁占			
1. 永久占地	亩	115.95	
2. 临时占地	亩	82.74	
四、主要建筑物及设备			
形式		充水式橡胶坝	
地基特征		全风化泥岩、粗砂砾石层	
地震动参数设计值		0.10g	
地震基本烈度	度	Ⅶ	
抗震设计烈度	度	Ⅶ	
坝顶部高程	m	85.70	
坝底板高程	m	80.70	
最大坝高	m	5.0	
坝长	m	420	
五、施工			
1. 主要工程量			
土方开挖	m^3	32 342	
土方回填	m^3	52 526	

续表 1-1-1

序号及名称	单位	数量	备注
浆砌石	m^3	721	
混凝土和钢筋混凝土	m^3	34 602	
钢筋	t	1 466.51	
2. 主要材料消耗量			
汽油	t	13	
柴油	t	123	
钢材	t	1 496	
水泥	t	897	
砂	m^3	711	
碎石	m^3	4 629	
块石	m^3	5 587	
3. 施工期限			
工程总工期	万工日	7.59	
六、经济指标			
1. 工程总投资	万元	9 174.42	
2. 静态总投资	万元	9 174.42	
(1)工程部分投资	万元	8 946.58	
建筑工程	万元	5 638.55	
机电设备及安装工程	万元	658.90	
金属结构设备及安装工程	万元	11.63	
临时工程	万元	573.23	
独立费用	万元	1 250.93	
基本预备费	万元	813.33	
(2)专项部分投资	万元	227.84	
工程占地及移民补偿投资	万元	104.50	
环境保护工程投资	万元	27.15	
水土保持工程投资	万元	96.19	
七、国民经济评价			
经济内部收益率	%	9.56	
经济效益费用比		1.34	
经济净现值	万元	1 152	

第 2 章　水　文

2.1　流域概况

2.1.1　泗河概述

泗河发源于山东省泰安市新泰太平顶西，流经济宁市泗水县、曲阜市、兖州区、邹城区、高新技术开发区、微山县，于太白湖新区辛闸村入南阳湖。泗河上游为山区丘陵，其中山区面积 967 km^2，丘陵面积 556 km^2，海拔在 60～100 m。中下游为山前平原和滨湖洼地，共 880 km^2，其地形自东向西倾斜，地面高程 60～35 m，地面坡度 1/3 000～1/1 000。泗河共有大小支流 30 余条，其中大于 100 km^2 的 5 条，分别为小沂河，流域面积 621.6 km^2；险河，流域面积 182.2 km^2；险河，流域面积 172.3 km^2；黄沟河，流域面积 166.1 km^2；石漏河，流域面积 102 km^2。泗河为山洪河道，洪峰高，历时短，河道比降上陡下缓，弯曲多变。

泗河流域水系、地形地貌分别如图 1-2-1、图 1-2-2 所示。

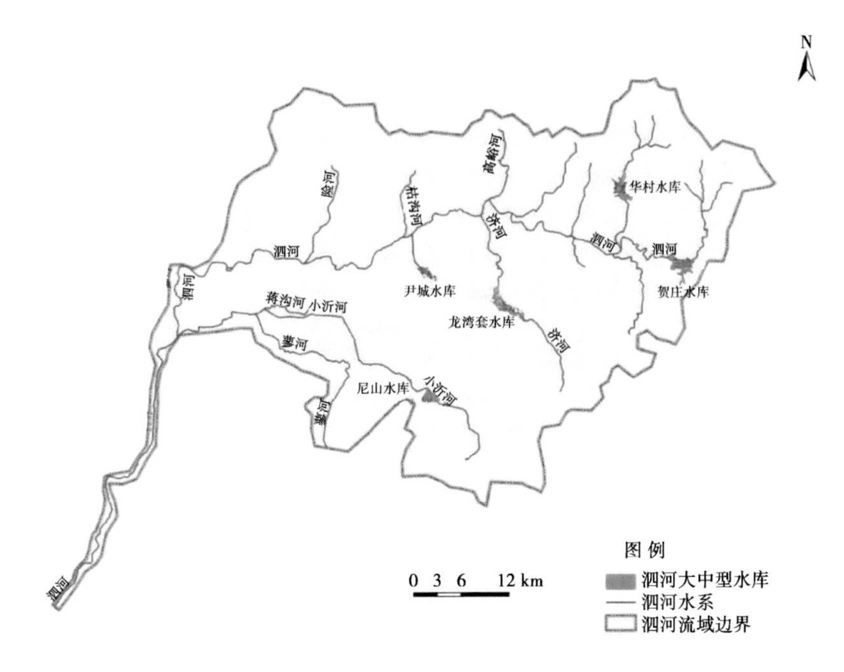

图 1-2-1　泗河流域水系

2.1.2　临泗橡胶坝以上流域内大中型水库概况

临泗橡胶坝位于泗河干流上，小沂河入口以下，拟建橡胶坝桩号为 87+200，工程以上控制流域面积 1 062.2 km^2。工程以上泗河流域内建有中型水库 3 座，总兴利库容 13 980 万 m^3；拦河闸坝 3 座，总兴利库容 855 万 m^3。

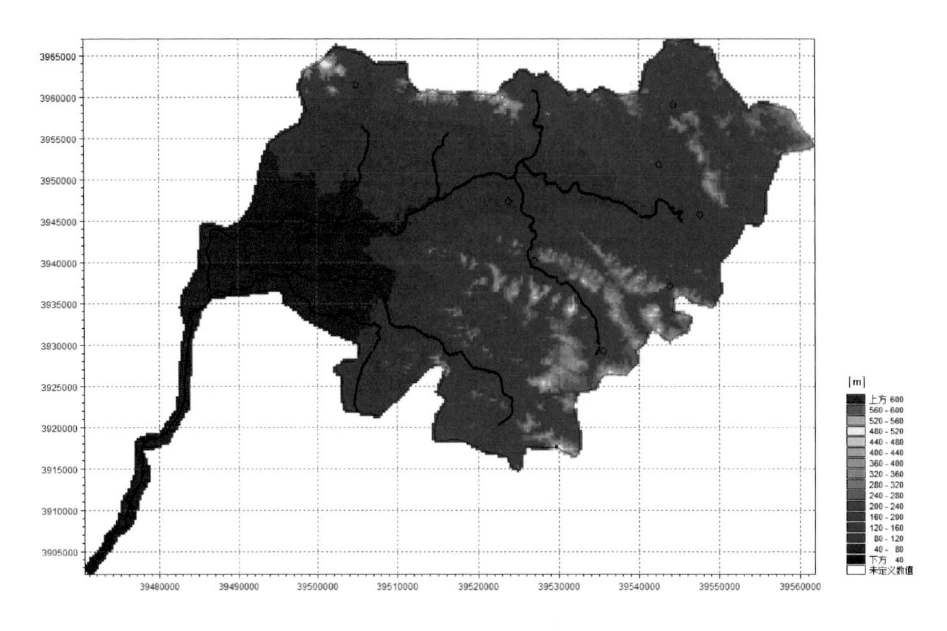

图 1-2-2　泗河流域地形地貌

2.2　水文气象

泗河流域属于暖温带半湿润气候区,四季分明,夏季炎热,冬季寒冷。流域内年平均气温为 13.7 ℃,6—8 月气温较高,12 月至次年 2 月气温较低,极端最高气温 40.5 ℃,极端最低气温−22.3 ℃。年平均日照时数 2 180 h,月平均最大日照时数为 5 月的 226 h,最小为 1 月的 134 h。初霜期为 10 月中旬,终霜期为 4 月上旬;多年平均无霜期 200 d 以上,土壤多年冻结深度 0.3~0.4 m,最大冻土深度 0.5 m。

流域内多年平均降水量为 715 mm,泗河流域年降水量变化趋势图如图 1-2-3 所示,降水分布的年际变化和季节变化都很大,各季降水丰枯悬殊,分布很不均匀,形成“春旱、夏涝、

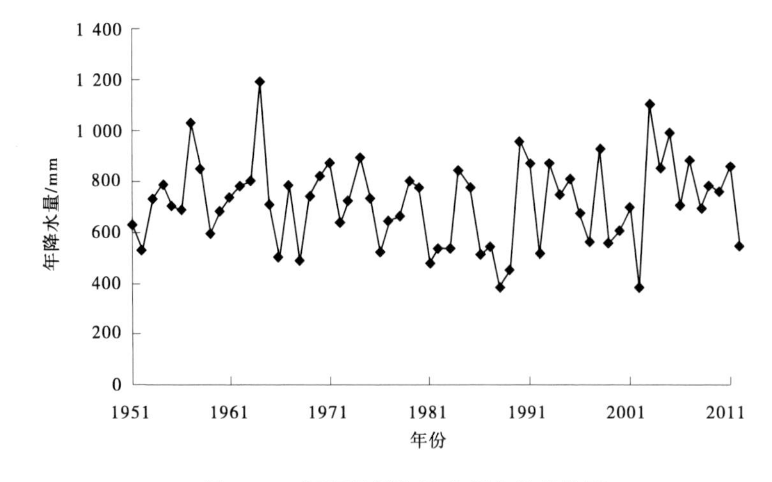

图 1-2-3　泗河流域年降水量变化趋势图

晚秋又旱”的气候特点，但个别年份也曾出现春涝、夏旱或秋涝的现象。据统计资料，年最大降水量为1 192 mm(1964年)，年最小降水量为375 mm(2002年)；年内雨季多集中在7月、8月，降水量为370 mm，占年平均降水量的51.7%，月最大降水量为703 mm(1957年7月)。多年平均水面蒸发量为926.7 mm，最大年蒸发量为1 193.7 mm，最小年蒸发量为794.9 mm，一年之内蒸发变化率较大，6—9月蒸发量占全年蒸发量的49%。春、夏两季多为东风及东南风，冬季多为西北风，平均风速2.9 m/s。

2.3　水文基本资料

泗河流域内有水文站5处，分别为书院水文站、贺庄水库水文站、华村水库水文站、龙湾套水库水文站、尼山水库水文站。其中，书院水文站为泗河干流河道水文站，1955年设立，1955—1956年为汛期站，1957年至今为常年站，该站有自1955年至今的实测流量资料系列；贺庄水库水文站1971年设立，有自1971年至今的坝前水位、出库流量系列资料；华村水库水文站与龙湾套水库水文站均为1961年设立，1986年撤销，具有1961—1985年的坝前水位、出库流量系列资料；尼山水库水文站1960年设立，至今均有坝前水位、出库流量系列资料。雨量站原有25处，几经更迭，现存20处，如图1-2-4所示。

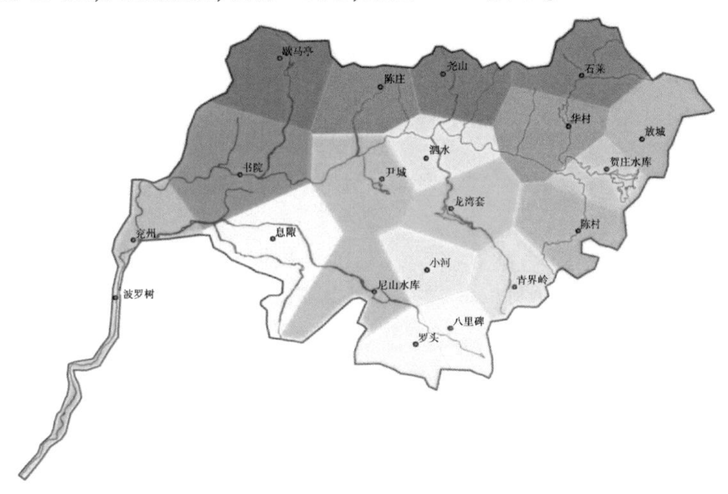

图1-2-4　泗河流域雨量站分布

2.4　径　流

2.4.1　泗河拦河闸坝径流量分析内容及成果

2.4.1.1　区域径流特点

泗河流域内地表水资源较为丰富，但降雨、径流的时空分布不均匀，年际之间水量变化悬殊，而每年的地表径流主要集中在汛期，汛期洪水陡涨陡落，枯水期流量较小。

2.4.1.2　拦河闸坝径流量分析计算方法

泗河流域建有大中型水库5座，拦河闸坝11座。根据规划，拟在泗河干流新建橡胶坝(闸)11座。规划年泗河流域将建成27座水库群闸坝群的复杂混联库坝群系统。22座拦河闸坝径流量分析方法概述如下：

首先，计算贺庄水库、尼山水库、书院水文站历年逐月天然径流量；华村水库、龙湾套水库、尹城水库天然径流量根据贺庄水库径流成果采用水文比拟法求得；书院水文站天然径流量扣除上游贺庄、华村、龙湾套、尹城 4 座中型水库天然径流量即为水库—书院区间天然径流量；其次，根据水库—书院区间天然径流量采用水文比拟法计算 22 座拦河闸坝区间来水量；最后，对全流域水库群闸坝群自上游至下游进行长系列联合供水优化调算，求得 22 座闸坝来水量。

2.4.2　临泗橡胶坝径流量分析成果

本次临泗橡胶坝径流量分析成果，考虑所有水利工程的用水户需水量及联合兴利调度规则，通过自上而下联合兴利调节计算推求。

2.4.2.1　**调算原则**

(1)上游大中型水库尽可能多拦蓄雨洪水资源，适时适量增加向下游河道的放水量。

(2)中游控制性橡胶坝应尽可能多拦蓄上游弃水并相机向下游河道补水，充分发挥承上启下的重要作用。

(3)下游塌陷区补源水库相机做到丰蓄枯补，尽可能使得泗河下游河道不断流。

2.4.2.2　**调算方法**

本次对水库群的调度通过设置供水调度限制线来对不同用水户分级分量供水，即在保障水库群自身用水户用水量的前提下，最大化水库群向下游河道补水；对闸坝群的调度，考虑到闸坝为不完全年调节水利工程，大中型水库为完全年调节水库，为能够进行水库群、闸坝群联合兴利调算，本次通过对不同水文年型设置不同的灌溉面积来实现，即丰水年及平水年按正常面积灌溉，枯水年及特枯水年减少灌溉面积，尽量使得全流域的灌溉供水量最大。

2.4.2.3　**调算时段**

为反映各水库、梯级闸坝联合调度情况，尤其是反映书院坝非汛期向城区生态补水、龙湾店闸汛期向城区回灌地下水的过程，以及煤矿塌陷地水库汛期蓄存雨洪水资源、非汛期向泗河补充水量的过程，本次采用长系列时历法进行水库群闸坝群联合兴利调算，相应为 1963—2011 年，调算时段为月，共计 588 个月。

本次利用长系列调算成果考虑了各水库、梯级闸坝联合调度情况，书院坝非汛期向城区生态补水、龙湾店闸汛期相机向城区回灌地下水的过程，以及煤矿塌陷地水库汛期相机蓄存雨洪水资源、非汛期相机向泗河补充水量等过程；同时泗河各拦河闸坝区间来水量考虑入河排污口的中水量，其中临泗橡胶坝、滋阳橡胶坝、城南橡胶坝上游各有一中水入口，规划工况下排入中水量均为 0.5 万 m^3/d。

为分析临泗橡胶坝平水年闸坝的来水量，本次从长系列调算成果中选出平水年($P=50\%$)典型年，选取的原则是根据泗河流域降水量、各闸坝的来水量情况等因素综合考虑确定，经分析，临泗橡胶坝平水年($P=50\%$，2009—2010 年)年来水量为 6 433 万 m^3。

2.5　洪　水

2.5.1　设计洪水标准

考虑泗河干流按 50 年一遇防洪，拦蓄建筑物校核标准为 100 年一遇。本次临泗橡胶坝设计洪水标准为 50 年一遇，校核洪水标准为 100 年一遇。

2.5.2　设计洪水成果

泗河流域由流量资料推求设计洪水的步骤如下：

(1) 书院断面天然洪水还原计算。首先将书院断面以上分为 5 个计算单元，即贺庄水库、华村水库、龙湾套水库、尹城水库和书院—水库区间；然后分别进行贺庄等 4 座水库的入库洪水还原计算；最后分别将 4 座水库的历年调蓄过程演算至书院断面，与书院实测洪水过程叠加组成书院断面天然洪水过程。

(2) 书院断面不同频率设计洪水计算。采用年最大值独立选样法，选取书院断面天然洪水历年最大 3 h、6 h、24 h、72 h 时段洪量，组成 1955—2013 年连续 59 年实测洪水系列，采用 P-Ⅲ曲线适线，得到书院断面各设计频率天然洪水成果。

(3) 各计算单元不同频率设计洪水计算。选取 1974 年 7 月 31 日洪水为典型洪水，以书院断面设计洪量为控制，按 1974 年 7 月 31 日实测洪水的各计算单元洪量构成比例计算各单元相应的设计洪量。

(4) 泗河各断面设计洪水推求。根据泗河主要支流及流域工程情况，推求济河入口上下断面、陶洛断面、崄河入口上下断面、小沂河入口上下断面及湖口断面设计洪水，各断面设计洪水由其上游水库下泄洪水过程与库下区间洪水组成。

书院断面各频率设计洪水过程推求过程如下：对书院断面以上贺庄水库、华村水库、龙湾套水库、尹城水库和书院—水库区间计算单元，采用同频率法放大相应典型洪水过程，得到 5 个单元的设计洪水过程；并对贺庄水库、华村水库、龙湾套水库、尹城水库进行调洪演算，将各水库出流过程演算至书院断面，与区间设计洪水过程叠加，得到书院断面各频率设计洪水过程。

其他断面各频率设计洪水过程推求：各断面区间洪水以书院站为参证站，根据书院断面区间洪水，按各断面区间与书院断面区间面积关系采用水文比拟法推求，将求得的区间洪水过程与计算断面水库下泄洪水过程进行错时段叠加，即为各断面的设计洪水过程。

(5) 湖口各频率设计洪水过程推求。小沂河入口以下考虑河道的槽蓄作用，利用 MIKE11 软件进行洪水演进，推求湖口断面的设计洪水过程。

本次临泗橡胶坝设计洪水成果采用《济宁市泗河综合开发防洪堤防及水资源控制工程初步设计及概算》报告中推求设计洪水的方法，设计洪水由其上游水库下泄洪水过程与库下区间洪水组成。临泗橡胶坝至水库区间洪水以书院站为参证站，按工程断面以上区间面积(区间面积 616.2 km^2)与书院断面以上区间面积(1 042 km^2)的关系，采用水文比拟法推求。将求得的区间洪水过程与原成果中水库下泄洪水过程进行错时段叠加。设计洪水成果详见表 1-2-1。

表 1-2-1　临泗橡胶坝设计洪水成果

桩号	断面位置	断面面积/km^2	$P=2\%$/(m^3/s)	$P=1\%$/(m^3/s)
87+200	临泗橡胶坝处	1 062.2	2 811	4 294

2.5.3　设计洪水成果合理性分析

《济宁市泗河综合开发防洪堤防及水资源控制工程初步设计及概算》报告中从水文资

料的三性审查、设计洪水计算方法、与已有成果对比等多方面论证了成果的合理性,本次临泗橡胶坝处设计洪水计算采用相同的资料及设计洪水计算方法求得,对比已有断面成果,本次水源工程位于中册河入口上(桩号 91+600)—柘沟河入口上(桩号 83+800),本次水源工程设计洪水成果符合泗河流域上游段随面积增加而增加的一般规律,设计洪水成果合理。

2.5.4　施工期洪水

2.5.4.1　洪水标准

根据《水利水电工程施工组织设计规范》(SL 303—2017)的要求,考虑保护对象、失事后果、使用年限及临时工程规模等综合因素,确定施工期设计洪水标准为 5 年一遇。

2.5.4.2　施工期

根据工程施工组织总进度安排,施工期为 10 月至次年 5 月。

2.5.4.3　施工期洪水计算

泗河干流设有书院水文站,本次计算采用由实测流量资料推求施工期设计洪水的方法,首先计算出书院水文站施工期 5 年一遇洪峰流量,再利用水文比拟法推求临泗橡胶坝断面施工期洪峰流量。

选用书院水文站历年非汛期 10 月至次年 5 月年实测最大流量资料,组成洪水系列,进行频率分析,频率曲线见图 2-5-1,分析得到书院水文站施工期 5 年一遇洪峰流量为 38.1 m^3/s。

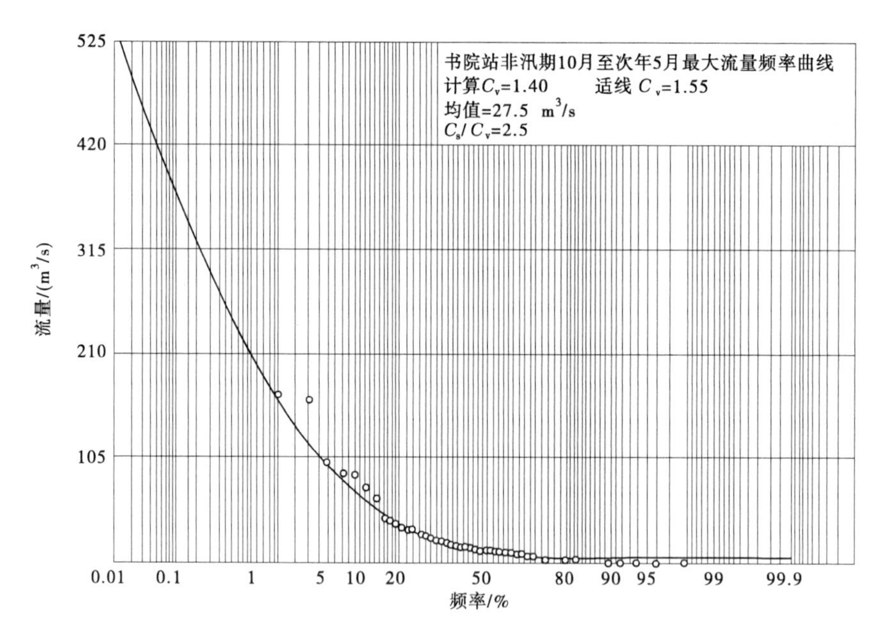

图 2-5-1　书院站非汛期 10 月至次年 5 月最大流量频率曲线

根据施工组织设计,泗河干流上各橡胶坝、拦河闸等拦河建筑物施工导流阶段不存在外排可能;同时考虑上游闸坝拦蓄能力有限,调控方式不确定,且本工程导流时段较长(10 月至次年 5 月),不再考虑上级拦河建筑物的拦蓄作用。

因此,确定以书院水文站为参证站,采用水文比拟法计算临泗橡胶坝断面施工期 5 年一遇洪峰流量为 26.9 m^3/s。

第3章　工程地质

3.1　区域地质概况

3.1.1　地形地貌

泗河沿途地形复杂,周边山峦绵亘,丘陵起伏,各山之间有许多小型盆地和谷地,海拔在50~100 m以上。

受大地构造影响,鲁中南地区处于相对上升过程,形成了目前的山地丘陵地貌,鲁西地区长期处于下降过程,形成山前冲洪积平原区与黄河冲洪积平原区。泗河主要跨两个地貌单元,泗河红旗闸以上地貌类型属鲁中南低山丘陵区的堆积山间平原区。泗河红旗闸以下属泰沂山前冲洪积平原区。

泗河河谷内受干流及其支流冲积作用,形成了诸如河床、河漫滩、河口三角洲等河流地貌形态,区内微地貌形态有低缓岗坡和浅平洼地等。

临泗橡胶坝场区所在地貌为鲁中南构造侵蚀为主的低山丘陵区(Ⅱ)—剥蚀平原山间亚区($Ⅱ_4$)与平原山间亚区($Ⅱ_5$)的过渡带,微地貌类型为河谷地貌。

3.1.2　地层岩性

区域地层主要为第四系全新统与上更新统松散堆积层,下伏基岩主要为第三系沉积岩,泗河上游局部地段出露奥陶系灰岩。

3.1.2.1　**第四系地层**

第四系地层在区内分布广泛,按时代及成因类型不同,分述如下:

(1)第四系全新统冲积堆积层(Q_4^{al}):主要岩性为褐黄色细砂、粗砂、砾质粗砂,分选性较好,主要分布在主河床上部。

(2)第四系全新统湖沼积层(Q_4^{fl}):主要岩性为黏土,局部为淤泥质壤土,灰色、灰黑色,主要分布在河道下游冲洪积平原区。

(3)第四系全新统冲洪积层(Q_4^{alp}):主要岩性为壤土、黏土、沙壤土、细砂、砾质粗砂,黄色—灰黄色,部分地段夹细砂薄层,主要分布在河道阶地及下游冲洪积平原区。

(4)第四系上更新统冲洪积层(Q_3^{alp}):主要岩性为壤土、黏土、粗砂,黄褐色、棕褐色,黏性土一般含姜石、砂粒、铁锰结核,主要分布在河道阶地及下游冲洪积平原区。

3.1.2.2　**基岩**

(1)新近系上新统(N_2):岩性为泥岩,黄褐色,灰黑色,夹砾石,强风化,半胶结状态,裂隙发育,遇水变软,主要分布在河道上游低山丘陵区的堆积山间平原区。

(2)古近系渐新统(E_3):岩性为泥岩、砂岩,浅红色、棕红色,泥质、钙质胶结,上部全风化呈黏土状,强风化破碎,遇水变软,暴露后易风化,主要分布在河道上游低山丘陵区的堆积山间平原区。

(3)奥陶系中奥陶统(O_2):岩性为灰岩,浅灰色,中厚层结构,岩体坚硬,主要分布在河道上游低山丘陵区的堆积山间平原区,分布于黄阴集闸、临泉附近。

3.1.3 地质构造及地震

3.1.3.1 地质构造

泗河流域大地构造单元位于中朝准地台鲁西中台隆的西南部,次级大地构造单元大致以南北向峄山断裂为界,以东地区属鲁西拱断束-尼山穹窿断束,基岩多裸露,基底构造线方向以北西为主;以西地区属济宁-成武凹断束,地表多被第四系覆盖,构造线方向为东西向近南北向,两组近直立的断裂切割将本区切割成一系列的凸起和凹陷,控制着中生代以来的地层沉积。

区内的断裂构造比较发育,且规模比较大,这些构造大部分为四级构造单元凸起和凹陷的边界。东西向断裂自北向南依次为汶泗断裂、郓城断裂、凫山断裂等;近南北向断裂有孙氏店断裂、峄山断裂等;北西向断裂有尼山断裂和独角断裂等。

3.1.3.2 地震动参数

根据《中国地震动参数区划图》(GB 18306—2015),工程场区Ⅱ类场地条件下基本地震动峰值加速度为0.10g,相应地震基本烈度为Ⅶ度,基本地震动加速度反应谱特征周期为0.40 s。

3.1.4 水文地质条件

根据地下水埋藏条件及赋存形式,勘察区地下水主要分为第四系孔隙水、基岩构造裂隙水和岩溶水。

(1)第四系孔隙水:主要分布在泗河河谷第四系松散堆积层及下游山前冲洪积平原区第四系松散堆积层中。含水层岩性主要为细砂、粗砂、壤土等,具强富水性,含水层分布连续性、均匀性较差。地下水埋深随季节变化影响很大,一般埋深4~10 m,年变幅2~4 m。地下水补给来源主要为大气降水入渗、地表水渗漏和山前地下水侧向径流,以人工开采、大气蒸发、向下游排泄为主要排泄方式。

(2)基岩构造裂隙水:主要赋存在第三系沉积岩风化带及构造裂隙中,其富水性因裂隙发育程度及风化带厚度不同而有所不同,总体富水性差,透水性弱。该类水接受第四系孔隙水及大气降水的补给,具有浅部循环、短途排泄的特点。

(3)岩溶水:主要赋存在奥陶系石灰岩岩溶裂隙中,岩溶裂隙发育不均,其富水性差别较大。主要接受降水入渗补给,以人工开采及泉涌为主要排泄方式。

拟建临泗橡胶坝场区地下水以第四系孔隙水和基岩构造裂隙水为主。

据水质分析成果,工程场区地下水的水化学类型为HCO_3-SO_4-Cl-Ca-Na型,其矿化度为493.6 mg/L,为淡水,全硬度为318.3 mg/L,pH值为7.72,为弱碱性硬水;地表水的水化学类型为HCO_3-Cl-Ca-Na型,其矿化度为295.9 mg/L,为淡水,全硬度为165.4 mg/L,pH值为8.03,为弱碱性微硬水。

依据《水利水电工程地质勘察规范》(GB 50487—2008),工程场区地下水对混凝土无腐蚀性,对钢筋混凝土结构中钢筋具弱腐蚀性,对钢结构具弱腐蚀性;河水对混凝土无腐蚀性,对钢筋混凝土结构中钢筋无腐蚀性,对钢结构具弱腐蚀性。

3.2　工程地质条件及评价

拟建临泗橡胶坝工程位于泗水县西北方向,泗河中泓桩号 87+200 处。工程场区所在位置河水流向东南 250°至东南 265°,主河槽现状宽约 460 m,河底高程 79.20~80.57 m,受前期采砂影响河底高低不平,坑、岗分布其中;左侧漫滩宽约 100 m,地面高程 81.24~81.95 m,右岸滩地不发育;两岸地面高程 86.10~86.99 m;勘察期间河水位 80.98 m。

3.2.1　地层岩性特征及分布

勘探深度内,场区揭露地层主要为第四系全新统冲积堆积层、冲洪积堆积层,下伏基岩为下第三系渐新世沉积岩,分述如下:

①层砾质粗砂(Q_4^{al}):褐黄色,松散—稍密状态,饱和,砾石直径 2~10 mm,含量 20%~25%,含细粒土。该层分布在河床上部,层厚 0.30~2.10 m,层底高程 79.40~81.00 m。

②层壤土(Q_4^{alp}):黄褐色,可塑,粉粒含量较高,韧性中等,切面稍具光泽,干强度中等。该层分布在两岸上部,层厚约 2.10 m,层底高程 84.00 m。

③层砾质粗砂(Q_4^{alp}):黄色—褐黄色,稍密—中密状态,砾石直径 2~15 mm,含量 20%~40%,以长石、石英为主,颗粒均匀,级配不良,含云母片,细粒土含量 10%~15%。该层分布在两岸,直接覆盖于基岩之上,层厚 2.80~5.10 m,层底高程 78.69 m。

泥岩(E_3):紫红色—棕红色,质地细腻,结构致密,泥质胶结,上部全风化带呈坚硬黏土状,厚 0.70~1.90 m;强风化带岩芯呈坚硬黏土夹碎块状,厚 3.70~6.50 m;下部中风化带岩芯呈柱状,暴露地表后极易风化,遇水泥化。该层分布连续,勘探深度内未揭穿,揭示厚度 13.20~14.50 m。

3.2.2　土的液化

工程场区位于基本地震动峰值加速度为 0.10g(相应于地震基本烈度Ⅶ度)区,依据《水利水电工程地质勘察规范》(GB 50487—2008)附录 P 对场区分布的饱和砂性土进行地震液化判别。

在基本地震动峰值加速度为 0.10g 的情况下,饱和状①层、③层砾质粗砂判为可能液化土。

3.2.3　渗透变形

3.2.3.1　渗透变形形式的判别

依据《水利水电工程地质勘察规范》(GB 50487—2008)附录 G,两岸分布的②层壤土属于细粒土,其渗透变形形式为流土,①层、③层砾质粗砂的渗透变形形式为流土。

3.2.3.2　土层允许比降的确定

经判定,①层、③层砾质粗砂和②层壤土渗透变形形式为流土,根据计算结果并结合工程类比,②层壤土水平段、出口段允许坡降建议值分别为 0.20、0.45;①层、③层砾质粗砂水平段、出口段允许坡降建议值分别为 0.15、0.20。

3.2.4 浸没评价

3.2.4.1 左岸

左岸地下水位于泥岩层中，泥岩具弱透水性，毛细上升高度可忽略，左岸不存在浸没问题。

3.2.4.2 右岸

右岸地下水位于③层砾质粗砂层中，根据《水利水电工程地质勘察规范》(GB 50487—2008)附录D进行浸没判定。右岸地面高程87.37~87.46 m，远高于地下水位80.91 m，右岸不会产生浸没问题。

3.2.5 工程地质评价

(1)工程场区Ⅱ类场地条件下基本地震动峰值加速度为0.10*g*，相应地震基本烈度为Ⅶ度。

(2)拟建橡胶坝及两岸翼墙基础设计底板底高程79.60 m，主要坐于全风化泥岩上部，右侧局部坐于①层砾质粗砂底部。①层砾质粗砂为新近堆积层，呈松散状态，且具强透水性，对渗透稳定不利。鉴于①层砾质粗砂剩余厚度较薄，建议全部清除，使橡胶坝基础坐于泥岩上，下伏泥岩具弱透水性，力学强度较高。泥岩属极软岩，全风化泥岩地基承载力特征值建议采用200 kPa，强风化泥岩地基承载力特征值建议采用230 kPa。

(3)两岸分布的③层砾质粗砂具强透水性，易产生渗透变形，且为可液化土层，工程地质条件较差；建议翼墙底部全部清除③层砾质粗砂，使两岸翼墙均坐于泥岩上。

(4)河床分布的①层砾质粗砂抗冲刷、抗淘蚀能力差，建议护坦、铺盖、海漫及消力池等底板均坐于泥岩上。①层砾质粗砂抗冲刷流速建议值为0.20 m/s。

(5)坝基下伏泥岩透水率为5.68~6.01 Lu，具弱透水性，坝基渗漏量较小。两岸分布的③层砾质粗砂具强透水性，存在绕坝问题。出口无保护情况下，②层壤土水平段、出口段允许坡降建议值分别为0.20、0.45；①层、③层砾质粗砂水平段、出口段允许坡降建议值分别为0.15、0.20。

(6)泥岩与混凝土的摩擦系数建议采用0.35。

(7)泥岩属于极软岩，暴露地表后易于风化，遇水易泥化，强度变低，且抗冻融能力差，建议基础开挖时应预留0.3 m左右的保护层，用人工开挖至建基面后，迅速浇筑垫层，严禁水泡、长时间暴晒。

(8)勘察期间河内水位80.98 m，应做好施工导流、基坑排水等工作；两岸分布的③层砾质粗砂厚度大，抗渗稳定差，基坑排水时应控制好流速，慎防细颗粒被水流带出，造成边坡失稳。基坑开挖部分临时性边坡建议值：①层、③层砾质粗砂建议采用1∶2.5，②层壤土建议采用1∶2.0，全、强风化泥岩建议采用1∶1.0。

(9)根据水质分析成果，场区地下水对混凝土无腐蚀性，对混凝土结构中钢筋具弱腐蚀性，对钢结构具弱腐蚀性。该处河水对混凝土无腐蚀性，对混凝土结构中钢筋无腐蚀性，对钢结构具弱腐蚀性。

3.3　天然建筑材料

本次工程所需天然建筑材料主要为混凝土粗骨料、细骨料和块石料。

3.3.1　粗骨料

混凝土粗骨料需外购解决。当地碎石料由石灰岩加工而成,岩石力学强度高;过筛后,清除杂质、粉尘颗粒,满足规范要求。

粗骨料料场分布范围广,料源充足,根据场地地形、地貌及地质条件分类,各料场均属Ⅰ类料场,开采条件良好,各料场有土路和柏油路连接,一般运距35~65 km,交通方便。

3.3.2　细骨料

泗河中上游河道内均为河流冲积堆积的中粗砂、中细砂,砂质纯正,料源丰富,有优质的工程砂,曲阜—泗水段每隔约5.0 km分布一个采砂场,采集方便,但砂料开采易危及大堤安全。因此,本工程所需砂料在当地选用,但必须在远离堤基处采集。

砂子成分主要为长石、石英,含泥量1.4%,需经水洗使用;细度模数2.8,符合《水利水电工程天然建筑材料勘察规程》(SL 251—2015)关于混凝土细骨料"细度模数2.0~3.0"的质量标准;堆积密度1.44 g/cm^3,略低于上述规范"堆积密度>1.50 g/cm^3"的要求。

3.3.3　块石料

根据调查及当地管理部门反馈,采石场均已被关停,不允许开山采石,块石料很难外购,建议采用混凝土预制块等材料代替块石料。

第4章　工程任务和规模

4.1　工程建设必要性

4.1.1　社会经济状况

泗水县隶属于山东省济宁市，位于山东省中南部，泰沂山区南麓，行政面积1 118.11 km^2，辖2个街道、11个镇，县人民政府驻泗河街道泉兴路，2017年常住人口55.23万人。2017年，泗水县实现地区生产总值182.36亿元，公共财政预算收入8.22亿元。

4.1.2　工程建设的必要性

泗水县属淮河流域南四湖水系，泗河主干河流自东向西横贯全境。泗河为季节性河道，来水量大，降水量年际变化大，年内分布不均，径流量利用率低。近年来，随着工农业生产的迅猛发展和城市化建设进程的加快，工农业用水急剧增长，河道生态用水要求日益迫切。

4.1.2.1　是解决区域农田灌溉矛盾的必要措施

虽然泗河水资源丰富，水质条件较好，但工程性缺水问题严重，工程坝址附近部分村镇依然存在灌溉用水困难的问题，满足农田灌溉用水需求已成为当地群众迫切的愿望，新建拦蓄工程是一项社会效益特别好的民心工程，当地政府和群众都希望早日建成。

4.1.2.2　是水资源开发利用的迫切需求

泗水县水资源短缺，现状地表水开发利用率较低，泗河流域水资源充沛，水质安全可靠，但是由于缺少必要的拦蓄工程，水资源一直未充分利用。目前，泗河干流泗水段仅修建了黄阴集闸、泗水大闸、东杨橡胶坝3处拦蓄建筑物，难以保证泗水县农业灌溉用水。

4.1.2.3　是加大利用雨洪资源的需要

流域内多年平均降水量为715 mm，降水分布的年际变化和季节变化都很大，各季降水丰枯悬殊，分布很不均匀，汛期大量的洪水未得到充分利用而被弃掉。通过兴建临泗橡胶坝，将部分雨洪资源转化为可利用的水资源，满足泗河周边村庄的农田灌溉，适时适地提供维持经济社会发展及生态环境良性循环所需的水量，是破解泗水县缺水之困的重要途径和现实选择。

4.1.2.4　是生态建设和推进市区空间发展的需要

泗河贯穿泗水、曲阜、兖州、邹城、微山及济宁高新区和太白湖新区7个县（市、区），是济宁市的母亲河，随着经济社会的发展和人民生活水平的不断提高，对生态环境的要求越来越高，因此通过建设临泗橡胶坝，为改善泗水县河道生态环境、涵养水源、打造景观亮点创造有利条件，对提升泗水县城镇化发展，促进区域经济社会和环境协调发展必将产生积极的推动作用。

为缓解当地农业用水紧缺状况，新建临泗橡胶坝，利用泗河丰富的水资源，提高泗河两岸现有 1.2 万亩农田灌溉保证率，提高粮食产量。同时，结合景观河道建设，改善河道生态环境，打造生态宜居城市，是势在必行的、意义重大的。

4.1.3　工程建设的可行性

4.1.3.1　水源水量有保障

临泗橡胶坝处于泗河中上游干流，来水量丰富，经计算，多年平均来水量为 6 774 万 m^3，水量较为充沛；通过上游 3 座中型水库、小型水库及拦河闸坝的作用，临泗橡胶坝处来水比较均匀，工程蓄水有充分保障。

4.1.3.2　有适宜建库的地形条件和社会环境

临泗橡胶坝位于泗水县境内，坝址距供水区较近，不仅有利于农田灌溉取水，而且能改善河道生态环境，为居民提供休闲娱乐的理想场所。

济宁市委、市政府和泗水县委、县政府对临泗橡胶坝建设非常重视，拟订了一系列的优惠政策和措施，为工程建设提供了组织和政策保证，目前该工程已列入《济宁市泗河流域水资源利用及保护规划》。当地干部群众也强烈要求建设拦蓄工程，以改善附近农田灌溉用水条件，缓解区域缺水的局面，促进当地经济的发展，工程建设具有良好的社会基础。

4.2　工程建设任务

4.2.1　工程建设的任务

根据泗河流域经济社会发展的需要，结合区域规划和流域规划，在泗河泗水县临泗村建设河道拦蓄工程，拦蓄泗河地表水。通过建设该拦蓄工程，提高区域雨洪资源利用水平和水资源开发利用效率，满足沿岸 1.2 万亩农田灌溉需要，提高农田灌溉保证率，改善区域生态环境，实现区域内社会、经济和环境的可持续发展。

4.2.2　工程建设主要内容

临泗橡胶坝主要建设内容包括 7 跨橡胶坝和 2 孔调节闸。橡胶坝平面布置包括上游连接段、控制段、下游连接段、充排水系统、管理设施等。

4.3　工程建设规模

4.3.1　供水目标、规模及供水保证率

4.3.1.1　供水规模

临泗橡胶坝主要供水目标是农田灌溉用水和河道生态用水。

农田灌溉用水包括泗水县南临泗村、北临泗一村、北临泗二村、北临泗三村、北临泗四村、冯家村等泗河沿岸村庄农田灌溉用水，设计灌溉面积 1.2 万亩。

河道生态用水为满足泗河临泗村至下游河道生态需水要求。

4.3.1.2 供水保证率

根据灌区多年种植情况,该区域以旱作物为主,灌溉设计保证率采用50%。

泗河流域径流量的年际年内变化较大,河道自然条件下常见断流现象;全流域总体上属于资源性缺水地区,且水资源的控制调节难度较大;河流枯水期含沙量很低,也基本无特别保护水生生物等因素。因此,泗河河道内最小生态环境需水量按北方地区下限控制,即按现状工程条件下多年平均来水量的10%分析估算。

4.3.2 供水规模确定

4.3.2.1 作物组成与复种指数

根据附近灌区的农业灌溉制度,结合多年来项目区作物实际种植情况,该区主要作物以小麦、玉米为主。农作物复种指数为170%,其中小麦70%、玉米70%、其他30%。

4.3.2.2 灌溉水量计算

随着灌区节水改造工程措施的落实,设计水平年灌区灌溉水利用系数采用0.60。经计算,在50%保证率情况下,本灌区综合毛灌溉定额为292 m^3/亩。

4.3.3 特性曲线

根据选定的库区范围及确定的坝轴线,结合1:1 000实测地形图和河道横断面图,通过量算确定临泗橡胶坝水位-面积-库容关系,详见表1-4-1,水位-面积-库容曲线,详见图1-4-1。

表1-4-1 临泗橡胶坝水位-面积-库容关系

水位/m	面积/万 m^2	库容/万 m^3
80.00	12.6	3.2
80.50	34.0	14.4
81.00	69.4	39.7
81.50	133.6	89.5
82.00	171.2	165.6
82.50	208.1	260.2
83.00	244.2	373.2
83.50	279.6	504.0
84.00	319.1	653.6
85.50	350.2	980.0

4.3.4 兴利调节计算

根据本报告临泗橡胶坝径流量分析成果,临泗橡胶坝平水年($P=50\%$)来水量,详见表1-4-2。

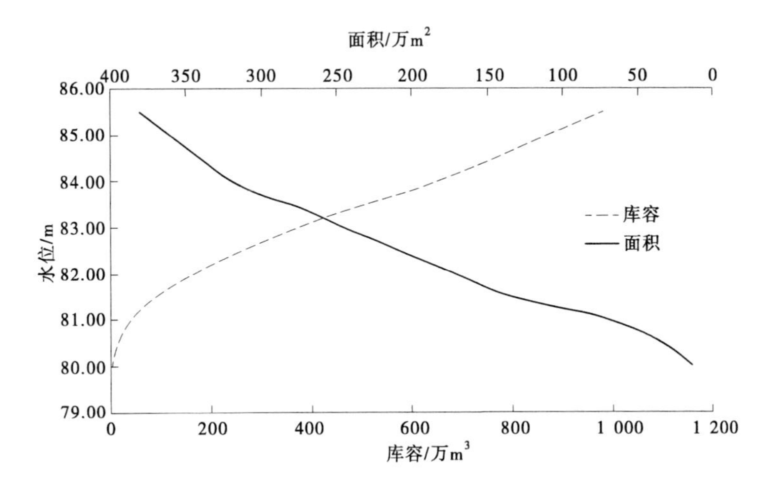

图 1-4-1　临泗橡胶坝水位-面积-库容曲线

表 1-4-2　临泗橡胶坝平水年（$P = 50\%$）来水量成果

月份	来水量/万 m³	月份	来水量/万 m³
1	28	8	1 826
2	42	9	844
3	47	10	21
4	41	11	47
5	16	12	16
6	32	合计	6 433
7	3 473		

根据临泗橡胶坝平水年（$P = 50\%$）逐月来水量及供水规模，采用典型年法按水量平衡原理逐月进行调节计算，经调算后确定橡胶坝蓄水位、蓄水库容。

4.3.4.1　**调度运行方式**

临泗橡胶坝调度运行方式为非汛期挡水，汛期塌坝行洪。

4.3.4.2　**起调水位的确定**

临泗橡胶坝是为泗水县沿河村庄农业灌溉供水的工程，坝址处河底高程为 80.50 m，考虑自流引水条件、河道水环境和水生态需求，并结合坝底高程，确定拦蓄工程起调水位为 80.70 m。

4.3.4.3　**损失水量**

损失水量包括蒸发损失水量和渗漏损失水量。蒸发损失水量根据月平均水面面积乘以蒸发深（借用书院水文站蒸发深）计算，月渗漏量取月初与月末库容平均值乘以 2%计算。

4.3.4.4　**蓄水位、蓄水库容的确定**

为合理确定临泗橡胶坝正常蓄水位，本次采用典型年法按水量平衡原理逐月进行调节计算，在最终调算出的蓄水位可供水量能满足供水规模的基础上实现泗河全流域水资源的统一管理和统一调度为原则。经调算，临泗橡胶坝正常蓄水位为 85.50 m，拦蓄库容 980 万 m³。

临泗橡胶坝调节计算从7月起调,灌溉用水量直接从河道取水,汛期塌坝运行,其余各月超正常蓄水位85.50 m即弃水,经兴利调节计算,50%典型年临泗橡胶坝可满足1.2万亩农田需水要求,灌溉供水量为350万 m^3;向下游河道年补水677.6万 m^3;蒸发、渗漏损失水量合计271.5万 m^3。

4.3.5 工程规模确定

根据《济宁市泗河流域水资源利用及保护规划》,并结合兴利调算结果和工程实际情况,临泗橡胶坝拦河建筑物规模,详见表1-4-3。

表1-4-3 临泗橡胶坝拦河建筑物规模

名称	桩号	坝长/m	坝高/m	河底高程/m	挡水位/m	蓄水量/万 m^3	坝型
临泗橡胶坝	87+200	420.00	5.00	80.50	85.50	980.0	橡胶坝

第5章　工程布置及建筑物

5.1　设计依据

5.1.1　依据的主要资料

(1)《济宁市泗河流域综合开发工程河道防洪专项规划》。

(2)《济宁市泗河流域水资源利用及保护规划》。

(3)《山东省淮河流域防洪规划报告》(山东省水利厅1999年12月)。

(4)《山东省淮河流域综合规划》(山东省发改委、山东省水利厅2013年11月)。

(5)《济宁市泗河综合开发工程可行性研究报告(修订稿)》(山东省水利勘测设计院,2015年12月)。

(6)《济宁市泗河综合开发防洪堤防及水资源控制工程初步设计及概算(报批稿)》(山东省水利勘测设计院,2016年7月)。

5.1.2　依据的规范及规定

(1)《水利工程建设标准强制性条文》(2016年版)。

(2)《水利水电工程可行性研究报告编制规程》(SL/T 618—2013)。

(3)《防洪标准》(GB 50201—2014)。

(4)《水利水电工程等级划分及洪水标准》(SL 252—2017)。

(5)《水利水电工程设计工程量计算规定》(SL 328—2005)。

(6)《水工建筑物荷载设计规范》(SL 744—2016)。

(7)《水闸设计规范》(SL 265—2016)。

(8)《橡胶坝工程技术规范》(GB/T 50979—2014)。

(9)《橡胶坝技术规范》(SL 227—1998)。

(10)《水工挡土墙设计规范》(SL 379—2007)。

(11)其他有关的国家、行业现行标准、规范及规程或地方规定。

5.2　工程等级和标准

5.2.1　工程等别和建筑物级别

5.2.1.1　工程等别

临泗橡胶坝拦蓄库容980万 m^3;50年一遇河道断面设计流量为2 811 m^3/s,橡胶坝过流能力为3 769 m^3/s。根据《防洪标准》(GB 50201—2014)、《水利水电工程等级划分及洪水标准》(SL 252—2017),工程规模为大(2)型,工程等别为Ⅱ等。

5.2.1.2 建筑物级别

根据《水利水电工程等级划分及洪水标准》(SL 252—2017)及建筑物的重要性,临泗橡胶坝主要建筑物级别应为2级,本工程橡胶坝为梯级拦河建筑物中的一级建筑物,橡胶坝顶有一定的过流能力并且即使橡胶坝坍坝不及时也不会对下游造成很大的损失,故将主要建筑物橡胶坝建筑物级别确定为3级,次要建筑物级别确定为4级,施工等临时建筑物级别确定为5级。

5.2.2 防洪标准

根据泗河防护对象的重要性及《防洪标准》(GB 50201—2014),泗河综合开发治理防洪标准按50年一遇设计,临泗橡胶坝防洪标准不低于泗河设计防洪标准,确定本工程的设计防洪标准为50年一遇,校核防洪标准为100年一遇。

5.2.3 地震

根据《中国地震动参数区划图》(GB 18306—2015),临泗橡胶坝坝址处地震动峰值加速度为0.10g,地震动加速度反应谱特征周期0.40 s,抗震设计烈度为Ⅶ度。

5.2.4 高程系及坐标系

(1)高程系采用1985国家高程基准。

(2)坐标系采用1980年西安坐标系。

5.2.5 主要设计允许值

(1)底板、边墩、中墩、挡土墙抗滑稳定安全系数允许值。根据《水闸设计规范》(SL 265—2016)第7.3.13条和《水工挡土墙设计规范》(SL 379—2007)第3.2.7条,橡胶坝建筑物级别为3级,荷载组合在基本组合时允许值为1.25,特殊组合Ⅰ时允许值为1.10,特殊组合Ⅱ时允许值为1.05。

(2)底板、边墩、中墩、挡土墙基底应力最大值与最小值之比的允许值。根据《水闸设计规范》(SL 265—2016)第7.3.5条和《水工挡土墙设计规范》(SL 379—2007)第6.3.1条,土基上荷载组合在基本组合时允许值为2.0,特殊组合时允许值为2.5。

5.2.6 材料要求

橡胶坝底板、两岸混凝土翼墙、消力池、混凝土铺盖等均采用C25钢筋混凝土,抗渗等级W4,抗冻等级F150,容重采用25.0 kN/m^3;浆砌块石采用M10浆砌块石。

根据《橡胶坝技术规范》(SL 227—1998)对坝袋胶料和坝袋胶布的基本要求、坝袋径向计算强度选用坝袋胶布分别为两布三胶及三布四胶结构,锦纶帆布。

5.3　工程选址

5.3.1　坝址选择的原则

(1)满足景观及生态要求,形成连续的水面。

(2)满足河道行洪要求。

(3)满足水资源的综合利用,结合灌溉、引水,并方便运行管理。

(4)地形满足拦河建筑物的布置,选择河道顺直处,满足水流流态稳定的要求,选择河口束窄处,节省投资。

(5)选择工程地质条件较好的河段,尽量采用天然地基,减少基础处理投资。

(6)方便施工布置。

5.3.2　坝址选定

根据济宁市泗河整体规划,所建拦河建筑物拦蓄水面需连续,下一级拦河建筑物的正常蓄水位回水至上一级建筑物底板附近。结合坝址处地形,选定临泗橡胶坝位置在济宁泗河桩号 87+200 处。该坝址上游拦河建筑物为泗水生态 1 号橡胶坝,泗水生态 1 号橡胶坝底板高程 86.00 m,临泗橡胶坝蓄水位 85.50 m,建成后可回水至生态 1 号橡胶坝消力池底板处,形成连续水面。根据过流能力计算,建坝后不影响河道行洪;此处河道顺直,坝址处地质条件好,采用天然地基即可满足设计要求;两岸均有道路通过坝址处,施工条件便利。

5.4　建筑物选型

5.4.1　建筑物的形式选择

根据实测地形、勘探、水文资料,进行拦河坝结构形式方案比较。

5.4.1.1　**设计方案**

1. 方案Ⅰ:橡胶坝方案

橡胶坝挡水高度为 4.8 m,坝底板顺水流方向上的宽度为 16.0 m,底板高程 80.70 m,设计河底高程 80.50 m,坝袋顶高程 85.70 m。

2. 方案Ⅱ:拦河闸方案

拦河闸共设 32 孔,单孔净宽 12 m,总净宽 384.0 m,挡水高度 5.0 m,闸室顺水流向长 16.0 m,底板顶高程 80.50 m,闸顶设机架桥、排架和机房。

5.4.1.2　**方案比选**

1. 技术比较

橡胶坝和水闸相比有以下优点:坝袋充排水设备位于一侧岸边,无须建造排架、机架桥和机房等结构;坝体跨度大,自重轻,抗震性能好,对地基的要求较低;坝袋制造工厂化、安装简单、施工期较短;本拦蓄工程建在主河槽内,建坝不影响汛期行洪;建闸则需提高机架桥和排架高度以使闸门提升高度超过河道洪水位,抗震不利;而且建闸闸孔过多,中墩多,影响行洪。

2. 经济比较

根据以往工程经验,建橡胶坝相比建水闸造价低,节省钢材、木材、水泥等建材,同时结构简单、施工期短。因此,方案Ⅰ较方案Ⅱ投资少,且在营造城市水文景观方面,橡胶坝也有着较大优势。

经综合分析比较,本次设计选择方案Ⅰ:橡胶坝方案。

5.4.2 建筑物主要设计指标

在本工程中,共需新建1座橡胶坝,其设计要素指标详见表1-5-1。

表1-5-1 临泗橡胶坝新建拦河建筑物指标

桩号	坝长/m	坝高/m	河底高程/m	挡水位/m	50年一遇设计洪水			100年一遇校核洪水		
					坝下洪水位/m	坝上洪水位/m	洪峰流量/(m^3/s)	坝下洪水位/m	坝上洪水位/m	洪峰流量/(m^3/s)
87+200	420	5	80.5	85.5	84.92	85.07	2 811	86.61	86.77	4 294

5.5 工程总布置

临泗橡胶坝平面布置包括橡胶坝和调节闸段、上下游连接段、充排水系统、管理用房等。正常蓄水位85.50 m,河底高程80.50 m,坝顶高程85.70 m,坝高5.0 m。

5.6 橡胶坝工程设计

5.6.1 工程布置

橡胶坝运用原则:汛期塌坝行洪,非汛期拦蓄来水,用于灌溉农田及河道生态用水。调节闸运用原则:汛期塌坝放平,满足行洪;非汛期采用调节闸调节上游来水、非汛期达到5年一遇洪水标准时塌坝行洪,其他时段根据下游生态用水情况,采用调节闸适时适量向下游补水。

平面布置包括上游连接段、控制段、下游连接段、充排水系统、液压启闭系统、管理设施等。

5.6.1.1 上游连接段

上游连接段包括上游护底段、扭坡段、铺盖段,总长40 m。

5.6.1.2 控制段

控制段包括平行布置的橡胶坝段和调节闸段。

1. 橡胶坝段

橡胶坝段顺河总长度16.0 m,净宽度420 m,共分7跨。橡胶坝段包括坝袋、锚固系统、底板、边墩及中墩。坝袋采用堵头式,坝袋最大设计挡水高度为 4.8 m。为防止坝袋塌肩,底板顶面采用长 4.0 m、坡度为 1:10 的斜坡面,使靠近墩部的底板抬高 40 cm。

2. 调节闸段

为满足橡胶坝非汛期达到 5 年一遇洪水标准时不塌坝及下游生态用水要求,橡胶坝设 2 孔调节闸,调节闸挡水高度同橡胶坝,闸室净宽 2.5 m,调节闸左边墩与橡胶坝右边墩共用。结合泗河综合开发一坝一景的需求,本调节闸采用铸铁闸门形式。

5.6.1.3　下游连接段

下游连接段总长 59.5 m,采用扭坡与下游河道连接,该连接段包括消力池段、海漫段、护坦段、防冲槽段。

5.6.1.4　充排水系统

橡胶坝充排水系统包括橡胶坝进出水管道、水源井、充排水泵站。进出水管道出泵房后,布置在底板上游段,分别与橡胶坝的坝孔相连。为保证 7 孔坝袋的水压平衡和坝袋安全,在中墩处设平压连通管和溢流管,溢流管与连通管连接,溢流管出口高程满足坝袋内压比 $\alpha=1.35$ 的要求。

5.6.1.5　管理设施

1. 管理房

根据工程总体布置,生产管理设施布置在堤脚平台上,确定站区平台长约 80.0 m,宽约 40.0 m,高程 86.67 m。管理区占地面积 3 200 m^2,东西 80 m,南北 40 m。院区道路采用双坡立道牙道路,水泥混凝土路面。院区场地雨水采取有组织排水。

2. 交通路

充、排水泵站布置在靠近泗河左堤的管理区内,地面以下为泵室,地面以上布置配电设备,室外地面高程为 86.67 m。橡胶坝与管理区之间设 5.0 m 宽 C30 混凝土路以方便进出,长约 24.0 m。

5.6.1.6　材料要求

橡胶坝底板、两岸翼墙、消力池、混凝土铺盖等均采用 C25 钢筋混凝土,抗渗等级 W4,抗冻等级 F150;浆砌石采用 M10 浆砌块石,根据当地石料情况,也可采用 C25 混凝土预制块砌筑。

5.6.2　水力设计

5.6.2.1　调节闸规模确定

当橡胶坝蓄水位超过 85.50 m 时,多余水量经调节闸下泄。调节流量按非汛期频率 5 年一遇的径流量考虑。橡胶坝调节闸的调节流量为 26.9 m^3/s。

上游蓄水位在 85.50 m 时遇 5 年一遇非汛期洪水,经计算,橡胶坝调节闸净宽为 4.89 m,采用净宽 5.0 m。

5.6.2.2　橡胶坝过流能力计算

根据拟定的坝长进行过流能力计算,分别按橡胶坝、调节闸及滩地进行过流能力计算。经计算,橡胶坝、调节闸及滩地 50 年一遇洪水位下过流能力为 3 775 m^3/s,100 年一遇洪水位下过流能力为 5 644 m^3/s,满足河道行洪要求。

5.6.2.3　防渗排水设计

1. 坝基渗流稳定计算

1)计算工况

坝前设计挡水位,坝下水位平底板。

2)计算方法

采用改进阻力系数法计算坝基渗流坡降。

3)计算成果分析

橡胶坝渗流稳定计算成果见表 1-5-2。

表 1-5-2　橡胶坝渗流稳定计算成果

水平段渗流坡降		出口段渗流坡降	
计算值	允许值	计算值	允许值
0.12	0.20	0.22	0.40

从表 1-5-2 可以看出,出口段渗流坡降值及水平段渗流坡降值均在允许值范围之内,坝基的防渗长度满足要求。

2. 反滤层及排水孔设计

坝基土多为泥岩、砾质粗砂,在渗流出口处必须设置级配良好的滤层。在新建消力池水平段设排水孔及反滤层,反滤层为级配碎石厚 0.3 m,中粗砂厚 0.15 m,250 g/m^2 土工布一层。排水孔选用ϕ 50 塑料排水管,间距 2.0 m,呈梅花形布置。

3. 永久缝止水设计

永久缝止水设计既要满足防渗要求,也要考虑适应变形的能力,在铺盖伸缩缝之间、铺盖与岸墙底板之间、岸墙与闸室之间设橡胶止水带,在缝表面设一道双组分聚硫密封胶嵌缝,填缝板采用闭孔泡沫板。

5.6.2.4　消能防冲设计

1. 坝下消能设计水力条件

根据拦河建筑物的特性和相关工程经验,橡胶坝适宜采用底流消能方式。

橡胶坝在消能计算过程中,假设最不利的一种工况:坝前河道为设计蓄水位,坝后无水,橡胶坝坍坝进行消能计算,塌坝时间按 2 h 计,在塌坝时间为 0.5 h、1.0 h、1.5 h、2.0 h 4 种情况下,分别计算橡胶坝的过坝流量,然后根据坝后渠道要素,推出下游水深,最后分别验算这几种情况下的消力池深度、长度、底板厚度及海漫长度,并选取最大值作为设计取值。

2. 消力池计算

消能计算采用《水闸设计规范》(SL 265—2016)中的底流消能计算公式。

3. 海漫设计

1)海漫长度确定

根据《水闸设计规范》(SL 265—2016)附录 B.2.1 公式计算。

2)海漫的布置和构造

海漫所用的材料,在构造上要求材料粗糙、抗冲和透水,且具有一定的柔韧性,鉴于现在封山育林,石材购买困难,同时考虑到紊动水流能量的衰减,故海漫分成 2 段,靠消力池一段采用C25素混凝土海漫,厚0.4 m,后一段采用预制C25混凝土联锁块,厚0.18 m。

橡胶坝消能防冲计算结果见表1-5-3。

表1-5-3 橡胶坝消能防冲计算成果 单位:m

序号	名称	计算值				采用值			
		消力池深度	消力池长度	底板厚度	海漫长度	消力池深度	消力池长度	底板厚度	海漫长度
1	橡胶坝	1.18	13.53	0.71	27.95	1.2	15.0	0.8	30
2	调节闸	0.99	12.11	0.56	21.09	1.2	15.0	0.8	30

4.防冲槽设计

根据计算结果,并参照已建橡胶坝工程的实践经验并考虑施工难易度,确定橡胶坝防冲槽深2.0 m,槽底宽2.5 m,边坡为1∶2,防冲槽总长6.5 m。

5.6.3 橡胶坝坝袋设计

5.6.3.1 坝型选择

橡胶坝按充胀介质可分为充水式、充气式。充水式橡胶坝在坝顶溢流时袋形比较稳定,过水均匀,对下游冲刷小,同时充水式橡胶坝对气密性要求较充气式橡胶坝低,经综合考虑,采用单袋充水式橡胶坝。

5.6.3.2 设计指标及参数

橡胶坝采用堵头式、双锚、充水坝袋。坝袋内压比设计为1.35,安全系数不小于6.0。橡胶坝指标见表1-5-4。

表1-5-4 橡胶坝指标

序号	区县	名称	桩号	总坝长/m	坝高/m	孔数	单节坝袋长/m	坝底高程/m	坝顶高程/m
1	泗水	临泗橡胶坝	87+200	420	5.0	7	60	80.70	85.70

5.6.3.3 坝袋计算

坝袋设计按《橡胶坝技术规范》(SL 227—1998)要求进行。坝袋计算成果见表1-5-5。

表1-5-5 坝袋计算成果

坝袋参数	坝高 H_1/m	内外压比 α	底垫片有效长度 l_0/m	上游坝面曲线段半径/m	角度 θ/(°)	上游坝面曲线段长度 s_1/m	下游坝面曲线段长度 s/m	坝袋有效周长 L_1/m	径向拉力/(kN/m)	坝袋每米容积 V/m^3	坝袋坍落贴地长度 L_3/m	底板长度/m	采用长度/m
数值	5	1.35	8.673	6.071	80	8.46	8.709	17.169	106.3	40.69	4.25	15.42	16

5.6.3.4 坝袋材料选用

根据《橡胶坝技术规范》(SL 227—1998)对坝袋胶料和坝袋胶布的基本要求、坝袋径向计算强度选用坝袋胶布三布四胶结构,锦纶帆布。

5.0 m高橡胶坝:坝袋型号为JBD5.0-400360-3,胶布型号选用J400360-3。

5.6.3.5 锚固设计

橡胶坝采用相同的锚固设计。锚固结构选用螺栓压板锚固,锚固线采用上下游布置的双线锚固,靠近墩部锚固线按1:10斜坡抬起。螺栓及压板均需做防锈蚀处理。

5.6.4 工程结构设计

5.6.4.1 橡胶坝稳定计算

1. 计算工况及荷载组合

按《橡胶坝技术规范》(SL 227—1998)中规定的荷载组合要求进行稳定计算。

(1)完建期:橡胶坝上下游无水,地下水位在底板以下。

荷载组合:自重。

(2)正常运行期:坝上水位为正常蓄水位85.50 m,坝下水位平底板。

荷载组合:自重+水压力+扬压力+波浪压力+水重+其他荷载。

(3)正常运行期遇地震。坝上水位为正常蓄水位85.50 m,坝下水位平底板。

荷载组合:自重+水压力+扬压力+波浪压力+水重+地震力+其他荷载。

2. 计算成果

橡胶坝稳定计算成果见表1-5-6。

表1-5-6 橡胶坝稳定计算成果

计算情况	基底应力/kPa			地基承载力特征值/kPa	不均匀系数		抗滑稳定安全系数	
	σ_{max}	σ_{min}	$\sigma_{平均}$		计算值	允许值	计算值	允许值
施工完建期	65.99	37.20	51.60	200	1.77	2.00	—	1.25
正常挡水期	46.99	24.19	35.59	200	1.94	2.00	1.59	1.25
正常+7度地震	49.18	23.32	36.25	200	2.11	2.50	1.57	1.05

由表1-5-6可知,橡胶坝在各种运用工况下的基底应力、不均匀系数、抗滑稳定安全系数等均能满足要求,基底应力小于地基土的允许应力。

5.6.4.2 中墩稳定计算

1. 中墩结构布置

中墩为倒T形结构,底板厚1.0 m,墩厚1.0 m,底板顶面为1:10的坡面,并设有锚固槽,采用C25混凝土。

2. 中墩稳定计算

1)荷载组合

计算工况及荷载组合情况,计算公式同橡胶坝稳定计算。

2)计算结果

各种情况下的计算结果见表1-5-7。

表 1-5-7　橡胶坝中墩稳定计算成果

计算情况	基底应力/kPa			地基承载力特征值/kPa	不均匀系数		抗滑稳定安全系数	
	σ_{max}	σ_{min}	$\sigma_{平均}$		计算值	允许值	计算值	允许值
施工完建期	66.80	45.70	56.25	200	1.46	2.00	—	1.25
正常挡水期	74.49	43.64	59.07	200	1.71	2.00	2.65	1.25
正常+7 度地震	76.45	41.69	59.07	200	1.83	2.50	2.08	1.05

由表 1-5-7 可知，橡胶坝中墩在各种运用工况下的基底应力、不均匀系数、抗滑稳定安全系数等均能满足要求，基底应力小于地基土的允许应力。

5.6.4.3　边墩稳定计算

1. 设计指标

右边墩为悬臂式挡墙结构，底板顶面为 1∶10 的坡面，前趾长 2.0 m，并设有锚固槽，采用 C25 混凝土。边墩采用整体结构进行计算。

根据地质勘查报告，基础底位于泥岩，地基承载力特征值 200 kPa，地基与混凝土的摩擦系数 f=0.35。回填壤土 γ=19.7 kN/m^3，γ_{sat}=20.4 kN/m^3。施工完建填土采用不固结排水(UU)剪指标，黏聚力 c=8.5 kPa，内摩擦角 φ=15.8°；正常运行及地震工况采用 CU 剪有效强度指标，黏聚力 c=11.75 kPa，内摩擦角 φ=31.3°。

2. 边墩稳定计算

(1)计算工况及荷载组合。

①完建期：边墩前后无水，水位平底板。

荷载组合：自重+土压力。

②正常运行期：边墩前水位 80.70 m，边墩后水位 82.70 m。

荷载组合：自重+土压力+水压力+扬压力+水重+其他荷载。

③正常运行期遇地震。

荷载组合：自重+土压力+水压力+扬压力+水重+地震力+其他荷载。

(2)计算公式同橡胶坝稳定计算。

(3)计算结果。

橡胶坝边墩稳定计算成果见表 1-5-8。

表 1-5-8　橡胶坝边墩稳定计算成果

基底应力	基本组合		特殊组合	
	施工完建	正常运行	正常运行+顺水流向地震	正常运行+垂直水流向地震
δ_1/kPa	135.00	108.75	107.15	91.91
δ_2/kPa	81.79	76.31	74.71	93.15
δ_3/kPa	135.00	112.54	114.15	95.70

续表 1-5-8

项目	基本组合		特殊组合	
	施工完建	正常运行	正常运行+顺水流向地震	正常运行+垂直水流向地震
δ_4/kPa	81.79	80.10	81.70	96.94
$\delta_{平均}$/kPa	108.40	94.43	94.43	94.43
地基承载力特征值/kPa	200	200	200	200
η_x	1.65	1.43	1.43	1.01
η_y	1.00	1.05	1.09	1.04
不均匀系数允许值	2.00	2.00	2.50	2.50
抗滑系数	2.53	2.19	2.14	1.59
抗滑系数允许值	1.25	1.25	1.05	1.05

由表 1-5-8 可知,橡胶坝边墩在各种运用工况下的地基应力、不均匀系数、抗滑安全系数等均能满足要求,地基应力小于地基土的允许应力。

5.6.4.4　翼墙稳定计算

1. 设计指标

荷载组合及计算公式同中墩。取最不利断面计算,即消力池翼墙为悬臂式翼墙,挡土总高度 7.4 m;其他翼墙挡土高度均小于消力池翼墙。

根据地质勘查报告,该挡墙基础坐落于泥岩上,地基承载力特征值 230 kPa,地基与混凝土的摩擦系数 $f=0.35$。消力池侧翼墙回填土采用砂性土,$\gamma=19.3$ kN/m^3,$\gamma_{sat}=20.2$ kN/m^3。施工完建填土采用不固结排水(UU)剪指标,黏聚力 $c=5.8$ kPa,内摩擦角 $\varphi=32.1°$;正常运行及地震工况采用 CU 剪有效强度指标,黏聚力 $c=3.0$ kPa,内摩擦角 $\varphi=34.9°$。

2. 翼墙稳定计算

(1)计算工况及荷载组合。

①完建期

翼墙前后无水,水位平底板。

荷载组合:自重+土压力。

②正常运行期

墙前无水 79.50 m,墙后水位 81.00 m。

荷载组合:自重+土压力+水压力+扬压力+水重+其他荷载。

③正常运行期遇地震

荷载组合:自重+土压力+水压力+扬压力+水重+地震力+其他荷载。

(2)计算公式同橡胶坝稳定计算。

(3)计算结果。

由表 1-5-9 可知,消力池翼墙在各种运用工况下的地基应力、不均匀系数、抗滑稳定安全系数等均能满足要求,地基应力小于地基土的允许应力。

表 1-5-9　翼墙稳定计算成果

计算情况	基底应力/kPa		不均匀系数		抗滑稳定安全系数	
	P_{max}	P_{min}	计算值	允许值	计算值	允许值
施工完建期	139.3	113.8	1.23	2	1.87	1.25
正常运行期	152.7	86.5	1.76	2	1.67	1.25
正常运行加地震	162.5	84.7	1.92	2.5	1.48	1.05

5.6.5　地基处理

本次设计地基处理方案为:右侧坝基、挡墙基础下①层砾质粗砂、③层砾质粗砂埋深较浅,施工时全部清除,采用换填 15%水泥土方案,压实度不小于 0.94,换填深度约 1 m。

针对边墩两侧绕渗问题,为增加渗径长度,在边墩两侧设刺墙防止渗透破坏。

5.6.6　观测设计

5.6.6.1　安全设备

为防止坝袋超压,在橡胶坝中墩和两岸边墩上均设置安全溢流管,其管出口位置须与坝袋设计内压水头齐平。

为排除坝袋内残留气体,坝袋两端及中间顶部各设一个排气阀。

5.6.6.2　观测装置

在橡胶坝上下游分别设水位标尺一组,以观测上下游河道水位。

橡胶坝观测设计根据工程规模和运用管理要求等因素设置一般性观测项目,具体包括水位、沉降、水平位移、渗透压力观测等。水位观测通过自动水位计进行观测,测点分别设在橡胶坝上下游处;沉降和水平位移观测通过埋设标点利用观测仪器进行观测,测点设在闸墩的上游侧端部;渗透压力观测通过埋设渗压计进行观测,测压断面沿橡胶坝中心线及两侧布置 3 个,每个断面测点数为 4 个。

第 6 章　机电及金属结构

6.1　橡胶坝泵站水机设计

6.1.1　主要技术参数

橡胶坝总设计 7 孔坝袋，每孔长 60 m，总长 420 m。橡胶坝高 5.0 m。橡胶坝总容积 17 089.8 m^3。坝袋内压比 $\alpha = 1.35$。

6.1.2　泵站装机容量的确定和机型选定

泵房至橡胶坝充、排水采用 2 根总管，前 4 孔和后 3 孔各用一根总管，总管直径为 DN1 000 mm，每孔设 3 根 DN300 mm 充、排水支管，支管出口处设水帽。

在橡胶坝上游建一集水井作为水源，集水井尺寸为 2 mm×3 m，进水口设拦污栅。

采用 2 台潜水泵从集水井内抽水，2 台潜水泵同时运行。

潜水充水泵型号：250QW400-10-22；

设计流量：400 m^3/h；

扬程：10 m；

功率：22 kW；

转速：1 460 r/min；

电压：380 V；

机组台数：2 台。

橡胶坝排水：

排水泵型号：500/500SWB3400/8-110；

设计流量：3 400 m^3/h；

扬程：8 m；

功率：110 kW；

转速：740 r/min；

配电机型号：Y315M-8；

电压：380 V；

机组台数：3 台，同时运行。

充水时 2 台潜水充水泵同时工作，充水时间约 21.4 h，若 1 台故障，1 台工作，充水时间约 42.8 h，满足设计要求。排水时 3 台排水泵同时工作，排水时间约 1.7 h，若 1 台故障，2 台工作，排水时间约为 2.5 h，满足设计要求。

6.1.3　充、排水设备布置

橡胶坝充、排水泵房建在左岸滩地。泵房内布置 2 台排水泵，2 台充水潜水泵安装在泵房外约120 m处的集水井内,集水井与橡胶坝上游连接,设无砂混凝土管取水。潜水泵井内出水支管管径为DN250 mm,2根充水支管合并为1根充水总管,充水总管管径为DN400 mm。泵房内充水总管处设DN400 mm电动蝶阀1台。

橡胶坝充、排水总管为2根,管径为DN1 000 mm,每孔设3根DN300 mm充、排水支管,支管出口处设水帽。

泵房内排水泵为卧式强自吸离心泵,水泵进口通过连通管与橡胶坝充、排水总管连接,排水泵进水管上设有DN800 mm手动蝶阀,出水管上设有DN800 mm电动蝶阀。排水时先打开进水管手动蝶阀,启动泵后打开出水管电动蝶阀,排水泵启、停由人工在中控室控制。2台排水泵出水管在泵房外合并为1根直径为DN1 200 mm的排水总管,排向下游河道。

泵房内设有集水井1处,内设液位信号器1个和潜污泵2台。潜污泵型号为50WQ25-10-1.5,功率1.5 kW,潜污泵的启停由位信号器自动控制。

6.1.4　平压连通溢流管布置

橡胶坝总设计7孔坝袋,为保证7孔坝袋的水压平衡和坝袋安全,在中墩处设DN300 mm的平压连通管2根和DN300 mm的溢流管1根,溢流管与连通管连接,边墩设DN300 mm的溢流管1根,溢流管出口高程满足坝袋内压比$\alpha=1.35$的要求。

6.1.5　坝袋充、排水操作过程

6.1.5.1　坝袋充水

充水泵的启停和电动蝶阀的开关由人工在控制箱处控制;打开泵房内DN400 mm充水总管电动蝶阀(共1个)。在控制箱处打开室外充水泵开关。

观测压力变送器或目测坝袋溢流管,待达到坝袋压力要求或溢流管出水后,关闭充水泵,然后关闭与其对应的DN400 mm充水总管电动蝶阀,充水过程完成。

6.1.5.2　坝袋排水

排水泵的启停和电动蝶阀的开关由人工在控制箱处控制。

查看泵房内DN400 mm充水总管电动蝶阀是否处在关闭状态,共1个。

关闭DN1200 mm排水总管电动蝶阀,共1个。

检查排水泵进水管DN800 mm手动蝶阀是否已打开,正常情况下全部打开。

依次启动排水泵,水泵启动后打开其对应出水管DN800 mm电动蝶阀,共2台。

观测压力变送器,待坝袋积水排完后,在控制箱控制停排水泵,然后关闭水泵出水管电动蝶阀。至此,坝袋排水过程完成。

6.1.5.3　泵房排水

泵房集水井液位信号器根据集水井水位情况,自动控制潜污泵启停,2台潜污泵互为备用,工作泵故障或集水井水位达到高水位时备用泵自动投入。

6.2　金属结构设计

本工程金属结构设计为调节闸金属结构设计。

6.2.1　闸门设计指标及运行工况

6.2.1.1　设计指标及闸门规格

闸门采用 PZ2.5 m×2.0 m-4.8 m 铸铁闸门,共 2 孔,单吊点,门体和门框均为铸铁件。

工作闸门主要参数如下:

闸门形式:PZ2.5 m×2.0 m-4.8 m 铸铁闸门;

孔口宽度:2.5 m;

孔口高度:2.0 m;

墩顶高程:86.22 m;

底板高程:80.7 m;

设计蓄水位:85.5 m;

挡水高度:4.8 m;

挡水形式:单向挡水;

启门高度:2.3 m;

孔口数量:1 孔;

启门力:112.5 kN。

6.2.1.2　闸门启闭机

经计算,闸门启闭力为 112.5 kN,闸门启闭设备选用 150 kN 单吊点手动螺杆启闭机。其主要参数如下:

启闭机形式:单吊点手动螺杆启闭机;

启门容量:150 kN;

驱动方式:手电两用;

启门速度:手动 0.011 m/min,电动 0.351 m/min;

螺杆直径:90 mm;

数量:2 台。

6.2.1.3　运行工况

洪水时,开启闸门,平时闸门根据调度运行要求开启一定高度调节流量。

6.2.2　技术要求

(1)铸铁闸门为暗杆式铸铁门,启闭机为全封闭型。启门时吊杆在套筒中只旋转不上升。

(2)闸门门框、导轨、门板材质为 HT200,密封座、螺栓、螺母、地脚螺栓等连接件材质为 1Cr13,楔块、吊块螺母材质为 ZCuSn5Pb5Zn5。主要铸件(如门框、门板和导轨等)应时效处理。

(3)闸门总装后,应进行 2~3 次全行程启闭试验。

6.2.3　工程量表

金属结构工程量见表 1-6-1。

表 1-6-1　金属结构工程量

序号	项目名称	规格	数量/扇、台	单重/t	总重/t	备注
1	铸铁闸门	2.5 m×2 m-4.8 m	2	3.2	6.4	闸门含套筒，和启闭机配套
2	手电两用螺杆启闭机	150 kN	2			暗杆式启闭机，螺杆只旋转不上升

6.3　电气设计

6.3.1　设计范围

临泗橡胶坝可行性研究阶段电气设计主要包括:10 kV 进线终端杆以下变配电设计、照明设计、防雷接地设计、监控系统设计等,10 kV 线路只列工程量。

6.3.2　设计依据

(1)《供配电系统设计规范》(GB 50052—2009)。
(2)《低压配电设计规范》(GB 50054—2011)。
(3)《通用用电设备配电设计规范》(GB 50055—2011)。
(4)《建筑物防雷设计规范》(GB 50057—2010)。
(5)《建筑物电子信息系统防雷技术规范》(GB 50343—2012)。
(6)《民用建筑电气设计规范》(JGJ 16—2008)。
(7)《电力工程电缆设计规范》(GB 50217—2007)。
(8)《视频安防监控系统工程设计规范》(GB 50395—2007)。
(9)《电力装置继电保护和自动装置设计规范》(GB/T 50062—2008)。
(10)《电力装置电测量仪表装置设计规范》(GB/T 50063—2017)。
(11)《并联电容器装置设计规范》(GB 50227—2008)。
(12)《20 kV 及以下变电所设计规范》(GB 50053—2013)。
(13)《水电厂计算机监控系统基本技术条件》(DL/T 578—2008)。
(14)《工业企业电气设备抗震设计规范》(GB 50556—2010)。
(15)《建筑机电工程抗震设计规范》(GB 50981—2014)。

6.3.3　电气一次设计

6.3.3.1　负荷等级及供电电源

《供配电系统设计规范》(GB 50052—2009)第 3.0.1 条及《水利水电工程劳动安全与工业卫生设计规范》(GB 50706—2011)第 4.5.8 条规定,对于防洪防淹设施应设置不少于 2 个独立电源供电。本工程具有防洪排涝功能,用电负荷确定为一级,供电电源为两个独立电源。主电源采用 10 kV 线路供电,由 10 kV 工业园线 T 接引来,距离约 2 000 m;备用电源采用柴油发电机组,当电网停电时,柴油发电机组可通过自动转换开关自投给电机供电,待网电恢复,自投到网电。

橡胶坝主要用电负荷为:

排水泵电机,型号:400/400SWB2000/8-75,P_e=110 kW,数量:3 台;

充水泵电机,型号:150QW150-15-11, P_e=22 kW,数量:2 台;

潜污泵电机,型号:50WQ25-10-1.5, P_e=1.5 kW,数量:2 台;

电动葫芦,型号:3 t,P_e=4.5 kW,数量:1 台;

电动蝶阀,型号:D941X-10,P_e=0.18 kW,数量:1 台;

电动蝶阀,型号:D941X-10, P_e=0.45 kW,数量:6 台;

其他用电负荷(照明负荷等):P_e=20 kW。

采用需要系数法确定计算负荷,具体见表 1-6-2。

表 1-6-2 橡胶坝用电负荷计算表(一)

设备名称	工作台数	设备功率 P_e/kW	需要系数 K_c	同时系数 K_t	功率因数 cosφ	计算有功功率/kW	计算无功功率/kVar	计算视在功率/kVA
排水泵电机	3	110	1	1	0.80	330	247.5	412.5
充水泵电机	2	22	1	0	0.80	0	0	0
潜污泵电机	2	1.5	1	1	0.80	3	2.25	3.75
电动葫芦	1	4.5	1	0	0.80	0	0	0
电动蝶阀	1	0.18	0.2	1	0.80	0.036	0.027	0.045
电动蝶阀	6	0.45	0.2	1	0.80	0.54	0.405	0.68
其他用电负荷		20	0.9	1	0.90	18	8.71	20
计算负荷						351.6	258.9	437.0

在实际工程中,排水泵与充水泵不会同时运行,取两者最大值与其他负荷合计。

6.3.3.2 电气主接线

该工程设大变压器 1 台,电压变比为 10/0.4 kV。10 kV 高压架空线路经户外终端杆、跌落式熔断器、氧化锌避雷器、高压电缆接至高压环网柜。变压器低压侧及柴油发电机组经双电源自动转换开关接至 0.4 kV 低压母线,排水泵电机、充水泵电机等用电负荷从该母线引接。

另设小变压器 1 台,电压变比为 10/0.4 kV,高压侧接至高压环网柜,低压侧与大变压器低压侧引来的供电回路经双电源自动转换开关接至 0.4 kV 低压母线,潜污泵电机、电动葫芦、电动蝶阀及其他用电负荷均从该母线引接。

6.3.3.3 短路电流计算

根据《工业与民用配电设计手册》表 4-30、表 4-32 和图 4-14,经计算得出 SC11-500-10/0.4 kV 变压器低压侧短路电流值,见表 1-6-3。

表 1-6-3　变压器低压侧短路电流值

三相短路电流	$I''_{k3}=18$ kA
短路全电流最大有效值	$I_p=27.36$ kA
短路冲击电流	$I_{chp}=45.9$ kA

6.3.3.4　**水泵电机启动方式**

按一台排水泵电机启动、一台排水泵电机运行进行电动机启动计算,母线电压压降大于15%,排水泵电机采用软启动方式,充水泵电机采用直接启动方式。

6.3.3.5　**变压器选择**

根据表 1-6-2,计算负荷为 437.0 kVA。考虑用电负荷需要及电机启动要求,选择 SC11 系列干式变压器,额定容量为 500 kVA,变比为 10±5%/0.4 kV。变压器外壳防护等级选用 IP3X。小变压器容量按橡胶坝非运行期间用电负荷考虑,选择 SC11 系列干式变压器,容量为 50 kVA,变比为 10±5%/0.4 kV。

6.3.3.6　**柴油发电机组容量选择**

柴油发电机组负荷只考虑泄洪时负荷,并按最大的电动机启动需要,选择发电机组容量。

根据《民用建筑电气设计规范》(JGJ 16—2008)条文说明公式(6-3),经计算,$S_{c3}=247.5$ kW。选择 THLC460 主用功率为 460 kW、容量为 575 kVA 的柴油发电机机组可满足要求。

6.3.3.7　**无功补偿的必要性及容量选择**

根据《全国供用电规则》的有关规定,工程用电的功率因数应达到 0.9 以上。本工程的功率因数只达到 0.8 左右,不满足规程规定,必须进行无功补偿。

补偿容量按补到 0.9 以上考虑,根据《供配电系统设计规范》(GB 50052—2009)第 6.0.5 条中的公式进行计算。

有功负荷:351.6 kW。

补偿容量:$Q_c=351.6$ kW×{Tag(cos-1(0.8)-Tag[cos-1(0.95)]}=147 kVar。

据此选择补偿容量为 150 kvar,选用低压三相 25 kvar 的电容器 2 只,低压三相 50 kVar 的电容器 2 只。补偿装置选用 GGJ1-01 型电容补偿屏。

6.3.3.8　**主要电气设备选择**

变压器选择 SC11 型干式变压器,柴油发电机组选用 THLC460。10 kV 配电系统采用 HXGN15-12 型高压环网柜,低压配电系统采用 GGD2 系列成套低压屏,补偿装置选用 GGJ 型电容补偿屏。水泵电机旁设 JX1002 型机旁箱。高压侧跌落保险选用 PRWG1-10FW 型,避雷器选用 HY5WS-17/50 型和 HY5WZ-17/45.0 型。

10 kV 高压电缆选用 YJV22 型铜芯交联聚乙烯绝缘铠装电力电缆。低压电缆采用 YJV 型铜芯交联聚乙烯绝缘聚氯乙烯护套电力电缆。控制电缆选用 kVV 型铜芯聚氯乙烯绝缘聚氯乙烯护套电缆。滑触线采用 DHGJ 型输电导管。

主要电气设备选择均按额定电压和回路计算电流选择,以短路动热稳定度进行校验,均满足要求。

6.3.3.9　**设备布置及电缆敷设**

变压器高压侧跌落保险、避雷器均设在进线终端杆上。

机旁箱布置在泵房内水泵电机旁边。

高压配电屏布置在泵站高压配电室内,电缆进出线。变压器、低压配电屏与无功补偿屏装置成单列布置在低压配电室内,电缆进出线。柴油发电机布置在泵站发电机室内。

控制室内设有监控监视屏、监控工作站、监视工作站、激光打印机等设备。

高压进线电缆埋地敷设。配电柜至各用电设备电缆集中的地方沿桥架敷设,电缆分散的地方埋管或直埋敷设。

高低配电屏、变压器、无功补偿屏与监控监视屏均用地脚螺栓固定在基础上。

6.3.3.10　**防雷接地**

泵站建筑物确定为第三类防雷建筑物。为了防直击雷,在屋顶设避雷带。

为保护电气设备免受雷电侵入波过电压,变压器高压侧设泵站和配电阀式避雷器。低压配电屏内母线加装防电涌保护器 SPD。

泵站采用 TN-S 接地系统。为降低建筑物内间接接触电压和不同金属物体间的电位差,本建筑物进行总等电位联结。在配电室内设总等电位联结端子箱,各配电屏的 PE 母排,各金属管道、金属构件、金属保护管、进线电源电缆 PE 线均应与之结接,端子箱与接地体可靠连接。总等电位联结主母线采用 25 mm^2 铜导线,总等电位连结端子板采用-50×4 铜母线。

变压器和发电机中性点及外壳应在电源处可靠接地,防雷、工作、保护接地合用一处接地装置,接地装置利用自然接地体作为接地装置。自然接地体采用底板内的所有主钢筋的纵横交叉点及金属结构预埋件加以焊接,构成电气通路并形成接地网。该接地网应与引下线、接地线可靠焊接。其接地电阻值不大于 1 Ω,如不满足要求,则加装人工接地体。

6.3.3.11　**照明**

泵房设照明配电箱,电源均由低压配电屏引接。照明供电网络为 380 V/220 V,主干线和各照明分支线采用 TN-S 接线方式。

各房间均设有照明灯具,灯具形式根据房间用途进行选择。

重要部位设应急照明和疏散指示。

6.3.3.12　**消防电气设计**

1. 消防应急照明

橡胶坝室内疏散通道、楼梯间、安全出口、泵房均设置消防应急照明及疏散指示灯,采用应急灯自带蓄电池供电,其连续供电时间大于 60 min。疏散走道的地面最低水平照度不低于 1.0 lx;楼梯间内、泵房地面最低水平照度不低于 5.0 lx。

2. 电气防火

动力电缆、控制电缆及其他专用线缆分层布置,上下层间装设耐火隔板。电缆穿越楼板、隔墙等孔洞缝隙处均采用防火包封堵。

6.3.4　电气二次设计

6.3.4.1　**操作电源**

10 kV 开关柜负荷开关的控制电源均为直流 220 V,电源由分布式直流电源装置供电。低压屏空气开关的控制电源均为交流 220 V。变压器低压侧空气开关、电动机回路空气开关的控制电源均从各自的配电屏引接。所有空气开关跳、合闸均在各自的配电屏上通过手动或电动完成。

6.3.4.2　**测量表计**

根据《泵站设计规范》(GB 50265—2010),结合本站具体情况,对以下电量进行测量和计量。

(1)10 kV 进线:三相电流、三相电压、有功功率、无功功率测量。

(2)变压器二次侧:三相交流电流、三相交流电压、有功功率测量。

(3)电动机及其他负荷回路:单相电流、有功功率测量。

(4)电容补偿:三相电流、无功功率测量。

6.3.4.3　**信号**

变压器、电动机各控制回路设有一对一的跳、合闸灯光信号。

6.3.4.4　**保护**

根据《继电保护和安全自动装置技术规程》(GB/T 14285—2006)、《泵站设计规范》(GB 50265—2010)等规程、规范装设如下保护:

变压器设温度保护,采用高压负荷开关所带高压熔断器作为变压器高压侧短路保护;低压侧采用自动空气开关作为短路保护。

电动机回路,应具有过流、过载、欠压、接地故障保护等保护功能和电压、电流等测量功能。

6.3.4.5　**监控系统**

该工程监控系统主要包括监控监视设备柜、PAC Systems RX3i 型 PLC、16 路串口服务器、以太网交换机、监控工作站、彩色液晶监视器、激光打印机、键盘、鼠标等设备。主机、彩色液晶监视器、激光打印机、键盘、鼠标放在控制室微机桌上;PAC Systems RX3i 型 PLC、16 路串口服务器、以太网交换机等放在配电室的监控监视设备柜内。

监控监视设备柜内设有 PLC 可编程控制器和工业以太网交换机。将箱内的接触器控制接点及所有带变送器的二次仪表的弱电信号输入 PLC,从 PLC 的操作面板上既可对水泵电机进行操作及信号显示,也可对所有的电气参数进行巡检。通过控制室监控工作站主机可对 PLC 进行监视与控制,并实现各种电气参数的显示与打印。

各种数据通过工业以太网交换机和光缆与泗河管理处的监控监视系统相连,在管理处中央控制室乃至市水利局可对此处橡胶坝进行远方监控。在泵房机旁箱通过操作面板的按钮同样可以控制电机的运行。

控制室及配电室监控监视屏与机旁控制相互闭锁,现地控制优先权最高,配电室次之,控制室优先权最低。为防止本监控系统遭受雷击感应脉冲过电压及雷击电磁脉冲,本系统装设电源避雷器 SPD。

6.3.5　监视系统

监视系统由 1 台 8 路嵌入式数字硬盘录像机、工业以太网交换机、6 台一体化球型摄像机、监视工作站组成。6 台一体化球型摄像机分别装于以下地点:橡胶坝上下游侧各 1 台,用于监视橡胶坝体情况和上下游全景;在变压器室、柴油发电机室、水泵房、配电室内各设 1 台,用于监视各处工作情况。

在控制室操作监视主机,可控制所有智能化球形摄像机,得到所需画面。根据运行需要也可将画面送入录像机录像,以备以后查看。

通过以太网交换机和光缆与泗河管理处的监控监视系统相连,在管理处中央控制室乃至市水利局可对此处橡胶坝进行远方监视。为防止本监视系统遭受雷击感应脉冲过电压及雷击电磁脉冲,本监视系统装设电源避雷器 SPD。

6.3.6 通信

在控制室内设一部 IP 电话,作为对外通信工具。

6.3.7 电气劳动安全防护设计与防火设计

劳动安全防护按国家现行的有关规范进行设计。电气设备布置、安全净距、操作间距均按有关安全标准设计。各建筑物均按规范要求设置了防雷与接地装置;均按规范要求设灭火器。进线终端杆设避雷器防止雷电波侵袭电气设备。

6.4 消　防

6.4.1 消防设计依据和设计原则

6.4.1.1 设计依据

(1)《水利水电工程可行性研究报告编制规程》(SL 618—2013)。

(2)《水电工程设计防火规范》(GB 50872—2014)。

(3)《建筑设计防火规范》(2018 版)(GB 50016—2014)。

(4)《建筑灭火器配置设计规范》(GB 50140—2005)。

(5)《工程建设标准强制性条文(房屋建筑部分)》(2013 年版)。

(6)其他国家有关消防设计的规范。

6.4.1.2 消防设计原则

建筑防火设计应遵循国家的有关方针政策,贯彻"预防为主,防消结合"的原则,从全局出发,统筹兼顾,正确处理生产和安全的关系,积极采用行之有效的防火技术,做到安全适用、技术先进、使用方便、经济合理。

6.4.2 消防总体布置

本工程的消防只针对单个建筑物进行布置。

6.4.3 建筑物消防设计

橡胶坝管理用房的耐火等级为 2 级,柴油发电机室、高压配电室、低压配电室、控制室的房门净宽为 1.5 m(大于规范规定的 1.1 m),值班室的房门净宽为 1.0 m(大于规范规定的 0.9 m),并向疏散方向开启,疏散通道和安全出口满足《建筑设计防火规范》(2018 版)(GB 50016—2014)的要求。

6.4.4 防火设计方案及灭火设施

橡胶坝管理用房的消防设计按《建筑设计防火规范》(2018 版)(GB 50016—2014)和

《建筑灭火器配置设计规范》(GB 50140—2005),确定为:生产的火灾危险性类别为丙类,耐火等级二级,火灾类别为 A、E 类,为中危险级工业建筑,故配置基准为 2A,最大保护面积 75 m^2,每具灭火器剂充装量为 4 kg,灭火器选用 MF/ABC4 手提磷酸铵盐干粉灭火器,放在灭火器箱内,在柴油发电机室、高压配电室、低压配电室、控制室、门厅及主厂房内各设 1 处,每处设 2 具灭火器,共 12 具,灭火器最大保护距离为 20 m。

第 7 章　施工组织设计

7.1　工程概况

工程规模、设计标准及设计指标等详见本书其他章节及设计附图，主要工程量详见表 1-7-1。

表 1-7-1　主要工程量

序号	项目名称	单位	工程量
1	土方开挖	m^3	32 342
2	土方回填	m^3	52 526
3	浆砌石	m^3	721
4	干砌石	m^3	45
5	格宾石笼	m^3	4 666
6	混凝土和钢筋混凝土	m^3	34 602
7	钢筋	t	1 466.51

7.2　施工条件

7.2.1　开挖土类

根据一般工程的土类分级标准，确定本工程开挖土方为Ⅲ类土。

7.2.2　水文地质

根据地下水埋藏条件及赋存形式，勘察区地下水主要为第四系松散层孔隙-裂隙潜水，含水层岩性主要为细砂、粗砂、壤土夹姜石层，具强富水性，但含水层分布连续性、均匀性较差。地下水补给来源主要为大气降水入渗、地表水渗漏和山前地下水侧向径流，以人工开采、向下游排泄为主要排泄方式。

据水质分析成果，场区地下水对混凝土无腐蚀性，对混凝土结构中钢筋无腐蚀性，对钢结构具弱腐蚀性。该处河水对混凝土具硫酸盐型弱腐蚀性，对混凝土结构中钢筋具弱腐蚀性，对钢结构具弱腐蚀性。

7.2.3　水文气象

根据水文气象资料,考虑到降雨、低温、度汛等对工程施工的影响,确定年有效施工天数约为 250 d。

7.2.4　建材供应

本区建设市场发育完善,工程所需机械、人力、设备均能解决,所需水泥、钢筋、木材、柴汽油均可由从水县的水泥厂、物资市场采购,建材供应完全可满足工程需求。

块石和粗骨料均在当地石料场购买,由石灰岩加工而成,岩石力学强度高;粗骨料过筛后,清除杂质、粉尘颗粒,满足规范要求。

细骨料在泗河沿线的砂场购买,泗河中上游河道内均为河流冲积堆积的中粗砂,砂质纯正,料源丰富,有优质的工程砂,砂子成分主要为长石、石英,含泥量 1.4%,需经水洗后使用,细度模数 2.8,满足规范要求。

7.2.5　施工交通

工程沿线附近公路交通四通八达,公路有 G327、G104、G105 和 S244、S335、S342、S611,以及京沪、日东高速公路,还有不少市、县、乡、村级公路,施工机械和料物均可通过以上道路直达现场。

7.2.6　施工供电

工程主要用电负荷为场区照明、施工排水、机械修配、混凝土与砂浆拌制、钢木加工、混凝土运输与浇筑、设备安装及生活区用电等施工用电。施工用电在附近高压线接线,并在现场设临时变压器,通过低压线路向各用电点供电。为保证施工排水、混凝土浇筑等不间断用电要求,需配备柴油发电机组作为备用电源。自发电和电网点比例为 1∶9。

7.2.7　施工供水

施工用水通过打机井抽取地下水或利用施工排水排出的渗水解决。生活用水可在生活区附近打机井取水,也可通过运水车在附近村庄接水。

7.3　施工导流

7.3.1　导流标准

本工程的等别为Ⅱ等,工程规模为大(2)型。主要建筑物橡胶坝建筑物级别确定为 3 级,次要建筑物级别为 4 级。

根据《水利水电工程施工组织设计规范》(SL 303—2017),导流建筑物级别为 5 级,土石结构类型的导流建筑物的洪水标准为 5~10 年一遇,鉴于本工程实测水文资料系列较长,施工围堰采用常用的土石围堰,结构形式简单,为减少导流工程量,采用 5 年一遇洪水标准。

7.3.2　导流时段和流量

泗河流域内降水主要集中在每年的6—9月，为减少导流工程量，避开汛期降水高峰，确定该工程的导流时段为当年10月至次年5月。根据水文计算，临泗橡胶坝处泗河非汛期5年一遇洪水流量为26.9 m^3/s。

7.3.3　导流设计

为保护耕地资源，尽量少占农田，河道内修筑一、二期纵向施工围堰导流。由于施工期来水主要由主河槽过水，因此一期工程纵向围堰应建于滩地较宽一侧，一期工程施工时由主河槽导流，二期工程施工时由已建工程一侧导流。

橡胶坝共分7跨。一期围堰围封右侧4跨橡胶坝，利用左侧河槽导流，二期围堰围封左侧3跨橡胶坝，利用右侧已建橡胶坝导流。

根据各期工程的工程规模，确定一期工程安排于第1年10月至第2年5月，二期工程安排于第2年10月至第3年5月。

经计算，一期上游围堰和纵向围堰底高程80.50 m，堰顶高程82.28 m，一期下游围堰底高程80.50 m，堰顶高81.96~82.28 m。

二期上游围堰和纵向围堰底高程80.50 m，堰顶高程82.05 m，二期下游围堰底高程80.50 m，堰顶高程81.97~82.05 m。

围堰为均质土围堰，采用1 m^3挖掘机配8 t自卸车在附近滩地上取土，平均运距2 km，一期围堰拆除后的土料可用于二期围堰填筑，工程结束后，围堰拆除料运回原取土坑回填。

为保证施工机械交通要求，堰顶宽度设计为3 m，围堰上、下游边坡，水上部分采用1:2.5，水下部分采用自然边坡1:4，围堰的迎水面采用塑料编织袋装填土护砌，护砌厚度约为0.5 m，并在迎水坡铺设0.3 mm厚的复合土工膜防渗。为增强防渗效果，复合土工膜自堰脚向外水平延伸3 m。

7.3.4　基坑排水

基坑排水分为初期排水和经常性排水。初期排水主要是排除围堰范围内的积水。为防止水中填土围堰滑坡，基坑降水深度控制为0.5~0.8 m/d。

经常性排水主要是基坑排水，包括降雨汇水、施工弃水及围堰堰身及地基渗水等。根据围堰的形式、地质情况和土质渗透系数等情况，橡胶坝工程采用明沟排水或管井降水方式，每个建筑物配备适量台数的潜水泵。

7.4　施工方法

7.4.1　土石方工程

土石方挖填工程项目主要包括场地清表及上下游连接段、橡胶坝段、泵房基坑等工程的土方挖填，清表土12 197 m^3，基坑土方开挖20 154 m^3，土方回填量55 874 m^3，折自然方 65 734 m^3。

场地清表采用 74 kW 推土机推运至附近堆存,再采用 1 m^3 挖掘机配 8 t 自卸车挖运至料场取土坑弃置,运距 2 km。

土方开挖采用 1 m^3 挖掘机配 8 t 自卸车施工,将基坑开挖土方运至堤内附近滩地上临时堆存,待主体工程完成后,再用于回填,平均运距 0.5 km。基坑回填所缺土方在料场取土,运距 2 km。

建筑物基坑回填土方均采用拖拉机配蛙夯机压实。

7.4.2　砌石工程

砌石工程主要包括橡胶坝工程的浆砌石挡墙、护坡等。

7.4.2.1　石料的选用

砌石体的石料均外购自选定料场,应选用的材质坚实,无风化剥落层或裂纹,表面无污垢、水锈等杂质,用于表面的石材,色泽应均匀。石料的物理力学指标应符合国家施工规范要求。

7.4.2.2　砂浆拌制

砌石胶结材料选用水泥砂浆,水泥砂浆采用 0.4 m^3 的灰浆搅拌机拌制,拌和时间不得少于 2 min。制备的水泥砂浆配合比应准确,拌和均匀,不应产生泌水和离析现象,超过初凝时间的熟料应废弃,不得重拌使用。拌制好的砂浆采用人工胶轮车运输至工作面。

7.4.2.3　浆砌石体砌筑

(1)进场后的石料,经人工选修后用胶轮车运输至工作面,搬运就位。砌筑前,应在砌体外将石料表面的泥垢冲洗干净,砌筑时保持砌体表面湿润。边坡护砌前,应先对坡面进行修整,将坡面修整平顺,并把坡面部位的填料压实。

(2)浆砌石施工采用坐浆法分层砌筑。砌筑应先在基础面上铺一层 3~5 cm 厚的稠砂浆,然后安放石块。

(3)勾缝应在砌筑施工 24 h 以后进行,先将缝内深度不小于 2 倍缝宽的砂浆刮去,用水将缝内冲洗干净,再用强度等级较高的砂浆进行填缝,要求勾缝砂浆采用细砂和较小的水灰比,其灰砂比控制在 1:1~1:2。

7.4.3　混凝土工程

混凝土工程量共 34 602 m^3,采用外购商品混凝土,用混凝土搅拌运输车运至施工现场,混凝土垂直运输采用 10 t 塔式起重机配吊斗吊运。混凝土浇筑完成后 12~18 h 内即开始对混凝土表面养护,养护时间不少于规范规定的时间。

混凝土工程工作内容包括模板架设、钢筋制作安装及混凝土的浇筑和养护。模板要具有足够的强度、刚度及稳定性,表面光洁平整,接缝严密,模板安装按设计图纸测量放样。工程所用的钢筋应符合设计要求,钢筋安装时,应严格控制保护层厚度,使用时应进行防腐除锈处理。混凝土所用的水泥掺合料、外加剂符合现行国家标准,骨料粒径、纯度满足设计要求,配合比应通过计算和试验确定,坍落度根据建筑物的部位、钢筋含量、运输、浇筑方法和气候条件决定,钢筋混凝土为 7~9 cm。混凝土浇筑前应详细进行仓内检查,模板、钢筋、预埋件、永久缝及浇筑准备工作等,并做好记录,验收合格后方可浇筑,浇筑混凝土应连续进行。浇筑完毕后,应及时覆盖以防日晒,面层凝固后,立即洒水养护,使混凝土和模板经常保持湿润状态,养护至规定龄期。

7.4.4　橡胶坝坝袋安装

主要工序是:坝袋检验→孔洞放样→坝袋就位→锚固坝袋→充水试验。

坝袋运到工地后,应立即检查坝袋质量是否符合设计要求,有无脱胶破损及孔洞,尺寸是否符合要求,检查应选择宽阔、平整的空地,将坝袋全部展开,全面检查,检查完成后,即可进行孔洞放样。根据图纸和实地测量的尺寸,在坝袋上开出孔洞,锚固孔采用冲孔,一次成型。

底垫片开孔后按设计要求对孔口周边进行补强处理,先用锉刀将黏合面锉毛,用汽油刷净,黏合面涂刷要求均匀,然后将黏合面搭接,用塑胶滚轮滚压,确保黏接充分、平整、无皱褶、气泡。开孔放样完成后,根据事先制订的安装方案,按先下游、后上游的顺序,将坝袋按平行于坝轴线方向卷成筒状,要注意将下游锚固端坝袋卷在外边,然后用卷扬机配合人力将其拉运至下锚线下游侧,坝袋搬运过程中要安排足够的劳动力,在搬运过程中要有专人指挥,做到轻、稳、准,防止坝袋与地面或埋件摩擦,导致损坏。

坝袋就位后按先中间、后两边的顺序拧紧螺母,紧固螺母必须采用力矩扳手,保证每个螺栓受力均匀,压板紧密、平顺。下游锚固完成后,应对底垫片及出水帽等进行仔细检查,确认无误后,再锚固上游侧,锚固方法与下游侧相同。坝袋锚固完成后,经监理工程师验收合格,即可进行充水试验。坝袋充水经 72 h 运行坝袋表面及下锚线无渗漏,充水后袋体丰润、平整,充排水系统运行平稳、正常,经监理工程师验收合格后,即可用混合砂浆封填锚固线。

7.4.5　水力机械、电气设备安装

7.4.5.1　水力机械设备安装工程

水力机械设备安装工程主要包括充排水泵、潜污泵、止回阀、闸阀、蝶阀及钢管等设备和材料的安装。

从制造厂运至工地的成套设备在仓库做短暂保管,然后按施工顺序采用载重汽车分件陆续运至施工现场,进行组装。设备安装前应做好周密详细的施工计划,配合土建工程确定设备的安装顺序,设备安装施工应符合设计要求,并做好检测、调试工作。

7.4.5.2　机电设备安装工程

机电设备安装内容包括变压器、低压配电屏、机旁箱、避雷器、电缆敷设及监控监视系统安装等。各机电设备尤其是大件机电设备均采用载重汽车运至场区,汽车吊吊运就位。

机电设备安装工序如下:

(1)准备阶段看图→图纸会审→提出设备、材料、加工件计划→验收入库和保管→编制施工技术方案→施工机具和设备的准备。

(2)施工阶段开工报告→技术交底→材料发放→配合预埋件预埋→电气设备安装→母线安装→照明安装→电缆支吊架和桥架制作安装→电缆头施工→芯线连接→高低压开关柜检查调整。

(3)调试阶段电气设备和单元件调试→耐压试验→操作电源送电→开关柜等系统联动试验→模拟试验。

(4)交工阶段检查各个系统相序→高、低压开关柜分别受送电→验收交工。

对于所有材料、设备和施工工艺,都应遵守国家和有关各部颁发的所有现行技术规范。

7.5　施工总布置

施工总体布置原则如下:

(1)尽量利用现有开阔平地,减少场地平整工作量,各生产、生活设施的布置应便于生产管理。

(2)施工交通应充分综合利用现有道路。

(3)尽量少占耕地,方便施工,减少干扰,利于生活,方便生产。

(4)充分利用当地可为工程服务的建筑、加工制造、修配及运输等企业。

(5)施工临时设施布置应符合国家现行有关安全、防火、卫生、环境保护等规定。

7.5.1　施工道路

工程沿线附近公路交通四通八达,公路有 G327、G104、G105 国道和 S244、S335、S342、S611 省道及京沪、日东高速公路,还有不少市、县、乡、村级公路,施工机械和料物均可通过以上道路运至现场附近,再通过泗河堤顶路和场内施工道路直达施工现场。

为便于基坑土方外运及建筑物砂石料、混凝土等施工料物运输,需在橡胶坝施工工厂、施工场区内修筑施工道路,施工道路总长 1 160 m,泥结碎石路面,路宽 7 m,部分道路位于滩地上,需临时占地 2.1 亩。

7.5.2　土方堆存与弃置

橡胶坝基坑开挖土方共计 2.01 万 m^3,折松方 2.42 万 m^3,在附近滩地上临时堆存,以备回填,土方堆高 2.0 m,边坡 1:1.5,临时占地 19.94 亩。

场区清表土共计 1.22 万 m^3,在附近泗河滩地上弃置,临时占地 12.07 亩。

7.5.3　土料场

橡胶坝基坑回填除利用自身开挖料外,尚缺土方 4.56 万 m^3,料场位于附近滩地上,取土深度 2.5 m,临时占地 27.35 亩。

7.5.4　施工导流

橡胶坝工程采用分期导流方式,主要占地为围堰填筑在附近滩地上的取土占地,由于二期围堰可利用一期围堰拆除料填筑,因此一期围堰取土量即为料场取土总量,一期围堰填筑共需土料 1.88 万 m^3,料场开挖深度 2.5 m,共需临时占地 11.27 亩。

7.5.5 施工临时设施

7.5.5.1 施工仓库及加工厂

橡胶坝工程施工仓库及加工厂主要包括:钢筋加工厂、木材加工厂、混凝土拌和系统及附属仓库等,其中仓库设于加工厂内,需设水泥仓库、设备仓库及零星材料库等。

一期工程和二期工程仓库加工厂分左右两岸设置,一期工程仓库及加工厂设于右岸堤内高滩地上,设仓库 250 m^2,临时占地 3.0 亩;二期工程仓库及加工厂设于左岸堤内高滩地上,设仓库 180 m^2,临时占地 2.5 亩。

7.5.5.2 生活区

为便于工程施工,施工人员的生活区布置在施工仓库及加工厂附近,但应保持一定距离,以免干扰施工人员的正常休息。

一期工程和二期工程生活区分两岸设置,一期工程生活区设于右岸堤内高滩地上,临时占地 2.5 亩;二期工程生活区设于左岸堤内高滩地上,临时占地 2.0 亩。

7.5.6 施工临时占地

施工临时占地包括施工道路、土方堆存与弃置、土料场、施工临时设施等临时占地,共需占地 82.73 亩,见表 1-7-2。

表 1-7-2 施工临时占地

序号	临时工程	临时占地/亩	占用期/年
1	施工道路	2.10	1.0
2	土方堆存	19.94	1.0
3	土方弃置	12.07	1.0
4	基坑回填取土料场	27.35	1.0
5	施工导流取土料场	11.27	1.0
6	仓库及加工厂	5.50	2.0
7	生活区	4.50	2.0
合计		82.73	

7.6 施工总进度

根据本工程的施工项目、工作量及相互制约条件,确定工程总工期 2.0 年,其中汛期基本不安排施工,见表 1-7-3。

表 1-7-3　施工进度表

序号	工程项目名称	单位	工程量		第一年					第二年												第三年						
					8	9	10	11	12	1	2	3	4	5	6	7	8	9	10	11	12	1	2	3	4	5	6	7
一	施工准备																											
二	主体工程																											
1	一期工程																											
	围堰筑拆	m^3	16 628	16 628																								
	基坑开挖、回填	m^3	20 145	11 511																								
	上游连接段联锁预制块护砌	m^3	2 081	1 189																								
	上游连接段混凝土浇筑	m^3	4 612	2 635																								
	橡胶坝段混凝土浇筑	m^3	8 267	4 724																								
	下游连接段联锁预制块护砌	m^3	2 187	1 250																								
	下游连接段混凝土浇筑	m^3	17 685	10 106																								
	坝袋及机电设备安装	项	1	1																								
	观测设施	项	1	1																								
2	二期工程																											
	围堰筑拆	m^3	14 228	14 228																								
	基坑开挖、回填	m^3	20 145	8 634																								
	上游连接段联锁预制块护砌	m^3	2 081	892																								
	上游连接段混凝土浇筑	m^3	4 612	1 977																								
	橡胶坝段混凝土浇筑	m^3	8 267	3 543																								
	调节闸段混凝土浇筑	m^3	524	225																								
	下游连接段联锁预制块护砌	m^3	1 429	612																								
	下游连接段混凝土浇筑	m^3	17 685	7 579																								
	坝袋及机电设备安装	项	1	1																								
	观测设施	项	1	1																								
3	泵房及管理房	项	1	1																								
三	竣工清理																											

7.7　技术供应

7.7.1　材料用量表

主要材料用量汇总见表 1-7-4。

表 1-7-4　主要材料用量汇总

序号	名称	单位	数量
1	钢材	t	1 496
2	木材	m^3	11
3	水泥	t	897
4	柴油	t	13
5	汽油	t	123
6	砂	m^3	711
7	石子	m^3	4 629
8	块石	m^3	5 587
9	商品混凝土	m^3	35 639

7.7.2　机械用量表

主要机械用量汇总见表 1-7-5。

表 1-7-5　主要机械用量汇总

序号	机械名称	型号	单位	数量
1	挖掘机	1 m^3	台	7
2	自卸汽车	8 t	辆	36
3	推土机	74 kW	台	12
4	拖拉机	74 kW	台	12
5	蛙夯机	2.8 kW	台	7
6	砂浆搅拌机		台	3
7	机动翻斗车		辆	25
8	塔机	25 t	台	3
9	吊车	20 t	台	3

第 8 章　建设征地与移民安置

8.1　征地范围

8.1.1　永久占地

根据主体工程设计，本工程永久占地 115.95 亩。

8.1.2　临时用地

根据施工组织设计，本工程临时用地 82.74 亩，主要包括施工道路 2.10 亩、土方堆存 19.94 亩，土方弃置 12.07 亩，基坑回填取土场 27.35 亩，施工导流取土料场 11.27 亩，仓库及加工厂 5.50 亩，生活区 4.50 亩，见表 1-7-2。

8.2　征地实物

8.2.1　调查依据

8.2.1.1　规程规范

（1）《水利水电工程建设征地移民安置规划设计规范》（SL 290—2009）。

（2）《水利水电工程建设征地移民实物调查规范》（SL 442—2009）。

（3）《土地利用现状分类》（GB/T 21010—2017）。

（4）其他相关的规程规范。

8.2.1.2　有关技术资料

（1）工程影响区地类地形图；

（2）工程设计及施工组织设计资料。

8.2.2　调查过程

根据《水利水电工程建设征地移民安置规划设计规范》（SL 290—2009）和《水利水电工程建设征地移民实物调查规范》（SL 442—2009）的要求，2018 年 5 月 8 日，山东省水利勘测设计院与泗水县水利局等相关人员组成调查组，持工程布置图对工程影响范围内的地面附着物开展了调查。

8.2.3　实物成果

8.2.3.1　工程占地

永久占地为 115.95 亩。其中，水浇地 9.37 亩，果园 6.08 亩，乔木林地 46.68 亩，农村宅基地0.20亩,农村道路1.81亩,河流水面22.57亩,坑塘水面17.13亩,内陆滩涂11.15亩,沟渠0.55亩,设施农用地0.41亩。

临时用地为82.74亩。其中,水浇地77.37亩,乔木林地3.66亩,农村道路0.06亩,河流水面0.75亩,坑塘水面0.76亩,内陆滩涂0.05亩,水工建筑物用地0.09亩。

8.2.3.2 地面附着物

本工程影响零星房屋268 m^2,厕所4 m^2,砖围墙12 m,禽畜舍738 m^2,水井18 m,果树176棵,乔木9 147棵,其中胸径小于5 cm的8 515棵, 5~10 cm的172棵,10~20 cm的437棵,大于20 cm的23棵,鱼塘11.92亩,铁丝围栏194.00 m^2,铁大门3个,电杆3根,银杏20棵,月季2棵,香椿15棵,葡萄2棵,绿化树2棵,青苗86.75亩。

8.3 临时用地复垦

根据施工组织设计,本工程临时用地82.74亩,主要包括施工道路2.10亩、土方堆存19.94亩,土方弃置12.07亩,基坑回填取土场27.35亩,施工导流取土料场11.27亩,仓库及加工厂5.50亩,生活区4.50亩。施工道路、土方堆存、土方弃置、基坑回填取土场、施工导流取土料场占用期为1年,仓库加工厂、生活区占用期为2年。

主体工程完成后,主体工程施工单位将临时用地上的临时建筑、土方、硬化地面、其他垃圾清理外运,污染土壤挖除换填,并结合原有高程及坡向整平,同时恢复原有灌排系统及道路网络,并经相关单位验收后进行交地。

8.4 投资估算

根据《中华人民共和国土地管理法》(2004年修改)、《山东省实施〈中华人民共和国土地管理法〉办法》(2015年修改)等文件并结合本工程特点,进行本工程移民安置补偿投资估算。

8.4.1 编制依据

8.4.1.1 法律、法规

(1)《中华人民共和国土地管理法》(2004年修改);

(2)《山东省实施〈中华人民共和国土地管理法〉办法》(2015年修改);

(3)《国务院关于修改〈大中型水利水电工程建设征地补偿和移民安置条例〉的决定》(国务院令第679号);

(4)其他相关法律、法规。

8.4.1.2 规程、规范

(1)《水利水电工程建设征地移民安置规划设计规范》(SL 290—2009);

(2)《水利水电工程建设征地移民实物调查规范》(SL 442—2009);

(3)其他相关的规程、规范。

8.4.1.3 有关文件

(1)《山东省国土资源厅、山东省财政厅关于济宁市征地地上附着物和青苗补偿标准的

批复》(鲁国土资字〔2017〕394号);

(2)本工程主体设计及施工组织设计资料;

(3)其他相关技术资料。

8.4.2　补偿标准

8.4.2.1　永久占地补偿标准

本工程永久占地均位于河滩地内,故不计列补偿费用。

8.4.2.2　临时用地补偿标准

根据施工组织设计,本工程临时用地均位于河滩地内,故不计列临时用地补偿费用。

8.4.2.3　地面附着物补偿标准

地面附着物补偿标准根据《山东省国土资源厅、山东省财政厅关于济宁市征地地上附着物和青苗补偿标准的批复》(鲁国土资字〔2017〕394号)规定执行。

8.4.3　其他费用

根据《水利工程设计概(估)算编制规定(建设征地移民补偿)》(水总〔2014〕429号),等有关规定及相关水利工程移民安置实施的情况,本工程征地移民有关取费标准如下:

(1)前期工作费:按(农村部分×2.5%)计列;

(2)综合勘测设计科研费:按(农村部分×4%)计列;

(3)实施管理费:包括地方政府实施管理费和建设单位实施管理费,其中地方政府实施管理费按(农村部分×4%)计列,建设单位实施管理费按(农村部分×1.2%)计列;

(4)实施机构开办费:考虑征地移民管理工作要求,按实施管理费的10%计列;

(5)技术培训费:暂不计列;

(6)监督评估费:按(农村部分×2%)计列。

8.4.4　预备费

(1)基本预备费:按(农村部分+其他费用×16%)计列;

(2)价差预备费:暂不计列。

8.4.5　建设征地与移民安置投资估算

本工程建设征地与移民安置总投资为104.50万元,见表1-8-1。

表1-8-1　征地移民投资估算

序号	项目	单位	单价/万元	数量	投资/万元
第一部分	农村移民安置补偿费				78.88
1	其他补偿补助				
1.1	杂房				
	砖木	m^2	0.060 0	98	5.88
	彩钢房	m^2	0.040 0	110	4.40

续表 1-8-1

序号	项目	单位	单价/万元	数量	投资/万元
	简易棚	m^2	0. 010 0	60	0. 60
1. 2	厕所	m^2	0. 020 0	4	0. 08
1. 3	砖围墙	m	0. 010 0	12	0. 12
1. 4	禽畜舍				
	砖木	m^2	0. 025 0	616	15. 40
	简易棚	m^2	0. 016 0	122	1. 95
1. 5	水井				
	手压井	m	0. 003 5	14	0. 05
	水泥下管井	m	0. 058 0	4	0. 23
1. 6	果树				
	衰老期	棵	0. 030 0	138	4. 14
	盛果期	棵	0. 060 0	17	1. 02
	幼龄期	棵	0. 007 0	21	0. 15
1. 7	乔木				
	$D \leq 5$ cm	棵	0. 000 6	8 515	5. 11
	5 cm$<D \leq$10 cm	棵	0. 006 0	172	1. 03
	10 cm$<D \leq$20 cm	棵	0. 008 0	437	3. 50
	$D>20$ cm	棵	0. 009 0	23	0. 21
1. 8	鱼塘	亩	1. 800 0	11. 92	21. 45
1. 9	铁丝围栏	m^2	0. 001 4	194	0. 27
1. 10	铁大门	个	0. 200 0	3	0. 60
1. 11	电杆	根	0. 200 0	3	0. 60
1. 12	银杏	棵	0. 080 0	20	1. 60
1. 13	月季	棵	0. 008 0	2	0. 02
1. 14	香椿	棵	0. 001 5	15	0. 02
1. 15	葡萄	棵	0. 008 0	2	0. 02
1. 16	绿化树	棵	0. 008 0	2	0. 02
1. 17	青苗	亩	0. 120 0	86. 75	10. 41
第二部分	其他费用				11. 61
1	前期工作费		2. 50%	78. 87	1. 97
2	综合勘测设计科研费		4%	78. 87	3. 15

续表 1-8-1

序号	项目	单位	单价/万元	数量	投资/万元
3	实施管理费				
	地方政府实施管理费		4%	78.87	3.15
	建设单位实施管理费		1.20%	78.87	0.95
4	实施机构开办费		10.00%	4.10	0.41
5	技术培训费		0.00%	78.87	0.00
6	监督评估费		2%	78.87	1.58
第一至第二部分合计					90.09
第三部分	预备费		16%	90.09	14.41
总投资					104.50

第 9 章　环境影响评价

9.1　概　述

评价依据的法律法规及导则、规范如下。

9.1.1　法律法规

(1)《中华人民共和国环境保护法》,第十二届全国人民代表大会常务委员会第八次会议修订,2015 年 1 月 1 日起施行。

(2)《中华人民共和国环境影响评价法》,第十二届全国人民代表大会常务委员会第二十一次会议修正。

(3)《中华人民共和国水污染防治法》,第十届全国人民代表大会常务委员会第三十二次会议修订。

(4)《中华人民共和国大气污染防治法》,第十二届全国人民代表大会常务委员会第十六次会议修订通过, 2016 年 1 月 1 日起施行。

(5)《中华人民共和国环境噪声污染防治法》,第八届全国人民代表大会常务委员会第二十二次会议通过修订,1997 年 3 月 1 日起施行。

(6)《中华人民共和国固体废物污染环境防治法》,第十二届全国人民代表大会常务委员会 2016 年 11 月 7 日第二十四次会议修订通过。

(7)《中华人民共和国水土保持法》,第十一届全国人民代表大会常务委员会第十八次会议于 2010 年 12 月 25 日通过修订,2011 年 3 月 1 日起施行。

(8)《中华人民共和国水法》,第十二届全国人民代表大会常务委员会第二十一次会议 2016 年 7 月 2 日通过修改。

9.1.2　导则、规范

(1)《建设项目环境影响评价技术导则 总纲》(HJ 2.1—2016)。

(2)《环境影响评价技术导则 大气环境》(HJ 2.2—2008)。

(3)《环境影响评价技术导则 地面水环境》(HJ/T 2.3—1993)。

(4)《环境影响评价技术导则 声环境》(HJ 2.4—2009)。

(5)《环境影响评价技术导则 生态影响》(HJ 19—2011)。

(6)《环境影响评价技术导则 地下水环境》(HJ 610—2016)。

(7)《环境影响评价技术导则 水利水电工程》(HJ/T 88—2003)。

(8)《水利水电工程环境保护设计规范》(SL 492—2011)。

(9)《水利水电工程环境保护概估算编制规程》(SL 359—2006)。

(10)《水利工程建设标准强制性条文》(2016 年版)。

9.1.3 评价标准

评价执行的环境质量标准及施工期污染物排放标准见表1-9-1。

表1-9-1 评价执行的环境质量标准及施工期污染物排放标准

环境要素		标准名称及级(类)别
地表水环境		《地表水环境质量标准》(GB 3838—2002)Ⅳ类标准
地下水环境		《地下水质量标准》(GB/T 14848—2017)Ⅲ类标准
声环境		《声环境质量标准》(GB 3096—2008)的2类标准
施工区环境空气		《环境空气质量标准》(GB 3095—2012)二级标准
施工期污染物排放标准	生产生活污废水	《山东省南水北调沿线水污染物综合排放标准》(DB 37/599—2006)
	噪声	《建筑施工场界环境噪声排放标准》(GB 12523—2011)中相应时段的标准
	一般固体废物排放	《一般工业固体废物贮存、处理场污染控制标准》(GB 18599—2001)及其2013年修改单标准
	废气	《大气污染物综合排放标准》(GB 16297—1996)二级标准及各项有关污染物的无组织排放监控浓度限值

9.2 环境现状调查与评价

9.2.1 环境现状调查与评价

9.2.1.1 地表水水质

根据山东省水环境功能区划,泗河泗水县为工业用水区,泗河水质应满足《地表水环境质量标准》(GB 3838—2002)Ⅳ类标准。根据2017年9月山东省环保厅公布的泗河断面水质监测资料,泗河水质现状为《地表水环境质量标准》(GB 3838—2002)Ⅲ类标准。

9.2.1.2 大气及声环境

施工区环境空气扩散条件好,人口密度较小,目前环境空气质量良好,基本符合《环境空气质量标准》(GB 3095—2012)二级标准。

工程区域不涉及大型工矿企业,环境噪声以生活噪声为主,声环境质量较好,噪声背景值较低。

9.2.1.3 生态环境现状

工程区以平原为主,植被属暖温带落叶阔叶林区。评价区内主要生态系统包括农田生态系统、灌丛生态系统、林业生态系统等。

植被类型人工化和物种单一化明显,生态系统组成与结构比较简单,野生动物种类贫乏。就目前掌握的资料看,区域内没有受保护的物种。

9.2.2 环境敏感点

工程影响范围内无环境敏感目标。

9.2.3 环境保护目标

9.2.3.1 水环境保护目标

根据水环境功能区划,泗河水质保护目标为《地表水环境质量标准》(GB 3838—2002)Ⅳ类标准。施工中产生的污、废水禁止直接排入附近水域。

9.2.3.2 大气环境保护目标

大气环境保护目标主要为施工区及附近居民区。在施工期采取相应的环境保护措施,保护施工区大气质量。施工区环境空气质量执行《环境空气质量标准》(GB 3095—2012)二级标准控制。

9.2.3.3 声环境保护目标

施工区位于农村地区,执行《声环境质量标准》(GB 3096—2008)2类标准。工程施工区噪声执行《建筑施工场界环境噪声排放标准》(GB 12523—2011)。

9.2.3.4 生态保护目标

保护施工区及周边影响区生态系统的完整性。保护陆生生态系统和水生生态系统,尽快恢复因项目建设受损生境,保护项目区动植物及其生境。

9.2.3.5 人群健康保护目标

加强工程施工期间的医疗卫生管理,控制传染病媒介生物,加强施工人员的防疫、检疫,防止各类传染病的暴发流行,保护施工人员身体健康。

9.3 环境影响预测与评价

9.3.1 生态环境影响预测评价

9.3.1.1 对陆生生态的影响与评价

工程施工导流和临时设施布设会影响当地的农作物生长,损坏水土保持设施,砍伐树木,扰动地表植被,使野生动植物受到一定程度的干扰;弃土、渣的堆放会产生水土流失现象。

工程施工区野生动物种类较少,物种较普及,施工期间,施工噪声会使这些野生动物受到惊吓,施工占地也会侵占一些野生动物的栖息地,由于占地面积相对较小,而且动物都具有较强的移动能力,工程结束后,它们又会回到原来的栖息地。因此,工程对其影响是轻微的。

9.3.1.2 水生生态影响与评价

工程施工时,扰动河水使底泥浮起,造成局部河段悬浮物增加,河水浑浊。短时间内河道水质变浑,会在一定程度上导致水质下降。另外,在岸边打桩、土石填筑等施工作业中,水体被搅浑,影响水生生物的栖息环境,或者将鱼虾吓跑,影响正常的活动路线;对河岸的开挖和围堰,会破坏河漫滩地的水生植物群落,从而影响植食性水生动物的觅食。

9.3.2　水环境影响预测评价

9.3.2.1　对水文泥沙的影响

本项目建坝蓄水将对河道水文、泥沙特性产生影响。坝上河段由于建坝水位抬高，坝上回水影响范围内水流流速明显减缓，坝上会产生一定的泥沙淤积。因建坝抬高水位差，以后会有一定的冲刷影响。

9.3.2.2　对生物多样性及生态系统完整性的影响分析

本项目所在地河道中水生生物量低，鱼类种群主要是小型鱼类，数量少，经济价值低。本项目建成运行后，浮游生物种群结构会发生一定变化，有部分种群数量、生物量会增加；而坝下附近河段水量减少，水生生物数量、生物量将降低，从而对区内生物多样性及生态系统完整性产生一定影响。

9.3.3　人群健康影响预测

对人群健康影响的主要因素为工程施工，其主要影响为呼吸道传染病、介水传染病、自然疫源性疾病和虫媒传染病。

工程建设期间人员较为集中，施工区容易引起疾病的交叉感染。若不注意饮食卫生和居住区的环境卫生，在降雨增多、湿度上升的季节，细菌及蚊蝇极易生长和繁殖，将有感染细菌性痢疾的可能性。同时由于人员流动性大，外来人员可能带来新的疫情，易造成施工人员中传染性疾病特别是肠道传染病、病毒性肝炎和肺结核病的暴发和流行。因此，需对施工人员采取必要的卫生防疫措施，并定期进行体检。但根据近年来水利工程的实践经验，只要落实好各项卫生防疫措施，施工人员中疾病发病率可得到有效控制。

9.3.4　施工期环境影响预测

9.3.4.1　水环境影响

工程施工期污染源主要包括生产废水和生活污水两大部分。

1. 生产废水

生产废水主要是混凝土拌和系统浇筑和养护废水。根据同类工程类比，混凝土浇筑和养护废水的产生量为 0.35 m^3/m^3，排放系数按 0.8 计，经计算，废水产生量合计为 9 688 m^3，根据水利工程施工经验，一般生产废水偏碱性，水质悬浮物浓度较高，普遍超标，悬浮物的主要成分为土粒和水泥颗粒等无机物，基本不含有毒有害物质。

2. 生活污水

工程施工期为 2 年，高峰期人数 182 人，平均人数 151 人。根据地区条件，人均日用水量按 100 L 计算，施工高峰期生活用水量为 18.2 m^3/d，按污水排放系数 0.8，则高峰期最大排放量约为 146 m^3/d。

生活污水中主要污染物来源于排泄物、食物残渣、洗涤剂等有机物，主要污染物为 BOD_5 和 COD，其中 BOD_5、COD 的浓度分别为 100~200 mg/L、200~300 mg/L，此外还含有致病病菌、病毒和寄生虫卵等。生活污水须处理后才能排放。

9.3.4.2　对大气环境的影响

施工废气主要包括燃油废气和施工粉尘、交通扬尘。

1. 燃油废气对环境空气影响

根据同类水利工程施工经验，工程施工机械排放尾气对周围大气环境影响很小。施工机械燃油产生的污染物不致对大气环境质量及功能造成明显影响。

2. 施工粉尘对大气环境的影响

工程施工对大气环境影响的另一主要因素是粉尘，施工现场近地面粉尘浓度可达1.5~30 mg/m^3。施工扬尘主要来源包括两个方面，一是土方开挖产生扬粉尘，二是混凝土施工过程中产生的粉尘。

工程土方开挖在短时间内产尘量较大，由于总体施工在很大范围内进行，施工区都在平原地区，大气扩散条件较好，在无雨天要注意采取洒水等降尘措施，对环境大气质量影响将会很小。

混凝土拌和进料和搅拌时产生粉尘，浓度平均值为1 000 mg/m^3，混凝土拌和系统一般配备有除尘设备，只要能正常运行，就可大大降低粉尘浓度，减小影响范围。

3. 交通运输扬尘对大气环境的影响

交通运输扬尘主要来自于两方面，一方面是汽车行驶产生的扬尘；另一方面是装载水泥、土方等多尘物质运输时，汽车在行驶中因防护不当等导致物料失落和飘散。由于工程所在地区一般大气开阔性很好，污染物比较容易扩散，但在一般气象条件下，将对施工道路两侧和紧邻大坝等土方工程的农作物将造成一定不利影响，工程施工期需采取洒水等降尘措施。

9.3.4.3　对声环境的影响

施工期噪声源分为点源和线源两种。主要噪声来源于爆破、钻孔、混凝土浇筑、开挖等施工过程中的施工机械运行和车辆运输，见表1-9-2。

表1-9-2　工程施工主要机械噪声

声源	源强/dB	离声源不同距离的噪声预测值/dB								达标距离/m		《声环境质量标准》(GB 3096—2008)2类	
		20 m	50 m	100 m	150 m	200 m	250 m	400 m	500 m	昼间	夜间	昼间/dB	夜间/dB
混凝土拌和系统	88	54	46	40	36.5	34	32	28	26	20	50		
综合加工厂	105	71	63	57	53.5	51	49	45	43	100	250	60	55
混凝土搅拌机	95	61	53	47	43	41	39	35	33	50	100		

根据表1-9-2预测结果，对照《声环境质量标准》(GB 3096—2008)2类标准评价，昼间混凝土拌和系统15 m即可达到噪声影响评价标准，混凝土搅拌机20 m达标，综合加工厂需70 m达标，夜间的达标距离分别为20 m、50 m、120 m。

根据同类工程类比，各种线声源的运输车辆和推土机施工时产生的噪声会对施工区周围 20 m 范围内的野生动物产生不利影响,其噪声影响范围不大。流动源产生的噪声主要影响对象是施工人员,影响范围和时间也是有限的。

9.3.4.4　固体废物

1. 建筑垃圾

本工程建筑垃圾主要来自各施工区临时建筑物拆除,若不采取施工迹地恢复或改造措施,将会影响新建建筑物的视觉景观。

2. 生活垃圾

工程施工期为 2 年,施工总工时为 7.59 万工日,若按每人每天排放 1 kg 生活垃圾进行计算,生活垃圾总量约为 75.9 t。

施工人员生活垃圾成分较为复杂,以有机物为主,含有大量有害细菌,是传播疾病媒介苍蝇和蚊子的孳生地,为疾病的发生和流行提供了条件,特别是在夏季高温和雨天污染更加突出。若不及时清理,将污染附近水域、影响环境卫生和感观,有害于施工人员身体健康,特别是易引起肠道传染病。

9.4　环境保护措施

9.4.1　生态保护措施

(1)在施工过程中,对全体施工人员加强保护水生生态的宣传教育,设置警示牌,提高对保护动植物资源和生态环境的认识,不捕猎动物、违规捕鱼和砍伐植物,避免在工地内造成不必要的生态环境破坏,严禁在工地以外砍伐树木。尽量减轻对现有生态环境的扰动,创造一个良性循环的生态环境。

(2)橡胶坝建设过程中应尽量减少对河岸带植被的破坏,施工完成后,应及时对破坏的河岸带植被进行修复。

9.4.2　水环境保护措施

(1)加强对水体的保护,严禁随意向水体倾倒垃圾和污水。

(2)有害的施工材料尤其是粉尘类材料的堆放要远离水体,降低对河流水质和水生生物的影响。

(3)工程汛期不进行施工,尽量将施工安排在枯水季节。

9.4.3　人群健康保护措施

人群健康保护措施的规划目标是保护当地居民人群健康,保证各类疾病,尤其是传染病发病种类和水平不因工程建设发生异常变化;保护施工人员健康,防止因施工人员交叉感染或生活卫生条件引发传染病流行,保证工程顺利建设。

9.4.3.1　环境卫生清理

在生活区定期灭杀老鼠、蚊虫、苍蝇、蟑螂等有害动物。施工期加强对各施工人员生活区、办公区、公共厕所等地的环境卫生管理,定期进行卫生检查,除日常清理外,每月至少集中清理 2 次。加强施工生活区的清洁工作,组织人员定期清理。公共卫生设施应达到国家卫生标准和要求。

9.4.3.2　**食品卫生管理**

从事餐饮工作的人员必须取得卫生许可证,并定期进行体检,有传染病带菌者要撤离其岗位。定期对施工人员的饮用水源进行监测,以保证饮用水水质良好。

9.4.3.3　**卫生防疫措施**

1. 建档及疫情普查

为预防施工区传染病的流行,在施工人员进驻工地前,进行全面健康调查和疫情建档,健康人员才能进入施工区作业。

2. 疫情抽查及预防计划

在施工期内,根据疫情普查情况定期进行疫情抽样检疫。疫情抽查的内容主要为当地易发的肝炎、痢疾等消化道传染病、肺结核等呼吸道疾病以及其他疫情普查中常见的传染病,发现病情应及时进行治疗。

3. 疫情监控和应急措施

施工单位应明确卫生防疫责任人,按当地卫生部门制定的疫情管理制度及报送制度进行管理,并接受当地卫生部门的监督。施工期设立疫情监控站(室),随时备用痢疾、肝炎、肺结核等常见传染病的处理药品和器材。一旦发现疫情,立即对传染源采取治疗、隔离、观察等措施,对易感人群采取预防措施,并及时上报卫生防疫主管部门。

9.4.4　施工期环境保护措施

9.4.4.1　**水环境保护措施**

1. 生产废水

这类污染物具有易沉淀的特点,因此设置沉淀池给予处理,沉淀时间不少于2.0 h,沉淀后上清液进行回用,用于工程洒水等,沉渣定期进行人工清理。

2. 生活污水

在施工临时生活区设置化粪池,化粪池采用《建筑给水与排水设备安装图集》(上)L03S002 中 5 号砖砌化粪池。化粪池污泥清掏周期约为 90 d,污水停留时间约 12 h,化粪池的污泥污水清除用于农业生产,不宜排入河道水域。

9.4.4.2　**环境空气质量保护**

1. 燃油废气

对运输车辆应安装尾气净化器,以减少对环境空气质量的不利影响。

2. 粉尘的防护

本工程工程量大,施工期较长,采用湿法作业以减少土石方开挖、填筑等施工作业产生的粉尘量。

3. 扬尘的治理

(1)加强道路管理和养护,保持路面平整,及时清扫浮土。

(2)在施工现场配备洒水车,每天的早晨、中午和晚上各洒水一次;春冬季节可视天气情况适当增加洒水次数。

(3)对运输物料做到轻装轻放,并及时覆盖。

(4)加强管理,文明施工。

(5)水泥和土料不要露天堆放,尤其在大风天气,应有防尘网覆盖。

9.4.4.3　**噪声控制**

(1)各施工单位要合理安排工期,避免晚上 10:00 至第二天早上 6:00 之间施工,做好施工申报登记工作,并采取必要的降噪防噪措施;对施工强度、机械及车辆操作人员、操作规程等管理方面要严格要求。

(2)施工过程中要尽量选用低噪声设备,对机械设备精心养护,保持良好的运行工况,降低设备运行噪声;加强设备的维护和管理,以减少运行噪声;降低混凝土振动器噪声,将高频振动器改为低频率振动器以减少施工噪声。

(3)各施工点要根据施工期噪声监测计划对施工噪声进行监测,监测昼夜间噪声值,并根据监测结果调整施工进度。

9.4.4.4　**固体废弃物**

1. 建筑垃圾

项目产生的建筑垃圾均为普通固体废物,不含有毒有害成分,施工期间应按照工程计划和施工进度购置建筑材料,严格控制材料的使用,尽量减少剩余材料,对废弃材料尽量回收利用,对于过量建筑垃圾可运往渣区处理场。根据施工组织设计,工程施工临时建筑物约 3 668 m^2,按每平方米产生 0.05 m^3 左右的建筑垃圾计,共产生建筑垃圾 183 m^3,按每方 0.5 t 计,将产生 92 t 的建筑垃圾。

2. 生活垃圾

生活垃圾要配置专门人员负责清扫工作,并在施工区和生活区一角设置垃圾箱或堆运站,对生活垃圾统一收集清理,交由市政部门处理。垃圾箱或堆运站经常喷洒灭害灵等药水,防止苍蝇等传染媒介孳生。

9.5　环境管理与监测

9.5.1　环境管理

工程管理机构应设立专门的环境保护机构,配备专职的环保管理人员,在当地环境保护部门的监督管理下,负责工程施工的环境管理、环境监测和污染事故应急处理,并协调工程管理与环境管理的关系。该机构的具体职责如下:

(1)根据各施工段的施工内容和当地环境保护要求,制订本工程环境管理制度和章程,制订详细的施工期污染防治措施计划和应急计划。

(2)负责对施工人员进行环境保护培训,明确施工应采取的环境保护措施及注意事项。

(3)施工中全过程跟踪检查、监督环境管理制度和环保措施执行情况,是否符合当地环境保护的要求,及时反馈当地环保部门意见和要求。

(4)负责开展施工期环境监测工作,统计整理有关环境监测资料并上报地方环保部门。

(5)及时发现施工中可能出现的各类生态破坏和环境污染问题,负责处理各类污染事故和善后处理等。

9.5.2　环境监理

施工期的环境监理主要是对环境保护措施和水土保持措施的落实和实施效果进行监

理。为确保工程环保措施按计划完成,并保证环境工程的质量和实施运行效果,监理人员由业主委托具有环境工程监理资质的人员进行。

环境监理的主要内容如下:

(1)监督承包商环保合同条款的执行情况,并负责解释环保条款,对重大环境问题提出处理意见。

(2)发现施工中的环境问题,下达监测指令,并对监测结果进行分析,反馈环保设计单位,提出环境保护改善方案,监督各项环保措施的实施情况。

(3)参加承包商提出的施工技术方案和施工进度计划会议,就环保问题提出改进意见,审查承包商提出的可能造成污染的施工材料、设备清单。监督施工单位在施工过程中的施工行为及环保措施的执行情况。

(4)处理合同中有关环保部分的违约事件,根据合同规定,按索赔程序公正地处理好环保方面的双向索赔。

(5)对施工现场出现的环境问题及处理结果做出记录,定期向环境管理机构提交报表,整编环境监理档案,每季度提交一份环境监理评估报告。

(6)参加工程的竣工验收工作,并为项目建设提供验收依据。

9.5.3　环境监测

环境监测是建设项目环境保护管理的基本手段和基础,为保证各项环保措施的落实,环境监测应委托具有环境监测资质的单位实施。

9.5.3.1　施工期监测

1.水质监测

施工期水质监测包括施工期生产废水水质监测、生活饮用水水质监测和生活污水水质监测。

1)生产废水监测

监测位置:沉淀池排水口。

监测项目:SS、pH;

监测频次:选取废水产生量较大、施工期较长的工程区排放点进行监测,每3个月监测一次。根据施工进度安排,共监测5点·次。

2)生活饮用水水质监测

本工程施工临时生活区生活饮用水打机井或从附近村庄运水解决。为保障施工人员身体健康,对机井取水口或村庄接水口进行监测。

监测位置:监测点布置在机井取水口或村庄接水口,监测取水水质。

监测项目:pH、总硬度、溶解性总固体、氯化物、氟化物、硫酸盐、氨氮、硝酸盐氮、亚硝酸盐氮、高锰酸盐指数、挥发性酚、氰化物、砷、汞、六价铬、铅、铁、锰、大肠菌群。

监测频次:对生活区的生活饮用水使用前监测1次,工程施工中每半年监测一次,共计监测10点·次。

3)生活污水监测

监测位置:污水处理设施的排水口。

监测项目:选择生活污水中的主要污染物指标作为监测项目,主要有五日生化需氧量、化学需氧量、NH_3-N、总磷、粪大肠菌群、悬浮物等。

监测频次:根据工程实际,每 3 个月监测 1 次,共计 8 次。

2. 噪声监测

监测位置:施工人员临时生活区和附近居民点等。

监测项目:昼间和夜间等效连续 A 声级。

监测频次:施工高峰期监测 2 次。

3. 大气监测

监测位置:主要设在施工临时生活区、附近居民点。

监测项目:TSP、CO、NO_x。

监测频次:施工高峰期监测 2 次。

4. 人群健康监测

监测内容:由地方卫生防疫部门按卫生部门有关要求对施工人员进行健康监测。对各种传染病和自然疫源性疾病进行监控。在上述监控的基础上,在传染病流行季节和高发区域,对易感人群进行抽检。

监测范围:施工区施工人员。

监测时间和频率:施工期内,在施工人员生活区设 1 个常年监测点,负责对施工人员人群健康状况进行监测。

9.5.3.2　运行期环境监控(水生生态监测)

监测位置:橡胶坝上、下游输水河道内各布设一处。

监测项目:主要监测浮游植物、浮游动物种群数量、密度、生物量的变化情况等,调查和监测鱼类种群数量的变化情况等。

监测频率:运行初期监测 1 次。

9.6　环境保护投资

9.6.1　编制依据

(1)《水利工程设计概(估)算编制规定》(水总〔2014〕429 号);

(2)《水利水电工程环境保护概估算编制规程》(SL 359—2006)。

9.6.2　项目划分

本工程环境保护概算投资项目划分为:第一部分环境监测费;第二部分环境保护临时措施费;第三部分环境保护独立费用。其中环境独立费用包括环境管理费、工程建设环境监理费、科研勘探设计咨询费三部分。运行期环境监测不列入环保投资,水土保持投资已计入水保工程投资中,不再计入工程的专项环保投资。

9.6.3　投资估算

根据该项工程内容和环境影响情况,依据国家有关规范,工程总体环境保护投资为 27.16 万元,其中环境监测费 4.94 万元,环境保护临时措施费 12.17 万元,环境保护独立费用 7.57 万元,基本预备费 2.48 万元。

9.7　评价结论

从总体上分析,建设项目在认真落实各项污染防治措施后,可提高区域雨洪资源利用水平,改善区域生态环境。有利影响是主要的,且具长效显著性。不利影响主要在施工期,在采取相应的保护措施后可以减免。本工程不存在制约工程实施的环境问题,工程对环境的有利影响远大于不利影响,从环境角度分析,本工程是可行的。

第 10 章　水土保持

10.1　概　述

10.1.1　项目区水土流失状况

10.1.1.1　济宁市水土流失情况

本期橡胶坝工程位于济宁市泗水县，根据《全国水土保持区划（试行）》（水规计〔2012〕512 号），属北方土石山区—泰沂及胶东山地丘陵区—鲁中南低山丘陵土壤保持区；山东省水利厅发布的《关于发布省级水土流失重点预防区和重点防治区的通告》（鲁水保字〔2016〕1 号），泗水县属于沂蒙山泰山国家级水土流失重点治理区。项目区土壤侵蚀类型以水力侵蚀为主，兼有一定风力侵蚀，水土流失形式为面蚀和沟蚀，土壤侵蚀强度为轻度，项目区原地貌平均土壤侵蚀模数约为 2 000 t/(km^2·a)，根据《土壤侵蚀分类分级标准》（SL 190—2007），项目区地处北方土石山区，容许土壤流失量为 200 t/(km^2·a)。

根据山东省土壤侵蚀 2010 年遥感数据资料，泗水县水土流失总面积 362.03 km^2，其中微度侵蚀 25.34 km^2，占全县水土流失总面积的 7%；轻度侵蚀 152.48 km^2，占全县水土流失总面积的 42.12%；中度侵蚀 120.92 km^2，占全县水土流失面积的 33.40%；强度侵蚀 40.38 km^2，占全县水土流失面积的 11.15%；极强度侵蚀 22.91 km^2，占全县水土流失面积的 6.33%。

10.1.1.2　流域水土流失情况

泗河流域内现有尼山大型水库 1 座，贺庄、华村、龙湾套中型水库 3 座，小（1）型水库 25 座。河道干流上游建黄阴集、泗水、红旗、龙湾店闸等 6 座，对拦蓄河道径流泥沙具有一定的调节作用。

据调查统计，泗河流域现有水土流失面积 738 km^2，占全流域土地面积的 35%，每年流失土壤约 110 万 t。泗河流域严重的水土流失，不仅导致土层变薄、沙化、石化，涵养水源能力降低，而且流失的泥沙直接淤积到水库、塘坝、河道之中，造成这些水利设施调蓄泄洪能力降低，影响防洪安全。

10.1.2　项目区水土保持情况

泗河流域水土流失大规模治理始于 20 世纪 70 年代，截至目前，以泗河山丘区为重点治理区，共完成小流域治理 62 条，综合治理水土流失面积达 590 km^2。共修建塘坝池等小型蓄水保土工程 2 360 座，蓄水近 500 万 m^3。通过多年治理，泗河流域林草植被覆盖率已达 30% 以上，各类水土保持设施每年拦蓄泥沙能力为 90 万 t，可增加蓄水能力 5 900 万 m^3。由此可知，水土保持综合治理在维护泗河健康生命中发挥了相当重要的作用。

10.2 主体工程水土保持评价

10.2.1 主体工程方案及制约性因素分析与评价

工程方案充分利用了现有工程,管理维护方便,工程施工容易。无论从水土保持的角度,还是从环境影响角度分析,工程建设符合当地的发展规划,不存在限制工程建设的制约性因素,是合理可行的。

10.2.2 主体工程施工组织设计分析与评价

在施工总布置中充分考虑了开挖方式、施工进度、施工强度及水文气象、地形条件等因素,从方便施工、利于建设出发,临时交通道路尽量利用项目区周边已有的乡村道路,施工生产生活区尽量减少占地、节省投资、减少对原地貌的扰动、降低水土流失的发生、减少对周围环境影响,将生态环保的理念贯穿于设计中。在施工组织设计中,通过合理进行土方平衡,减少土方运距,减少弃土弃渣量;临时堆存土方能够就近堆置,施工过程中及时采取临时防护,剥离表层土采取集中堆放并最终利用,工程完工后及时采取复耕、植被恢复等防护措施。工程施工方法合理,施工总体布置和施工时序符合水土保持要求。

10.2.3 主体工程设计中具有水土保持功能措施的分析与评价

主体工程设计了一些具有水土保持功能的工程措施,对于减少工程建设引发的水土流失具有积极作用。但临时防护措施及植物绿化设计等考虑不足,方案将就此加以补充和完善,形成完整科学的水土流失防治体系,以有效防治工程建设产生的新增水土流失。

主体已列各项水土保持措施和方案新增水土保持措施能够有机结合,形成较为科学的综合性防治体系,可有效防治项目建设造成的水土流失,从水土保持角度分析,符合《水利水电工程水土保持技术规范》(SL 575—2012)、《开发建设项目水土保持技术规范》(GB 50433—2008)的相关规定,工程建设是可行的。

10.2.4 对主体工程的水土保持要求与建议

(1)本次水土保持设计的重点是对工程临时防护措施进行完善,使工程的水土保持防治体系更加完善。表层腐殖土作为一种宝贵的土地资源,应做好施工期间的管护和后期回填复耕的合理使用。

(2)建议工程施工期间,在满足施工要求和确保工程质量的同时,防止恣意扩大施工扰动和影响范围。

10.3 水土流失防治责任范围及分区

10.3.1 水土流失防治责任范围

本工程水土流失防治责任范围包括项目建设区和直接影响区。

项目建设区包括工程永久性占地和施工临时占地，主要包括主体工程区、弃土区、施工道路区和施工生产生活区等；直接影响区是指项目建设区以外，由于本工程建设行为而造成水土流失危害的直接影响区域。

本工程的防治责任范围为 14.61 hm^2，其中项目建设区 7.73 hm^2，直接影响区 1.37 hm^2。

水土流失防治责任范围详见表 1-10-1。

表 1-10-1　水土流失防治责任范围　单位：hm^2

序号	项目区	项目建设区			直接影响区	合计
		永久占地	临时占地	小计		
1	主体工程区	7.73	1.33	9.06	0.34	9.40
2	弃土区		0.80	0.80	0.17	0.97
3	取土场		2.57	2.57	0.25	2.82
4	施工道路区		0.14	0.14	0.46	0.60
5	施工生产生活区		0.67	0.67	0.15	0.82
合计		7.73	5.51	13.24	1.37	14.61

10.3.2　水土流失防治分区

本工程水土流失防治分区划分为 5 个防治区，即主体工程防治区、弃土防治区、取土场防治区、施工道路防治区和施工生产生活防治区，详见表 1-10-2。

表 1-10-2　水土流失防治分区　单位：hm^2

序号	项目组成	永久占地	临时占地	合计
1	主体工程防治区	7.73	1.33	9.06
2	弃土防治区		0.80	0.80
3	取土场防治区		2.57	2.57
4	施工道路防治区		0.14	0.14
5	施工生产生活防治区		0.67	0.67
合计		7.73	5.51	13.24

10.4　水土流失预测

10.4.1　预测范围

本项目预测范围为整个项目建设区，预测面积为 13.24 hm^2。

10.4.2　预测时段

水土流失预测时段划分为施工期和自然恢复期 2 个时段。

本工程施工期为2年,共计24个月,其中施工准备期2个月,施工期22个月;自然恢复期确定为2年。

10.4.3 预测内容和方法

10.4.3.1 预测内容

水土流失预测主要包括:扰动原地貌、占压土地和破坏植被情况预测,损坏水土保持设施情况预测,弃土量预测,可能造成水土流失量及新增水土流失量预测,可能造成的水土流失影响及危害预测共5部分内容。

10.4.3.2 预测方法

水土流失预测方法主要包括资料调查法、实地查勘法和类比分析法等。根据不同的预测内容采取不同的预测方法。

本工程水土流失预测内容和方法情况,详见表1-10-3。

表1-10-3 建设期水土流失预测内容和预测方法一览

序号	预测内容	主要预测工作内容	预测方法
1	扰动原地貌、占压土地和破坏植被情况	工程永久和临时占地开挖扰动原地貌、占压土地和破坏植被类型与面积	查阅设计图纸、技术资料、土地区划并结合实地查勘情况分析
2	损坏水土保持设施情况	工程建设破坏具有水土保持功能的植物措施和工程措施等水土保持设施的面积	依据项目所属地区的有关规定、结合现场调查测量和地形图分析统计确定
3	弃土量	土方开挖回填量、弃土量;所占用的土地类型、面积和对原地形的重塑	查阅设计资料,现场查勘测量,土石方平衡统计分析
4	可能造成水土流失量及新增水土流失量	各单元各时段的水土流失量	结合同类工程类比分析和经验公式法进行预测
5	可能造成的水土流失影响及危害	水土流失对工程、土地资源、周边生态环境等方面的影响	依据现状调查及对水土流失量的预测结果进行综合分析

10.4.4 预测结果

10.4.4.1 扰动原地貌、占压土地和损坏植被面积

经统计,扰动原地貌、占压土地和损坏植被面积为13.24 hm^2。

10.4.4.2 损坏水土保持设施面积预测

本工程可能损坏的水土保持设施面积为13.24 hm^2。

10.4.4.3 弃土量预测

本工程清表土1.22万 m^3(自然方,下同),基坑土方开挖2.02万 m^3,土方回填量6.58

万 m^3,橡胶坝基坑回填除利用自身开挖料外,尚缺土方 4.56 万 m^3,清表土均弃置于泗河滩地。

10.4.4.4　可能造成的水土流失量预测

1. 土壤侵蚀模数的确定

1)原地貌土壤侵蚀模数的确定

综合考虑项目区地表形态、风速、降雨、土壤、植被等土壤流失因子的特性及预测对象受扰动情况,确定施工前的土壤侵蚀模数背景值为 2 100 t/(km^2·a)。

2)扰动后土壤侵蚀模数的选取

通过采用类比法和实测法确定扰动后土壤侵蚀模数。

2. 类比工程及类比性分析

本方案选用水土保持监测资料比较完善的《南水北调东线第一期工程山东省济宁市续建配套工程可行性研究报告》作为类比工程,本工程与该工程均地处鲁西北黄泛平原中等侵蚀区,项目区水土流失影响因子相似,施工工艺、施工方法及水土流失类型、扰动破坏形式相近,故采用南水北调东线第一期工程山东省济宁市续建配套工程作为类比工程项目,见表 1-10-4。

表 1-10-4　本工程与类比工程水土流失主要影响因子比较

工程名称	临泗橡胶坝	南水北调东线第一期工程山东省济宁市续建配套工程
工程位置	济宁市泗水县	济宁市
地形地貌	低山丘陵、冲湖积平原区	低山丘陵、冲湖积平原区
土壤	棕壤土、褐土	棕壤土、褐土
现状植被	农业植被、林草	农业植被、林草
气候、降雨	暖温带半湿润气候区;年最大降水量 1 567.9 mm,年平均降水量 715 mm	暖温带半湿润气候区;年最大降水量 1 567.9 mm,年平均降水量 715 mm
现状土壤侵蚀模数/[t/(km^2·a)]	2 100	2 130
水土流失主要侵蚀类型	水力侵蚀为主,兼有少量的风力侵蚀	水力侵蚀为主,兼有少量的风力侵蚀
施工工艺	机械、人工	机械、人工
施工总工期	24 个月	13 个月

通过上述类比分析,由《南水北调东线第一期工程山东省济宁市续建配套工程可行性研究报告》可知,该工程施工期扰动前土壤侵蚀模数约为 2 130 t/(km^2·a),扰动后土壤侵蚀模数为 2 400~3 800 t/(km^2·a)。

根据《南水北调东线第一期工程山东省济宁市续建配套工程可行性研究报告》,结合本工程施工进度安排和施工特点,经过类比和根据工程建设情况及其所在地自然条件进行修正得出较为合理的类比结果,施工期扰动后土壤侵蚀模数修正系数取 1.06,自然恢复期土壤侵蚀模数修正系数取 1.05,因此本次工程施工期扰动后土壤侵蚀模数取 2 500~4 000 t/(km^2·a),自然恢复期土壤侵蚀模数取 2 300 t/(km^2·a)。

3. 土壤流失总量预测

可能造成的水土流失量和新增水土流失量预测采用经验公式法进行。经计算,如果不采取任何水土保持防护措施,工程建设期将产生土壤流失总量为 1 477 t,其中新增土壤流失量为 720 t。

土壤流失量预测情况详见表 1-10-5。

表 1-10-5 建设期土壤流失量统计

预测单元	预测时段	土壤侵蚀模数背景值/[t/(km^2·a)]	扰动后侵蚀模数[t/(km^2·a)]	侵蚀面积/hm^2	侵蚀时间/a	背景流失量/t	预测流失量/t	新增流失量/t
主体工程区	施工期	2 100	4 500	9.06	2.0	381	815	435
	自然恢复期	2 100	3 000	0.02	2	1	1	0
	小计					382	816	435
弃土区	施工期	2 100	4 500	0.8	2.0	33	72	38
	自然恢复期	2 100	3 000	0.8	2	33	48	14
	小计					66	120	52
取土场区	施工期	2 100	4 500	2.57	2.0	108	231	123
	自然恢复期	2 100	3 000	2.57	2	108	154	46
	小计					216	386	170
施工道路区	施工期	2 100	4 500	0.14	2.0	6	13	7
	自然恢复期	2 100	3 000	0.14	2	6	8	3
	小计					12	21	9
施工生产生活区	施工期	2 100	4 500	0.67	2.0	28	60	32
	自然恢复期	2 100	3 000	1.23	2	52	74	22
	小计					80	134	54
合计						756	1 477	720

10.4.5 水土流失危害分析预测

(1)施工期间,工程建设、土方的临时堆存等活动,产生大量的松散土体,在不利天气条件下易发生一定的水土流失,对周边环境产生不利影响。

(2)施工生产生活区及施工道路区由于施工期间施工机械设备在场地的反复碾压和扰动,使熟化的表层土板结,若遇大雨(风)等不利天气,造成土壤有机质及养分随水流失,后期恢复困难。

10.5　水土流失防治标准和总体布局

10.5.1　水土流失防治目标

总体防治目标:因地制宜、因害设防,合理布设各项防治措施,建立分区正确、布局合理、功能齐全、效果显著的水土流失综合防治体系,使工程建设项目区原有水土流失得到有效治理,新增水土流失得到有效控制,保障建设和运营安全,恢复和改建原有土地利用类型和林草植被,建设一流的绿色环保通道和生态环境,实现人与自然的和谐共处。

由于本项目所在区域泗水县属沂蒙山泰山国家级水土流失重点治理区,其水土流失标准执行建设类项目一级标准。

本项目区多年平均降水量为715 mm,依据该防治标准,设计水平年时采用的水土流失防治目标为:扰动土地整治率95%,水土流失总治理度95%,土壤流失控制比1.0,拦渣率95%,植被恢复率95%,林草覆盖率25%。详见表1-10-6。

表1-10-6　水土流失防治目标

防治目标	施工期		设计水平年			
	标准规定	采用标准	标准规定	按降水量修正	按土壤侵蚀强度修正后	采用标准
扰动土地整治率/%	—	—	95			95
水土流失总治理度/%	—	—	95			95
土壤流失控制比	0.7	0.7	0.8		≥1.0	1
拦渣率/%	95	95	95	+1		95
植被恢复率/%	—	—	95			95
林草覆盖率/%	—	—	25			25

10.5.2　水土流失防治措施体系和布局

结合主体工程已有水土保持功能的工程布局,按照与主体工程相衔接的原则,对新增水土流失重点区域和重点工程进行因地制宜、因害设防的针对性防治,建立施工期临时防护措施与工程措施相结合的综合防治措施体系,有效防治项目区原有水土流失和工程建设新增水土流失,促进项目区地表修复和生态恢复。

本项目水土流失防治措施体系图详见图1-10-1。

10.6　分区防治措施设计

主体工程设计中采取了排水、护坡等具有水土保持功能的措施,在保证工程安全和稳定的同时,具有较好的水土保持效果。但因其防护目的与水土保持存在一定差异,防护体系不完善,尚需新增一些水土流失防治措施。

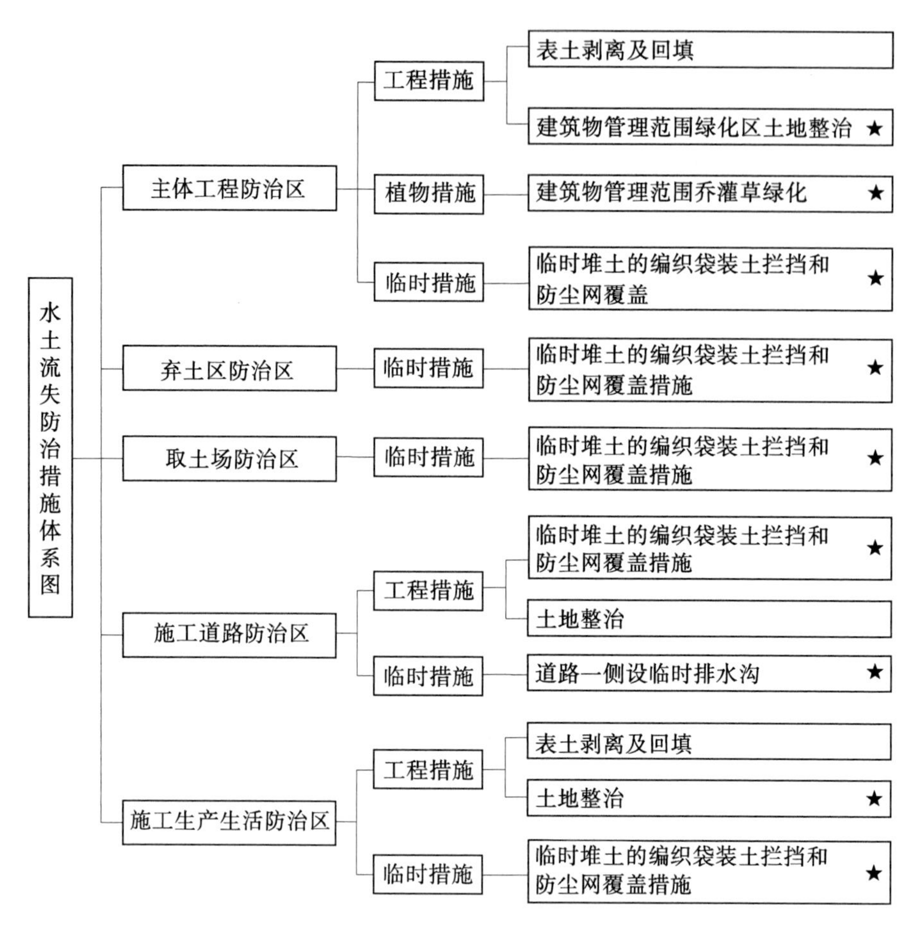

图 1-10-1 水土流失防治措施体系图(图中★为新增水土保持措施)

本方案对不同防治分区采取相应的新增水土保持措施设计。

10.6.1 防治措施设计

10.6.1.1 主体工程区

本区域新增的水土保持措施主要包括建筑物管理范围绿化措施和建筑物开挖所需回填土方的临时堆存临时拦挡措施等。

1. 工程措施

对建筑物周边绿化及植物防护区域进行土地整治,需土地整治 240 m^2。

2. 植物措施

植物布置:在建筑物周边地带种植防护林木,形成环衬防护林带;乔木树种和灌木分别采用孤植、丛植或密植,其间播撒草籽,绿化面积 240 m^2。

选用树草种:速生杨、小叶黄杨和黑麦草籽。

该区域共计种植速生杨 22 株,小叶黄杨 180 株,撒播黑麦草籽 240 m^2。

3. 临时措施

本工程建设共产生临时堆土 15 986 m^3,为基坑开挖用于回填土方,均堆存于橡胶坝翼墙两侧和泵房基坑周围滩地内，堆高 2.0 m，作为后期填筑用土，占地面积 1.33 hm^2。本方案对临时堆土采取临时防护措施，即在临时堆土周边采用编织袋装土拦挡，上覆防尘网遮盖进行防护。编织袋装土设计堆高 1.0 m。

土方堆存共需编织袋装土 274 m^3；防尘网 7 980 m^2。

该区域新增水土保持措施工程量见表 1-10-7。

表 1-10-7　主体工程区新增水土保持措施工程量

项目区	措施内容		单位	工程量
主体工程区	工程措施	土地整治	m^2	240
	植物措施	107 杨	株	22
		小叶黄杨	株	180
		黑麦草籽	m^2	240
	临时措施	编织袋装土	m^3	274
		防尘网	m^2	7 980

10.6.1.2　**弃土区**

本区域新增的水土保持措施主要为临时措施。

区域弃土主要为场区清表土，共计 1.22 m^3，均弃于附近泗河滩地上，占地 0.80 hm^2。中后期对弃土区进行了清理整平，上覆清基表土恢复原地貌。

为防止临时堆放的土方遇大风或大雨等不利天气造成水土流失，本方案在施工期对该土方进行临时编织袋装土拦挡和防尘网覆盖。经计算，需编织袋装土 260 m^3，防尘网覆盖 8 500 m^2。

该区域新增水土保持措施工程量见表 1-10-8。

表 1-10-8　弃土区新增水土保持措施工程量

项目区	措施内容		单位	工程量
弃土区	临时措施	编织袋装土	m^3	260
		防尘网	m^2	8 500

10.6.1.3　**取土场区**

本区域新增的水土保持措施主要为临时措施。

橡胶坝基坑回填缺土方 4.56 万 m^3，料场位于附近滩地上，取土深度 2.5 m，占地面积 2.57 hm^2。场区共产生清表土约 0.77 m^3，均临时堆放于附近泗河滩地上。主体工程中后期对取土场进行了清理整平，上覆清基表土恢复原地貌。

本方案在施工期对该土方进行临时编织袋装土拦挡和防尘网覆盖。经计算，需编织袋装土 170 m^3，防尘网覆盖 4 620 m^2。

该区域新增水土保持措施工程量见表 1-10-9。

表 1-10-9 取土场区新增水土保持措施工程量

<table>
<tr><th>项目区</th><th colspan="2">措施内容</th><th>单位</th><th>工程量</th></tr>
<tr><td rowspan="2">弃土区</td><td rowspan="2">临时措施</td><td>编织袋装土</td><td>m³</td><td>170</td></tr>
<tr><td>防尘网</td><td>m²</td><td>4 620</td></tr>
</table>

10.6.1.4 施工道路区

本区域新增的水土保持措施主要为临时措施。

本工程在橡胶坝建筑物施工区内修筑施工道路,施工道路长 1 160 m,路宽 7 m,为简易路面;部分滩地道路,占地 0.14 hm^2。

本区域剥离表层土量约 0.29 万 m^3,剥离后堆置于周边集中堆放。本方案拟在临时堆土四周设置编织袋装土拦挡,并在临时堆土的表面覆盖防尘网进行防护。共计编织袋装土填筑与拆除 74 m^3,防尘网覆盖 1 700 m^2。

为及时排走道路雨水,在施工临时道路一侧开挖了临时排水沟。临时排水沟为土质排水沟,断面为梯形,长 1 160 m,设计底宽 0.5 m,深 0.5 m,边坡 1∶1.5,排水沟土方开挖工程量为 725 m^3。

该区域新增水土保持措施工程量见表 1-10-10。

表 1-10-10 施工道路区新增水土保持措施工程量

<table>
<tr><th>项目区</th><th colspan="3">措施内容</th><th>单位</th><th>工程量</th></tr>
<tr><td rowspan="4">施工道路区</td><td rowspan="4">临时措施</td><td rowspan="2">排水沟</td><td>长度</td><td>m</td><td>1 160</td></tr>
<tr><td>土方开挖</td><td>m³</td><td>725</td></tr>
<tr><td colspan="2">编织袋装土</td><td>m³</td><td>74</td></tr>
<tr><td colspan="2">防尘网</td><td>m²</td><td>1 700</td></tr>
</table>

10.6.1.5 施工生产生活区

施工生产生活区主要包括临时房屋、施工便道、施工仓库、各类加工厂、砂石料场和生活区等,均布置于两岸。主体设计施工前对该区域进行了表层土剥离。

本区域的新增水土保持措施主要包括工程措施和临时措施。

1. 工程措施

施工结束后,为了使耕地在较短的时间内恢复地力条件,本方案拟对施工生产生活区进行土地整治,该区域共计土地整治面积为 0.67 hm^2。

2. 临时措施

本区域剥离表层土量约 0.20 万 m^3,剥离后堆置于周边集中堆放。本方案拟在临时堆土四周设置编织袋装土拦挡,并在临时堆土的表面覆盖防尘网进行防护。共计编织袋装土填筑与拆除 48 m^3,防尘网覆盖 1 200 m^2。

该区域新增水土保持措施工程量见表 1-10-11。

表 1-10-11　施工生产生活区新增水土保持措施工程量

<table>
<tr><th>项目区</th><th colspan="2">措施内容</th><th>单位</th><th>工程量</th></tr>
<tr><td rowspan="3">施工生产生活区</td><td>工程措施</td><td>土地整治</td><td>hm^2</td><td>0.67</td></tr>
<tr><td rowspan="2">临时措施</td><td>编织袋装土</td><td>m^3</td><td>48</td></tr>
<tr><td>防尘网</td><td>m^2</td><td>1 200</td></tr>
</table>

10.6.2　水土保持措施工程量

本项目工程措施和临时措施工程量的阶段系数采用 1.10，植物措施工程量的阶段系数采用 1.05。

本工程采取的新增水土保持工程量详见表 1-10-12。

表 1-10-12　新增水土保持工程量

<table>
<tr><th>项目区</th><th colspan="3">措施内容</th><th>单位</th><th>工程量</th><th>调整后工程量</th></tr>
<tr><td rowspan="6">主体工程区</td><td>工程措施</td><td colspan="2">土地整治</td><td>m^2</td><td>240</td><td>264</td></tr>
<tr><td rowspan="3">植物措施</td><td colspan="2">107 杨</td><td>株</td><td>22</td><td>23</td></tr>
<tr><td colspan="2">小叶黄杨</td><td>株</td><td>180</td><td>189</td></tr>
<tr><td colspan="2">黑麦草籽</td><td>m^2</td><td>240</td><td>252</td></tr>
<tr><td rowspan="2">临时措施</td><td colspan="2">编织袋装土</td><td>m^3</td><td>274</td><td>301</td></tr>
<tr><td colspan="2">防尘网</td><td>m^2</td><td>7 980</td><td>8 778</td></tr>
<tr><td rowspan="2">弃土区</td><td rowspan="2">临时措施</td><td colspan="2">编织袋装土</td><td>m^3</td><td>260</td><td>286</td></tr>
<tr><td colspan="2">防尘网</td><td>m^2</td><td>8 500</td><td>9 350</td></tr>
<tr><td rowspan="2">取土场区</td><td rowspan="2">临时措施</td><td colspan="2">编织袋装土</td><td>m^3</td><td>170</td><td>187</td></tr>
<tr><td colspan="2">防尘网</td><td>m^2</td><td>4 620</td><td>5 082</td></tr>
<tr><td rowspan="4">施工道路区</td><td rowspan="4">临时措施</td><td rowspan="2">排水沟</td><td>长度</td><td>m</td><td>1 160</td><td>1 160</td></tr>
<tr><td>土方开挖</td><td>m^3</td><td>725</td><td>798</td></tr>
<tr><td colspan="2">编织袋装土</td><td>m^3</td><td>74</td><td>81</td></tr>
<tr><td colspan="2">防尘网</td><td>m^2</td><td>1 700</td><td>1 870</td></tr>
<tr><td rowspan="3">施工生产生活区</td><td>工程措施</td><td colspan="2">土地整治</td><td>hm^2</td><td>0.67</td><td>0.74</td></tr>
<tr><td rowspan="2">临时措施</td><td colspan="2">编织袋装土</td><td>m^3</td><td>48</td><td>53</td></tr>
<tr><td colspan="2">防尘网</td><td>m^2</td><td>1 200</td><td>1 320</td></tr>
</table>

10.6.3　水土保持施工组织设计

10.6.3.1　施工方法

水土保持工程主要为土地整治、撒播草籽等植物措施及临时拦挡等临时措施。大部分措施采用人工施工，借助主体工程的施工条件及时开展水土保持工程，有效防治施工过程中的水土流失。

1. 工程措施施工

本方案采取的工程措施主要为土地整治,以机械施工为主,以人工施工为辅。工程整地处理将对后期植被存活及长势起到至关重要的作用。主要采取整地深翻法和增施有机肥法。对绿化区域土壤进行深耕深松处理,通过增施有机肥,提高土壤腐殖质含量,从而最终使得栽植植物易于发苗。

2. 临时措施施工

本工程采取的临时措施主要有编织袋装土、防尘网覆盖防护等。

暂时堆存土按设计边坡堆放成长方形,利用暂时堆放的土,用人工装满草袋后,按水土保持要求拦挡在土堆的外围,上覆盖防尘网进行防护;临时排水沟的开挖以人工开挖为主。

3. 植物措施施工

撒播草籽根据整地后的坡度、水分特性及肥沃程度合理确定撒播密度,同时坡度较陡区域采取增加覆盖等措施提高草籽的发芽率,节约投资,并做好管护工作,保证土壤湿度使草籽尽快出苗。

10.6.3.2 施工质量要求

水土保持措施实施后,各项治理措施必须符合《水土保持综合治理验收规范》(GB/T 15773—2008)、《开发建设项目水土保持设施验收管理办法》和《水土保持工程质量评定规程》(SL 336—2006)等相关规定的质量要求,并经质量验收后才能交付使用。

各项措施规格尺寸、质量、使用材料、施工方法符合施工和设计标准。水土保持植物措施种植密度必须达到设计要求,苗木当年出苗率与成活率在90%以上,3年保存率在85%以上。

10.6.4 水土保持施工进度安排

根据本工程的施工项目、工作量及相互间制约条件,确定工程总工期,其中汛期基本不安排施工。水土保持施工与主体工程施工同时进行。

10.7 水土流失监测与管理

10.7.1 水土保持监测方案

10.7.1.1 监测内容

项目区监测主要包括水土流失影响因子监测、水土流失量和灾害监测、水土保持措施的防护效益监测等。

(1)水土流失影响因子监测内容主要包括地形、地貌的变化情况;建设项目占压、扰动地表面积;项目各防治区挖方、填方数量及面积;弃土(灰、渣)量及堆放面积;项目区林草覆盖度等。

(2)水土流失量和灾害监测内容主要包括水土流失面积的变化情况、水土流失量的变化情况、水土流失程度的变化情况、对周边地区造成的危害及其趋势等。

(3)水土保持措施的防护效益监测内容主要包括防治措施的数量和质量,林草措施的成活率、保存率、生长情况及覆盖度,防护工程的稳定性、完好程度和运行情况,各项防治措施的拦渣保土效果等。

10.7.1.2　**监测方法**

对于水土流失量和土壤侵蚀状况可以采用典型小区法、地形测量法、沟槽法和回填法等;植被生长状况可采用抽样小班法、调查法、巡查估测法等;水土保持措施防护效果和危害监测可采用巡视法、问询法等。

10.7.1.3　**监测点位**

根据本工程水土流失预测初步分析,确定本工程水土保持监测的重点区域为建筑物工程区,重点监测时段为施工期。

建设类项目的水土保持监测点应按临时点设置,本工程建设期共计布设 4 处临时监测点,具体点位布设详见表 1-10-13。

表 1-10-13　水土保持监测点位布设情况　单位:处

监测区域	监测点位	
	固定监测点	临时监测点
主体工程区	1	
弃土区	1	
取土场区		1
施工道路区		1
施工生产生活区		1
合计	2	3

10.7.1.4　**监测时段**

确定本工程监测时段从施工准备期开始到设计水平年结束。

10.7.1.5　**监测频次**

本工程为建设类项目,在整个建设期(含施工准备期)内必须全程开展监测。

对于主体工程建设进度、工程建设扰动面积、水土流失灾害隐患必须全程进行监测;对于水土保持工程建设情况、水土流失防治效果、水土保持管理等方面的监测至少每个月监测记录 1 次,遇暴雨、大风等情况应及时加测;水土流失灾害的监测必须在事件发生后的 1 周内完成。

水土保持监测要做到至少 10 d 监测 1 次,有重大水土流失事件发生时也应适当增加监测频次,并提交雨季季度监测报告和重大水土流失事件监测报告。

10.7.1.6　**监测设施设备**

监测单位应配有 GPS、经纬仪、电脑、人工模拟降雨器、雨量计、风速仪、温度计、皮尺、钢尺、测高仪、罗盘、水准仪、量筒、测绳等设施。另外,对监测所需雨量计、量筒、自记纸、记录笔和记录纸等消耗性设施和物品要准备充分。

10.7.2　水土保持管理

10.7.2.1　建设期水土保持管理

建设期水土保持管理主要包括健全建设期管理机构和人员制度、实施水土保持工程招标投标制、实行水土保持工程监理制度、实行水土保持工程监测制度、实行水土保持资金管理制度、实行水土保持设计变更管理、推行水土保持工程建设检查稽查制度、实行水土保持专项验收制度。

10.7.2.2　运营期管理要求

工程运行期,管理单位对永久征地内的水土保持设施进行管护与维修,主要包括管理区的排水设施和绿化,应结合水保监测工作,对管理范围内的水土保持设施进行定期巡查,发现被损坏的水土保持设施应及时上报,并修补完善,保证水土保持设施切实发挥作用。临时占地区域的水土保持设施应移交土地权属单位或个人继续管理维护,并提出预防性措施。

10.8　水土保持投资估算及效益分析

10.8.1　水土保持投资估算

10.8.1.1　水土保持工程投资估算概述

本估算仅计列新增水土保持项目有关费用。

10.8.1.2　编制依据

(1)水利部水总〔2003〕67 号文《关于颁发〈水土保持工程概(估)算编制规定和定额〉的通知》及《开发建设项目水土保持工程概(估)算编制规定》。

(2)中华人民共和国水利部令第 16 号(2002 年 10 月 14 日)《开发建设项目水土保持设施验收管理办法》。

(3)水利部办公厅办水总〔2016〕132 号《关于印发〈水利工程营业税改征增值税计价依据调整办法〉的通知》。

(4)《山东省物价局、山东省财政厅、山东省水利厅关于水土保持补偿费收费标准的通知》(山东省物价局、山东省财政厅、山东省水利厅 鲁价费发〔2015〕13 号)。

(5)有关合同、协议及资金筹措方案。

10.8.1.3　编制方法

(1)费用构成。水土保持投资估算项目划分为:第一部分工程措施,第二部分植物措施,第三部分临时工程,第四部分独立费用,以及基本预备费和水土保持设施补偿费。

(2)定额及采用指标。水利部水总〔2003〕67 号文《水土保持工程概算定额》,定额规定乔、灌木的损耗率为 2%;其他配套单项措施均采用同类工程综合造价指标计列。

(3)本工程作为工程建设的一个重要内容,主要材料价格与主体工程一致。

10.8.1.4　基础单价

(1)人工预算单价:与主体一致。

(2)次要材料预算价格:参照当地现行价格。

(3)施工用电、水价:参照主体工程施工组织设计提供的资料和投资估算的数据。

10.8.1.5　费用构成

(1)直接费:按定额内容计算。

(2)其他直接费:工程措施按直接费的 1.8%计算,植物措施按直接费的 1.2%计算。

(3)现场经费:工程措施按直接费的 5.0%计算,植物措施按直接费的 4.0%计算。

(4)间接费:工程措施按直接工程费的 5.5%计算,植物措施按直接工程费的 3.3%计算。

(5)企业利润:工程措施按直接工程费和间接费之和的 7.0%计算,植物措施按直接工程费和间接费之和的 5.0%计算。

(6)税金:按(直接工程费+间接费+企业利润)×11%计算。

10.8.1.6　临时工程费

临时工程费包括临时防护工程费和其他临时工程费:前者由临时工程设计方案的工程量乘以单价计算,后者按工程措施和植物措施投资的 1.5%计算。

10.8.1.7　独立费用标准

(1)建设管理费:按一至三部分之和的 2.0%计算。

(2)工程建设监理费:与主体一并监理,不再重复计列。

(3)水土流失监测费:水土流失监测费包括监测土建设施费、消耗性材料费、监测设备折旧费和监测人工费。本工程配备监测人员 2 名,包括 1 名监测工程师,按 6 万元/(人·年),监测时间 2.5 年,共计 21.50 万元。

(4)科研勘测设计费:参照《国家发展改革委关于进一步放开建设项目专业服务价格的通知》(国家发改委 发改价格〔2015〕299 号),依据市场咨询价格确定。

10.8.1.8　基本预备费

按一至四部分之和的 6%计算。

10.8.1.9　水土保持补偿费

本工程建设损坏水土保持面积 13.24 hm^2。根据《省物价局 省财政厅 省水利厅 关于水土保持补偿费收费标准的通知》(鲁价费发〔2015〕58 号)的规定,本工程水土保持补偿费收费标准按照征地面积 1.2 元/m^2 计列。经计算,损坏水土保持补偿费共计 15.888 万元。

10.8.1.10　水土保持工程投资

本工程水土保持工程估算总投资为 96.19 万元,其中水土保持补偿费 15.888 万元。

10.8.2　效益分析

水土保持方案作为主体工程设计的组成部分,本着为主体工程服务的原则,初拟水土保持方案,将工程措施、临时措施和植物措施相结合,达到有效控制工程项目建设区、直接影响区的水土流失,恢复和改善土地试运行能力、生态环境,其效益主要体现在水土保持效益、生态效益和社会效益上。

10.8.2.1　水土保持效益

本方案设计实施治理后,新增水土流失量将得到有效控制,随着水土保持措施效益的发挥,在运营后植被郁闭度不断恢复,工程防护和管理不断加强,建设区土壤侵蚀模数将得到有效控制。人工林草植被完全恢复,效益稳定。

10. 8. 2. 2　生态效益

本方案实施后,各项水土保持防护措施将有效地拦截工程实施过程中产生的水土流失、减轻地表径流的冲刷,降低土壤侵蚀模数。对施工期被破坏或受损植被,及时采取生态绿化措施。

10. 8. 2. 3　社会效益

该方案实施后,可改善区域的生态环境,防止水土流失带来的影响。在主体工程区、施工生产生活区和临时堆料场区绿化创造良好的生态环境,有利于职工和附近居民的身心健康,提高劳动生产率。工程的建设和本方案水土保持措施的实施可以有力地促进当地经济发展,改善项目区内的生态环境。

第11章　劳动安全与工业卫生

11.1　危险与有害因素分析

11.1.1　设计依据及标准

11.1.1.1　本工程安全生产与工业卫生设计依据的法律法规

(1)《中华人民共和国安全生产法》(2014年12月1日)。

(2)《中华人民共和国劳动法》(1995年1月1日)。

(3)《中华人民共和国职业病防治法》(2011年12月31日,2016年7月修订)。

(4)《中华人民共和国消防法》(2009年5月1日)。

(5)《中华人民共和国环境保护法》(2015年1月1日)。

(6)《中华人民共和国水污染防治法》(2008年6月1日)。

11.1.1.2　本工程安全生产与工业卫生设计依据的主要规范及标准

(1)《水利水电工程可行性研究报告编制规程》(SL 618—2013)。

(2)《水利水电工程劳动安全与工业卫生设计规范》(GB 50706—2011)。

(3)《工业企业设计卫生标准》(GB Z1—2010)。

(4)《建筑设计防火规范》(2018版)(GB 50016—2014)。

(5)《建筑物防雷设计规范》(GB 50057—2010)。

(6)《建筑灭火器配置设计规范》(GB 50140—2005)。

(7)《水利水电工程采暖通风与空气调节设计规范》(SL 490—2010)。

(8)《工业企业噪声控制设计规范》(GB/T 50087—2013)。

(9)《建筑采光设计标准》(GB 50033—2013)。

(10)《安全标志及其使用导则》(GB 2894—2008)。

(11)《机械设备防护罩安全要求》(GB 8196—2003)。

(12)《建筑机械使用安全技术规程》(JGJ 33—2012)。

11.1.2　工程建设与运行中主要危险因素和危害程度

工程建设中主要危险因素有工程施工中车辆挤占当地交通道路,载重车辆可能造成路面损坏、交通拥堵等状况,建设期及时与当地政府做好沟通交流工作,修筑临时道路,补偿或维修损坏道路,在工地周围及交通拥堵处设置必要的警示标志等。

工程运行中主要危险因素有:橡胶坝坍坝放水时,瞬间水流较大,可能对下游河道造成一定的冲刷,因此应定期对消能设施及连接河道进行检查维修。

11.1.3　建筑物、设备选型和布置中的主要危害因素和程度

(1)橡胶坝在选型时可能出现河道缩窄、局部流速加大的情况,严格计算过水流速并结

合地质资料对上下游连接段采取必要的防护措施。

(2)充排水泵及变压器在选型时可能出现水泵电机防护、变压器漏油对周围人群或环境造成不利影响,因此选择可靠接地的电机,变压器尽量采用干式变压器,避免现场操作造成污染。

11.1.4　施工临时建筑物选型和布置中的主要危害因素和程度

施工临时建筑物主要包括临时导流沟渠、围堰等。

(1)导流沟可能存在冲刷坍塌的危险,因此在开挖导流沟时应有稳定边坡和必要的防冲措施。

(2)施工期临时围堰在超标准洪水时可能垮塌,围堰必须按照相应标准洪水填筑并预留超高,施工期内密切关注气象预报和上游水库运行情况,及时预防,防止淹没损失。

(3)建筑物施工时脚手架、防护网等均可能产生人员伤害,因此必须严格按照规程搭建并有专门人员检查,杜绝伤害事故发生。

11.2　劳动安全措施

11.2.1　防机械、电气、坠落、气流、强风雾雨和雷击伤害

11.2.1.1　防机械伤害

(1)起重机、启闭机用钢丝绳、滑轮、吊钩等应符合《水利水电起重机械安全规程》(SL 425—2008)的有关规定。

(2)挖掘机、装载机及载重卡车在施工中严格按照操作规程进行,现场人员配备醒目标识,防止挤压、碰撞造成损伤。

11.2.1.2　防电气伤害

(1)配电装置的电气安全净距应符合《3~110 kV 高压配电装置设计规范》(GB 50060—2008)的规定。对于110 kV以上配电装置应符合《水利水电工程高压配电装置设计规范》(SL 311—2004)的有关规定。当裸导体至地面的电气安全净距不满足规定时,应设防护等级不低于IP2X的保护网。

(2)对35 kV及以下户内装配式的油断路器及隔离开关,在操作机构处应设防护隔板,防护隔板的宽度不宜小于0.5 m,高度不宜低于1.9 m。

(3)电气设备的防护围栏应符合下列规定:

①栅状围栏的高度为1.2 m,最低栏杆离地面净距不应大于0.2 m;

②网状围栏的高度为1.7 m,网孔为10 mm×40 mm;

③所有围栏的门均装锁,并有安全标志。

(4)装有避雷针和避雷线的构架上的照明灯电源线、独立避雷针和装有避雷针的照明灯塔上的照明灯电源线,均需采用直接埋入地下的带金属外皮的电缆或穿入金属管的导线,电缆外皮或金属管埋入地中长度在10 m以上,才允许与35 kV及以下配电装置的接地网及低压配电装置相连接。严禁在装有避雷针(线)的构架物上架设通信线、广播线和低压线。

(5)对于误操作可能带来人身触电或伤害事故的设备或回路应设置电气联锁装置或机

械联锁装置。

(6)在远离电源的负荷点或配电箱的进线侧装设隔离电器。

(7)使用的照明器应符合《通用用电设备配电设计规范》(GB 50055—2011)的相关规定。

(8)单芯电缆的金属护层、封闭母线外壳及所有可能产生感应电压的电气设备外壳和构架上,其最大感应电压不宜大于50 V,否则应采取防护措施。

(9)电气设备的外壳和钢构架在正常运行中的最高温度,运行人员经常接触但非手握的部位,当为金属材料时,最高温度限制为70 ℃;当为非金属材料时,最高温度限制为80 ℃。正常操作中不需要触及的部位,当为金属材料时,最高温度限制为80 ℃;当为非金属材料时,最高温度限制为90 ℃,并设置明显的安全标志。

11.2.1.3　**防坠落伤害**

(1)凡检修时可能形成的坠落高度在2.0 m以上的孔、坑,均设置固定临时防护栏杆用的槽孔等。

(2)建筑物进水口通气孔、泵房集水井及机架桥预留孔等位置均设钢筋网孔盖板,防止人脚坠入。

(3)固定式钢直梯或固定式钢斜梯均满足电气安全距离和水力冲击等的影响,并满足劳动者的工作安全。楼梯、钢梯、平台均设防滑条以防止人员滑倒。

(4)橡胶坝上下游翼墙及边墩均设置栏杆。

(5)楼梯、爬梯、台阶、岸边等处设置醒目提示标语,杜绝坠落、溺水等危害。

11.2.1.4　**防气流伤害**

(1)建筑物进气口须有防护网,避免人员或小动物被吸入造成损伤。

(2)施工中空压机、高压冲水设备应经常检查并按规范操作,杜绝人员伤害事件发生。

11.2.1.5　**防强风、雾、雨和雷击伤害**

(1)施工人员应密切关注天气预报,及时防范强风、雷暴等恶劣天气造成伤亡事故,尤其是在河道开挖、堤防填筑工作面或者道路上。

(2)塔吊、启闭机房等可能遭受雷暴袭击,应设置可靠的避雷措施。

11.2.2　防洪水淹没、火灾爆炸和交通事故伤害

11.2.2.1　**防洪防淹**

(1)施工期间应与当地气象部门及时沟通,了解水文气象资料变化情况,做好防洪准备,尤其是橡胶坝工程,做好施工临时工程的同时及时准确地掌握泗河的洪水变化情况,确保施工场地、人员及机械的安全。

(2)加强对工程区雨量等项目的观测,以便及时掌握水情,采取相应措施,避免造成不必要的人员伤亡和财产损失。

11.2.2.2　**防火防爆**

(1)消防设计依据《建筑设计防火规范》(GB 50016—2014)、《建筑灭火器配置设计规范》(GB 50140—2005)及其他国家有关消防设计的规范。

(2)压力油、气罐应设置泄压装置,泄压面避开运行巡视工作的部位。

(3)压力容器的设计与选型,应符合现行规定。

(4)防静电设计应符合下列要求：

①油罐室、油处理室的油罐、油处理设备、输油管和通风设备及风管均接地；

②移动式油处理设备在工作位置设临时接地点；

③防静电接地装置与工程中的电气接地装置共用。

11.2.2.3 防交通事故

(1)场内道路、连接道路均设置必要的提醒标志。

(2)基坑填筑过程中应设置专门人员引导上土车辆，尤其是在临河侧。

11.3 工业卫生措施

11.3.1 防噪声及防振动

(1)水利水电工程各类工作场所的噪声宜符合限制值的要求。

(2)工作场所的噪声测量应符合《工业企业噪声控制设计规范》(GB/T 50087—2013)的有关规定；设备本身的噪声测量应符合相应设备有关标准的规定。

(3)自备柴油发电机组、空压机、高压风机应布置在单独房间内，必要时应设有减振、消声设施。

(4)噪声水平超过 85 dB，而运行中只需短时巡视的局部场所，运行巡视人员可使用临时隔音的防护用具，瞬间噪声超过 115 dB 的设备，布置时宜避免对重要场所值班人员的影响。

11.3.2 温度与湿度控制

水利水电工程各类工作场所的夏季、冬季室内空气参数应符合《水利水电工程采暖通风与空气调节设计规范》(SL 490—2010)的有关规定。

11.3.3 采光与照明

(1)采光设计以天然采光为主，人工照明为辅。

(2)人工照明应创造良好的视觉作业环境，各类工作场所最低照度标准应符合设计有关标准的规定。

11.3.4 防尘、防污、防腐蚀、防毒

(1)屋内配电装置室地面采用地面砖，防止起灰尘。

(2)机械通风系统的进风口位置，设置在室外空气比较洁净的地方，并设在排风口的上风侧。

(3)变压器事故油坑及透平油、绝缘油罐的挡油槛内的油水，须经油水分离后，方可排入地面水体。

(4)设备支撑构件、水管、气管、油管和风管应根据不同的环境采取经济合理的防腐蚀措施。除锈、涂漆、镀锌、喷塑等防腐处理工艺应符合国家现行有关标准的规定。

(5)储存 CO_2、卤化物灭火材料的房间采用机械通风方式，在易发生火灾的部位设置事

故排烟设施。

11.3.5 防电磁辐射

由于超高压电场对人体有一定的影响,在配电装置设备周围一般为运行人员巡查和操作地段,工作时间较短,因此本设计规定在配电装置设备周围的电场强度不能大于10 kV/m。

11.3.6 安全卫生设施及机构设置

11.3.6.1 辅助用室

根据情况在工作区设置公共厕所,厕所内根据人员的数量各设一定数量的男女蹲位,厕所污水经过化粪池处理后排入下游河道。

11.3.6.2 安全卫生管理机构及配置

(1)工程建设期间,设一名专职安全卫生管理员。

(2)安全卫生机械根据该工程的特点,需配置声级计、温度计、照度计等监测仪器设备和宣传栏等安全宣传设备,还要配备扫帚、喷雾器、消毒液、灭鼠药等工具和用品。

11.3.7 安全卫生管理

(1)建立安全责任制,落实责任人。项目负责人是该项目的责任人,控制的重点是施工中人员的不安全行为、设备设施的不安全状态、作业环境的不安全因素及管理上的不安全缺陷。

(2)专职安全员全面负责施工工程的安全,统筹工程安全生产工作,保证并监督各项措施的实施。

(3)定期对厂房、办公区、宿舍区和周围环境进行清洁大扫除、消毒和灭鼠工作。每人配发一本安全卫生管理手册,平时加强对职工安全卫生的教育和宣传工作。

第12章　节能评价

本工程节能设计本着合理利用能源、提高能源利用率的原则,依据国家合理用能标准和有关节能规范进行。

12.1　设计依据

12.1.1　依据的法律、法规、标准及规范

(1)《中华人民共和国节约能源法》(2016年修订)。

(2)《中国节能技术政策大纲(2006年)》(发改环资〔2007〕199号)。

(3)《节能中长期专项规划》(发改环资〔2004〕2505号)。

(4)《关于加强节能工作的决定》(国发〔2006〕28号)。

(5)《国家发展改革委关于加强固定资产投资项目节能评估和审查工作的通知》(发改投资〔2006〕2787号)。

(6)《山东省节约能源"十二五"规划》(鲁政办发〔2011〕55号)。

(7)《水利水电工程节能设计规范》(GB/T 50649—2011)。

12.1.2　设计原则

节能是我国发展经济的一项长远战略方针。根据法律法规的要求,依据国家和行业有关节能的标准和规范合理设计,起到节约提高能源利用效率,促进国民经济向节能型发展的作用。

节能方案应符合相关建设标准、技术标准和《中国节能技术政策大纲》中的节能要求。工艺和设备的合理用能、主要产品能源单耗指标要以国内先进能耗水平或参照国际先进水平作为设计依据。

12.1.3　工程所在地能源供应、消耗情况及节能规划、节能目标

工程所在区域能源主要为煤炭,分布有较多的大型煤矿,煤矿附近建设有火电厂,电能供应充足,施工等其他所需柴汽油需外运至此。

沿线工矿企业、村镇居民生产生活用电量较大,但附近电厂不仅满足上述需求而且可供应其他地区使用,能源供应较为充足。

我国制定的"十三五"规划万元国内生产总值能耗不大于0.739 t标准煤。

12.2　能耗分析

12.2.1　能源供应状况

项目区能源供应状况较好,施工用电可由施工单位自备柴油发电机供电,也可就近接农村电网;施工用柴油、汽油可由当地供销部门供应;运行期用电接入当地电网。

12.2.2　能源消耗种类

12.2.2.1　施工期

工程施工期能源消耗主要是机械、机电设备和施工照明耗能,能源消耗种类主要有柴油、钢筋、汽油、水泥、水、电等。

12.2.2.2　运行期

工程运行期的能源消耗主要为橡胶坝充排水泵用电,泵房、机房及管理区照明、监控、空调等用电,管理车辆等所需汽油,备用柴油发电机、工程维修时自备柴油发电机所需柴油,管理区人员生活用水等。

12.2.3　能耗分析

橡胶坝工程施工主要是混凝土、钢筋等,耗能主要是生产水泥、钢筋等所需的电、煤、水等。

工程运行中能源消耗主要是充排水泵所需要的电能,备用柴油发电机所需柴油及管理用电、用水等。

12.3　节能措施

加强用能管理,采取技术上可行、经济上合理及环境和社会可以承受的措施,减少各个环节中的损失和浪费,更加有效、合理地利用能源,提高能源利用效率,促进国民经济向节能型发展。本工程节能设计主要包括工程设计中的节能设计、施工期节能设计和运行期节能设计等部分。

12.3.1　工程勘察设计中的节能措施

本工程设计中通过方案比较,选取最优方案,以降低能源使用量。工程设计中的节能设计主要包括总体布置节能设计、建筑物节能设计和机电及金属结构节能设计。

12.3.1.1　总体布置节能设计

工程的总体布置考虑了节能要求,建筑物布置尽量紧凑合理,以减少占地和降低能源消耗,同时优化了布置方案,减少了主体工程量和钢筋、水泥等耗能材料的用量;工程管理设施尽量靠近沿线村庄,减小用电线路长度、变压器设置等,达到节约用电的目的。

12.3.1.2　建筑物节能设计

本工程主要建设内容包括橡胶坝及管理设施等,根据节能要求合理选择其朝向和布置形式,以满足节能要求。

建筑物的设计和建造应当依据有关法律、行政法规的规定,采用节能型的建筑结构、材料、器具和产品。建筑物朝向南,间距满足当地城市规划管理技术规定的相关条文;树种选择与房屋窗户间距及树种高度应有利通风、日照和遮阳;在保证室内热环境及卫生标准的前提下,做好建筑物采暖、空调系统及采光照明系统节能设计,提高建筑物的保温、隔热性能,充分利用自然采光和自然通风的能力,确保单位建筑面积能耗达标,减少采暖、制冷、照明的能耗。

我国传统的建筑设计理论以强调自然通风来排除白天建筑物吸收的热量和挥发人体的热量,而采用自然通风的建筑物在特殊季节、时间段是无法满足人的基本热舒适度要求的,就要考虑采取人工措施,比如装暖气、空调,这时就会消耗一定的能量,但传统设计中围护结构部分很简单、热工性能差,未能过多考虑节能的要求,建筑物没有良好的保温隔热能力,造成大量能量从窗、墙、屋顶及地下流失。建筑围护结构耗热量占建筑采暖热耗的1/3以上,对这一部分采取科学的保温设计,通过提高建筑物围护结构的保温隔热性能,节能效果非常显著。所以,建筑节能应主要在围护结构上采取措施。

(1)建筑单体空间设计。在充分满足建筑功能要求的前提下,对建筑空间进行合理分割,以改善建筑室内通风、采光、热环境等。

(2)外门窗。玻璃的可见光透射比不应小于0.40,透明幕墙应具有开启部分或设有通风换气装置。

(3)墙体节能。外墙采用外保温构造,尽量减少混凝土出挑构件及附墙部件,当外墙有出挑部件及附墙部件时应采取隔断热桥或保温措施。外墙外保温的墙体、窗口外侧四周墙面应进行保温处理。

(4)屋面。保温隔热屋面采用板材、块材或整体现喷聚氨酯保温层,屋面的天沟、檐沟应铺设保温层。

12.3.1.3 机电及金属结构节能设计

1.水力机械及辅助设备

水力机械设备主要包括橡胶坝的充排水泵。

1)机组选型设计

水力机械设备效率和可靠性是泵站中影响能耗的关键因素,水泵和电机效率是衡量泵站机组性能特性的重要指标。在机组选型过程中充分考虑实际情况,选择效率高、性能优秀的水泵机型和高效的电机,从而提高电机效率,达到节能目的。优化各站的机组运行方式,尽量使机组在最优效率区运行,节能降耗。在水泵及电动机设备选型方面考虑如下措施:

(1)排水泵选用效率高、高效率区范围广、稳定性能好的离心泵,并采用抗汽蚀性能好的不锈钢转轮和转轮室等,保证了机组的高效运行。橡胶坝充水泵选用效率高于80%且高效率区广的潜水泵。

(2)减小密封间隙值,以减小密封环间的水流阻力,减小漏泄量;合理设计高压区域和低压区域的排气管,减小水流从高压区域到低压区域的漏泄量。

(3)电动机采用合理的结构设计,定子铁芯采取高导磁率、低损耗的优质冷轧薄硅钢片叠成等措施,提高电动机的整体效率,电动机的额定效率不低于90%。

2)辅助设备系统设计

泵站辅助设备系统主要包括:泵房内排水系统、通风系统和消防系统等。机组检修使用的设备主要包括起重设备、机修设备等。

为节能降耗,在辅助设备系统设计中采取下列措施:

(1)泵组检修排水系统和泵房渗漏排水系统相结合,橡胶坝充水泵选用效率高于80%,且高效率区广的潜水泵。

(2)泵房内均装设1台电动葫芦,根据不同起吊重量确定使用不同的起升机构,起升机构和运行机构均配置高效率的电动机,以减少电能消耗。

2. 电气设备节能设计

本工程的电气设备节能设计主要包括供配电系统的节能设计、变压器的节能设计、减少线路损耗和照明的节能设计。

1)供配电系统的节能设计

变配电站应尽量靠近负荷中心,以缩短配电半径,减少线路损耗。合理选择变压器的容量和台数,实现经济运行,减少轻载运行造成的不必要电能损耗。

2)变压器的节能设计

本工程设计中,变压器均采用SC11节能型变压器。SC11系列电力变压器性能优越,节能效果显著,与普通油浸式变压器相比,具有降低变压器空载损耗、降低空载电流、负载损耗较少、线圈温升低、过载能力强、变压器噪声低、抗短路能力强等节能优势。

3)减少线路损耗的节能设计

由于配电线路有电阻,有电流通过时就会产生功率损耗,线路电阻在通过电流不变时,线路长度越长则电阻值越大,造成的电能损耗就越大。因此,设计中从减少电阻做了以下几个方面考虑:

(1)尽量选用电阻率较小的导线,如铜芯导线。

(2)尽可能减少导线长度,设计中线路尽量走直线少走弯路。对于较长的线路,在满足载流量、热稳定、保护配合及电压降要求的前提下,在选定线截面时加大一级线截面。这样增加的线路费用,由于节约能耗而减少了年运行费用,综合考虑节能经济时还是合算的。

(3)提高供配电系统的功率因数。功率因数提高了可以减少线路无功功率的损耗,从而达到节能的目的。橡胶坝、拦河闸采用了电容器自动补偿装置以提高负荷功率因数,减低了线路损耗。

4)照明的节能设计

照明节能设计就是在保证不降低作业面视觉要求、不降低照明质量的前提下,力求减少照明系统中光能的损失,从而最大限度地利用光能,设计中的节能措施有以下几种:

(1)充分利用自然光,这是照明节能的重要途径之一。

(2)照明设计规范规定了各种场所的照度标准、视觉要求、照明功率密度等。要有效地控制单位面积灯具的安装功率,在满足照明质量的前提下,一般房间(场所)优先采用高效发光的荧光灯(如T5、T8管)及紧凑型荧光灯。

(3)使用低能耗、性能优的光源用电附件,如荧光灯选用带有电子镇流器的,功率因数可以提高到0.9以上。

(4)各照明灯具控制方式,采用各种节能型开关或装置也是一种行之有效的节电方法。

根据照明使用特点采取分区控制灯光或适当增加照明开关点的措施。公共场所、室外采用程序控制或光电、声控开关,走廊、楼梯等人员短暂停留的公共场所采用节能声控开关。

3. 金属结构设备节能设计

对调节闸进行优化比选,既节约钢材又减少了启闭运行所需电量。

12.3.1.4 施工期节能设计

施工期能耗主要是施工机械需要用柴油、汽油及施工所用水、电等,根据工程量的多少、负荷的大小分别使用功率不同的施工机械,避免空载、空负荷运转等情况,减少能源的浪费。

施工期的节能设计主要包括施工用电节能、施工机械节能和其他节能措施。

1. 施工用电节能措施

(1)推广节能型电光源,夜间施工照明采用高效节能灯具。

(2)严格执行交流接触器节电器及其应用技术条件国家标准,禁止使用 RTO 系列熔断器,JR16、JR6 系列热继电器等低压电器产品。

(3)降低线损和配电损失。尽量采用高压输电,减少低压输电线路长度,以减少输电线损。

(4)施工用电计划报电力供应部门备案,以便展开电网经济调度,最大限度地使用无功补偿容量,减少无功损失。

(5)施工用电焊机采用可控弧焊机,禁止使用电动驱动的直流弧焊机。

(6)使用高效节能变压器等用电设备,禁止使用能耗高的机电设备。

2. 施工机械节能措施

(1)加大柴油车使用比重,提高车辆的实载率和能源利用率。

(2)重型车采用以"奔驰""斯太尔"为主导的产品,较少使用"黄河""上海"等国产旧车型,增加大吨位新车型使用量。

(3)使用直喷式,缸径 65~105 mm、功率 2.2~14.7 kW 节能型单杠小功率柴油发动机动力设备系列产品。

(4)提高场内外交通道路路面质量,从而起到减少油耗的作用。

(5)搞好土方挖运平衡与调配,合理安排施工程序,降低土方挖运运输机械空载率。

(6)合理布置施工场地,精心安排建筑材料进场,减少场内运输。

3. 其他节能措施

(1)混凝土浇筑尽量采用钢模板,减少使用木模板。

(2)施工期间加大废旧物资的再生利用,扩大废旧物资再生能力。

12.3.1.5 运行期节能设计

水利工程运行期能源的利用有充排水泵运行、照明电器、发电机及变压器运行、管理区空调设备、管理车辆耗用汽油及管理人员生活用水等。

充排水泵房在汛期运用,每年运用次数较少,使用时要求水泵充排水严格按照操作规程,保证有序、匀速,减少短时集中电流造成的损耗;持久利用能源的主要有照明电器及变压器运行,照明尽量利用日光,且荧光灯采用电子镇流器以降低其功率因数;变压器及发电机设备选用的都是国家推荐使用的节能产品,合理选择其容量和台数,减少线路损耗,提高供配电系统的功率因数等方法减少电能损耗。

12.3.2 能耗总量

12.3.2.1 施工期能源消耗

工程施工期能源消耗主要是机械、机电设备和施工照明耗能,能源消耗种类主要有柴油、汽油、水、电等。经计算,建设期总能耗 228.64 t 标准煤,建设期主要耗能计算成果见表 1-12-1。

表 1-12-1 建设期主要能耗计算成果

类别	单位	数量	折算系数	折合标准煤/t	合计标准煤/t
汽油	t	13	1.471 4	19.13	228.64
柴油	t	123	1.457 1	179.22	
电	kW·h	174 768	1.229×10^{-4}	21.48	
水	t	34 276	2.571×10^{-4}	8.81	

12.3.2.2 运行期能源消耗

工程运行管理时期的能源消耗主要为变压器、线路损耗,充排水泵用电量,备用柴油发电机、工程维修备用发电机所需柴油量,防汛用车所需汽油量,管理人员生产生活用电量及用水量。

1. 变压器、线路损耗

变压器损耗计算公式:年耗电量=(空载损耗+负载损耗)×损耗小时数。本工程有 SC11-50-10±5%/0.4 型变压器 1 台,空载损耗 0.22 kW,负载损耗 0.84 kW,则变压器年耗电量=(0.22+0.84)×8 760=9 285.6(kW·h)。

供电线路长 2 km,线路年运行能耗为 744 kW·h,折合为 1.23 t 标准煤/年。

2. 充排水泵、启闭机耗能

充水泵每次运行 16 h,排水泵每次运行 3 h,橡胶坝每年运行 30 次。

水泵共计耗能 50 820 kW·h,折合为 6.24 t 标准煤/年。

3. 柴油发电机油耗

柴油发电机功率 460 kW。按启动工作每天 24 h,每年运行 1 d 计(应急备用发电机,运用概率低),共耗柴油 2.208 t,折合为 3.22 t 标准煤/年。

4. 防汛车辆汽油用量

运行期防汛车辆主要有防汛车 1 辆,工具车 1 辆。车辆运行 2 万 km/年,油耗约 20 L/100 km。经计算,运行期年消耗汽油 5.68 t,折合为 8.36 t 标准煤/年。

5. 泵房、机房和管理设施照明、监控等耗能

本工程管理人员共计 5 人,泵房机房和管理设施照明、监控等用电按照 2 kW·h /d 计算,年均 3 650 kW·h,折合为 0.45 t 标准煤/年。

6. 管理人员生活用水量

本工程管理人员 5 人,人均综合生活用水定额采用 100 L/d,则运行期年生活用水量为 182.5 m^3,折合为 0.05 t 标准煤/年。

7. 综合耗能

根据《综合能耗计算通则》(GB/T 2589—2008)中综合能耗的计算公式,汽油折算系数为1.471 4 kgec/kg,柴油折算系数为1.457 1 kgec/kg,电力折算系数为0.122 9 kgec/(kW · h),水折算系数为0.085 7 kgec/t。

经计算,本工程运行期年耗能量为19.55 t标准煤/年。

12.4　节能效果评价

12.4.1　有效缓解能源危机

水利工程规模大,节能潜力大,做好节能设计对于缓解我国能源状况起到举足轻重的作用。

12.4.2　具有长远的经济效益

经过节能设计的水利工程,相比以前的水利工程,虽然前期造价略高,但是高出的成本占总工程投资的比重微不足道,经过长达30年甚至更长时间的运行,节约的能源已经远远超过前期增加的成本费用,具有长远的经济效益。

本工程施工期能耗量为228.64 t标准煤,运行期取30年,能耗量为586.5 t标准煤,项目计算期内能耗总量E=815.14 t标准煤,根据经济评价分析结论,计算期内工程产生的国民经济净效益B=14 606万元,工程综合能耗指标η=0.056 t标准煤/万元,小于国家制订的“十三五”规划万元国内生产总值能耗0.739 t标准煤的要求。

第 13 章　工程管理

临泗橡胶坝管理任务包括工程建设期和运行期管理两个阶段。建设期管理任务主要是确保工程质量、安全、进度和投资效益;运行期管理任务主要是保障工程的安全及良性运行。

13.1　工程管理体制

13.1.1　管理体制

根据工程建设与管理需要,计划由济宁市水利投资有限公司作为工程的项目法人,对工程实行建设管理,由济宁市泗河管理处进行运行管理。项目法人负责重大事项的决策,包括招标投标组织、管理协调、施工组织,质量监督、工程监理监督,办理报建手续并组织工程的验收,建成后交由济宁市泗河管理处经营管理。

13.1.2　机构设置和人员编制

13.1.2.1　**机构设置**

由济宁泗河管理处成立临泗橡胶坝管理所,属全额事业单位,隶属于济宁市水利局,设有综合管理、综合经营、行政办公、技术管理、运行监测等科室。

13.1.2.2　**人员编制**

拟定临泗橡胶坝管理机构编制定员 5 人,定员级别为 5 级。临泗橡胶坝管理所主要负责水源工程及其附属建筑物的管理、维修、养护、调度、观测、通信等任务,并负责开展综合经营等工作。

13.1.3　工程建设招标方案

13.1.3.1　**项目概况**

(1)建设规模。

①工程等别及建筑物级别。临泗橡胶坝工程等别为Ⅱ等,工程规模为大(2)型。主要建筑物级别为 3 级,次要建筑物级别为 4 级。

②设计标准。橡胶坝设计防洪标准为 50 年一遇,校核防洪标准为 100 年一遇。

(2)主要建设内容。工程建设的主要内容包括橡胶坝及管理设施等。

(3)主要设备:本工程的主要设备包括橡胶坝的充排水设备及工程管理的相关设备。

(4)建设地点:济宁泗水 87+200 处。

(5)建设性质:新建。

(6)市重点建设项目:是。

(7)建设起止年限:本工程总工期 24 个月。

(8)项目估算:项目总投资 9 174.42 万元。

13.1.3.2 项目提前招标情况

(1)项目初步设计批复前招标:无。

(2)提前招标范围:无。

(3)提前招标理由:无。

(4)项目审批部门批准情况:无。

13.1.3.3 项目招标内容

建设项目招标方案的内容包括:

(1)建设项目的勘察、设计、建筑工程、主要设备、监理、水土保持、环境保护等采购活动全部招标。

(2)建设项目的勘察、设计、建筑工程、主要设备、监理、水土保持、环境保护等采购活动招标单位采用委托招标。委托具有中央投资项目代理资质的代理机构组织。

(3)建设项目的勘察、设计、建筑工程、主要设备、监理、水土保持、环境保护等采购活动采用公开招标。

(4)不招标的说明:建设单位管理费、生产准备费、科学研究试验费、工程质量检测费、迁占补偿费、安全鉴定费、工程保险费、其他税费、基本预备费不进行招标。

(5)其他有关内容:无。

(6)对投标单位的资质要求:勘察单位、设计单位投标人需按要求具备水利工程勘察、设计甲级及以上资质的独立法人;监理标投标人要求具备水利部颁发的水利工程施工监理甲级资质的独立法人,并具有同类工程监理经验;施工标投标人要求具备水利水电工程施工总承包贰级及以上资质的独立法人,并具有同类工程施工经验。招标基本情况见表 1-13-1。审批部分核准意见表 1-13-2。

表 1-13-1 招标基本情况

建设项目名称:临泗橡胶坝

单项名称	招标范围		招标组织形式		招标方式		不用招标方式	招标估算金额/万元	备注
	全部招标	部分招标	自行招标	委托招标	公开招标	邀请招标			
勘察	√			√	√			652.97	
设计	√			√	√				
建筑工程	√			√	√			5 638.55	
主要设备	√			√	√			658.90	
监理	√			√	√			158.57	
水土保持	√			√	√			96.19	
环境保护	√			√	√			27.15	
其他							√		

情况说明:

建设单位盖章

年 月 日

表 1-13-2　审批部门核准意见

建设项目名称:临泗橡胶坝

单项名称	招标范围		招标组织形式		招标方式		不用招标方式
	全部招标	部分招标	自行招标	委托招标	公开招标	邀请招标	
勘察	√			√	√		
设计	√			√	√		
建筑工程	√			√	√		
主要设备	√			√	√		
监理	√			√	√		
水土保持	√			√	√		
环境保护	√			√	√		
其他							√
审批部门核准意见说明: 审批部门盖章 年　月　日							

注:审批部门在空格注明"核准"或者"不予核准"。

13.2　工程运行管理

13.2.1　管理职责

(1)按照国家有关法律、法规,制定工程管理办法和奖惩条件,执行上级防洪供水调度命令,维护水利工程和人民生命财产的安全。

(2)认真宣传《中华人民共和国水法》《中华人民共和国防洪法》《中华人民共和国环境保护法》《中华人民共和国河道管理条例》,协调处理排水、灌溉各方面的关系,协调河道、堤防、水资源管理与交通、景观绿化、生态湿地管理的关系,搞好水利工程全面管理。

(3)制订水利工程的维修、加固、改建、扩建规划及年度计划。

(4)编制洪水调度计划,优化各闸坝的联合调度方案,做好防汛检查,确保安全行洪,最大限度地发挥工程供水、抗旱整体综合效益。

(5)加强对水质的监测,掌握水质动态,协同环保部门对水污染防治实施监督管理,同时做好对水土、泥沙的预测预报,为工程管理、抗旱防汛调度、兴利除害服务。

(6)加强对职工的思想教育工作,搞好管理队伍的自身建设,实施管理目标责任制及干部职工考核制度,以保证做好各项工作。

(7)加强对职工的技术培训,提高管理人员的业务素质。积极开展科学研究和技术革新活动,不断改善劳动条件,提高生产率和管理水平。

13.2.2　工程管理任务

管理部门要做好建筑物的维护及保养,确保运行正常。应按设计要求及上级部门批准的方案和规划指标、程序运用,不经同意不得随便变更,同时对橡胶坝要进行水位、流量、沉陷、裂缝、扬压力、水流流态的观测。

13.2.3　工程运行费用及来源

13.2.3.1　工程运行费用

工程运行费用包括工资福利费、管理费、维护修理费及其他费用等。

1.工资福利费

工资福利费主要包括职工的工资、福利、保险、公积金等,工程新增管理人员5人,按照目前人员工资、福利收入水平,按每人每年4万元计,共计工资福利费20万元。

2.管理费

管理费主要包括日常办公、差旅、会务、咨询、招待、诉讼等费用,按照工资福利费的1.5倍计,年均管理费用30万元。

3.维护修理费

维护修理费包括工程日常维护修理和每年需要计提的大修费基金等,根据本工程特点,按固定资产原值(扣除移民部分)的0.5%计算,共计年均维护修理费为28万元。

4.其他费用

其他费用指工程运行维护过程中发生的除以上费用外的与生产活动有关的支出,主要包括工程观测、水质监测、临时设施等费用,按照前三项的10%计算为8万元。

本工程年运行费用为85万元。

13.2.3.2　运行费用来源

临泗橡胶坝财务收入主要为工程建成后泗河沿岸农田灌溉带来的水费收入和旅游开发带来的旅游收入。建议运行费由政府财务收入支付,以维护工程的正常运行,充分发挥工程效益。

13.3　工程管理范围和保护范围

13.3.1　工程管理范围

(1)橡胶坝管理范围为建筑物最外部结构部位边线以外50 m。

(2)附属工程设施包括观测、交通、通信设施、测量控制标点、界碑及其他维护管理设施,按常规管理。

(3)管理单位生产、生活区建筑,包括办公用房屋、设备材料仓库、维修生产车间、沙石料堆场、职工住宅及其他生活福利设施,皆以围墙为界。

13.3.2　工程保护范围

本工程橡胶坝等主要建筑物的保护范围为工程管理范围边界线外延 100 m。

13.4　管理设施

13.4.1　管理用房

13.4.1.1　管理办公用房

管理办公用房包括办公室、值班室、调度室、档案室、实验室等，临泗橡胶坝管理人员 5 人，按人均建房 15 m^2 计算，需建办公用房 75 m^2。

13.4.1.2　职工生活及文化福利房屋

职工生活及文化福利房屋包括职工食堂、职工宿舍、文化活动室及福利设施等，按人均建房 18 m^2 计算，共需建职工生活及文化福利房屋 90 m^2。

13.4.1.3　生产用房

根据规范，临泗橡胶坝需新建仓库 30 m^2，修配车间 25 m^2，生产用房共计 55 m^2。

13.4.1.4　管理区总占地

生产、生活管理面积按不少于 3 倍的房屋建筑面积计算。经综合分析，管理处总占地面积 3 200 m^2。

13.4.2　办公自动化

购置办公用品，实现办公自动化。计算机共计 2 台，传真复印一体机 1 台，打印机 1 台，数码相机 1 台。

13.4.3　交通设施

为方便管理，管理单位根据管理机构的级别和管理任务的大小，配备必需的交通工具。按有关标准，拟购置防汛车 1 辆，工具车 1 辆。

13.4.4　通信设施

为了保证工程安全、经济运行，拦蓄工程配备相对独立的通信系统，并建立与主管部门、上级指挥部门、各管理区之间信息传输的通信网络。通信部分主要解决整个系统各部门之间的数据及行政办公电话需求，拟对管理单位配置手持机 1 部，程控电话 1 部。

13.4.5　给水

13.4.5.1　室外给水水源

因管理区附近无市政给水管网，需打一眼机井，供橡胶坝管理房生活用水。参考当地打井的钻孔地质资料及水文地质资料，机井深暂定为 50 m(应视现场钻孔的水质、水量来确定机井深度)开孔井径 500 mm，终孔井径 219 mm，设计单井出水量为 15~25 m^3/h 。井壁管、滤水管、沉淀管均选用 ϕ 219 螺旋钢管。其中，井壁管长度约为 28.7 m；机井开孔和井壁管

之间用 D20~30 mm 黏土球封闭;滤水管长度为 15 m,采用桥式滤水管,外部用磨圆度较好的硅质砾石填充;沉淀管长度为 5 m。潜水电泵放在动水位以下 5 m 处。其潜水电泵型号为 100QJ8-48-2.2,Q=8 m^3/h,H=48 m,N=2.2 kW。泵配带变频调速节能控制柜 1 台,放在附近房间内。井管安装完毕后,要进行洗井和抽水试验,满足生活卫生要求方可使用。

13.4.5.2 室内给水系统

室内给水系统主要用于卫生间的盥洗用水等,给水量 1.70 L/s,所需压力不小于 0.15 MPa,接自管理区的机井供水。

13.4.5.3 管材

室外给水管采用 PE80 级聚乙烯管材,热熔连接,室内给水管采用给水聚丙烯 PP-R 管材(S5 系列)及相应配件,热熔连接。

13.4.5.4 保温

所有敷设于不采暖处的给水立管、支管均采用橡塑保温管保温,厚度 30 mm,保护层采用自粘性镀铝反光保护胶带,安装详见《管道与设备保温、防结露及电伴热》L13S11。

13.4.6 排水

(1)管理区的排水采用雨、污分流制。因管理区附近无污水管网,卫生间排出的生活污水,靠重力流入化粪池后,由环卫车定期外运,不得外排。

雨水由雨水口收集,经雨水管网,排入管理区外的排水沟或低洼处。

(2)室内排水系统:排水采用污、废合流制。排水横管采用通用坡度为 0.026,排出管坡度均为 0.020。

(3)管材:排水管、雨水管采用 UPVC 聚氯乙烯排水管,粘接。

第 14 章　投资估算

14.1　编制说明

14.1.1　投资主要指标

按照 2018 年第一季度价格水平编制。基本预备费按照一至五部分合计的 10%计算。工程静态总投资为 9 174.42 万元,其中:工程部分静态总投资 8 946.58 万元,专项部分投资 227.84 万元。

14.1.2　编制原则

本工程按枢纽工程计。

14.1.3　编制依据

14.1.3.1　文件规定

(1)山东省水利厅鲁水建字〔2015〕3 号文颁发的《山东省水利水电工程设计概(估)算编制办法》。

(2)山东省水利厅鲁水建字〔2016〕5 号文发布的《山东省水利厅关于发布〈山东省水利水电工程营业税改征增值税计价依据调整办法〉的通知》。

(3)山东省水利厅鲁水建字〔2009〕38 号文发布的《关于贯彻水利部〈水利工程质量检测管理规定〉有关工作的通知》。

(4)财政部和税务总局财税〔2018〕32 号文发布的《关于调整增值税税率的通知》。

(5)国家及上级主管部门颁发的有关文件、条例、法规等。

(6)工程设计有关资料和图纸。

14.1.3.2　定额采用

(1)山东省水利厅鲁水建字〔2015〕3 号文颁发的《山东省水利水电建筑工程预算定额》(上、下册)。

(2)山东省水利厅鲁水建字〔2015〕3 号文颁发的《山东省水利水电工程施工机械台班费定额》。

(3)山东省水利厅鲁水建字〔2015〕3 号文颁发的《山东省水利水电设备安装工程预算定额》。

14.1.4　基础价格编制

14.1.4.1　人工费

人工预算单价为 72 元/工日。

14.1.4.2　材料预算价格

(1)主材分别按照柴油 0#占 70%、-10#占 30%计算,汽油 90#。

(2)材料补差。外购砂、碎石、块石等材料预算价格超过 70 元/m^3 的,按 70 元/m^3 的基价进入工程单价参加取费,钢筋、水泥、汽油、柴油、商品混凝土的材料预算价格分别超过 2 600 元/t、260 元/t、3 100 元/t、3 000 元/t、260 元/t 基价时,按基价计入工程单价参加取费,预算价格与基价的差额以材料补差形式进行计算,材料补差列入单价表中并计取税金。

(3)其他材料预算价格:按工程所在地区的工业与民用建筑安装工程材料预算价格或信息价格除以 1.03 调整系数计取。

14.1.4.3　电、风、水预算价格

1. 施工用电价格

按照鲁价格一发〔2017〕60 号文《山东省物价局关于合理调整电价结构有关事项的通知》规定计算,山东电网销售一般工商业(1~10 kV)基本电价为 0.735 7 元/kW·h(含税),基本电价按不含税价计算,工程按 90%电网电价、10%柴油发电机组供电计算电价,计算电价为 0.88 元/(kW·h)。

2. 施工用风价格

按 9 m^3 电动移动式空压机制风计算,为 0.14 元/m^3。

3. 施工用水价格

按 2.2 kW 潜水泵抽水计算,为 0.75 元/m^3。

14.1.4.4　施工机械台时费

山东省水利厅鲁水建字〔2015〕3 号文颁发的《山东省水利水电工程施工机械台班费定额》及有关规定计算,其中施工机械台时费定额的折旧费除以 1.15 调整系数,修理及替换设备费除以 1.10 调整系数,安装拆卸费不变。

14.1.4.5　混凝土材料单价

根据设计确定的不同工程部位的混凝土强度等级、级配、龄期,按《水利建筑工程预算定额》附录混凝土材料配合表计算混凝土材料单价,本工程按商品混凝土施工。

14.1.5　建筑、安装单价编制

山东省水利厅鲁水建字〔2015〕3 号文颁发的《山东省水利水电工程设计概(估)算编制办法》确定费用标准如下:

(1)其他直接费:建筑工程取基本直接费的 6.9%,安装工程取基本直接费的 7.6%。

(2)间接费:间接费费率见表 1-14-1。

(3)利润:按直接费与间接费之和的 7.0%计算。

(4)税金:按直接费与间接费、利润之和的 10%计算。

(5)估算扩大系数:用预算定额做估算,单价乘以 1.1 的扩大系数。

14.1.6　分部工程估算编制

14.1.6.1　建筑工程

(1)主体建筑工程:按设计工程量乘以单价或单位扩大指标计算,其中主副厂房扩大指标除含土建价格外,还含室内供排水、照明、防雷等价格。

表 1-14-1 间接费费率

序号	工程类别	计算基础	间接费费率/%
一	建筑工程		
1	土石方工程	直接费	10.5
2	砌筑工程	直接费	13.5
3	模板及混凝土工程	直接费	11.5
4	钻孔灌浆及锚固工程	直接费	10.5
5	其他工程	直接费	10.5
二	机电、金属结构设备及安装工程	人工费	70

(2)进场道路:按工程量乘以单价或单位扩大指标计算。

(3)供电设施工程:按工程量乘以单位扩大指标计算。

(4)其他建筑工程:按设计工程量乘以单位扩大指标计算。

14.1.6.2 设备及安装工程

设备价格等按照向生产厂家或市场询价作为设备原价,另按设备原价的 4%计取运杂费,按设备原价、运杂费之和的 0.7%计取采购及保管费。安装费按鲁水建字〔2015〕3 号文颁发的《山东省水利水电设备安装工程预算定额》计算。

14.1.6.3 临时工程

(1)施工围堰工程:按照施工组织设计确定的工程量乘以单价计算。

(2)施工交通工程:按照施工组织设计确定的工程量乘以相应的扩大单位指标计算。

(3)临时房屋建筑工程。

①施工仓库:工程所需的仓库建筑面积按施工组织设计确定数量,综合指标为 300 元/m^2。

②办公、生活及文化福利建筑:按一至四部分建安工作量(不包括办公、生活及文化福利建筑和其他施工临时工程)之和的 1.5%计列。

③其他施工临时工程:按一至四部分建安工作量(不包括其他施工临时工程)之和的 3%计列。

14.1.6.4 独立费用

(1)建设单位管理费:以一至四部分建安工作量为计算基数,按表 1-14-2 所列费率,以超额累进方法计算。

(2)项目经济技术服务费:以一至四部分投资作为计算基数,按表 1-14-3 所列费率,以差额定率累进方法计算,鉴于本工程大坝安全鉴定费大,按实际合同计列,故项目经济技术服务费,按其区间的最低费率计算。

(3)工程监理费:参考工程监理费用按国家发展改革委、建设部发改价格〔2007〕670 号文发布的《关于印发〈建设工程监理与相关服务收费管理规定〉的通知》计算。

表 1-14-2　建设单位管理费费率

序号	一至四部分建安工作量/万元	超额累进费率/%	辅助参数/万元
一	枢纽工程		
1	5 000 以内	3.50	
2	5 000~10 000	3.20	15
3	10 000~50 000	3.00	35
4	50 000 以上	2.50	285

表 1-14-3　项目经济技术服务费费率

序号	一至四部分投资/万元	费率/%
1	5 000 以内	1.5~1.2
2	5 000~10 000	1.2~1.0
3	10 000~50 000	1.0~0.8
4	50 000~100 000	0.8~0.5
5	100 000 以上	0.5

(4)生产准备费。

生产及管理单位提前进厂费:按一至四部分建安工作量的 0.3%计算。

生产职工培训费:按一至四部分建安工作量的 0.5%计算。

管理用具购置费:按一至四部分建安工作量的 0.08%计算。

工器具及生产家具购置费:按占设备费的 0.2%计算。

(5)科研勘测设计费。

工程科学研究试验费:按一至四部分建安工作量的 0.5%计列。

工程勘测设计费:参考国家发展改革委价格〔2006〕1352 号文颁布的《水利、水电工程建设项目前期工作勘察收费标准》、国家计委计价格〔1999〕1283 号文颁布的《建设项目前期工作咨询收费暂行规定》及国家计委、建设部计价格〔2002〕10 号文件颁布的《工程勘察设计收费标准》的规定执行。

(6)其他。

工程质量检测费:根据山东省水利厅鲁水建字〔2009〕38 号文,按工程一至四部分建安工作量的 1.0%计算。

工程保险费:不计列。

14.1.7　预备费及其他

(1)基本预备费:按一至五部分投资合计的 10%计列。

(2)价差预备费:暂不计列。

(3)本次投资按静态总投资计列,不考虑建设期融资利息。

14.2　投资估算表

(1)工程估算总表,见表 1-14-4。

表 1-14-4　工程估算总表　　单位:万元

编号	工程或费用名称	建安工程费	设备购置费	独立费用	投资合计
Ⅰ	工程部分投资				8 946.58
	第一部分　建筑工程	5 638.55			5 638.55
一	主体工程	5 571.99			5 571.99
二	进厂道路	2.98			2.98
三	供电工程	37.00			37.00
四	其他工程	26.58			26.58
	第二部分　机电设备安装工程	342.74	316.15		658.90
一	水机设备及安装工程	300.24	103.01		403.25
二	机电设备及安装工程	42.50	213.15		255.65
	第三部分　金属结构设备及安装工程	1.23	10.40		11.63
一	闸门金结系统	1.23	10.40		11.63
	第四部分　施工临时工程	573.23			573.23
一	施工围堰工程	250.97			250.97
二	施工交通工程	24.36			24.36
三	施工房屋建筑工程	106.96			106.96
四	其他施工临时工程	190.94			190.94
	第五部分　独立费用			1 250.93	1 250.93
一	建设单位管理费			224.78	224.78
二	项目经济技术服务费			90.71	90.71
三	工程建设监理费			158.57	158.57
四	生产准备费			58.34	58.34
五	科研勘测设计费			652.97	652.97
六	其他			65.56	65.56
	一至五部分投资合计	6 555.77	326.55	1 250.93	8 133.25
	基本预备费				813.33
	静态投资				8 946.58
Ⅱ	专项部分投资				227.84

续表 1-14-4

编号	工程或费用名称	建安工程费	设备购置费	独立费用	投资合计
一	工程迁占移民补偿				104.50
二	水土保持工程				96.19
三	环境保护工程				27.15
	静态投资合计				227.84
Ⅲ	工程总投资				9 174.42
	静态总投资				9 174.42
	总投资				9 174.42

(2)建筑工程估算表。

(3)机电设备及安装工程估算表。

(4)金属结构设备及安装工程估算表。

(5)临时工程估算表。

(6)独立费用。

(7)建筑工程单价汇总表。

(8)安装工程单价汇总表。

(9)主要材料预算价格计算表。

(10)其他材料预算价格汇总表。

(11)施工机械台班费汇总表。

(12)主要工程量汇总表。

(13)主要工日及材料数量汇总表。

第15章　经济评价

15.1　概　述

15.1.1　工程概况

工程总工期2年,正常运行期取30年,则经济计算期为32年,以工程建设第一年作为折算基准年,并以该年年初作为折算基准点,社会折现率取8%。本工程为公益性项目,仅作国民经济评价。

15.1.2　评价依据

(1)《建设项目经济评价方法与参数》(第三版);

(2)《水利建设项目经济评价规范》(SL 72—2013)。

15.2　费用估算

15.2.1　工程总投资

工程静态总投资为9 174.42万元,其中:工程部分静态总投资8 946.58万元,专项部分投资227.84万元。

15.2.2　年运行费

年运行费包括工资福利费、管理费、维护修理费及其他费用等。

15.2.2.1　**工资福利费**

工资福利费主要包括职工的工资、福利、保险、公积金等费用,工程新增管理人员5人,按照目前人员工资、福利收入水平,按每人每年5万元计,共计工资福利费25万元。

15.2.2.2　**管理费**

管理费主要包括日常办公、差旅、会务、咨询、招待、诉讼等费用,按照工资福利费的1.5倍计,年均管理费用38万元。

15.2.2.3　**维护修理费**

维护修理费包括工程日常维护修理和每年需要计提的大修费基金等,根据本工程特点,按固定资产原值(扣除移民部分)的0.5%计算,年均维护修理费为45万元。

15.2.2.4　其他费用

其他费用是指工程运行维护过程中发生的除以上费用外的与生产活动有关的支出，主要包括工程观测、水质监测、临时设施等费用，按照前三项的10%计算为11万元。

上述各项合计，本工程年运行费为118万元。

15.2.3　流动资金

流动资金包括维持工程正常运行所需购买燃料、材料、备品、备件和支付职工工资等的周转资金。本项目流动资金从项目正常运行期第一年开始，按年运行费10%取值，确定该项目流动资金为12万元。

15.3　国民经济评价

15.3.1　投资费用调整

经济评价投资是在财务静态总投资的基础上，按《水利建设项目经济评价规范》(SL 72—2013)附录B简化方法进行编制和调整，具体步骤如下：

(1)剔除国民经济内部转移支付的计划利润和税金；

(2)调整主要材料费用；

(3)调整土地费用；

(4)重新计算基本预备费。

经过上述调整后，工程经济评价投资为8 256万元。

15.3.2　工程效益

50%典型年临泗橡胶坝可满足1.2万亩农田需水要求，灌溉供水量为350万 m^3，向下游河道年补水677.6万 m^3。

通过建设该工程，提高区域雨洪资源利用水平和水资源开发利用效率，提高工程附近部分村庄的农田灌溉用水保证率，改善区域生态环境，实现区域内社会、经济和环境的可持续发展。

本工程效益主要包括灌溉效益、旅游效益、省工效益、生态效益等。

15.3.2.1　灌溉效益

工程建成后可改善灌溉面积1.2万亩。根据附近农业灌溉制度，结合多年来项目区作物实际种植情况。该区主要作物以小麦、玉米为主。农作物复种指数为170%，其中小麦70%、玉米70%、蔬菜20%、其他10%。经计算，本工程灌溉效益年均为379万元。

15.3.2.2　旅游效益

本工程通过利用雨洪资源,有效改善区域生态环境,下一步可发展旅游产业,参考泗河旅游收入,预计年旅游人数为 3.8 万人,人均花费 510 元,考虑分摊(按 30%),旅游效益为 518 万元。

15.3.2.3　省工效益

本工程建成后,灌水时间减少,降低了劳动强度,耕作用工量降低,可以节约大量的劳动力。可节约 1.5 个工日/hm^2。本项目人工费用按照主体工程人工费用计算,则田间工程实施后,项目区可实现省工效益 27 万元。

15.3.2.4　生态效益

本工程建成后,蓄水量增加,周边生态用水得以保障。增加蓄水量的 10%,向下游河道年补水 677.6 万 m^3,用于生态供水,可实现生态效益 201 万元。

15.3.3　国民经济盈利能力分析

由上述估算工程费用和效益,编制国民经济效益费用流量表,见表 1-15-1,按社会折现率 8%计算各评价指标。经济内部收益率为 1.34%,经济净现值为 1 152 万元,经济效益费用比为 9.56。根据计算的各项指标值,经济内部收益率大于社会折现率 8%,经济净现值大于 0,经济效益费用比大于 1.0。

15.3.4　敏感性分析

考虑到计算期内各种投入物、产出物预测值与实际值可能出现偏差,对评价结果产生一定影响,为评价项目承担风险的能力,分别设定费用增加 5%;效益减少 5%两种情况,进行敏感性分析,计算成果见表 1-15-2。

15.3.5　经济合理性评价

根据国民经济盈利能力分析和敏感性分析结果可看出,工程在经济上是合理可行的。在设定的浮动范围内,各项经济指标仍能满足要求,可见工程具有一定的抗风险能力。由于此项目为公益性项目,根据计算,每年需要 118 万元保证工程正常运转。

表 1-15-1　国民经济效益费用流量

序号	项目	建设期		正常运行期													
		1	2	3	4	5	6	7	8	9	10	11	12	29	30	31	32
1	增量效益流量 *B*			1 125	995	995	995	995	995	995	995	995	995	995	995	995	995
1.1	项目各项功能的增量效益			1 125	995	995	995	995	995	995	995	995	995	995	995	995	995
1.1.1	灌溉效益			379	379	379	379	379	379	379	379	379	379	379	379	379	379
1.1.2	旅游效益			518	388	388	388	388	388	388	388	388	388	388	388	388	388
1.1.3	省工效益			27	27	27	27	27	27	27	27	27	27	27	27	27	27
1.1.4	生态效益			201	201	201	201	201	201	201	201	201	201	201	201	201	201
1.2	回收固定资产余值																
1.3	回收流动资金																
2	增量费用流量 C	4 128	4 128	130	118	118	118	118	118	118	118	118	118	118	118	118	118
2.1	固定资产投资	4 128	4 128														
2.2	流动资金			12													
2.3	年运行费			118	118	118	118	118	118	118	118	118	118	118	118	118	118
3	净效益流量(B−C)	−4 128	−4 128	995	877	877	877	877	877	877	877	877	877	877	877	877	877
4	累计净效益流量	−4 128	−8 256	−7 261	−6 384	−5 507	−4 630	−3 753	−2 876	−1 999	−1 122	−245	632	15 215	16 092	16 969	17 846

表 1-15-2　敏感性分析成果

方案	浮动指标/%		经济效益费用比	内部收益率/%	经济净现值/万元
	费用	效益			
基本方案(i=8%)	0	0	9.56	1.34	1 152
敏感性分析Ⅰ(i=8%)	5	0	9.02	1.32	784
敏感性分析Ⅱ(i=8%)	0	-5	8.25	1.25	182

15.4　资金筹措方案

本工程静态总投资为 9 174.42 万元,其中 2 940 万元(32%)资金申请省级专项补助,其他资金由市县筹集解决。

15.5　财务分析

15.5.1　总成本费用

工程总成本费用主要包括年运行费、折旧费等。

15.5.1.1　年运行费

年运行费为 118 万元。

15.5.1.2　折旧费

折旧费=固定资产原值×综合折旧率

本工程为新建工程,按照工程投资全部(含建设期利息)形成固定资产考虑,固定资产折旧费按照直线法计算,本工程经济寿命按 30 年考虑,综合折旧率按照 4.0%考虑,计算本工程年折旧费为 286 万元。

15.5.1.3　年总成本费用

综上所述,年均总成本费用为 404 万元。

15.5.2　水价测算

根据调算成果,本工程可满足 1.2 万亩农田需水要求,灌溉供水量为 350 万 m^3。测算本工程运行水价为 0.34 元/m^3,成本水价为 1.15 元/m^3。

第 16 章 社会稳定风险分析

16.1 编制依据

16.1.1 文件依据

(1)《国家发展改革委重大固定资产投资项目社会稳定风险评估暂行办法》(发改投资〔2012〕2492 号)。

(2)《国家发展改革委办公厅关于印发重大固定资产投资项目社会稳定风险分析篇章和评估报告编制大纲(试行)的通知》(发改办投资〔2013〕428 号》。

(3)《重大水利建设项目社会稳定风险评估暂行办法》(水规计〔2012〕474 号)。

(4)《关于印发山东省发展改革委重大固定资产投资项目社会稳定风险评估暂行办法的通知》(鲁发改投资〔2014〕471 号)。

16.1.2 工程概况

16.1.2.1 工程建设任务和规模

临泗橡胶坝工程等别为Ⅱ等,工程规模为大(2)型;橡胶坝防洪标准为 50 年一遇,校核标准为 100 年一遇。正常蓄水位 85.5 m,河底高程 80.5 m,坝长 420 m,坝高 5.0 m,蓄水量 980 万 m^3。

16.1.2.2 主要工程内容

本工程主要建设内容包括橡胶坝及管理设施等。

16.1.2.3 工程投资

按照 2018 年第一季度价格水平编制。基本预备费按照一至五部分合计的 10%计算。

工程静态总投资为 9 174.42 万元,其中:工程部分静态总投资 8 946.58 万元,专项部分投资 227.84 万元。

16.2 风险调查

为完成本工程社会稳定风险分析,成立了由项目法人主要领导任组长,泗水县政府、市水利局和山东省水利勘测设计院等相关单位,以及相关人员组成的风险调查工作组,开展社会稳定风险调查分析。

调查范围:本项目所涉及区域及可能的影响区域,主要包括项目所在地的济宁市高新区。

风险调查方式:对征地移民实物、环境影响等进行实地查勘、走访、收集资料等,广泛征求基层和相关方面的意见和建议,掌握影响对象的基本情况,准确把握影响重点,适时进行风险识别。

16.2.1　征地实物调查

根据《水利水电工程建设征地移民安置规划设计规范》(SL 290—2009)和《水利水电工程建设征地移民实物调查规范》(SL 442—2009),调查组对工程影响范围内的各项实物进行了调查。

16.2.2　环境影响调查

本工程附近无自然保护区、风景名胜区、文物古迹等敏感目标,项目周边环境保护目标主要是附近村庄,因此本次主要调查对水环境、生态环境、大气和声环境的影响及施工期的交通影响等。同时,走访收集公众对工程的态度、关心的环境问题,使各类环境影响预测评价更为翔实,从而制订针对性和可操作性强的环境保护措施,最大限度地发挥工程效益。同时,获得社会各界对本工程的广泛认同,尤其是对环境保护方面的共识,促进工程建设的顺利进行。

16.3　风险因素分析

16.3.1　风险识别

围绕拟建项目的建设和运行是否可能引起群众的合法权益遭受侵害,从拟建项目全生命周期内可能对外产生的负面影响,项目与当地经济社会的相互适应性等方面,全面、动态、全程识别拟建项目建设和运行可能诱发的社会矛盾和社会稳定风险事件,识别影响拟建项目总体目标顺利实现的各种社会稳定因素。

拟建项目在建设过程中引发社会稳定风险的因素归纳起来主要有两类:项目对社会产生的负面影响风险和项目与社会的互适性(社会对项目的认可接纳)风险。运用层次分析法,项目对社会稳定风险可分解为6种类型:政策规划和审批程序、征地拆迁及补偿、方案的技术经济性、生态环境影响、经济社会影响和媒体舆情。这6类可细分为32个因素,本节将结合本项目及周边环境特点,针对32个因素进行逐条对照,初步识别本项目风险因素,详见表1-16-1。

表1-16-1　社会稳定风险因素对照

类型	序号	风险因素	参考评价指标	是否为该项目风险因素	备注
一、政策规划和审批程序	1	立项、审批程序	项目立项、审批的合法合规性	否	
	2	产业政策、规划	与地方总体规划、专项规划的相容性,周边敏感目标(重要厂矿企业、住宅等)与本工程的位置关系和距离等	否	
	3	设计标准	与行业中长期规划的符合性、功能定位的准确性	否	
	4	立项过程中公众参与	建设方案、环评、风险调查过程中的公示及诉求、负面反馈意见等	否	

续表 1-16-1

类型	序号	风险因素	参考评价指标	是否为该项目风险因素	备注
二、征地拆迁及补偿	5	建设用地、房屋征拆范围	建设用地是否符合因地制宜、节约利用土地资源的总体要求，房屋征拆范围与工程用地需求之间、与地方土地利用规划的关系等	否	
	6	被征地农民就业及生活	农民社会、医疗保障方案和落实情况，技能培训和就业计划等	否	
	7	土地房屋征拆补偿标准	实物或货币补偿与市场价格之间的关系、与近期类似地块补偿标准之间的关系(过多或过少均为欠合理)	否	
	8	土地房屋征拆补偿程序和方案	是否按照国家和当地法规规定的程序开展土地房屋征收补偿工作，补偿方案是否征求公众意见等	否	
	9	特殊土地和建筑物的征收程序	涉及基本农田、军事用地、宗教用地等征收征用是否与相关政策的衔接等	否	
	10	管线迁改及绿化	管线迁改方案和绿化的合理性等	否	
	11	对地方的其他补偿	对因项目实施受到各类生活环境影响人群的补偿方案等	否	
三、方案的技术经济性	12	工程方案	建设方案的工程安全、环境影响、群众的接受能力等方面的风险因素	否	
	13	工程施工可能引起的影响	主要有不良地质诱发的工程风险	否	
	14	资金筹措和保障	资金筹措方案的可行性，资金保障措施是否充分	否	
四、生态环境影响	15	大气污染物排放	施工期间，工程施工、物料运输过程中大气污染物与环保排放标准限值之间的关系，与人体生理指标的关系，与人群感受之间的关系等	是	
	16	污水废水排放	污水废水排放与环保排放标准限值之间的关系	是	
	17	噪声和振动影响	与排放标准限值之间的关系，与人体生理指标的关系，与人群感受之间的关系等	是	
	18	电磁辐射、放射线影响		否	
	19	土壤污染	重金属及有害有机化合物的富集和迁移等	否	
	20	取、弃土场	取、弃土场设计是否符合环保、水保要求	是	
	21	日照、采光影响	与规划限值之间的关系，日照减少率，日照减少绝对量，受影响范围、性质(住宅或其他)和数量(面积、户数)等	否	
	22	公共开放活动空间、绿地、水系、生态环境和景观	公共活动空间质和量的变化，公共绿地质和量的变化，水系的变化，生态环境的变化，社区景观的变化等	否	
	23	水土流失	工程实施引起地形、植被、土壤结构可能发生的变化	是	
	24	其他影响	如文物、古木、墓地及生物多样性破坏	是	

续表 1-16-1

类型	序号	风险因素	参考评价指标	是否为该项目风险因素	备注
五、经济社会影响	25	对周边土地、房屋价值的影响	土地价值变化量和变化率、房屋价值变化量和变化率影响等	否	
	26	就业影响	项目建设、运行对周边居民总体就业率影响和特定人群就业率影响等	否	
	27	群众收入影响	项目建设、运行引起当地群众收入水平变化量和变化率,以及收入不均匀程度变化等	否	
	28	流动人口管理	施工期流动人口变化、运行期流动人口变化管理的影响等	否	
	29	商业经营的影响	施工期、运行期对当地商业经营状况的影响	否	
	30	施工措施的影响	拟建施工措施对周边居民生产生活的影响	是	
	31	对周边交通的影响	施工过程对周边人群交通出行的影响,运行期间各类立交工程对周边人群、农民耕种、放牧等的影响	是	
六、媒体舆情	32	媒体舆论导向及其影响	是否获得媒体支持,是否协调安排有权威、有公信力的媒体公示项目建设信息、进行正面引导,是否受到媒体的关注及舆论导向性的信息	否	

16.3.2　主要风险因素

本工程建设的社会稳定风险影响因素相对较少,且在不同的建设阶段,表现为不同的影响因素,但也存在一定的社会稳定风险。经分析,社会稳定风险影响的主要因素有群众支持问题、受损补偿问题、工程建设与当地基础设施建设协调问题、利益诉求问题和社会治安问题以及其他不可预见性问题等。

16.3.2.1　群众支持问题

工程前期工作和实施过程中,应广泛宣传工程的公益性特点、与群众的利益关系,与群众进行充分沟通和交流,避免发生误会,从而使群众支持工程建设。

16.3.2.2　受损补偿问题

根据工程建设征地区实物指标调查结果,受损补偿居民个人部分主要是乔木补偿。居民个人受损补偿是群众工作的重点和难点,也是核心问题,将直接影响到工作的正常顺利开展,所涉及的风险因素主要有补偿项目、补偿标准和补偿标准的理解、补偿时期、补偿政策和补偿程序等。

16.3.2.3　工程建设与当地基础设施建设协调问题

本工程场内施工道路、施工总布局等均有可能与当地已有的基础设施相贯通,需要利用当地交通道路;会对当地道路产生破坏。如沟通不畅或协调不好,将有可能影响当地群众与工程建设之间的相互关系。

16.3.2.4　利益诉求问题

工程建设过程中,当建设单位对群众的特殊需求考虑不周、补偿过程出现新的问题,居民关心的环境问题、生态问题、能否安排劳动就业等得不到解决时,而群众又无正常的沟通、反映和诉求渠道,有可能发生阻工现象,并产生一定的矛盾,如得不到及时合理解决,有可能发展为社会问题。

16.3.2.5 社会治安问题

与工程有关的社会治安问题表现在三个方面:当地群众与建设单位或施工单位人员发生矛盾引发的社会治安问题、施工单位内部人员产生矛盾引发的社会治安问题、其他社会治安问题波及工程建设等。无论哪种形式的社会治安问题出现,均会在一定程度上影响或阻碍工程的顺利建设。

16.3.2.6 其他不可预见性问题

诸如少数居民受利益所趋,在无法满足其额外要求时,采取纠缠、取闹和纠集其他不明真相或有同样想法的人员阻碍施工和影响社会稳定。

16.3.3 风险估计及初始等级判断

综合各单因素风险对拟建项目整体的风险影响,将项目整体风险估计结果与风险评判标准(见表1-16-2)进行对比,确定风险等级。根据总体评判标准、预测可能引发的风险事件及可能参与的人数、单因素风险程度和综合风险指数等方面综合评判项目的初始风险等级。项目整体的风险等级依据"就高不就低"的原则和"叠加累积"的原则进行判断。

表1-16-2 项目社会稳定风险等级评判参考标准

风险等级	高(重大负面影响)	中(较大负面影响)	低(一般负面影响)
总体评判标准	大部分群众对项目建设实施有意见、反应特别强烈,可能引发大规模群体性事件	部分群众对项目建设实施有意见、反应强烈,可能引发矛盾冲突	多数群众理解支持,但少部分群众对项目建设实施有意见
可能引发风险事件评判标准	如冲击、围攻党政机关、要害部门及重点地区、部位、场所,发生打、砸、抢、烧等集体械斗、聚众闹事、人员伤亡事件,非法集会、示威、游行,罢工、罢市、罢课等	如集体上访、请愿,发生极端个人事件,围堵施工现场,堵塞、阻断交通,媒体(网络)出现负面舆情等	如个人非正常上访,静坐、拉横幅、喊口号、散发宣传品、散布有害信息等
风险事件参与人数评判标准	200人以上	20~200人	20人以下
单因素风险程度评判标准	2个及以上重大或5个及以上较大单因素风险	1个重大或2~4个较大单因素风险	1个较大或1~4个一般单因素风险
综合风险指数评判标准	>0.64	0.36~0.64	< 0.36

由表1-16-2可以看出,本项目在未采取防范和化解措施的情况下,没有较大单风险因素,属于低等风险项目。

16.4　风险防范与化解措施

根据有关规定和要求,为维护社会稳定,成立维护社会稳定和平安建设工作协调领导工作组,以采取有效措施,制订化解社会稳定风险措施,维护社会稳定。

16.4.1　群众支持问题风险化解措施

在群众总体支持项目建设的前提下,针对群众较为关心和关注的问题,如环境保护、生态破坏等采取相应的措施,作为重要关注点。

(1)针对工程施工造成的自然环境和生态环境的不利影响,严格按照有关规定采取措施,使负面影响最小化。

(2)工程施工用工和建筑材料,尽可能吸纳当地居民采用当地材料,为地方提供更多的就业机会,提高居民经济收入。

(3)合理进行施工布置和作业程序,减少不利环境影响,减轻噪声扰民和扬(粉)尘对居民的影响。

(4)基础设施建设过程中,在满足工程要求的同时,尽可能方便当地居民,改善当地其他基础设施条件。

(5)针对特殊贫困人群实施帮扶措施,落实和解决群众较为关心的问题。

16.4.2　受损补偿问题风险化解措施

(1)广泛深入宣传国家有关移民政策、法律法规和地方规定。

(2)统一政策、统一补偿支付时间、统一实物补偿标准、准确计算分户居民补偿额。

(3)实物补偿程序公开化和程序化。

(4)对居民存在的疑问及时耐心解释和引导工作。

(5)保持居民反映和申诉渠道的畅通。

16.4.3　与当地基础设施建设协调问题风险化解措施

(1)各项设施布置和建设前与当地政府和居民积极沟通和交流。

(2)工程基础设施建设时考虑为当地居民提供方便。

(3)工程涉及道路交通时,施工期间交通部门应进行做好宣传解释。

16.4.4　利益诉求问题风险化解措施

(1)当地政府和建设单位设立专门部门,听取居民正常诉求。

(2)主动了解群众思想动态和诉述需求。

(3)及时解决和处理相关利益方的诉述,对不能及时解决的应协调有关部门解决。

(4)保持利益相关方诉求渠道的畅通,并及时与当地政府部门密切配合,解决有关问题。

16.4.5 社会治安问题风险化解措施

(1)与当地有关部门配合,加强居民和施工人员的法治教育。

(2)施工单位加强对施工外来人员的教育管理工作,充分尊重当地群众的生活习惯、宗教信仰和风俗特点。

(3)当地公安部门按照有关规定加强对外来人口的管理和社会治安管理工作,打击违法犯罪活动,营造良好环境。

(4)施工单位及时兑现人员工资,若出现拖欠问题,业主在劳动部门的配合下,有权代扣施工单位的工程结算款用于发放施工人员尤其是民工工资。

(5)开展形式多样、内容丰富的“地企共建”活动,增进了解与友谊,共同构建和谐社会。

16.4.6 其他不可预见性问题风险化解措施

针对其他不可预见性的问题,建设单位在日常工作中,除与当地居民多沟通交流外,还应注重与当地党委、政府沟通交流和互通情况,及时分析和预测可能出现的不确定问题,采取预防或防范措施,注重及时发现和观察细微矛盾的出现,及时制订应对和采取相应措施加以解决,预防矛盾的积累和集中爆发。

预防和解决社会稳定风险问题,建设单位所依靠的主要是当地政府,因此建设单位应与政府有关部门、当地群众及时交流信息,将有可能影响社会稳定和事关群众利益的问题尽可能圆满解决,前期各项工作积极稳妥地推进,尤其是认真做好个人实物的补偿和解决好工程建设与居民切身的利益问题,同时在地方政府的领导下,根据有关规定和要求,组建专门机构,并配备相应人员,处理相关事务,切实做好维护社会稳定工作,使工程建设真正起到带动地方经济、造福一方百姓的作用。

16.5 风险分析结论

16.5.1 综合评价

根据当地以往征地经验和民意调研结果确定每类风险因素的权重 W,取值范围为[0,1],W 取值越大表示某类风险在所有风险中的重要性越大。确定风险可能性大小的等级值 C,将风险划分为 5 个等级(很小、较小、中等、较大、很大),等级值 C 按风险可能性由小至大分别取值为 0.2、0.4、0.6、0.8、1.0。然后将每类风险因素的权重与等级值相乘,求出该类风险因素的得分($W\times C$),把各类风险的得分加总求和即得到综合风险的分值,即$\sum(W\times C)$。综合风险的分值越高,说明项目的风险越大。一般而言,综合风险分值为 0.2~0.4 时,表示该项目风险低,有引发个体矛盾冲突的可能;分值为 0.41~0.7 时,表示该项目风险中等,有引发一般性群体事件的可能;分值为 0.71~1.0 时,表示该项目风险高,有引发大规模群体事件的可能。

本项目综合风险值求取,见表 1-16-3。

表 1-16-3　项目风险综合评价

风险类别	风险权重 W	风险发生的可能性 C					$W\times C$
		很小 0.2	较小 0.4	中等 0.6	较大 0.8	很大 1.0	
项目合法性、合理性遭质疑的风险	0.15	√					0.03
项目可能造成环境破坏的风险	0.20		√				0.08
项目可能引发的社会矛盾的风险	0.25		√				0.10
群众抵制征地的风险	0.20		√				0.08
群众对生活环境变化的不适风险	0.20	√					0.04
综合风险							0.33

从表 1-16-2 可看出，本项目可能引发的不利于社会稳定的综合风险值为 0.33，风险程度低，意味着项目实施过程中出现群体性事件的可能性不大，但不排除会发生个体矛盾冲突的可能。

综合评价，该工程项目社会稳定风险程度低，拟采取的系列风险防范措施，在一定程度上会起到降低以致消除社会风险的效果。

16.5.2　应急预案

为了预防和有效处置本工程建设中的群体事件，维护社会稳定，促进经济社会和谐发展，结合本工程建设的实际情况，特制订本预案。

16.5.2.1　工作原则

济宁市高新区公安机关要在市委、市政府的统一领导下，对发生的群体事件严格依法予以处置。处置突发事件过程中要遵循以下原则：

(1)在党委政府的领导下，会同有关主管部门处置的原则。群体事件发生后，党政领导要在第一时间亲临现场，指挥处置工作。

(2)公安机关要及时赶赴现场，平息事态，做好维护现场秩序、保护党政机关、企事业单位办公地点、重点部位及现场工作人员的安全工作，做好安全保卫等处置工作。

(3)防止现场矛盾激化原则。对参与群体事件的群众，以教育、疏导为主，力争把问题解决在萌芽或初始状态。

(4)慎用警力和强制措施原则。应根据突发事件的治安性质、起因和规模来决定是否使用、使用多少和如何使用警力，根据事态发展情况确定是否采取强制措施。要防止使用警力和强制措施不慎而激化矛盾、扩大事态。

(5)依法果断处置原则。对围堵、冲击党政机关、企事业单位、重点部位、阻断交通、骚乱及打、砸、抢、烧等违法犯罪活动，要坚持依法果断处置，控制局势，防止事态扩大蔓延。

16.5.2.2　组织领导

成立“临泗橡胶坝处置突发群体事件指挥部”，全面负责群体性突发事件的指挥工作。

根据现场工作的特点，分设 6 个工作组，分别是现场处置组、现场周边动态掌握组、现场法治宣传组、现场交通秩序维护组、现场调查取证组和综合组。

16.5.2.3 工作要求

(1)辖区内发生一般群体性突发事件，由当地派出所负责处置；较大警情以上的群体性突发事件由市公安局统一处置。

(2)民警统一着装，按规定携带警械。

(3)公安机关处置群体性突发事件使用武力，按规定及时向上级公安机关报告；紧急情况下，可边出警处置边请示报告。

(4)民警在处置突发事件中，要服从命令和听从指挥。

(5)民警在处置突发事件中要密切配合、相互协作，确保处置任务完成。

16.5.3 结论与建议

16.5.3.1 主要风险因素

社会稳定风险影响主要因素有群众支持问题、受损补偿问题、工程建设对地区生态环境影响问题、工程建设与当地基础设施建设协调问题、利益诉求问题和社会治安问题及其他不可预见性问题等。综合归为如下 5 类风险：项目合法性、合理性遭质疑的风险，项目可能造成环境破坏的风险，群众抵制征地及移民安置的风险、项目可能引发的社会矛盾的风险、群众对生活环境变化的不适风险。

16.5.3.2 主要的风险防范、化解措施

根据本工程的特点，针对主要风险因素，进一步落实风险防范措施，以及责任主体及协助单位。

在决策规划阶段，充分考虑各因素，由水行政主管部门协同设计单位、地方政府等部门制订完善的规划方案，力争将风险降到最低；在准备、实施及运行阶段由项目法人协同地方水行政主管部门、地方政府部门、施工及监理单位、设计单位等部门，认真执行规划方案，在满足相关法律、法规及规程的前提下，防范和及时化解风险，保证工程的顺利实施并发挥应有的效益。

为了预防和有效处置本工程建设中的群体事件，相关公安机关要在地方政府的统一领导下，特制订相关应急预案，维护社会稳定，促进经济社会的和谐发展。

16.5.3.3 风险等级

本项目风险等级为低，意味着项目实施过程中出现群体性事件的可能性不大，但不排除会发生个体矛盾冲突的可能。拟采取的系列风险防范措施，在一定程度上会起到降低以致消除社会风险的效果。

16.5.3.4 结论建议

实施建设项目，能高效利用有限的淡水资源，最大程度地解决供需水矛盾，有利于地区经济、社会和环境的协调发展，对促进当地生态文明建设具有重要意义。

本工程符合地区社会发展规划、流域综合规划、国家产业政策等，符合相关行业准入标准；本工程符合土地利用规划要求、实物补偿方案完善，还具有显著的环境效益；本工程设计、实施技术成熟，不存在工程建设的重大技术难题，经济上是合理可行的，且水利、景观、生态效益显著。该建设项目社会稳定风险程度低，拟采取的系列风险防范措施，在一定程度上会起到降低以致消除社会风险的效果，因此建设项目安全性是可以保障的。

第2篇　枣庄市蟠龙河综合整治工程
山家林橡胶坝工程

山家林橡胶坝工程位于枣庄市薛城区蟠龙河上游山家林湖下游,蟠龙河综合治理段桩号3+681处,为山家林湖的控制性工程。坝体段共2孔,单孔净宽69 m,挡水高度为4.8 m。为满足两湖之间游船通航要求,在山家林橡胶坝右岸布置单线单级船闸,可通行游览观光船,船闸与橡胶坝紧邻布置,净宽7.0 m。

第 1 章　综合说明

枣庄市位于山东省南部，东与临沂市平邑县、费县、兰陵县接壤，南与江苏省徐州市的铜山县、贾汪区、邳州市为邻，西濒微山湖，北与济宁市的邹城市毗连。东西最宽 56 km，南北最长 96 km，总面积 4 564 km^2，占全省总面积的 2.97%。

薛城区位于枣庄市西部，是枣庄市新的政治、文化中心，北与滕州市为邻，自东北向东南依次与山亭区、市中区、峄城区接壤，西与微山县毗连。

蟠龙河发源于枣庄市中区柏山水库，总长 46 km（到薛微界 40.3 km），流域面积 233 km^2。流经枣庄市薛城区、高新区、新城区北部，上游有蟠龙河南、北两条支流，蟠龙河北支和南支在高新区兴城办事处石沟营村北交汇，交汇口以下至官庄分洪道称为蟠龙河。蟠龙河和官庄分洪道在陶庄镇皇殿村东汇合，下游至入湖口河段称为薛城大沙河，最终流入微山湖。通过近几年分段历次河道治理后，店韩路段至薛微界段 23.7 km 现状基本满足 20 年一遇防洪标准。

蟠龙河综合治理工程起步区东起店韩路，西至泰山北路，全长 11.8 km。蟠龙河综合治理工程实施后，将形成“一河、两路、两闸、三桥、三湖”等工程为一体的水利综合体，河道防洪标准提高到 50 年一遇，新增河湖水面 5 189 亩，新增拦蓄水量 1 350 万 m^3。

山家林湖位于蟠龙河综合治理工程起步区上游段，东至店韩路，西至长白山路，河道中心长度 4.266 km。

山家林橡胶坝工程位于山家林湖下游，为山家林湖的控制性工程。

山家林橡胶坝现状工程条件下的来水量，是在天然径流量的基础上，扣除现状上游拦蓄水工程的蓄水量和用水量后的水量。经分析计算，现状工程条件下，山家林橡胶坝多年平均来水量为 4 841 万 m^3。

本工程建设的任务是：新建山家林橡胶坝，与后续实施的蟠龙河综合整治工程起步区形成完整的水利综合体，以保护沿岸地区生产生活、人民生命财产及重要设施的安全，提高区域的防洪排涝能力和生态景观文化底蕴，改善区域生态环境，实现区域内社会、经济和环境的可持续发展。

山家林橡胶坝工程等别为Ⅲ等，工程规模为中型，河道防洪标准为 50 年一遇，山家林橡胶坝设计洪水标准与规划堤防标准相同，为 50 年一遇，相应洪水流量 2 131 m^3/s，坝下洪水位 50.77 m。临时性水工建筑物设计洪水标准为 10 年一遇。

山家林橡胶坝为上游山家林湖的控制性工程。山家林湖为河道型湖泊，中心线长度为 1 900 m。水面面积约 1 100 亩，设计蓄水量 332 万 m^3。

山家林橡胶坝工程特性见表 2-1-1。

表 2-1-1　山家林橡胶坝工程特性

序号	指标名称	单位	数量	备注
一	水文			
1	闸址控制流域面积	km^2	194.5	
2	干流长度	km	16.6	
	干流平均坡度		0.002 9	
二	特征水位			
	设计洪水位(坝上)	m	50.92(规划河道)	(P=2%)
	设计洪水位(坝下)	m	50.77(规划河道)	(P=2%)
	正常蓄水位	m	51.00	
三	下泄流量			
1				
2	设计洪水时最大泄流量	m^3/s	2 131	(P=2%)
四	主要建筑物			
1	橡胶坝			
	工程位置		蟠龙河综合治理 工程起步区工程 蟠龙河桩号 3+681	
	地基特征		壤土	
	地震基本烈度/设防烈度	度	Ⅶ/Ⅶ	
	坝底高程	m	46.30	
	消能形式		消力池	
	闸形式		橡胶坝	
	橡胶坝尺寸(宽×高)	m×m	69×4.8	
	孔数	孔	2	
	总净宽	m	138	
2	船闸			
	闸底高程	m	46.00	
	闸门尺寸(宽×高)	m×m	7×5.3	
	孔数	孔	1	
	总净宽	m	7	
五	施工			
1	主要工程量			
	开挖土方	万 m^3	10.68	

续表 2-1-1

序号	指标名称	单位	数量	备注
	回填土方	万 m^3	7.21	
	混凝土及钢筋混凝土	万 m^3	1.31	
2	主要材料消耗量			
	汽油	t	10	
	柴油	t	158	
	钢筋	t	802	
	水泥	t	2 234	
	砂	m^3	811	
	碎石	m^3	2 012	
	块石及乱石	m^3	2 899	
3	施工期限			
	工程总工期	月	4	
六	工程迁占			
1	永久占地	亩	0	
2	临时占地	亩	127.73	
七	经济指标			
1	静态总投资	万元	4 873.32	
(1)	工程部分投资	万元	4 757.99	
	建筑工程	万元	3 411.33	
	机电设备及安装工程	万元	395.70	
	金属结构设备及安装工程	万元	208.28	
	临时工程	万元	201.49	
	其他费用	万元	28.63	
	基本预备费	万元	226.57	
(2)	专项部分投资	万元	115.33	
	工程占地及移民安置补偿投资	万元	404.35	
	环境保护工程投资	万元	29.25	
	水土保持工程投资	万元	86.08	
八	综合利用经济指标			
	经济内部收益率	%	10.05	
	经济效益费用比		1.25	
	经济净现值	万元	809	

第 2 章　水　文

2.1　流域概况

山家林橡胶坝位于蟠龙河(店韩路—长白山路)南、北支交汇口下游 300 m,对应蟠龙河综合整治段桩号 3+681,坝址以上流域面积 194.5 km^2。

蟠龙河发源于枣庄市中区齐村镇胡埠村,流经枣庄市薛城区、高新区、新城区北部,由上游的北支、南支及南支的小支流宏图河及下游的干河组成,流域面积 233 km^2。其中,蟠龙河北支流域面积 98.6 km^2,南支流域面积 95.9 km^2。

蟠龙河和新薛河官庄分洪道(也称薛河故道,现已停用)在陶庄镇皇殿村东汇合,下游至入湖口河段称为薛城大沙河,流域面积 82 km^2。薛城大沙河经皇殿、西仓桥、挪庄、薛城城区,经微山县种口村南流入微山湖。

蟠龙河流域地形总的趋势是北部及东部高,南部及西部低,微向湖区倾斜。北部多为低山丘陵区,南部多为丘陵区。分布在山系之间的长条形单斜断块谷地地形,其走向与山脉一致。谷地两侧多发育单面山。地层多为第四纪冲洪积层、湖积层、元古界、古生界、太古界地层。岩性主要为黏土、壤土、砂质黏土、黏质砂土、中细砂及粗砂夹砾石、灰岩、页岩;变质岩主要为黑云母斜长片麻岩、花岗片麻岩、混合片麻岩等。

蟠龙河流域图见图 2-2-1。

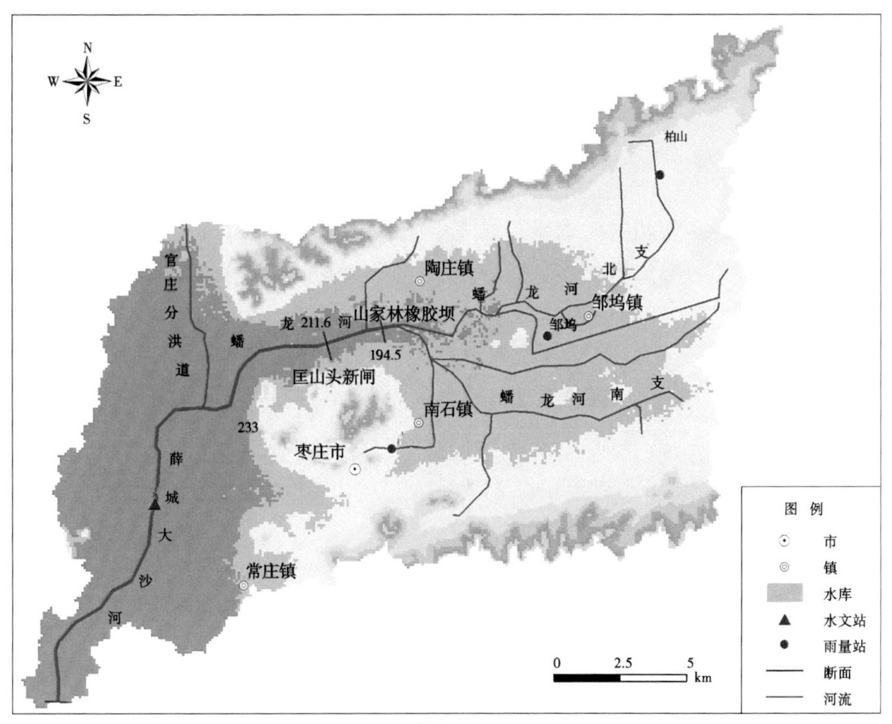

图 2-2-1

2.2　流域水利工程概况

山家林橡胶坝坝址以上流域内已建小(1)型水库1座,小(2)型水库8座,流域面积22.34 km^2,总库容465.1万 m^3。

山家林橡胶坝天然径流量采用水文比拟法,根据附近流域岩马水库天然径流成果分析计算,并根据降水量进行修正。岩马水库流域内已建小(1)型水库5座,小(2)型水库8座,流域面积47.09 km^2,总库容1 171万 m^3。

2.3　水文气象

薛城区地处暖温带半湿润季风性大陆性气候区,在一定程度上受海洋调节的影响。四季分明,气候温和,雨热同季,降水集中;春季回暖快,降雨量少,多风,蒸发量大,易干旱;夏季炎热、多雨,潮湿,易涝;秋季降温快,雨量骤减,多晴朗天气,晚秋易旱;冬季雨雪稀少,寒冷干燥。

全区全年日照时数为2 532.1 h,无霜期为190~215 d,整个作物生长期3~10月总日照时数为1 826.9 h,占全年日照时数的72%,光照条件优越。风向以东南风最多,东北风最少。

全区多年年平均气温14 ℃,最高气温极值40.5 ℃,最低气温极值-22.3 ℃。最大冻土深度为27 cm。多年平均水面蒸发量为977.6 mm。

流域内降雨时空分布不均,年内降水主要集中在6—9月,占年降水量的71.5%。降水量年际分布不均,变化幅度较大,多年平均降水量791.9 mm,年最大降水量13 404 mm,年最小降雨量522.5 mm,最大值为最小值的2.6倍。根据枣庄市气象局提供的风速观测资料,流域多年平均年最大风速为12.8 m/s。

2.4　水文基本资料

蟠龙河流域内设有水文站1处,雨量站3处。薛城水文站设立于1960年6月,流域面积260 km^2,主要观测水位、流量等,具有1961~2015年共55年连序资料系列。雨量站分别为柏山、邹坞、南石沟。

山家林橡胶坝天然径流量以岩马水库的天然径流量为参证求得。岩马水库流域内设有水文站1处,雨量站5处。岩马水库水文站设立于1960年6月,流域面积357 km^2,主要观测水库水位、蓄水量、出库流量等,具有1961—2015年共55年连序资料系列。流域内设有雨量站分别为洼斗、雨山、大岔河、枣沟、蒋子崖,其中设站时间最早的是蒋子崖站(1953年1月设站);设站时间最晚的是大岔河雨量站(1967年6月设站)。以上流域水文站、雨量站资料系列长度符合《水利水电工程设计洪水计算规范》(SL 44—2006)对资料系列的要求,且所有水文站、雨量站资料为国家水文站正规观测资料,严格按部颁规范、标准、规定开展工作,经资料整编达到规定精度要求,水文基本资料可靠。

2.5　径流计算

由于薛城水文站上游官庄分洪道部分年份分流新薛河的径流,没有官庄分洪道分流的径流量资料,因此蟠龙河流域天然径流量无法通过薛城水文站实测径流量还原得出,资料系列的一致性不足。本次蟠龙河流域天然径流量采用水文比拟法,根据附近流域岩马水库天然径流成果分析计算,并根据降水量进行修正。

2.5.1　流域相似性分析

岩马水库流域面积 357 km^2,与蟠龙河流域面积相近。根据岩马水库流域 1961～2015 年历年降水资料分析,多年平均年降水量为 764.0 mm。根据蟠龙河 1961—2015 年历年降水资料分析,其多年平均年降水量为 791.9 mm。两流域多年平均降水量比较接近,点绘历年降水量对应关系可以看出,对应关系较好,见图 2-2-2。

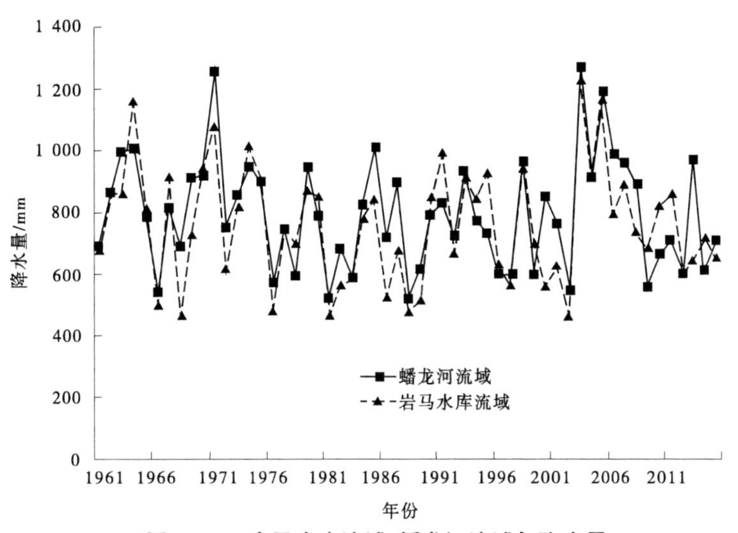

图 2-2-2　岩马水库流域、蟠龙河流域年降水量

岩马水库流域面积与蟠龙河流域面积相近,且城郭河流域与蟠龙河流域气候条件、下垫面因素均相似,因此可用岩马水库为参证站分析山家林橡胶坝天然径流量。

2.5.2　岩马水库天然径流量

2.5.2.1　天然径流量还原计算

本次岩马水库入库径流量分析计算,采用 1961～2015 年实测资料,共 55 年连序系列。

流域内已建小(1)型水库 5 座,小(2)型水库 8 座,流域面积 47.09 km^2,总兴利库容 726.8 万 m^3。蓄水工程特别是小型水库的建成使岩马水库的径流量和径流过程发生了一定的变化,在分析计算现状工程情况下的来水量时,必须先进行天然径流量的还原计算。

水库天然径流量的计算,采用分项调查法,计算时段以月计。

岩马水库历年天然径流量计算成果见表 2-2-1。

表 2-2-1 岩马水库历年天然径流量计算成果 单位:万 m^3

年度	全年	年度	全年	年度	全年
1961—1962	7 271	1980—1981	7 849	1999—2000	6 082
1962—1963	13 534	1981—1982	1 751	2000—2001	3 477
1963—1964	23 122	1982—1983	1 677	2001—2002	8 166
1964—1965	20 617	1983—1984	1 810	2002—2003	3 064
1965—1966	14 229	1984—1985	6 298	2003—2004	20 218
1966—1967	3 174	1985—1986	10 823	2004—2005	17 936
1967—1968	13 302	1986—1987	5 817	2005—2006	19 421
1968—1969	2 518	1987—1988	4 010	2006—2007	11 056
1969—1970	4 992	1988—1989	4 504	2007—2008	12 125
1970—1971	20 032	1989—1990	2 837	2008—2009	7 022
1971—1972	17 535	1990—1991	9 276	2009—2010	8 741
1972—1973	8 757	1991—1992	13 244	2010—2011	10 628
1973—1974	8 820	1992—1993	5 228	2011—2012	7 502
1974—1975	17 842	1993—1994	12 899	2012—2013	5 580
1975—1976	14 543	1994—1995	11 329	2013—2014	4 857
1976—1977	3 207	1995—1996	16 126	2014—2015	3 945
1977—1978	7 897	1996—1997	4 876	平均值	9 480
1978—1979	8 038	1997—1998	6 982		
1979—1980	11 404	1998—1999	13 911		

2.5.2.2 天然径流量系列合理性分析

经计算分析,岩马水库多年(水文年,下同)平均天然径流量为 9 480 万 m^3,折合径流深为 265.5 mm(径流系数为 0.35)。根据最新山东省多年平均年径流深等值线图查算,岩马水库流域形心处径流深约为 270 mm,与本次计算成果基本相符。

根据岩马水库 1961—2014 年年降水量、天然径流深资料,点绘岩马水库历年降水-天然径流深对应图,见图 2-2-3。总体来说,降水径流趋势较一致,符合降水径流的一般规律。

2.5.3 山家林橡胶坝天然径流量

2.5.3.1 山家林橡胶坝天然径流量计算

以岩马水库水文站为参证站,山家林橡胶坝天然径流量采用水文比拟法分析计算,并根据降雨量进行修正。

根据山家林橡胶坝历年天然径流量系列进行统计分析,按矩法公式估算统计参数的均值、变差系数 C_v,取偏态系数 $C_s=2.0C_v$ 适线,以频率曲线与经验点据拟合较好为佳,并适当照顾枯水点据。经分析计算,多年平均天然径流量为 5 255 万 m^3,适线 $C_v=0.63$。不同频率天然年径流统计分析成果见表 2-2-2。

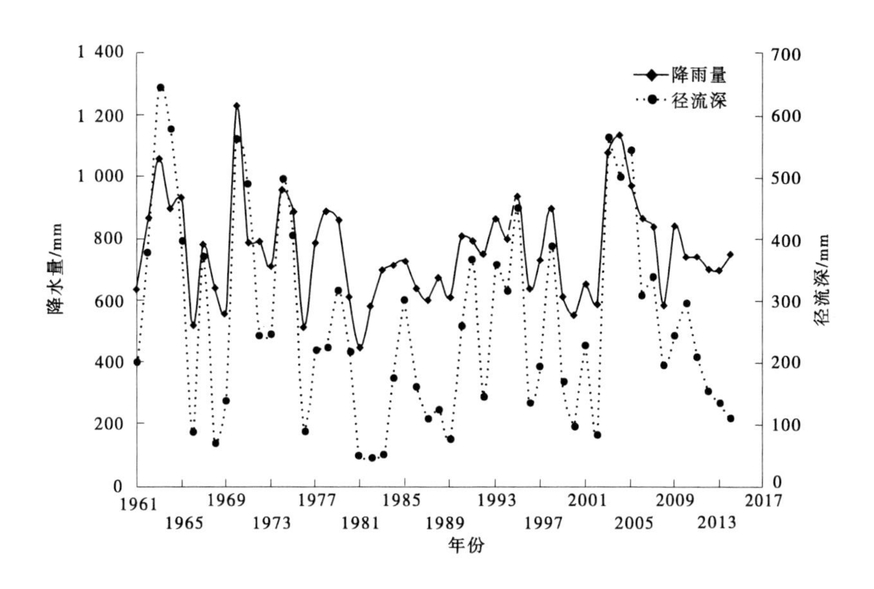

图 2-2-3　岩马水库历年降水-天然径流深对应图

表 2-2-2　山家林橡胶坝天然年径流系列统计分析成果

参数	均值/万 m^3	适线 C_v	C_s/C_v	$P=50\%$	$P=75\%$	$P=90\%$
分析成果	5 255	0.63	2	4 582	2 801	1 719

山家林橡胶坝天然径流量年际之间变化较大，系列中最大的1963年为13 712万 m^3，最小的1983年为1 008万 m^3，丰枯比达到13.6。天然径流量年内分配不均，主要集中在汛期6—9月，其中7—8月尤为集中，多年平均7—8月天然径流量为3 135万 m^3，约占多年平均汛期径流量的75.4%。

2.5.3.2　本工程天然径流量成果合理性分析

山家林橡胶坝断面以上多年平均天然径流深266.9 mm，流域多年平均径流系数为0.34。本次分析的山家林橡胶坝多年平均天然径流深与山东省1956—2000年年径流深等值线图成果基本相近。

由1961—2014年历年降水量及天然径流量资料，点绘山家林橡胶坝年降水量-天然年径流深关系对应图，见图2-2-4。总体来说，降水、径流趋势较一致，符合降水径流的一般规律。

综上所述，本次分析计算的山家林橡胶坝天然径流量成果是基本合理的。

2.5.4　山家林橡胶坝现状工程条件下来水量

山家林橡胶坝现状工程条件下的来水量，是在天然径流量的基础上，扣除现状上游拦蓄水工程的蓄水量和用水量后的水量。

计算步骤大体为：首先，按现状上游工程控制面积、全流域面积的比例，分配天然径流量，得出现状上游工程及区间的来水量；其次，对现状上游工程的来水量和用水量进行简单的调节计算，得出其历年逐月的下泄水量，现状上游工程的下泄水量同区间来水量之和即为现状工程情况下水库来水量。

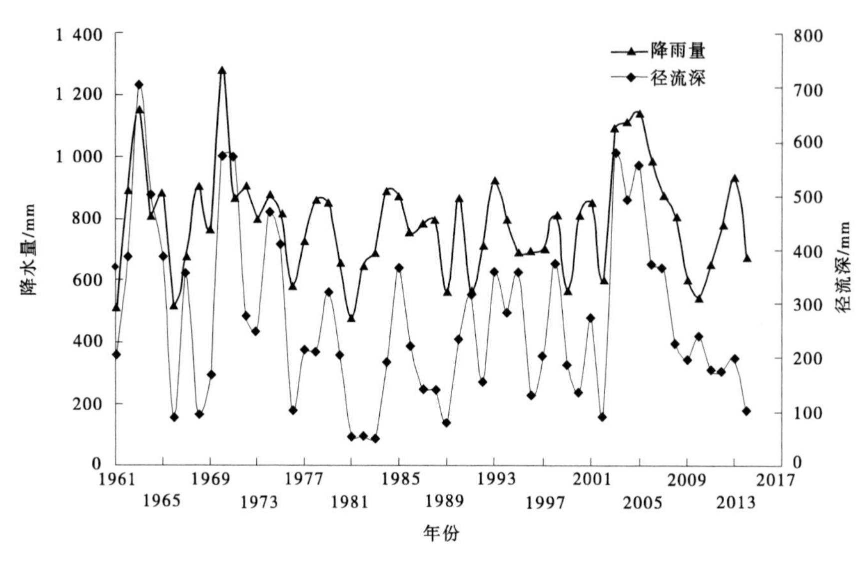

图 2-2-4 山家林橡胶坝以上断面历年降水-年径流深对应图

经分析计算,现状工程条件下,山家林橡胶坝多年平均来水量(1961—2014 年)为 4 841 万 m^3。现状工程条件下来水量频率分析成果见表 2-2-3,频率曲线见图 2-2-5,现状工程条件下历年径流量成果见表 2-2-4,现状工程条件下不同频率逐月来水过程见表 2-2-5。

表 2-2-3 山家林橡胶坝现状工程条件下来水量频率分析成果

系列	适线 C_v	C_s/C_v	现状工程条件下来水量/万 m^3			
			均值	$P=50\%$	$P=75\%$	$P=90\%$
1961—2014 年	00.65	2.00	4 841	4 181	2 513	1 506

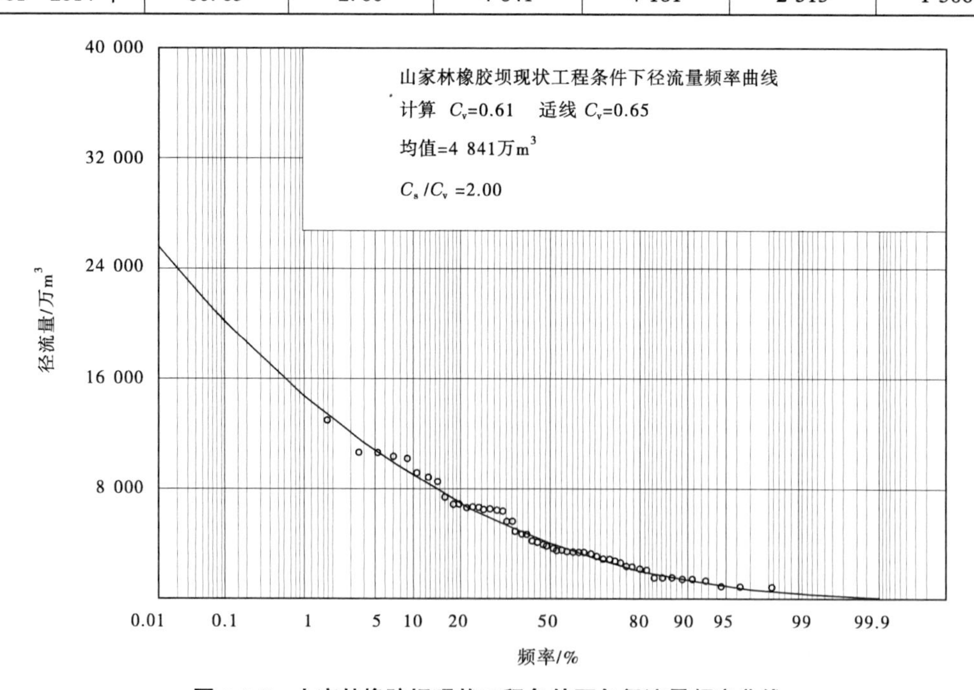

图 2-2-5 山家林橡胶坝现状工程条件下年径流量频率曲线

表 2-2-4　山家林橡胶坝断面现状工程条件下历年径流量成果　单位：万 m³

水文年	年径流量	水文年	年径流量
1961—1962	3 526	1989—1990	1 359
1962—1963	6 967	1990—1991	4 025
1963—1964	13 166	1991—1992	5 672
1964—1965	9 300	1992—1993	2 682
1965—1966	7 018	1993—1994	6 495
1966—1967	1 537	1994—1995	5 054
1967—1968	6 462	1995—1996	6 523
1968—1969	1 632	1996—1997	2 265
1969—1970	2 900	1997—1998	3 481
1970—1971	10 449	1998—1999	6 781
1971—1972	10 737	1999—2000	3 210
1972—1973	4 863	2000—2001	2 323
1973—1974	4 401	2001—2002	4 855
1974—1975	8 616	2002—2003	1 550
1975—1976	7 442	2003—2004	10 704
1976—1977	1 767	2004—2005	8 918
1977—1978	3 684	2005—2006	10 344
1978—1979	3 625	2006—2007	6 800
1979—1980	5 686	2007—2008	6 687
1980—1981	3 563	2008—2009	3 993
1981—1982	944	2009—2010	3 445
1982—1983	946	2010—2011	4 266
1983—1984	893	2011—2012	3 049
1984—1985	3 293	2012—2013	3 038
1985—1986	6 592	2013—2014	3 439
1986—1987	3 845	2014—2015	1 749
1987—1988	2 444	平均	4 841
1988—1989	2 432		

表 2-2-5　山家林橡胶坝现状工程条件下不同频率逐月来水过程　　单位:万 m^3

频率	7月	8月	9月	10月	11月	12月	1月	2月	3月	4月	5月	6月	合计
多年平均	1 507	1 440	599	183	127	93	76	71	92	157	134	362	4 841
50%	2 861	243	174	155	45	46	38	36	67	238	160	117	4 181
75%	595	455	485	318	68	64	66	78	24	60	108	193	2 513
90%	214	168	106	93	59	63	43	56	75	216	327	129	1 506

2.6　设计洪水计算

2.6.1　暴雨洪水特性

暴雨是造成本流域洪水的主要原因。形成流域内暴雨的天气系统,主要有黄准气旋、台风、南北切变、暖切变等。区内长历时降水多由切变线和低涡接连发生造成。暴雨多发生在盛夏初秋,具有明显的季节性。

2.6.2　设计洪水

根据流域内水文站、雨量站情况,本次采用实测流量资料和实测暴雨资料分别计算蟠龙河流域设计洪水。

2.6.2.1　采用实测流量资料计算设计洪水

1. 洪峰流量选样

薛城水文站 1965—2015 年有实测的洪峰流量资料,资料系列为 51 年,采用实测流量资料计算设计洪水。采用年最大值法选取薛城水文站历年最大洪峰流量,组成 1965—2015 年 51 年洪峰流量资料系列,成果详见表 2-2-6。

表 2-2-6　薛城水文站实测洪峰流量统计　　单位:m^3/s

年份	Q_m	年份	Q_m	年份	Q_m	年份	Q_m
1965	182	1978	34	1991	50.7	2004	118
1966	152	1979	115	1992	24.1	2005	154
1967	59.3	1980	42.2	1993	855	2006	268
1968	378	1981	4.8	1994	50.3	2007	425
1969	210	1982	53.2	1995	54	2008	201
1970	1 060	1983	1.1	1996	3.8	2009	5.1
1971	2 430	1984	69.7	1997	14.5	2010	33.1
1972	550	1985	117	1998	106	2011	44.6
1973	334	1986	154	1999	3.8	2012	4.7
1974	197	1987	212	2000	118	2013	98.5
1975	179	1988	159	2001	165	2014	8.8
1976	64.5	1989	79.7	2002	2.1	2015	3.1
1977	122	1990	80	2003	222	平均	197.5

1)官庄分洪道分洪情况

官庄分洪道北起滕州市柴胡店镇南辛村,南至薛城区陶庄镇田湾村,全长 8.7 km,1993 年之前为新薛河的分洪河道。至 1993 年,官庄分洪道共分洪 3 次,1970 年 8 月 6 日,新薛河发生大洪水,新薛河官庄断面流量 1 060 m^3/s,官庄分洪道分洪 336 m^3/s;1971 年 8 月 9 日,新薛河发生大洪水,新薛河官庄断面流量 2 430 m^3/s,官庄分洪道分洪量 680 万 m^3,但无分洪流量资料;1993 年 8 月 4 日晚至 5 日晨,新薛河流域普降特大暴雨,最大点雨量官桥镇 410 mm,新薛河官庄断面流量 3 240 m^3/s,官庄分洪道分洪 440 m^3/s,新薛河下泄 2 800 m^3/s。按照防洪规划 1993 年后官庄分洪道不再分洪。因此,薛城水文站测得蟠龙河流域洪峰流量应扣除官庄分洪道的分洪流量,即 1970 年、1993 年薛城水文站最大洪峰流量应为 724 m^3/s、415 m^3/s。

2)实测流量系列资料的可靠性、一致性分析

薛城水文站 1965—2015 年洪水资料是国家水文站实测、整编资料,严格按水利部颁发的各项水文规范、标准、规定等技术要求进行工作,资料系列完整、可靠。

薛城水文站上游由于官庄分洪道的分流新薛河洪水的影响,资料系列的一致性不足。

3)薛城水文站天然洪水还原计算

官庄分洪道于 1970 年、1971 年、1993 年共分洪 3 次,1970 年和 1993 年分别分洪 336 m^3/s、440 m^3/s,1971 年无分洪资料,洪水至下游薛城水文站,薛城水文站测得蟠龙河流域洪峰流量应扣除官庄分洪道的分洪流量,即 1970 年、1993 年薛城水文站最大洪峰流量应为 724 m^3/s、415 m^3/s。

薛城水文站上游仅建有小(1)型和小(2)型水库,并无大中型水库。这些小型水库均无实测的入库洪水资料,无法定量分析其对实测洪峰的影响;由于小型水库对洪水的控制作用较小,并考虑到小型水库大多数为无闸控制,对大洪水影响较小。因此,薛城水文站实测洪水资料近似为流域天然洪水。

2. 设计洪峰的分析计算

1)统计参数分析确定

(1)经验频率计算公式。

由于蟠龙河流域历史大洪水无资料可考,本次设计洪水计算不考虑历史洪水。

在 n 项连序洪水系列中,按大小排序的第 m 项洪水的经验频率 P_m 采用数学期望公式计算。

(2)均值、变差系数 C_v 计算公式。

采用矩法公式计算均值、均方差、变差系数。

2)设计洪峰流量分析计算

按上述公式进行频率计算,初步估算系列统计参数,采用 P-Ⅲ型频率曲线,取 $C_s = 2.5C_v$ 进行适线,以理论频率曲线与经验点据拟合较好为原则,确定统计参数计算成果。适线时尽量照顾点群趋势,侧重考虑中、上部点据。薛城水文站历年最大洪峰流量频率曲线见图 2-2-6,设计值见表 2-2-7。

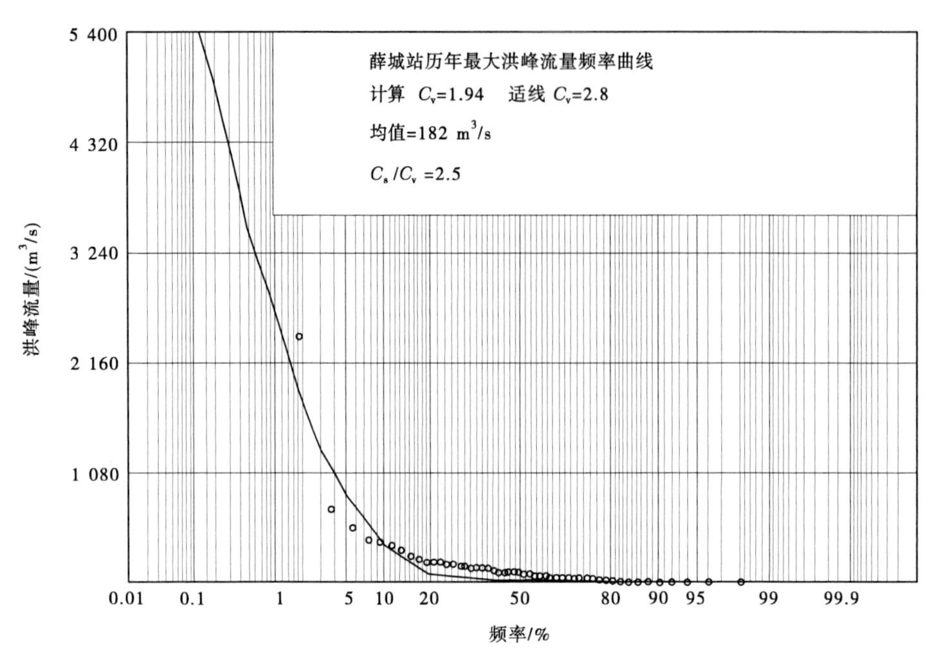

图 2-2-6　薛城站历年最大洪峰流量频率曲线

表 2-2-7　薛城水文站不同频率设计洪峰流量分析成果　　单位：m^3/s

水文参数	均值	C_v	各不同频率设计值			
			5%	3.30%	2%	1.00%
分析成果	182	2.8	892	1 351	1 790	2 724

3. 设计洪水成果合理性分析

采用实测年最大洪峰流量推求的设计洪水，其原始资料来源于水文资料整编成果，就此而论，推求的设计洪水应该是正确的。但是从整个流域的自然情势分析，实测流量资料是在设定的测流断面上测到的，而测流断面的行洪能力是有限的；特别是较大洪水或特大洪水，测流断面以上往往发生决口、溃坝、漫溢、河流改道等情况，故依据实测洪峰流量推求的设计洪水大都偏小。薛城水文站上游官庄分洪道于 1970 年、1971 年、1993 年共分洪 3 次，1970 年和 1993 年分别分洪 336 m^3/s、440 m^3/s，1971 年无分洪资料，洪水系列一致性不够。另外，近 20 年来，水文站洪水系列偏枯，代表性不足，计算洪水有偏小的可能。本次蟠龙河设计洪水不建议采用实测流量法的计算成果。

2.6.2.2　实测暴雨法计算设计洪水

1. 设计雨期

根据暴雨洪水特性和产流规律分析，该流域洪水单峰在 24 h 左右，由于流域面积较小，设计雨期采用 24 h。

2. 计算单元划分

结合蟠龙河干支流分布基本情况，将蟠龙河流域划分为山家林橡胶坝以上、匡山头闸新闸址以上、薛城水文站以上等计算断面。各计算断面情况见表 2-2-8。

表 2-2-8　蟠龙河流域计算断面划分情况

本次计算断面	控制面积/km^2	比降
山家林橡胶坝以上	194.5	0.002 9
匡山头闸新闸址以上	211.6	0.002 6
薛城水文站以上	260	0.001 7

3. 设计雨量

根据流域内柏山、邹坞、南石沟、薛城 4 站实测面雨量资料计算最大 24 h 降雨量。实测资料系列为 1961—2015 年,共 55 年。系列长度、资料精度均符合有关规范要求。

经分析计算,坝址以上流域多年平均最大 24 h 面雨量均值为 107.0 mm,适线 C_v 采用 0.68,成果见表 2-2-9,面雨量频率曲线见图 2-2-7。

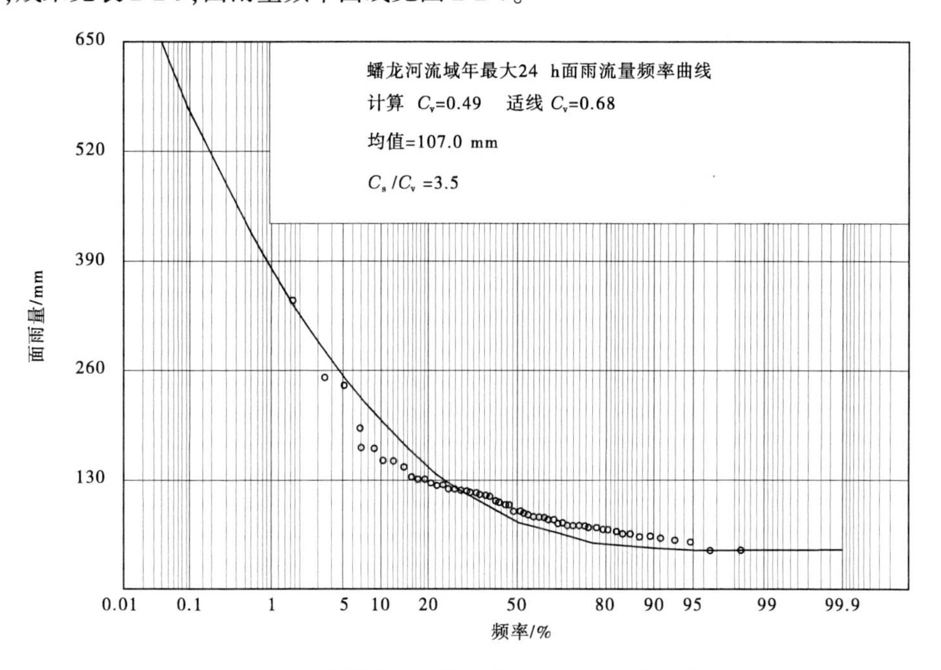

图 2-2-7　蟠龙河流域年最大 24 h 面雨量频率曲线

表 2-2-9　不同频率设计雨量计算成果

均值 H_{24}/mm	适线 C_v	不同频率设计雨量/mm	
		2%	1%
107.0	0.68	326.6	382.8

4. 设计雨型

本次设计雨型采用《山东省山丘区暴雨径流查算图》中的泰沂山南区 1 h 设计雨型。泰沂山南 1 h 雨型见表 2-2-10。

表 2-2-10　泰沂山南 1 h 雨型

时段 $\Delta t=1$ h	时程分配比例/%		时段 $\Delta t=1$ h	时程分配比例/%	
	300	400		300	400
1	0.9	1.0	13	3.1	3.2
2	1.3	1.3	14	11.6	11.8
3	0.8	0.8	15	34.7	32.6
4	1.6	1.7	16	8.6	8.9
5	3.2	3.3	17	7.1	7.3
6	1.0	1.0	18	6.0	6.5
7	1.3	1.3	19	5.6	5.6
8	0.5	0.5	20	1.2	1.3
9	1.9	2.0	21	1.3	1.4
10	1.4	1.4	22	0.8	0.8
11	2.1	2.2	23	0.7	0.7
12	2.4	2.5	24	0.9	0.9

5. 产流计算

采用山东省泰沂山南区降雨-径流关系线查算。计算断面以上流域面积小于 300 km^2 的采用降雨径流关系第 4 号线，设计前期影响雨量取 40 mm。山东省降雨径流关系 4 号线成果见表 2-2-11，各计算断面设计净雨量成果见表 2-2-12。

表 2-2-11　山东省降雨径流关系 4 号线成果　　单位：mm

$P+P_a$	径流深 R	$P+P_a$	径流深 R
50	4	200	120
60	8	250	167
70	13	300	214
80	18	350	262
90	24	400	308
100	33	500	404
150	74	600	500

表 2-2-12　各计算断面不同频率设计净雨量成果　　单位：mm

断面	2%	1%
山家林橡胶坝	277.6	329.9
匡山头闸新闸址以上	277.6	329.9
薛城水文站以上	277.6	329.9

6. 汇流计算

汇流计算采用山东省瞬时单位线法推算。瞬时单位线参数 M_1、M_2 采用山东省山丘地区的公式。

根据设计净雨量及流域特性参数可求得瞬时单位线参数，并推求不同频率的设计洪水过程线。各计算断面不同频率设计洪水成果见表2-2-13。

表2-2-13　各计算断面不同频率设计洪水成果　　单位：m^3/s

断面	2%	1%
山家林橡胶坝	2 131	2 571
匡山头闸新闸址以上	2 279	2 781
薛城水文站以上	2 468	2 970

2.6.2.3　设计洪水成果合理性分析

采用暴雨资料计算设计洪水时，蟠龙河流域设计面雨量计算采用了流域内柏山、邹坞、南石沟、薛城4个雨量站实测面雨量资料。这4个雨量站暴雨洪水特性一致，观测系列长度均在30年以上，系列的代表性好，满足现行设计洪水计算规范的要求。

根据流域位置，设计雨型采用《山东省山丘区暴雨径流查算图》中泰沂山南1 h雨型。不同频率最大24 h设计面雨量的时程分配，根据设计值的大小，选取不同的时程分配是合理的。

通过对流域下垫面调查分析，并根据《山东省中小河流治理工程初步设计设计洪水计算指导意见》，计算断面以上流域面积小于300 km^2 的采用降雨径流关系第4号线，汇流计算采用瞬时单位线法，汇流计算是合理的。

2019年11月，枣庄市城乡水务局和枣庄市发展和改革委员会以（枣水行审字〔2019〕58号）对《薛城区蟠龙河匡山头除险加固工程初步设计报告》进行了批复，该报告中匡山头断面以上流域面积211.6 km^2，50年一遇设计洪峰流量2 257 m^3/s；本次山家林橡胶坝断面以上流域面积194.5 km^2，50年一遇设计洪峰流量2 131 m^3/s，洪水模数比较接近。

综上所述，由实测暴雨法推求的山家林橡胶坝断面设计洪水成果合理。

2.7　施工期洪水

2.7.1　设计标准

根据《水利水电工程施工组织设计规范》（SL 303—2017）的要求，考虑保护对象、失事后果、使用年限及临时工程规模等综合因素，确定施工期设计洪水标准为10年一遇。

2.7.2　施工期

根据本工程施工组织进度安排，山家林橡胶坝施工期为4—5月。

2.7.3　施工期洪水计算

结合流域内实际资料情况，根据《山东省中小河流治理工程初步设计设计洪水计算指导意见》要求,采用实测暴雨法推求施工期设计洪水。

2.7.3.1 **设计面雨量分析计算**

山家林橡胶坝施工期设计面雨量采用流域内柏山、邹坞、南石沟、薛城4站实测面雨量资料计算施工期洪峰流量。设计面雨量频率分析采用数理统计法,以矩法初估统计参数,取偏态系数 $C_s=3.5C_v$,采用P-Ⅲ型频率曲线进行适线,以理论频率曲线与经验频率点据拟合较好为原则,经统计分析计算,坝址以上流域施工期多年平均24 h最大降雨量均值为38.2 mm,适线 C_v 为0.69。山家林橡胶坝4—5月最大24 h面雨量频率曲线见图2-2-8。

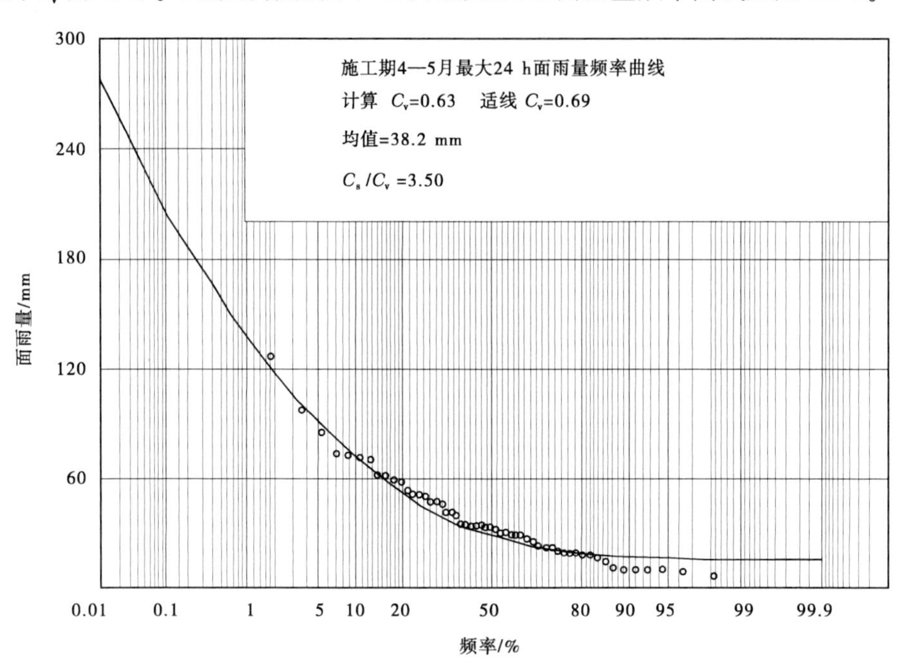

图2-2-8 山家林橡胶坝4—5月最大24 h面雨量频率曲线

2.7.3.2 **设计雨型及产流计算**

设计雨型采用《山东省山丘区暴雨径流查算图》中泰沂山南1 h雨型表。净雨计算采用降雨径流相关图法。前期影响雨量 P_a 取25 mm。计算方法同汛期设计洪水。山家林橡胶坝断面施工期最大24 h设计净雨量为29.8 mm。

2.7.3.3 **汇流计算**

山家林橡胶坝以上流域面积194.5 km^2,上游拦蓄工程流域面积22.3 km^2,施工期考虑上游拦蓄工程蓄水。根据施工期设计净雨量、设计雨型,采用山东省综合瞬时单位线法推求施工期4—5月10年一遇设计洪水洪峰流量为178.3 m^3/s。

2.7.4 成果合理性分析

本次采用实测暴雨法进行施工期设计洪水计算,采用流域内柏山、邹坞、南石沟、薛城4站1961—2015年连续55年实测面雨量资料,且资料经过正式整编,资料代表性及一致性均较好,满足现行设计洪水计算规范的要求。

根据《山东省中小河流治理工程初步设计设计洪水计算指导意见》,采用山东省泰沂山南区降雨-径流关系线查算断面的设计净雨量,汇流计算采用山东省瞬时单位线法推算,计算过程中,考虑了上游拦蓄工程对施工期洪水的影响,经计算得施工期 10 年一遇洪峰流量为 178.3 m^3/s,成果是合适的。

2.8　水面蒸发

由于薛城水文站无蒸发资料,本次蟠龙河水面蒸发采用附近流域岩马水库水文站的蒸发资料。岩马水库水文站具有 1961—2014 年实测蒸发资料,根据《水利水电工程水文计算规范》(SL 278—2002)的有关规定,将实测蒸发资料换算为 20 m^2 蒸发池蒸发深,其多年(1961—2014 年)平均水面蒸发深为 977.6 mm。

2.9　水位-流量关系

根据下游薛城水文站实测水位-流量关系,采用天然河道水面线计算方法,计算山家林橡胶坝水位-流量关系。利用山东省水利勘测设计院编制的水面线推算程序自下而上逐河段推求河道水面曲线。山家林橡胶坝现状断面水位-流量关系成果见表 2-2-14。

表 2-2-14　山家林橡胶坝现状断面水位-流量关系成果

水位/m	流量/(m^3/s)
46.00	0
46.50	15
47.00	87
47.50	221
48.00	406
48.50	636
49.00	906
49.50	1 215
50.00	1 559
50.50	1 939
51.00	2 360

2.10　泥　沙

由于薛城水文站无实测泥沙资料,本次查《山东省水文图集》(1975 年)中山东省多年平均年侵蚀模数分区图(悬移质泥沙),山家林橡胶坝所在区域多年平均年侵蚀模数为 300~800 $t/(km^2 \cdot a)$,采用 500 $t/(km^2 \cdot a)$计算,则多年平均悬移质为 11.7 万 t,考虑推移质沙量,合计多年平均输沙量为 14.0 万 t。

2.11　水　质

根据枣庄市水文局2018年3月和8月对蟠龙河啤酒厂桥断面现状水质监测资料进行分析评价,主要检测结果见表2-2-15。

表 2-2-15　蟠龙河啤酒厂桥断面水质主要检测结果

项目	单位	啤酒厂桥断面			
		2018年3月		2018年8月	
		浓度	评价结果	浓度	评价结果
化学需氧量	mg/L	26.7	Ⅳ	16.6	Ⅲ
pH		8.1	合格	7.9	合格
氨氮	mg/L	1.79	Ⅱ	0.324	Ⅱ
高锰酸盐指数	mg/L	6.3	Ⅳ	3.6	Ⅱ
溶解氧	mg/L	10.1	Ⅰ	8.3	Ⅰ
五日生化需氧量	mg/L	5.6	Ⅳ	3.8	Ⅲ
总磷	mg/L	0.29	Ⅳ	0.12	Ⅲ
六价铬	mg/L	<0.004	Ⅰ	<0.004	Ⅰ

依据《地表水环境质量标准》(GB 3838—2002)进行水质分析评价。3月水质参数符合Ⅳ类标准,8月水质参数符合Ⅲ类标准,综合评价啤酒厂桥水质参数符合Ⅳ类标准。

第3章　工程地质

3.1　区域地质

3.1.1　地形地貌

工程区地貌属以鲁中南构造侵蚀为主的中低山丘陵区(Ⅱ)-堆积山间平原亚区(Ⅱ5)。低山丘陵地貌位于区域的东北部,主要分布在潘龙河上游,以侵蚀溶蚀、剥蚀溶蚀中低山丘陵为主,地势总体东北高、西南低,地形起伏较大;低山丘陵间分布剥蚀堆积山间平原及山前冲洪积平原,地势较平缓。

山家林橡胶坝工程位于蟠龙河综合治理工程起步区上游段,主要地貌类型为山前冲洪积平原地貌,地势总体东高西低,向西南倾斜,起伏不大,地面较平缓,地面高程49.2~56.0 m。

本段蟠龙河呈东西流向,主河槽一般宽60~120 m,河床高程46.20~50.20 m,河道两岸漫滩不发育。左、右两岸为沿河大堤,堤顶宽约5.0 m,堤高3.0~3.5 m,表层为沥青硬化路面。

3.1.2　地层岩性

工程区内揭露基岩主要为古生界奥陶系中统马家沟组(OM)、二叠系上统石盒子组(P$\hat{s}$)沉积岩及新生界第四系松散堆积层(Q),分述如下。

3.1.2.1　奥陶系中统马家沟组(OM)

岩性主要为灰岩:青灰色,隐晶质结构,块状构造,节理裂隙发育,节理裂隙多被方解石脉体充填,局部发育岩溶。揭示最大厚度12.3 m,未揭穿。

3.1.2.2　二叠系上统石盒子组(P$\hat{s}$)

场区内均被第四系覆盖,揭露岩性主要为上部杂色泥页岩夹中细粒砂岩,中部白色中细粒砂岩夹页岩,下部杂色泥页岩,底部为灰白色中粗砂岩夹砾石,揭示最大厚度5.8 m,未揭穿。

3.1.2.3　第四系松散堆积层(Q)

岩性主要为淤泥、全新统冲积洪积堆积的壤土、上更新统冲积洪积堆积含姜石壤土、壤土等。

3.1.3　地质构造及地震

3.1.3.1　地质构造

按山东大地构造单元划分图,项目区大地构造单元属于华北板块(Ⅰ)鲁西隆起区(Ⅱ)鲁中隆起$Ⅱ_{a}$(Ⅲ)尼山-平邑断隆$Ⅱ_{a9}$(Ⅳ)尼山凸起$Ⅱ_{a9}^{3}$(Ⅴ)南部。主要构造包括峄山断裂、峄城断裂、陶枣断裂等。

工程区周围 25 km 范围内构造形式表现脆性断裂构造，主要构造包括峄山断裂、峄城断裂、陶枣断裂等。

(1)峄山断裂：该断裂北起肥城汶阳一带，向南经邹城、滕州至薛城之西，然后入微山湖。总体走向近南北，呈 S 形，长约 140 km。该断层在近场区范围内走向为北北东，倾向西南，为一高角度正断层。该断裂第四纪早期断裂两侧块体的差异升降幅度可达 20~50 m，断裂两侧下更新统和中更新统地层的沉积厚度具明显变化，但自晚更新世以来，盆地的断陷活动或断块两侧块体的差异升降运动趋于微弱，区内上更新统地层的沉积厚度无明显变化。峄山断裂晚更新世以来无明显活动。该断裂位于场区西部，距场区约 8.0 km。

(2)峄城断裂：峄城断裂长度大于 60 km，东西走向，倾向南，为高角度正断层，隐伏于第四系之下。在断裂附近见到的灰岩倾向北东 20°，倾角 5°~20°，岩块完整，此断裂向西延至微山湖。第四系等厚线在断裂通过位置有同步弯曲现象。根据地矿部门在此开展的工作，其最新活动时代为中更新世。该断裂位于场区南部，距场区约 9.0 km。

(3)陶枣断裂：该断裂主要活动时间为中生代，第四纪不活动。该断裂位于场区北部，距场区约 2.0 km。

以上断裂控制了第四系沉积轮廓，陶枣断裂主要活动期为中生代及燕山期，

第四纪晚更新世(Q_3)未发现过活动；峄山断裂、峄城断裂上、中更新世也有过活动，但晚更新世以来无明显活动，因此峄山断裂、峄城断裂、陶枣断裂对工程区的稳定性不会产生较大的影响。

3.1.3.2　**地震**

以场区为中心，半径 50 km 范围之内自有史记录以来未发生过 7 级以上地震，发生过 5.2 级地震 1 次，4 级地震 1 次。

根据《中国地震动参数区划图》(GB 18306—2015)，工程区基本地震动峰值加速度为 0.10g，地震动反应特征周期为 0.45 s，相应地震基本烈度为Ⅶ度。

近场区无活动性断裂，场地地基和边坡稳定性较好，发生次生灾害危险性较小，场区地段类型划分为一般地段。

3.1.4　水文地质条件

场区地下水类型按含水层性质及埋藏条件可分为第四系孔隙潜水和基岩裂隙岩溶水两种类型。

(1)第四系孔隙潜水，为区内主要地下水类型，主要赋存于河床的壤土层中。第四系孔隙潜水主要受大气降水、河川径流、基岩裂隙水侧渗补给，地下水径流、大气蒸发、植物蒸腾作用为其主要排泄方式。

(2)基岩裂隙岩溶水，主要赋存于灰岩岩溶裂隙中，为非承压水，水位与第四系孔隙水一致，受大气降水、河水及地下水径流的入渗补给，地下水径流为其主要排泄渠道。

据水质分析成果，区内地下水化学类型为 SO_4-Cl-Na-Ca 型，pH 8.3，为弱碱性水；全硬度(以氧化钙计)174.5 mg/L，为硬水；矿化度 0.413 g/L，为淡水；河水化学类型为 SO_4-Cl-HCO_3-Mg-Na 型，pH 7.9，为弱碱性水；全硬度(以氧化钙计)392.3 mg/L，为极硬水；矿化度 0.658 g/L，为淡水。根据《水利水电工程地质勘察规范》(GB 50487—2008)附录 L 判

定如下:

场区地下水对混凝土具重碳酸型中等腐蚀性,干湿交替环境作用下对混凝土结构中的钢筋具弱腐蚀性,对钢结构具弱腐蚀性。

场区河水对混凝土无腐蚀性,干湿交替环境作用下对混凝土结构中的钢筋均具弱腐蚀性,对钢结构具弱腐蚀性。

3.2　山家林橡胶坝工程地质

3.2.1　地层岩性特征及分布规律

根据钻孔揭示,勘探深度范围内堤身为人工堆积地层外,地层由第四系全新统冲积堆积的淤泥、淤泥质黏土、壤土等,奥陶系中统马家沟组灰岩等岩土层组成,分述如下。

3.2.1.1　**第四系覆盖层**

淤泥(Q_4^{al}):灰黑色,流塑,具腥臭味。普遍分布于主河槽表层,厚 0.20~0.40 m。

①层壤土(Q_4^{alp}):灰色、褐黄色,可塑—硬塑,切面无光泽,干强度中等,韧性中等,裂隙较发育,顶部多见植物根茎。该层位于河道右岸堤岸上部,厚 2.20~7.20 m。层底高程 43.97~48.98 m。

①-1 层淤泥质黏土(Q_4^{al}):深灰色—黑灰色,软塑状态,具高压缩性。该层在坝轴线及河道右岸附近普遍分布,厚 1.00~6.40 m。层底高程 40.22~45.30 m。

②层含姜石壤土(Q_3^{alp}):褐黄色、黄色,可塑—硬塑,干强度高,韧性高,局部黏粒含量较高,相变为黏土,姜石含量约 10%,直径一般为 1~5 cm。该层场区连续分布,厚 1.00~15.30 m。层底高程 34.67~46.58 m。

②-1 层含沙壤土(Q_3^{alp}):褐黄色、黄色,可塑—硬塑,含中粗砂粒。该层厚 0.70~5.90 m。层底高程 34.14~41.36 m。

3.2.1.2　**基岩**

勘探深度内揭示的基岩为二叠系上统石盒子组泥岩、泥质砂岩、奥陶系中统马家沟组灰岩,叙述如下:

强风化泥岩($P\hat{s}$):灰黄色、灰红色,泥质结构,层理构造,岩芯短柱状及碎块状,裂隙发育,锤击声哑,易碎,于 Z1、Z2 剖面线揭露,该层未揭穿,揭示厚度 2.40~5.80 m,揭示层底高程 29.44~44.18 m。

强风化砂岩($P\hat{s}$):灰红色,细—中粒结构,岩芯短柱状及碎块状,锤击声哑,易碎,于 Z3 剖面揭露,该层未揭穿,揭示厚度 4.4 m,揭示层底高程 32.38 m。

灰岩(OM):青灰色,局部灰黄色,隐晶质结构,块状构造,节理裂隙发育,岩芯呈柱状、短柱状及碎块状,局部存在岩溶现象,岩芯表面见缝合线状条纹,裂隙面多充填方解石脉,岩石断面局部可见方解石斑晶分布。该层未揭穿。揭示厚度 1.20~12.80 m,揭示层底高程 24.55~38.10 m。

3.2.2　渗透变形

橡胶坝上部揭露地层主要为②层含姜石壤土,在渗流作用下,可能发生渗透变形破坏。

依据《水利水电工程地质勘察规范》(GB 50487—2008)附录G,对堤基土进行渗透变形评价。

②层壤土属黏性土,判定其渗透变形形式为流土,根据工程经验,②层壤土的允许水力比降建议值为0.30。

3.2.3 地震液化评价

揭露第四系松散堆积层除堤身土外,主要由全新统冲洪积堆积的①层壤土及第四系上更新统冲积洪积堆积的②层含姜石壤土、②-1层含沙壤土。

(1)场区分布的②层含姜石壤土、②-1层含沙壤土地层年代为第四纪晚更新世(Q_3)土,初判为不液化土。

(2)场区分布的①层壤土、①-1层淤泥质黏土的粒径小于5 mm颗粒含量质量百分率均大于30%,其中粒径小于0.005 mm的颗粒含量质量百分率均大于相应地震动峰值加速度为0.10g时的界限值16%,初判为不液化土。

经判定,在基本地震动峰值加速度值为0.10g情况下,场区揭露地层不存在可液化土层。

3.2.4 浸没评价

拟新建坝前设计蓄水位为51.00 m,对回水段堤内外进行浸没评价。

工程地质勘察期间,蓄水区水位高程与附近民井水位基本相同,因此地下水位与蓄水区水位基本一致。

据计算,橡胶坝挡水位51.00 m时,堤内外地下水位亦达到51.00 m。

当地农作物种植主要有小麦、玉米等,根据经验安全超高值ΔH取0.5 m,场区上部包气带岩性主要为壤土,现场勘察测得壤土毛细上升高度H_k为0.80 m,则湖区周边浸没地下水埋深临界值H_{cr}为1.30 m。

浸没临界深度按1.30 m计,临界浸没地面高程为52.30 m,若地面高程小于52.30 m,就会产生浸没。

在拟建橡胶坝上游左右滩地,小武穴村等村庄的地面高程大部分低于52.30 m,在该区域会发生大面积浸没。

3.2.5 橡胶坝工程地质评价

(1)拟建橡胶坝底板底高程45.30 m,基础左岸坐于②层含姜石壤土上,右岸坐于①-1层淤泥质壤土上,呈软塑状态,均一性差,具有高压缩性,建议对该层淤泥质壤土采取挖除换填等工程处理措施。

(2)坝基及两岸分布的②层含姜石壤土,具弱透水性,中风化灰岩具弱透水性,可视为相对隔水层。但应注意其存在的溶蚀现象,对可能存在的坝基渗漏问题,应及时采取相应的工程处理措施。

(3)拟建左岸翼墙底板底高程45.30 m,基础坐于②层含姜石壤土上,可作为基础持力层,但该层抗冲刷淘蚀能力差,建议采取防护措施。

(4)拟建右岸翼墙底板底高程45.30 m,右岸坐于①-1层淤泥质壤土上,呈软塑状态,均一性差,具有高压缩性,建议对该层淤泥质壤土采取挖除换填等工程处理措施。①-1层淤泥质壤土、②层壤土抗冲刷淘蚀能力差,建议采取相应的工程处理措施。

(5)②层含姜石壤土渗透变形类型为流土型,其允许渗流坡降建议值:水平段为0.30,出口段为0.45。

(6)混凝土与②层含姜石壤土的摩擦系数建议值f为0.35。

(7)不冲刷流速建议值:②层含姜石壤土为0.65 m/s。

(8)施工围堰基础主要坐于顶部淤泥上,淤泥,流塑,地基承载力较低,工程地质条件较差,建议清除淤泥。

(9)橡胶坝左、右岸边坡由①层壤土、②层含姜石壤土组成,降水后临时开挖边坡建议值为1∶1.5~1∶2.0。

(10)勘察期间地下水位较浅,存在基坑降水问题,施工时应该采取合理的降排水措施,将地下水位降至基坑开挖深度1.0 m以下,地层综合渗透系数建议值为1.2 m/d。

(11)浸没评价,据计算,浸没临界水位52.30 m,在拟建橡胶坝上游左右滩地,小武穴村等村庄,其地面高程大部分均低于52.30 m,在该区域会发生大面积浸没,建议采取回填治理等措施,回填高程应大于52.30 m。

3.2.6　船闸工程地质评价

(1)拟建船闸底高程为45.00 m,基础坐于①-1层淤泥质壤土上,该层土呈软塑状态,均一性差,具有高压缩性,建议对该层淤泥质壤土采取挖除换填等工程处理措施。

(2)坝基及两岸分布的②层含姜石壤土,具弱透水性,中风化灰岩具弱透水性,可视为相对隔水层。①-1层淤泥质壤土、②层壤土抗冲刷淘蚀能力差,建议采取相应的工程处理措施。

(3)②层含姜石壤土渗透变形类型为流土型,其允许渗流坡降建议值:水平段为0.30,出口段为0.45。

(4)混凝土与②层含姜石壤土的摩擦系数建议值f为0.35。

(5)不冲刷流速建议值:②层含姜石壤土为0.65 m/s。

(6)船闸边坡由①层壤土组成,降水后临时开挖边坡建议值为1∶1.5~1∶2.0。

(7)勘察期间地下水位较浅,存在基坑降水问题,施工时应该采取合理的降排水措施,将地下水位降至基坑开挖深度1.0 m以下,地层综合渗透系数建议值为1.2 m/d。

3.2.7　泵站及管理楼工程地质评价

泵站及管理楼位于橡胶坝右岸,现状地面高程50.57~51.62 m。

(1)根据《中国地震动参数区划图》(GB 18306—2015),拟建场区基本地震动峰值加速度为0.10g,相应于地震基本烈度为Ⅶ度近场区无活动性断裂,场地地基和边坡稳定性较好,发生次生灾害危险性较小,场区揭露地层存在软弱土层,场区地段类型划分为不利地段。

(2)①层壤土呈可塑状态,实测标准贯入试验击数9~11击,压缩系数a_{1-2}为0.37~0.46 MPa^{-1},具中等压缩性,地基承载力特征值为120 kPa,可作为基础持力层;下伏①-1层淤泥质壤土为软弱土层,建议对该层淤泥质壤土采取挖除换填等工程处理措施,并根据抗震设防类别对基础和上部结构采取相应处理措施。

(3)基坑开挖土层以①层壤土为主,临时开挖边坡建议采用1:2.0。

(4)场区地下水对混凝土具硫酸盐型弱腐蚀性,干湿交替环境作用下对混凝土结构中的钢筋具弱腐蚀性,对钢结构具弱腐蚀性

(5)场区最大冻土深度建议按0.4 m计。

3.3 天然建筑材料

本工程所需土料主要用于左、右岸翼墙后回填。土料场位于右岸滩地,岩性主要为壤土。

场地壤土按轻型击实压实度0.95控制下的渗透系数为3.80×10^{-6}~3.90×10^{-6} cm/s,含水量20.6%~21.7%,塑性指数8.2~10.8,击实后最大干密度1.68~1.75 g/cm^3,其余各项指标均满足《水利水电工程天然建筑材料勘察规程》(SL 251—2015)中一般土填筑料、防渗料质量技术指标要求,可作为填筑土料使用。施工前应对土料场进行复核,并进行现场碾压试验,以确定相关参数。

土料按0.95压实度控制下的物理力学指标见表2-3-1。

3.4 结论及建议

(1)据《中国地震动参数区划图》(GB 18306—2015),场区基本地震动峰值加速度值为0.10g,相应地震基本抗震设防烈度为Ⅶ度。

(2)场区地下水对混凝土具重碳酸型中等腐蚀性,干湿交替环境作用下对混凝土结构中的钢筋具弱腐蚀性,对钢结构具弱腐蚀性。

场区河水对混凝土无腐蚀性,干湿交替环境作用下对混凝土结构中的钢筋均具弱腐蚀性,对钢结构具弱腐蚀性。

(3)山家林橡胶坝。

①拟建橡胶坝底板底高程45.30 m,基础左岸坐于②层含姜石壤土上,右岸坐于①-1层淤泥质壤土上,呈软塑状态,均一性差,具有高压缩性,建议对该层淤泥质壤土采取挖除换填等工程处理措施。

②坝基及两岸分布的②层含姜石壤土,具弱透水性,中风化灰岩具弱透水性,可视为相对隔水层。但应注意其局部存在的溶蚀现象,对可能存在的坝基渗漏问题,应及时采取相应的工程处理措施。

③拟建左岸翼墙底板底高程45.30 m,基础坐于②层含姜石壤土上,可作为基础持力层,但该层抗冲刷淘蚀能力差,建议采取防护措施。

④拟建右岸翼墙底板底高程45.30 m,右岸坐于①-1层淤泥质壤土上,呈软塑状态,均一性差,具有高压缩性,建议对该层淤泥质壤土采用挖除换填等工程处理措施。

⑤②层含姜石壤土渗透变形类型为流土型,其允许渗流坡降建议值:水平段为0.30,出口段为0.45。

⑥混凝土与②层含姜石壤土的摩擦系数建议值f为0.35。

⑦不冲刷流速建议值:②层含姜石壤土为0.65 m/s。

表 2-3-1 土料按压实度 0.95 控制状态下的主要物理力学性指标一览

岩性	数值类别	按 0.95 控制状态下的物理性指标						渗透系数 k/(cm/s)	压缩性			三轴剪切 UU		三轴剪切 CU				最大干密度 ρ_{dmax}/(g/cm³)	最优含水量 w_{op}/%
														总应力		有效应力			
		含水量 w/%	湿密度 ρ_o/(g/cm³)	干密度 ρ_d/(g/cm³)	土粒比重 G_s	孔隙比 e	饱和度 S_r/%		压缩系数 a_{1-2}/MPa^{-1}	压缩模量 E_s/MPa	压缩系数 a_{1-3}/MPa^{-1}	黏聚力 c_u/kPa	内摩擦角 φ_u/(°)	黏聚力 c_{cu}/kPa	内摩擦角 φ_{cu}/(°)	黏聚力 c'/kPa	内摩擦角 φ'/(°)		
①层壤土	试样组数	6	6	6	6	6	6	6	6	6	6	6	6	6	6	6	6	6	6
	平均值	23.3	1.94	1.58	2.72	0.730	87.2	3.32×10^{-6}	0.400	4.29	0.340	29.0	14.5	41.6	21.3	38.5	24.4	1.67	18.7
	最大值	25.4	1.95	1.59	2.72	0.740	95.0	3.50×10^{-6}	0.430	4.63	0.360	39.0	18.8	43.0	21.7	41.0	24.9	1.68	20.0
	最小值	21.1	1.93	1.57	2.72	0.710	81.0	3.10×10^{-6}	0.370	4.03	0.320	19.0	10.8	40.0	20.9	36.0	23.9	1.67	17.6
	大值平均值	24.4	1.95	1.59	2.72	0.730	92.5	3.50×10^{-6}	0.450	4.54	0.390	35.0	18.2	43.3	21.6	40.0	24.7	1.68	19.4
	小值平均值	22.1	1.93	1.57	2.72	0.710	84.5	3.23×10^{-6}	0.380	3.89	0.330	23.0	12.7	40.5	21.1	37.0	24.1	1.67	18.0
	变异系数	0.067	0.004	0.007	0.000	0.017	0.056	0.048	0.060	0.056	0.045	0.263	0.212	0.027	0.015	0.049	0.016	0.003	0.048
	标准差	1.559	0.008	0.010	0.000	0.012	4.875	0.160	0.024	0.242	0.015	7.616	3.078	1.140	0.327	1.871	0.378	0.005	0.904

⑧施工围堰,施工围堰基础主要坐于顶部淤泥上,淤泥为流塑状,地基承载力较低,工程地质条件较差,存在沉降及抗滑稳定问题,建议清除。

⑨橡胶坝左、右岸边坡由①层壤土、②层含姜石壤土组成,闸址周边为农田,具备放坡条件,可采用坡率法,建议分级放坡,降水后临时开挖边坡建议值为1∶1.5~1∶2.0。

⑩勘察期间地下水位较浅,存在基坑降水问题,施工时应该采取合理的降排水措施,将地下水位降至基坑开挖深度1.0 m以下,地层综合渗透系数建议值为1.2 m/d。

⑪浸没评价,据计算,浸没临界水位52.30 m,在拟建橡胶坝上游左右滩地,小武穴村等村庄,其地面高程大部分均低于52.30 m,在该区域会发生大面积浸没,建议采取回填治理等措施,回填高程应大于52.30 m。

(4)船闸。

①拟建船闸高程45.00 m,基础坐于①-1层淤泥质壤土上,该层土呈软塑状态,均一性差,具有高压缩性,建议对该层淤泥质壤土采取挖除换填等工程处理措施。

②坝基及两岸分布的②层含姜石壤土,具弱透水性,中风化灰岩具弱透水性,可视为相对隔水层。①-1层淤泥质壤土、②层壤土抗冲刷淘蚀能力差,建议采取相应的工程处理措施。

③②层含姜石壤土渗透变形类型为流土型,其允许渗流坡降建议值:水平段为0.30,出口段为0.45。

④混凝土与②层含姜石壤土的摩擦系数建议值f为0.35。

⑤不冲刷流速建议值:②层含姜石壤土为0.65 m/s。

⑥船闸边坡由①层壤土组成,降水后临时开挖边坡建议值为1∶1.5~1∶2.0。

⑦勘察期间地下水位较浅,存在基坑降水问题,施工时应该采取合理的降排水措施,将地下水位降至基坑开挖深度1.0 m以下,地层综合渗透系数建议值为1.2 m/d。

(5)泵站及管理楼。

①①层壤土可作为基础持力层;下伏①-1层淤泥质壤土为软弱土层,建议对该层淤泥质壤土采取挖除换填等工程处理措施,并根据抗震设防类别对基础和上部结构采取相应处理措施。

②基坑开挖土层以①层壤土为主,临时开挖边坡建议采用1∶2.0。

③场区地下水对混凝土具重碳酸型中等腐蚀性,干湿交替环境作用下对混凝土结构中的钢筋具弱腐蚀性,对钢结构具弱腐蚀性。

④场区最大冻土深度建议按0.4 m计。

(6)天然建筑材料。

土料、块石料质量及储量均满足设计要求。

混凝土拟采用商品混凝土,施工时需采购具有生产资质的企业生产的商品混凝土,并满足工程需要,经检验合格后方可使用。施工前,若料场发生变化,应对调整后的料场进行评价,其质量需满足设计及规范要求。

(7)场区标准冻结深度0.40 m。

第4章　工程任务和规模

4.1　社会经济概况

2018年,枣庄市实现地区生产总值(GDP)2 402.38亿元,按可比价格计算,比上年增长4.3%。分产业看,第一产业增加值156.89亿元,增长2.6%,对经济增长的贡献率为4.3%;第二产业增加值1 219.65亿元,增长4.1%,对经济增长的贡献率为49.8%;第三产业增加值1 025.84亿元,增长4.8%,对经济增长的贡献率为45.9%。三次产业结构由2017年的6.5∶51.9∶41.6,调整为6.5∶50.8∶42.7。人均生产总值61 226元,增长4.1%。

薛城区地处枣庄市西部,是山东省的南大门,是枣庄市新的政治、文化中心,是枣庄西城区的核心区域之一。全区实现生产总值(GDP)299.07亿元,按可比价格计算增长6.6%。其中,第一产业增加值14.95亿元,增长4.4%;第二产业增加值166.80亿元,增长5.2%;第三产业增加值117.32亿元,增长9.0%。三次产业比由5∶57.4∶37.6调整为5∶55.8∶39.2,人均GDP达到65 128元。规模以上工业企业133家。规模以上工业增加值增长5.25%,比2017年加快2.84个百分点。其中,轻工业下降9.03%,重工业增长6.95%,重工业生产运行明显好于轻工业。在规模以上工业中,煤炭开采和洗选业,非金属矿物制品业,电力、热力生产和供应业,专用设备制造业,化学原料和化学制品制造业,燃气生产和供应业6个行业实现增加值占比较大,分别为34.8%、15.9%、13.8%、11.5%、6.8%、2.1%,但是实现增加值增长情况良莠不齐,同比增长分别为17.7%、-6.35%、9.5%、-7.4%、5.7%、455.3%。37种主要工业产品中,22种实现同比增长,增长面为59.5%。发电量、服装、商品混凝土、面粉、机制纸及纸板等产品产量增长较快。2016年规模以上工业企业实现主营业务收入795.31亿元,增长6.71%;利润20.03亿元,增长5.08%;利税33.86亿元,增长3.9%,总量分别占全市的21.04%、12.36%、13.19%,占比提升分别达到5.48个、2.45个、1.35个百分点。

4.2　前期治理情况

4.2.1　枣庄市蟠龙河综合治理工程

枣庄市蟠龙河综合治理工程,干河治理工程长度为8.3 km,上游起南北支交汇口(桩号19+400),下游至京福高速路(桩号为11+100)。防洪标准由10年一遇提高到20年一遇,除涝标准达到5年一遇。全采用梯形断面,边坡1∶2.0,底宽100~120 m。

4.2.2　薛城区薛城大沙河(临城段)治理工程

薛城区薛城大沙河(临城段)治理工程的治理范围,大沙河干河下游起于挪庄橡胶坝上游,中泓桩号7+770,上游至泰山橡胶坝下游,中泓桩号11+599;本次治理河道按照20年一遇防洪标准、5 年一遇除涝标准进行。薛城大沙河治理段主河道河段按 5 年一遇排涝标准开挖疏浚，10+370—10+620 段右堤按 20 年一遇防洪标准复堤培厚加高，右堤 10+620—11+370 河道堤防整理，新建 11+070—11+599 段右侧堤防及堤顶道路（此段为曲折堤防长度为 950 m），硬化 7+770—9+700、10+370—10+870 段右堤顶防汛道路。维修 7+770—9+270 段左侧挡洪墙共 100 m。

4.3　工程现状及存在的问题

蟠龙河通过近几年分段历次河道治理后，店韩路段至薛微界段 23.7 km，现状基本满足 20 年一遇防洪标准。

蟠龙河现状河道洪水标准为 20 年一遇，河道宽 70～100 m，沿河共有 2 座铁路桥，10 座公路桥，1 座拦河堰，1 座匡山头拦河闸，37 个支流口。河道堤防高 2.3～2.5 m，堤顶宽 7～20 m，边坡 1∶3。

山家林湖与蟠龙河南堤（长白山至店韩路段）项目位于蟠龙河综合治理工程起步区上游段，东至店韩路，西至长白山路，河道中心长 4.266 km。主要工程建设内容包括山家林湖与蟠龙河南堤（长白山至店韩路段）项目，即山家林湖开挖工程、蟠龙河南堤填筑工程和排水涵洞工程。2019 年 12 月，枣庄市城乡水务局以“关于对山家林湖与蟠龙河南堤（长白山至店韩路段）工程初步设计（报批稿）的批复”（枣水行审字〔2019〕67 号文）对该项目进行了批复。山家林橡胶坝工程位于山家林湖下游，为山家林湖的控制性工程，该位置现在没有拦蓄工程。

4.4　工程建设的必要性

（1）蟠龙河治理是区域经济社会可持续发展的需要。蟠龙河治理工程位于枣庄市薛城区北部。薛城区为枣庄市市政府所在地，是枣庄市政治经济中心。蟠龙河虽然进行过多次治理，但是防洪标准偏低，有小部分堤段残缺不全，虽然基本能达到 20 年一遇防洪标准，但仍与区域规划、流域规划及区域经济社会的发展极不适应。因此，提高蟠龙河防洪标准，进行蟠龙河综合治理是保障区域经济社会可持续发展的迫切需要。

（2）蟠龙河治理是生态建设和推进都市区空间发展需要。根据城区规划，扩展主城区框架，枣庄市将向北跨蟠龙河发展。蟠龙河现状生态脆弱，随着经济社会的发展和人民生活水平的不断提高，对生态环境的要求越来越高，因此通过蟠龙河综合治理，改善区域生态环境，打造景观节点，拓展城市发展空间，为群众提供宜居宜游的生活休闲场所，对提升枣庄市城镇化发展，促进区域经济、社会和环境协调发展必将产生积极的作用。

（3）蟠龙河治理是集中城市文化遗存，打造文化旅游长廊的创新之举。枣庄市薛城区是北辛文化的发祥地，有文字记载的历史为 4 000 余年，具有比较丰厚的文化积淀，是造车鼻祖奚仲的故里，铁道游击队的故乡，夏庄石雕、洛房泥塑源远流长，是全国唢呐之乡、全国剪纸之乡、全国武术之乡、全国群众文化先进区。通过对蟠龙河的综合治理，可以以蟠龙河为依托，聚焦文化、旅游、康养功能，着力打造高颜值生态画廊、高品位文化长廊、高效率经济走廊。对宣传枣庄秀美风姿和文化魅力具有积极的推进作用。

(4)蟠龙河治理工程是山水林田湖一体化生态新区建设的依托工程。蟠龙河综合治理设计充分贯彻创新、协调、绿色、开放、共享的新发展理念,坚持人与自然和谐共生的原则,以期实现河道生态系统的良性循环,打造集防洪、生态、文化、旅游、休闲等多功能于一体的高颜值水生态景观长廊,必将成为枣庄市建设山水林田湖一体化生态新区的依托工程,为枣庄经济社会的飞速发展提供新动能。

(5)山家林湖与蟠龙河南堤(长白山至店韩路段)项目已获批复。2019 年 12 月,枣庄市城乡水务局以“关于对山家林湖与蟠龙河南堤(长白山至店韩路段)工程初步设计(报批稿)的批复”(枣水行审字〔2019〕67 号文)对该项目进行了批复。山家林橡胶坝工程位于山家林湖下游,为山家林湖的控制性工程,工程建设是必要的。

4.5　工程任务

4.5.1　工程治理范围

山家林橡胶坝为上游山家林湖的控制性工程。山家林湖为河道型湖泊,中心线长度为 1 900 m。水面面积约 1 100 亩,设计蓄水量 332 万 m^3。山家林橡胶坝坝长 140 m,坝高 4.8 m,防洪标准为 50 年一遇。

4.5.2　工程建设任务

新建山家林橡胶坝,与后续实施的蟠龙河综合治理起步区工程形成完整的水利综合体,以保护沿岸地区生产生活、人民生命财产及重要设施的安全,提高区域防洪排涝能力和生态景观文化底蕴,改善区域生态环境,实现区域内社会、经济和环境的可持续发展。

4.6　工程规模与标准

4.6.1　工程规模与标准

蟠龙河治理范围主要保护薛城区 47.37 万人,保护京沪高铁、京台高速、枣临铁路等重要交通设施,根据《防洪标准》(GB 50201—2014)、《水利水电工程等级划分及洪水标准》(SL 252—2017),综合考虑蟠龙河治理的工程规模与其社会经济地位的重要性,以及保护区域的重要程度,本工程等别为Ⅲ等,工程规模中型。

4.6.2　防洪标准

4.6.2.1　**防洪要求**

为了保障蟠龙河沿岸人民生命、财产安全及社会的稳定与繁荣,针对保护对象的重要性,在遭遇 50 年一遇的洪水时,保证该区域范围内人民群众生命、财产安全。

4.6.2.2　**防洪标准**

根据防护对象的重要性及《防洪标准》(GB 50210—2014)、《水利水电工程等级划分及洪水标准》(SL 252—2017),确定蟠龙河防洪标准为 50 年一遇。河道防洪标准为 50 年一遇。山家林橡胶坝工程级别为3级，设计洪水标准与规划堤防标准相同，为50年一遇，相应洪水流量2 131 m^3/s，坝下洪水位50.77 m。临时性水工建筑物设计洪水标准为10年一遇。

4.7　设计蓄水位

根据河道、湖泊景观及蓄水要求，结合两岸地面高程，以堤外不发生浸没确定各河段及湖泊蓄水位。经分析，山家林橡胶坝拟建于河道设计桩号3+681处，坝上河道及山家林湖设计蓄水位为51.0 m。

根据浸没评价结论，在拟建橡胶坝上游左右滩地，小武穴村等村庄，其地面高程大部分均低于52.30 m，在该区域会产生大面积浸没。

根据《蟠龙河地区空间发展策略》（中国城市规划设计研究院），蟠龙河两岸将全面规划，全域按照AAAAA级旅游景区标准打造，设计定位为风景长卷、匠心之河。蟠龙河两岸规划完成后，两岸设施将充分满足山家林橡胶坝以上河道及山家林湖设计蓄水位的要求，不再有浸没问题。

4.8　工程主要建设内容

山家林橡胶坝工程主要内容为新建山家林橡胶坝。

山家林橡胶坝位于蟠龙河综合治理段桩号3+681，由上游连接段、坝体段、下游连接段组成；在蟠龙河北堤内建设充排水泵站，兼作管理用房；橡胶坝北侧设船闸一座，净宽7.0 m。

4.8.1　山家林橡胶坝

山家林橡胶坝共2孔，总净宽138 m，坝高4.8 m，内外压比1.4，设计坝顶高程51.10 m，坝底板顶高程46.30 m，正常蓄水位51.0 m。橡胶坝土建工程由上游连接段、坝体段、下游连接段、充排水泵站及管理房、连堤路等组成。

4.8.2　船闸设计

为满足两湖之间游船的通航要求，在山家林橡胶坝右岸布置单线单级船闸，可通行游览观光船，船闸与橡胶坝紧邻布置，船闸底板顶高程同河底高程46.00 m，闸上游正常蓄水位51.0 m，闸下游正常蓄水位47.80 m，净宽7.0 m。船闸由上游引航道、上闸首、闸室、下闸首、下游引航道等组成。

第5章　工程布置及建筑物

5.1　设计依据

(1)《水利水电工程初步设计报告编制规程》(SL 619—2013)。
(2)《防洪标准》(GB 50201—2014)。
(3)《水利水电工程等级划分及洪水标准》(SL 252—2017)。
(4)《水利水电工程设计洪水计算规范》(SL 44—2006)。
(5)《水闸设计规范》(SL 265—2016)。
(6)《堤防工程设计规范》(GB 50286—2013)。
(7)《水利水电工程合理使用年限及耐久性设计规范》(SL 654—2014)。
(8)《水工建筑物荷载设计规范》(SL 744—2016)。
(9)《水工建筑物抗震设计规范》(GB 51247—2018)。
(10)《水工混凝土结构设计规范》(SL 191—2008)。
(11)《水工挡土墙设计规范》(SL 379—2007)。
(12)《中国地震动参数区划图》(GB 18306—2015)。
(13)《水利水电工程钢闸门设计规范》(SL 74—2013)。
(14)《水利水电工程启闭机设计规范》(SL 41—2011)。
(15)《水利水电工程施工组织设计规范》(SL 303—2017)。
(16)《供配电系统设计规范》(GB 50052—2009)。
(17)《20 kV 及以下变电所设计规范》(GB 50053—2013)。
(18)《低压配电设计规范》(GB 50054—2011)。
(19)《通用用电设备配电设计规范》(GB 50055—2011)。
(20)《建筑物防雷设计规范》(GB 50057—2010)。
(21)《民用建筑电气设计规范》(JGJ 16—2008)。
(22)《建筑照明设计标准》(GB 50034—2013)。
(23)其他现行有关规范、规程。

5.2　工程等别和标准

5.2.1　工程等别和建筑物级别

(1)根据《防洪标准》(GB 50201—2014)、《水利水电工程等级划分及洪水标准》(SL 252—2017),综合考虑蟠龙河治理的工程规模与其社会经济地位的重要性,以及保护区域的重要程度,本工程等别为Ⅲ等,工程规模中型。

根据《水利水电工程等级划分及洪水标准》(SL 252—2017),橡胶坝工程主要建筑物级别为3级,临时建筑物级别为5级。

5.2.2 设计标准

山家林橡胶坝工程级别为3级,设计洪水标准应为20~30年一遇,校核洪水标准应为50~100年一遇,本次河道防洪标准为50年一遇,山家林橡胶坝设计洪水标准与规划堤防标准相同,为50年一遇,相应洪水流量2 131 m^3/s,坝下洪水位50.77 m。临时性水工建筑物设计洪水标准为10年一遇。

5.2.3 地震设防

根据《中国地震动参数区划图》(GB 18306—2015),工程区基本地震动峰值加速度为0.10g,相应地震基本烈度为Ⅶ度,地震设计烈度为Ⅶ度。

5.2.4 高程系及坐标系

(1)高程系采用1985国家高程基准。

(2)坐标系采用1980西安坐标系。

5.2.5 耐久性设计

根据《水利水电工程合理使用年限及耐久性设计规范》(SL 654—2014),永久性水工建筑物合理使用年限:橡胶坝混凝土结构为50年;充排水管道及机电设备为30年;坝袋为15年。

据水质分析成果,场区地表水和地下水对混凝土、钢筋混凝土结构中钢筋、钢结构均具有弱腐蚀性。

为满足耐久性要求,本工程水工混凝土结构强度等级不低于C30,最大水灰比0.45,最小水泥用量340 kg/m^3,最大氯离子含量0.1%,最大碱含量2.5 kg/m^3。混凝土抗冻等级F150,抗渗等级W4,最大裂缝宽度限值0.25 mm。

拌和与养护混凝土用水水质应符合国家现行标准《混凝土用水标准》(JGJ 63—2006)的规定。不得使用未经处理的工业污水、生活污水和具有腐蚀性的地下水、地表水用于拌和与养护混凝土。

5.3 橡胶坝轴线选择

5.3.1 坝轴线的确定原则

(1)坝轴线宜避开活动断裂带,选择在地形开阔、岸坡稳定、岩土坚实和地下水位较低的位置。

(2)坝轴线宜选用地质条件良好的天然地基。

(3)坝轴线宜选择在河道顺直、河势相对稳定的河段。

(4)坝轴线与公路桥的距离不宜太近,间距不宜少于100 m。

(5)枢纽布置应使工程投资最省,技术可行,不影响其他建筑物安全,有利于河势稳定,防止局部冲刷。

(6)坝轴线应与河道中心线垂直,其上下游河道要求较顺直,进水条件平顺。

(7)坝轴线应考虑上下游河道梯级拦蓄拦河建筑物的相对位置关系。

5.3.2　坝轴线的确定

拟选坝轴线位置的河道主要指标:河底高程46.02~46.20 m,河道宽140 m,左右两岸地面高程50.5 m左右。

5.4　建筑物形式比选

河道上常用的蓄水建筑物形式有水闸、橡胶坝、水力翻板闸、液压升降坝、气盾闸等。结合本工程的功能定位及特点,在着重考虑拦河建筑物的工程造价、运行条件、使用寿命等方面,选取橡胶坝、闸和钢坝三种建筑物形式进行方案比选。

5.4.1　方案比较

5.4.1.1　方案Ⅰ:橡胶坝方案

1.方案优点

(1)构造简单,工程造价低。结构简单,钢材、水泥、木材等用量显著减少,有利于节约投资。

(2)施工简单、工期短。

(3)景观效果好。坝型美观,坝体以上即为拦蓄水面,无其他人造构筑物,与周边河道生态环境相协调适应,且坝体过流形成瀑布,景观效果较好。

(4)坝袋抗震性能好。

(5)管理方便。可根据上游水量调节坝体高度以增减泄量,确保上游景观水位和下泄流量;洪水期坍坝放水,坝袋塌落紧贴河床,保持泄洪断面,畅泄洪水。

2.方案缺点

寿命短,坝袋易老化,一般15年需要更换一次坝袋;受上游河道漂浮物影响,坝袋易破损。

5.4.1.2　方案Ⅱ:闸方案

1.方案优点

混凝土结构和闸门耐久性高,铸铁或钢闸门不易受上游漂浮物冲击而损坏。

2.方案缺点

(1)工程量大,一次性投资高。

(2)施工复杂,工期长。

(3)较宽河道上闸门数量较多,管理复杂。

5.4.1.3　方案Ⅲ:钢坝方案

钢坝是一种用于城区河道工程的新型液压驱动式闸门,它由土建、门叶、底横轴、底铰座、自润滑轴承、底水封、侧水封、液压启闭机及液压锁定装置等组成。钢坝挡水结构为钢制门叶,利用驱动装置旋转门叶底部固定轴调节门叶挡水高度。

1. 方案优点

(1)门体坚固、耐久性好。橡胶坝挡水结构为钢性金属门体,和钢闸门一样不易受上游漂浮物冲击而损坏,耐久性好,寿命长。

(2)升降坝体快速,安全性高。

(3)景观效果较好。跨度大,相对壮观,运用灵活,可形成不同角度的瀑布效果,总体景观效果好,耐砂石磨损冲击,耐久性强。

2. 方案缺点

投资较大,一次性投资较高。门体建造需要消耗大量钢材,运行管理技术要求较高,液压启闭机要定期进行维修养护。

5.4.2　方案选定

根据上述方案比较,各方案优缺点对比见表 2-5-1。

表 2-5-1　方案比选

项目	方案Ⅰ:橡胶坝	方案Ⅱ:闸	方案Ⅲ:钢坝
单位造价/(万元/延米)	19.4	32.5	46.7
工程一次投资/万元	1 848	3 900	5 604
寿命期内大修费用/万元	需更换水机一次、坝袋两次,278.2	更换启闭机、金属结构一次,403.7	更换启闭机、金属结构一次,444.5
一次投资+大修费用/万元	2 606.2	4 303.7	6 048.5
优点	1. 构造简单,工程造价低。 2. 施工简单,工期短。 3. 景观效果好。 4. 坝袋抗震性能好。 5. 运行调节灵活、管理方便	1. 启闭时间短、控制运用灵活。 2. 安全可靠,耐久性强。 3. 具有两岸交通功能。 4. 运行管理技术要求不高,维修养护相对简单	1. 单孔跨度大,中墩少。 2. 可形成不同角度的瀑布效果。 3. 启闭时间短、控制运用灵活。 4. 耐久性强。 5. 不需要排架、机架桥、检修桥、工作桥、启闭机房、桥头堡等土建结构,土建结构简单,通透性好,施工工期短。 6. 总体景观效果好
缺点	坝袋易老化,河道漂浮物多,易造成坝袋损坏	1. 投资大。 2. 单孔跨度小,孔数多,中墩多,在相同总净宽的情况下,闸室总宽度大。 3. 需要排架、机架桥、检修桥、工作桥、启闭机房、桥头堡等土建结构,土建结构复杂,通透性差,施工工期长。 4. 景观效果差	1. 投资较大。 2. 运行管理技术要求高,液压启闭机要定期进行维修养护

根据上述对比分析,方案Ⅰ(橡胶坝)构造简单,施工工期短,景观效果好,构造简单,管理方便,虽然坍坝速度慢,坝袋寿命短,但无论一次投资还是综合投资都是最节省的,经济优势明显。而方案Ⅱ(闸)一次性投资高,中墩数量较多,景观效果差,综合投资是橡胶坝的 2 倍多。方案Ⅲ(钢坝)一次性投资最高,虽然景观效果最好,但综合投资是橡胶坝的近 3 倍,且运行维护管理技术要求高。因此,综合考虑地方经济发展水平和实力,经比较后推荐采用方案Ⅰ(橡胶坝)。

5.5　工程总体布置

山家林橡胶坝位于蟠龙河综合治理段桩号 3+681 处,由上游连接段、坝体段、下游连接段组成。橡胶坝北侧设船闸,在北堤建设充排水泵站,兼作管理用房。

5.6　橡胶坝工程设计

5.6.1　坝体参数拟定

5.6.1.1　坝体长度确定

根据附近地形及河道子槽宽度,坍坝时应符合河道设计行洪要求,综合分析确定将坝体长度定为 140.0 m。

5.6.1.2　坝体宽度的确定

橡胶坝底板顺水流方向的底板宽度按照坝袋坍平宽度及安装和检修的要求确定。

经计算,确定设计底板顺水流方向长度 L_d = 13.62 m,取 14.00 m。

5.6.1.3　坝体高度的确定

设计橡胶坝上游河底高程 46.00 m,正常蓄水位 51.00 m,故确定坝底板高程 46.30 m,坝顶高程 51.10 m,坝高 4.8 m。

5.6.1.4　橡胶坝边墩顶高程的确定

根据《水利水电工程等级划分及洪水标准》(SL 252—2017),山家林橡胶坝工程等别为Ⅲ等,主要建筑物级别为 3 级,山家林橡胶坝的设计防洪标准采用与河道防洪规划标准相匹配的原则。

橡胶坝边墩顶高程应根据橡胶坝挡水和泄水两种运用情况确定。挡水时,边墩顶高程不应低于橡胶坝正常蓄水位(或最高挡水位)加波浪计算高度与相应安全超高之和;泄水时,边墩顶高程不应低于设计洪水位(或校核洪水位)与相应的安全超高之和。

由表 2-5-2 可知,边墩顶高程应不小于 51.62 m,确定橡胶坝边墩顶高程为 52.0 m。

5.6.2　过流能力计算

根据水文计算分析,50 年一遇洪峰流量为 2 131 m^3/s。

按照 50 年一遇洪水标准,验算橡胶坝过流能力,成果见表 2-5-3。

表 2-5-2 边墩顶高程计算 单位:m

运用情况		水位	计算超高	墩顶高程
挡水工况	正常蓄水位	51.00	0.53	51.53
	最高挡水位	51.10	0.43	51.53
泄水工况	设计洪水位	50.92	0.70	51.62

表 2-5-3 橡胶坝过流能力计算

标准	水位/m		设计流量/(m^3/s)	过流能力/(m^3/s)
	上游	下游	橡胶坝	橡胶坝
50 年一遇	50.92	50.77	2 131	2 158

由表 2-5-3 可知,橡胶坝坍坝泄洪满足断面过流能力。

5.6.3 防渗排水设计

5.6.3.1 防渗布置

经计算,坝基防渗长度为 21.20 m。

根据橡胶坝布置情况,坝基防渗长度为 14.0 m,比计算所需防渗长度稍小,不能满足坝基防渗长度要求。在上游设置混凝土护底及铺盖,护底及铺盖采用 C30 钢筋混凝土结构,顺水流向长 10.0 m,厚 0.4 m。综上布置,防渗总长度为 34.0 m,能够满足计算长度要求。

5.6.3.2 渗透稳定计算

1. 计算工况及计算参数

正常蓄水工况:闸前正常蓄水位 51.00 m,下游水位平底板。由地质勘察报告知,在出口无保护条件下,其出口段允许比降建议值,水平段为 0.30,出口段为 0.45。

2. 计算成果

水闸地基渗透计算采用加拿大 geo-studio 软件的 seep/w 模块来进行渗流分析,计算成果见表 2-5-4。

表 2-5-4 渗透坡降计算成果

名称	上游水位/m	下游水位/m	计算值		允许值	
			水平段	出口段	水平段	出口段
水闸	51.00	46.00	0.16	0.31	0.30	0.45

由计算结果可知,闸基渗透稳定满足规范要求。

5.6.3.3 排水布置

下游消力池水平段梅花形设置 ϕ 50 塑料排水管,间距为 1.5 m,排水管底部自上而下分别为 150 mm 厚 2~4 cm 碎石层、0.5~2 cm 碎石垫层厚 150 mm、中粗砂反滤层厚 150 mm。

5.6.3.4 止水设计

护底、铺盖、底板、消力池之间为防渗范围,水平分缝与垂直分缝处均设 E651 型橡胶止水带,止水带采用热熔焊接连接,止水应严密可靠。

5.6.4 消能防冲设计

根据拦河建筑物的特性和相关工程经验,橡胶坝适宜采用底流消能方式。

5.6.4.1 计算工况

工况一:同第一篇相关内容。

工况二:以设计洪水为计算工况,下游水位 50.77 m,上游水位 50.92 m 进行消能计算。

5.6.4.2 消能防冲计算

按《水闸设计规范》(SL 254—2016)附录 B 中有关公式计算。

1. 消力池、海漫设计

计算采用试算法,计算结果见表 2-5-5。

表 2-5-5　橡胶坝消能防冲计算成果　　单位:m

序号	名称	计算值				采用值			
		消力池深度	消力池长度	底板厚度	海漫长度	消力池深度	消力池长度	底板厚度	海漫长度
1	橡胶坝	0.53	17.64	0.67	23.30	0.6	18.0	0.7	25

2. 防冲槽设计

根据计算结果,并参照已建橡胶坝工程的实践经验并考虑施工难易度,确定橡胶坝海漫末端防冲槽深 1.0 m,槽底宽 5.0 m,下游边坡为 1:2.0,防冲槽总长 6.0 m。上游护底首端防冲槽深 1.0 m,槽底宽 4.0 m,上游边坡为 1:2.0,防冲槽总长 5.0 m。防冲槽内抛乱石,下设碎石垫层厚 100 mm 及 300 g/m^2 土工布一层。

5.6.5 橡胶坝工程设计

橡胶坝土建工程由上游连接段、坝体段、下游连接段、充排水泵站及管理房、连堤路等组成。

5.6.5.1 上游连接段

上游连接段由抛石防冲槽段、护底段、铺盖段、左右岸翼墙及浆砌石护坡组成。抛石防冲槽长 6.0 m,槽深 1.0 m,倒梯形结构,下设碎石垫层及土工布。护底长 10.0 m,采用 400 mm 厚 C30 钢筋混凝土结构;铺盖长 10.0 m,采用 400 mm 厚 C30 钢筋混凝土结构,下设 100 mm 厚 C15 混凝土垫层。左侧设 C30 钢筋混凝土悬臂式翼墙,圆弧及直线段长 10.0 m,墙顶厚 500 mm,下设 100 mm 厚 C15 混凝土垫层,墙顶高程均为 52.00 m。圆弧翼墙上接 M15 浆砌块石护坡,上游护坡长 5.0 m,厚 400 mm,下设 100 mm 厚碎石垫层,坡脚设浆砌石齿墙,顶部设浆砌石压顶。右岸与船闸导流墙共用。

5.6.5.2 坝体段

坝体段共 2 孔,总净宽 138 m,顺水流方向长 14.0 m,由坝底板、边墩和坝袋组成。采用充水式双锚固坝袋,设计坝高 4.8 m,内外压比 1.4,设计坝顶高程 51.10 m。坝底板采用 1 000 mm 厚的 C30 钢筋混凝土结构,底板顶高程 46.30 m,下设 100 mm 厚 C15 混凝土垫层。左侧边墩采用 C30 钢筋混凝土结构,顶宽 1 000 mm,顶高程 52.00 m。

5.6.5.3 下游连接段

下游连接段由消力池、海漫、防冲槽、左右岸翼墙、浆砌石护坡组成。消力池采用下挖式消力池,长 18.0 m,池深 0.6 m,坎高 0.6 m,采用 700 mm 厚 C30 钢筋混凝土结构,下设 100 mm 厚 C15 混凝土垫层及反滤排水。钢筋混凝土海漫长 10.0 m,采用 400 mm 厚的 C30 混凝土结构,设竖向排水孔;接 400 mm 厚 M15 浆砌块石,海漫长 15.0 m,下设 100 mm 厚碎石垫层。抛石防冲槽长 6.0 m,槽深 1.0 m,倒梯形结构,下设碎石垫层及土工布。两侧设 C30 钢筋混凝土悬臂式翼墙,墙顶高程为 50.50~52.00 m,墙顶厚 500 mm,下设 C15 混凝土垫层。M15 浆砌块石护坡长 21.0 m,厚 400 mm,下设 100 mm 厚碎石垫层,坡脚设浆砌石齿墙,顶部设浆砌石压顶。

5.6.5.4 充排水泵站及管理房

为方便管理运行,充排水泵站布置于橡胶坝右岸,靠近北堤位置,距橡胶坝右岸边墩 26 m,泵室外地面高程为 52.00 m。取水井布置在橡胶坝上游右岸,通过河底埋设 DN 1 000 mm 的无砂混凝土管取水,共长 60 m。

充排水泵站总建筑面积 353.29 m^2,其中泵房为 129.81 m^2,副厂房为 223.48 m^2。南侧为泵房,为干室型泵房,分为上下两层,上层为单层框架结构厂房,室内地坪高程 52.45 m,尺寸为 12.01 m×10.26 m(长×宽),建筑总高度 7.45 m,立面墙厚 0.24 m;下层为水力机械设备层,C30 钢筋混凝土结构,底板厚 1.0 m,立面墙顶宽 0.5 m、墙底宽 1.0 m,净尺寸为 11.25 m×9.5 m×7.05 m,层内布置水泵等水力机械设备。北侧为管理房,包括值班室、柴油发电机室、中控室、变配电室、卫生间。

5.6.5.5 连堤路

为确保工程安全,较好地控制过坝水流,并便于橡胶坝运行管理,左边墩外设置连堤路,与规划堤防连接,长 94.0 m,连堤路顶高程 52.00 m,高于设计洪水位 1.23 m,宽 14.00 m,上下游边坡 1:3,采用壤土填筑,设计压实度 0.95。连堤路上游设连锁块护砌,路顶及下游设植草砖护砌。

5.6.6 船闸设计

为满足两湖之间游船通航要求,在山家林橡胶坝右岸布置单线单级船闸,可通行游览观光船,船闸与橡胶坝紧邻布置,船闸底板顶高程同河底高程 46.00 m,闸上正常蓄水位 51.0 m,闸下正常蓄水位 47.80 m,净宽 7.0 m。

船闸上、下闸首闸门启闭时应平压,闸门平压后的水位差应小于 200 mm。

船闸运行控制:船只到达上闸首,准备下行时,先将闸室充水,待室内水位与上游相平时,将上游闸门开启,让船只进入闸室。随即关闭上游的闸门,闸室放水,待其降至与下游水位相平时,将下游闸门开启,船只即可出闸。船只到达下闸首,准备上行时,先将闸室泄水,待室内水位与下游水位齐平,开启下游闸门,让船只进入闸室,随即关闭下游闸门,向闸室灌水,待闸室水面与上游水位相齐平时,打开上游闸门,船只驶出闸室,进入上游航道。

洪水位时,闸首闸门应处于关闭状态,禁止通航。

船闸上下闸首各设一道检修闸门,检修闸门采用浮箱叠梁式钢闸门 7 m×1.0 m,上游侧叠梁为 6 节,下游侧叠梁为 2 节,采用汽车吊临时起吊,本工程不包含检修闸门工程量,只预留门槽,后期建设由建设单位根据后期运行管理情况确定。

船闸由上游引航道、上闸首、闸室段、下闸首、下游引航道等组成。

(1)上游引航道。上游引航道由护坡段、圆弧段及直线段翼墙及混凝土U形结构组成。护坡为M15浆砌块石护坡,长5.0 m,厚400 mm,下设100 mm厚碎石垫层,坡脚设浆砌石齿墙,顶部设浆砌石压顶。圆弧翼墙为C30钢筋混凝土悬臂式结构,90°半径10.0 m,直线段翼墙共长35.0 m,墙顶厚500 mm,墙顶高程均为52.00 m,下设100 mm厚C15混凝土垫层。C30钢筋混凝土U形槽段长15.0 m,净宽7.0 m,兼作橡胶坝与船闸之间的导流墙。

(2)上闸首。上闸首闸室部分顺水流方向长15.30 m,净宽7.00 m,边墩宽7.80 m,共宽15.80 m。上闸首底板顶高程为46.00 m,底板厚1.0 m,边墩顶高程52.50 m,空箱式C30钢筋混凝土结构。闸首设液压平开门,启闭设备为1套250 kN一字闸门液压启闭机。船闸采用廊道集中输水,闸前后设管道平压,平压管道直径为DN1 200 mm,管道入口处设置一套蝶阀。

(3)闸室段。船闸闸室长20.0 m,净宽7.0 m,底板顶高程同河底高程46.00 m,闸上正常蓄水位51.0 m,闸下正常蓄水位47.80 m,墙顶高程52.00 m,为C30钢筋混凝土U形结构。闸墙顶宽1.0 m,底板厚1.00 m。闸室右侧边墙再设间距2.0 m的ϕ50 PVC排水管,排入闸室。闸墙设系船柱、系船钩、爬梯。

闸室右侧设控制室1座,共119.34 m^2,室内布置电气控制柜和动力柜及船闸管理值班室,控制室地面高程52.00 m。汛期船闸关闭停止运行。

(4)下闸首。下闸首布置同上闸首。

(5)下游引航道。下游引航道工程包括C30钢筋混凝土U形结构、右岸圆弧翼墙、护坡段等。C30钢筋混凝土U形结构墙顶高程为52.50 m,闸墙顶宽1.0 m,底板厚1.00 m,共长22.7 m,分别为6.7 m及15 m一段,净宽7.0 m。圆弧翼墙为C30钢筋混凝土悬臂式结构,90°半径10.0 m。护坡为M15浆砌块石护坡,长10.0 m,厚400 mm,下设100 mm厚碎石垫层,坡脚设浆砌石齿墙,顶部设浆砌石压顶。

5.6.7　橡胶坝坝段设计

橡胶坝总净宽138.0 m,底板顺水流方向长14.00 m,由坝袋、底板、锚固系统、边墩等组成。坝袋采用单袋充水式胶布结构,最大挡水高度4.8 m,坝高4.8 m,坝袋通过压板锚固在钢筋混凝土底板上。采用堵头式锚固的橡胶坝带,内外压比过大时,塌肩现象严重;为防止塌肩现象发生,设计内外压比采用1.40,同时边墩锚固侧采用1:10边坡与预留锚固槽相连。

5.6.7.1　坝袋设计

本部分内容详见第一篇相关内容。

5.6.7.2　底板结构布置

(1)橡胶坝底板高程确定。橡胶坝底板高程应根据过流能力、地形、地质、泥沙、施工及检修条件等确定,底板高程比该坝坝址处设计河底高程高0.2 m。

(2)橡胶坝坝顶高程确定。根据挡水要求,橡胶坝坝顶高程为正常蓄水位加0.2 m。

(3)橡胶坝基础底板设计。坝袋及底板长度计算结果见表2-5-6。

根据《橡胶坝技术规范》(SL 227—1998)对坝袋胶料和坝袋胶布的基本要求、坝袋径向计算强度,充水式坝袋的强度设计安全系数不应小于6.0,按照《橡胶坝坝袋》(SL 554—2011),4.8 m橡胶坝:坝袋规格型号采用JBD5.0-300-3,胶布型号选用J300300-3。坝袋胶布除必须满足强度要求外,还应具有耐老化、耐腐蚀、耐磨损、抗冲击、抗屈挠、耐水、耐寒等性能。

表 2-5-6　坝袋各要素计算成果

参数	T/(kN/m)	H_1/m	R/m	n/m	S_1/m	X_0/m	S/m	V/(m^3/m)	L_0/m	L/m	l_0/m
计算成果	103.68	4.8	5.40	5.366	7.881	2.395	8.251	35.781	16.13	14.00	5.64

5.6.8　坝袋锚固设计

5.6.8.1　锚固形式选择

目前使用的锚固形式有螺栓压板式、楔块挤压式和胶囊充水式三种。①螺栓压板式锚固的优点是胶布和锚件所需长度较短,施工安装和拆卸检修方便。缺点是锚固部位要穿孔,在孔的周边要补强,以防应力集中将坝袋撕裂,螺栓及压板容易受河道污水锈蚀而失效。②楔块挤压式锚固的优点是工艺简单,缺点是锚固计算比较复杂,更换坝袋时楔块及锚槽容易破坏。③胶囊充水式锚固的优点是拆装方便,止水性好,但当地缺少使用经验。综合考虑各种锚固形式的优缺点,采用螺栓压板式锚固。要求采用 Q235A 钢材加工制作粗纹螺栓,并做防腐处理。

5.6.8.2　锚固线形式选择

锚固线布置分单线锚固和双线锚固两种。单线锚固只有上游一条锚固线,锚线短,构件少,安装简便,密封和防渗漏性能好,但坝袋用料较多,坝袋可动范围大,对坝袋的防振防磨不利;双线锚固优点是坝袋用料较少,坝袋可动范围相对缩短,在运行中比较稳定,砂石不易被吸进坝袋底,对防振防磨有利,缺点是锚线长,构件多,安装工程量大等。经综合分析并结合有关工程经验,选用双锚固线。

5.6.8.3　坝袋锚固设计

橡胶坝锚固结构选用螺栓压板锚固,锚固线采用上下游布置的双线锚固,靠近墩部锚固线按 1∶10 斜坡抬起。螺栓及压板均需做防锈蚀处理。

5.6.9　底板和岸墙稳定计算

5.6.9.1　坝底板稳定计算

1. 基本参数

坝体结构:橡胶坝净长 138 m,最大设计坝高 4.8 m,坝体底板为 C30 钢筋混凝土结构,底板顶高程 46.30 m,顺水流方向长 14.00 m,底板厚 1.0 m,下设 0.1 m 厚 C15 素混凝土垫层,坝底板建基面高程 45.30 m。

地基特性:允许承载力不小于 180 kPa,基础底面与土间的摩擦系数为 0.35。

地震参数:场区地震动峰值加速度为 0.1g,地震动反应谱特征周期为 0.45 s,相应地震基本烈度为Ⅶ度,抗震设计烈度为Ⅶ度。

2. 计算工况与荷载组合

根据《水闸设计规范》(SL 265—2016)进行计算工况与荷载组合分析,对坝底板基底应力计算和抗滑稳定验算。计算时,选取单宽 1 m 作为计算单元进行计算分析。结合本工程实际,荷载组合分为以下几种:

(1)完建工况:坝上下游无水,坝袋充水。

(2)正常蓄水工况:充坝蓄水,坝前拦蓄水位51.00 m,下游无水。

(3)地震工况:正常蓄水+Ⅶ度地震作用。

3.荷载计算

根据《水闸设计规范》(SL 265—2016)及有关规范进行荷载计算。

(1)底板自重 $G_{板}$:钢筋混凝土容重25 kN/m^3。

(2)坝袋内水压力 $P_{袋}$:根据设计坝高及内压比计算作用在底板底垫片上的垂直水压力。

(3)坝前水重 $G_{水}$:根据坝前水体积及水容重计算作用力,水容重为9.81 kN/m^3。

(4)坝前水平静水压力 $P_{水}$。

(5)扬压力 U:浮托力和渗流压力之和。根据下游水位计算浮托力,根据上下游水位差计算渗流压力,均按垂直作用于底板底的分布力计算。

(6)地震荷载:根据《水工建筑物抗震设计规范》(GB 51247—2018)进行地震惯性力和地震动水压力。

4.稳定计算

根据《水闸设计规范》(SL 265—2016)中公式计算,计算成果见表2-5-7。

表2-5-7　坝底板稳定计算成果

荷载组合	计算工况	基底应力/kPa			不均匀系数		抗滑稳定安全系数		地基承载力容许值/kPa
		最大	最小	平均	计算	允许	计算	允许	
基本组合	完建	58.11	45.58	51.85	1.27	2.00	—	1.25	180
	正常蓄水	49.42	41.97	45.70	1.18	2.00	2.03	1.25	
	设计洪水	27.80	27.38	27.59	1.02	2.00	19.83	1.25	
特殊组合	地震	48.73	42.67	45.70	1.14	2.50	1.77	1.05	

由计算结果可知,在各种计算工况下,底板基底应力、抗滑稳定安全系数均满足规范要求,故坝底板整体稳定满足要求。

5.6.9.2　边墩稳定计算

1.基本参数

橡胶坝边墩为悬臂式挡土墙结构。边墩顶宽1.0 m,底板宽7.0 m,前趾根部厚1.4 m,前趾端部厚1.2 m,前趾长2.0 m。墩顶高程52.00 m,选取边墩整体结构为计算单元,进行地基应力计算及抗滑稳定计算。

2.计算工况及荷载组合

1)基本组合

(1)完建工况:墙前无水,墙后水位48.00 m;

荷载组合:结构自重+土压力+其他荷载。

(2)正常运行:墙前水位51.0 m,墙后水位50.0 m;

荷载组合:自重+水重+静水压力+扬压力+土压力+其他荷载。

(3)设计洪水位:墙前水位50.77 m,墙后水位50.00 m;

荷载组合:自重+水重+静水压力+扬压力+土压力+其他荷载。

2) 特殊组合

(1)施工工况:墙前无水,墙后无水;

荷载组合:结构自重+其他荷载。

(2)骤降工况:墙前水位 47 m,墙后水位 48.0 m;

荷载组合:自重+水重+静水压力+扬压力+土压力+其他荷载。

(3)地震工况:正常运行+Ⅶ度地震,墙前水位 51.0 m,墙后水位 51.0 m;

荷载组合:自重+水重+静水压力+扬压力+土压力+地震荷载+其他荷载。

3. 抗滑稳定计算

抗滑稳定计算公式同橡胶坝底板。

4. 基础底面应力计算

计算公式同橡胶坝底板。

5. 计算结果

边墩稳定计算结果见表 2-5-8。

表 2-5-8 边墩稳定计算成果

荷载组合	计算工况	基底应力/kPa			抗滑稳定安全系数		抗倾覆安全系数		不均匀系数	
		最大值	最小值	允许承载力	计算值	允许值	计算值	允许值	计算值	允许值
基本组合	完建工况	97.54	83.15	180.00	1.67	1.25	4.78	1.50	1.17	2.00
	正常运行	84.01	48.40	180.00	3.70	1.25	2.26	1.50	1.74	2.00
	设计洪水	81.26	52.13	180.00	2.96	1.25	2.27	1.50	1.56	2.00
特殊组合	施工	116.98	82.94	180.00	1.93	1.10	10.31	1.40	1.41	2.50
	骤降	97.81	72.88	180.00	1.65	1.10	4.21	1.40	1.34	2.50
	正常+地震	82.96	53.11	180.00	2.62	1.05	2.23	1.40	1.56	2.50

根据以上计算成果可知:在各种计算工况下,边墩最大基底应力不大于地基允许承载力;沿边墩基底面的抗滑稳定安全系数满足规范规定的允许值。

5.6.9.3 岸墙稳定计算

选取典型断面进行岸墙稳定计算,主要计算岸墙基底应力和抗滑、抗倾覆稳定,本次选取铺盖段和消力池段岸墙进行稳定计算。

1. 铺盖段岸墙

1)基本参数

左右岸岸墙为 C30 钢筋混凝土悬臂式挡土墙,墙高 6.0 m,墙底板宽 5.8 m,墙顶高程 52.0 m,建基面高程 45.30 m,墙前高程 46.00 m 处为铺盖,墙后填土顶高程 51.50 m。

2)计算工况及荷载组合

(1)基本组合。

①完建工况:墙前无水,墙后水位 48 m;

荷载组合:结构自重+土压力+其他荷载。

②正常运行:墙前水位 51.0 m,墙后水位 50.0 m;

荷载组合:自重+水重+静水压力+扬压力+土压力+淤沙压力+浪压力+风压力+其他荷载。

③设计洪水位:墙前水位50.77 m,墙后水位48.0 m;

荷载组合:自重+水重+静水压力+扬压力+土压力+淤沙压力+浪压力+风压力+其他荷载。

④冰冻工况:墙前水位48.0 m,墙后水位48.0 m;

荷载组合:自重+水重+静水压力+扬压力+土压力+淤沙压力+浪压力+风压力+冻胀压力+其他荷载。

(2)特殊组合。

①施工工况:墙前无水,墙后无水;

荷载组合:结构自重+其他荷载。

②骤降工况:墙前水位47.0 m,墙后水位48.0 m;

荷载组合:自重+水重+静水压力+扬压力+土压力+淤沙压力+浪压力+风压力+其他荷载。

③地震工况:正常运行+Ⅶ度地震,墙前水位51.0 m,墙后水位50.0 m;

荷载组合:自重+水重+静水压力+扬压力+土压力+淤沙压力+浪压力+风压力+地震荷载+其他荷载。

2.消力池段岸墙

1)基本参数

左右岸岸墙为C30钢筋混凝土悬臂式挡土墙,墙高6.3 m,墙底板宽6.55 m,墙顶高程52.0 m,建基面高程44.10 m,墙前高程44.90 m处为消力池,墙后填土顶高程51.00 m。

2)计算工况及荷载组合

(1)基本组合。

①完建工况:墙前无水,墙后水位47.4 m;

荷载组合:结构自重+土压力+其他荷载。

②正常运行:墙前水位47.8 m,墙后水位47.8 m;

荷载组合:自重+水重+静水压力+扬压力+土压力+淤沙压力+浪压力+风压力+其他荷载。

③设计洪水位:墙前水位50.77 m,墙后水位50.0 m;

荷载组合:自重+水重+静水压力+扬压力+土压力+淤沙压力+浪压力+风压力+其他荷载。

④冰冻工况:墙前水位45.9 m,墙后水位45.9 m;

荷载组合:自重+水重+静水压力+扬压力+土压力+淤沙压力+浪压力+风压力+冻胀压力+其他荷载。

(2)特殊组合。

①施工工况:墙前无水,墙后无水;

荷载组合:结构自重+其他荷载。

②骤降工况:墙前45.9 m,墙后水位47.4 m;

荷载组合:自重+水重+静水压力+扬压力+土压力+淤沙压力+浪压力+风压力+其他荷载。

③地震工况:正常运行+Ⅶ度地震,墙前水位47.8 m,墙后水位47.8 m;

荷载组合:自重+水重+静水压力+扬压力+土压力+淤沙压力+浪压力+风压力+地震荷载+其他荷载。

3.稳定计算

根据《水工挡土墙设计规范》(SL 379—2007)的规定,挡土墙稳定计算成果详见表2-5-9~表2-5-11。

表 2-5-9　上游铺盖右岸岸墙(土基)稳定计算成果

工况	完建工况	正常运行	设计洪水位	冰冻工况	施工工况	骤降工况	地震工况
抗滑稳定安全系数	1.3	—	21.2	1.59	1.68	1.37	—
允许值	1.25	1.25	1.25	1.25	1.10	1.10	1.05
判断	√	√	√	√	√	√	√
基底应力 σ_{max}/kPa	135.5	124	118	120	129	125	123.9
基底应力 σ_{min}/kPa	77.5	65	72	79	102	77	65.8
平均基底应力/kPa	105.5	95	95	99	115	101	94.4
地基承载力/kPa	180						
判读	√	√	√	√	√	√	√
不均匀系数	1.72	1.9	1.64	1.52	1.3	1.6	1.91
允许值	2.00	2.00	2.00	2.00	2.50	2.50	2.50
判断	√	√	√	√	√	√	√
抗倾覆稳定安全系数	4.03	3.23	3.22	1.59	6.9	3.5	3.23
允许值	1.50	1.50	1.50	1.50	1.40	1.40	1.40
判断	√	√	√	√	√	√	√

表 2-5-10　下游消力池右岸岸墙(土基)稳定计算成果

工况	完建工况	正常运行	设计洪水位	冰冻工况	施工工况	骤降工况	地震工况
抗滑稳定安全系数	1.34	—	—	1.64	—	1.34	1.36
允许值	1.25	1.25	1.25	1.25	1.10	1.10	1.05
判断	√	√	√	√	√	√	√
基底应力 σ_{max}/kPa	165.28	143	137	139	119	143	145
基底应力 σ_{min}/kPa	91.04	74	81	99	49	80	73.90
平均基底应力/kPa	128.16	108.7	109	119	84	111	109
地基承载力/kPa	180						
判读	√	√	√	√	√	√	√
不均匀系数	1.82	1.9	1.70	1.41	2.0	1.79	1.95
允许值	2.00	2.00	2.00	2.00	2.50	2.50	2.50
判断	√	√	√	√	√	√	√
抗倾覆稳定安全系数	4.03	3.3	3.03	4.00	—	3.01	2.63
允许值	1.50	1.50	1.50	1.50	1.40	1.40	1.40
判断	√	√	√	√	√	√	√

表 2-5-11　悬臂式挡墙结构配筋计算成果

部位		截面尺寸（$B\times H$）/mm	弯矩设计值/标准值/（kN·m）	Q/kN	计算配筋面积/mm²	最小配筋面积/mm²	实际配筋	实际配筋面积（按限裂）/mm²	计算最大裂缝/mm	裂缝宽度允许值/mm
铺盖段	墙趾根部	1 000×800	65/54	122	290	1 200	Φ18@150	1 696	0.03	0.25
	墙踵根部	1 000×1 000	152/127	70	537	1 500	Φ18@150	1 696	0.08	0.25
	立墙根部	1 000×1 000	223/186	129	790	1 500	Φ18@150	1 696	0.12	0.25
消力池段	墙趾根部	1 000×800	84/70	157	1 518	1 200	Φ22@150	2 534	0.04	0.25
	墙踵根部	1 000×1 000	234/195	79	830	1 500	Φ22@150	2 534	0.12	0.25
	立墙根部	1 000×1 000	424/353	199	1 518	1 500	Φ22@150	2 534	0.23	0.25

由表 2-5-9~表 2-5-11 可知，在各种计算工况下，上下游岸墙基底应力、抗滑及抗倾覆稳定均满足规范要求。

5.6.9.4　船闸稳定计算

本次计算选取上闸首为典型，进行稳定计算。

1. 计算工况及荷载组合

1）基本组合

（1）完建工况：闸前、闸后均无水；

荷载组合：结构自重+土压力+其他荷载。

（2）正常运行 1（闸门关闭）：闸前水位 51.0 m，闸后水位 47.80 m；

荷载组合：自重+水重+静水压力+扬压力+土压力+其他荷载。

（3）正常运行 2（闸门开启）：闸前水位 51.0 m，闸后水位 51.00 m；

荷载组合：自重+水重+静水压力+扬压力+土压力+其他荷载。

2）特殊组合

（1）检修工况：检修闸门前水位 51.00 m，闸后水位平底板；

荷载组合：自重+水重+静水压力+扬压力+土压力+其他荷载。

（2）地震工况：正常运行+Ⅶ度地震，闸前水位 51.0 m，闸后水位 47.80 m；

荷载组合：自重+水重+静水压力+扬压力+土压力+地震荷载+其他荷载。

2. 荷载计算

根据《水闸设计规范》（SL 265—2016）及有关规范进行荷载计算。

3. 稳定计算

抗滑稳定计算公式根据《水闸设计规范》（SL 265—2016）及有关规范进行计算。

4. 基础底面应力计算

当结构布置及受力情况不对称时,按《水闸设计规范》(SL 265—2016)公式(7. 3. 4-2)计算。

5. 计算结果

船闸稳定计算成果见表 2-5-12。

表 2-5-12　船闸稳定计算成果

荷载组合	计算工况	基底应力/kPa					抗滑稳定安全系数		不均匀系数		
		顺水流最大值	顺水流最小值	垂直水流最大值	垂直水流最小值	允许承载力	计算值	允许值	顺水流计算值	垂直水流计算值	允许值
基本组合	完建工况	81. 57	48. 26	66. 62	33. 31	160. 00	2. 77	1. 25	1. 69	1. 99	2. 00
	正常运行 1	73. 11	59. 18	30. 08	16. 14	160. 00	1. 82	1. 25	1. 24	1. 86	2. 00
	正常运行 2	76. 96	66. 98	40. 07	30. 09	160. 00	2. 39	1. 25	1. 15	1. 33	2. 00
特殊组合	检修工况	42. 55	39. 54	35. 74	32. 73	160. 00	1. 41	1. 10	1. 08	1. 09	2. 50
	正常+地震	73. 21	62. 55	26. 71	16. 05	160. 00	1. 65	1. 05	1. 17	1. 66	2. 50

由表 2-5-12 可知,在各种计算工况下,船闸基底应力、抗滑稳定安全系数均满足规范要求,故整体稳定满足要求。

5. 6. 9. 5　泵房稳定计算

泵房为干室型,建基面高程 44. 20 m,泵房底板尺寸为 13. 05 m×11. 30 m,高程 52. 30 m 以下埋置于回填土中,本工程仅对其抗浮稳定进行安全计算。

1. 计算工况

机组停止运行,河道 50 年一遇洪水。

2. 计算公式

根据《泵站设计规范》(GB 50265—2010)中公式(6. 3. 6)计算。

3. 计算结果

泵房抗浮稳定安全计算成果见表 2-5-13。

表 2-5-13　泵房抗浮稳定安全计算成果

计算工况	重力/kN	扬压力/kN	计算安全系数	安全系数允许值
河道 50 年一遇洪水	16 098	10 503	1. 53	1. 05

经计算,泵房的抗浮稳定安全满足规范要求。

5.6.10　护岸工程设计

山家林橡胶坝处于山丘区河道——郭里集支流弯道末端，水流流速较快且较为紊乱，极易冲刷上下游岸坡造成坍塌、滑坡等局部破坏。因此，本工程设计考虑对上下游岸坡进行防护，以保障工程安全运行。

5.6.10.1　冲刷深度和护坡厚度计算

1. 冲刷深度计算

经计算，50年一遇洪水时岸坡坡底冲刷深度为43 cm。

2. 护坡厚度计算

1)块石护坡厚度计算

经计算，块体保护层厚度为18.2 cm。

2)混凝土砌块护坡采用水平自锁式结构

参照《河南省燕山水库大坝护坡抗风浪试验研究报告》，南京水利科学研究院进行了砌块抗风浪稳定试验研究，对实体砌块提出了稳定厚度计算公式。

经计算，实体砌块厚度为0.09 m。

5.6.10.2　方案比选

岸坡护砌形式采用联锁式C30预制混凝土块护坡和M15浆砌块石护坡两种方案进行比选。

1. 方案1:采用联锁式C30预制混凝土块护坡

联锁式C30预制混凝土块护坡厚度取15 cm，坡比1∶5，坡顶高程50.50 m，坡底高程46.00 m，在面层以下设置厚100 mm碎石垫层、反滤土工布300 g/m^2，下面素土夯实，坡角基础采用M15浆砌块石基础，深1.0 m。

2. 方案2:采用M15浆砌块石护坡

M15浆砌块石护坡厚度取40 cm，坡比1∶5，坡顶高程50.50 m，坡底高程46.00 m，在面层以下设置厚100 mm碎石垫层，下面素土夯实，坡角基础采用M15浆砌块石，深1.0 m。

方案1、方案2经济技术比较见表2-5-14。

表2-5-14　岸坡护砌方案比选

项目	方案1:联锁式C30预制混凝土块护坡	方案2:M15浆砌块石护坡
主要可比项工程量	联锁护坡15 cm厚，600.50 m^2，土工布644.50 m^2	M15浆砌块石240.20 m^3
可比项投资/万元	7.91	18.68
优点	1. 投资较省； 2. 可工厂化施工	1. 在当地可取得建设材料； 2. 抗冲性能好，对岸坡防护较好
缺点	抗冲和抗冻性能差，需外购材料	造价稍高，施工速度较慢

考虑本工程对抗冲性要求较高，且后续需与景观规划相衔接，同时石料可就近购买，方案2浆砌块石方案虽然造价稍高、施工速度稍慢，但抗冲性能及景观效果较好，能够有效对

岸坡进行防护,人文景观效果好,经综合比选,本工程采用方案2浆砌块石方案。

5.6.10.3　岸坡稳定计算

按照《堤防工程设计规范》(GB 50286—2013)的有关规定,堤防边坡稳定设计的条件分为正常运用条件及非正常运用条件,计算工况如下:

(1)正常运用:水位骤降期,河道水位为校核洪水位时水位骤降。

(2)非常运用:施工期,河道内无水,考虑地下水位。

采用《堤防工程设计规范》(GB 50286—2013)附录F提供的公式进行计算,边坡稳定计算采用瑞典圆弧滑动法,分别对水位降落期、施工期进行边坡稳定计算。

各计算工况下稳定安全系数见表2-5-15。

表2-5-15　岸坡抗滑稳定安全系数汇总

工况	计算的安全系数	安全系数容许值
水位降落期	1.713	1.20
施工期	1.807	1.10

经计算,岸坡抗滑稳定满足规范要求。

5.6.11　地基处理

根据地质勘察报告:拟建橡胶坝底板底高程45.30 m,基础左岸坐于②层含姜石壤土上,右岸坐于①-1层淤泥质壤土上,呈软塑状态,均一性差,具有高压缩性,建议对该层淤泥质壤土采取挖除换填等工程处理措施。

根据稳定计算结果,橡胶坝、船闸及两岸翼墙②层含姜石壤土地基承载力满足要求。船闸基础、橡胶坝基础、两侧挡墙基础及上游护底、铺盖底板原河道地面高程低于建基面高程时或遇软弱夹层时,首先清理至②层壤土,分层回填10%水泥土至建基面高程,压实度不小于0.95。橡胶坝消力池及海漫下补填砾质粗砂,压实后相对密度不低于0.75。

5.6.12　安全监测设计

为确保橡胶坝的安全运行、方便管理、积累资料和对设计成果进行验证,对橡胶坝水位、流量、沉降、水平位移、扬压力等变化情况进行观测。

根据工程等级、规模、地质条件等,综合分析确定工程观测项目,设置相应的观测设施,从而通过对橡胶坝工程的检查和观测,掌握工程运行状态和工作情况,保证工程安全,同时检验设计的正确性、积累资料,提高设计和管理水平。

观测工作应有下列项目:坝袋内压力、坝袋变形、老化、河流上下游水位、河床变形、水流形态、水位、流量、卵石、漂浮物、冰凌等。

(1)橡胶坝两岸上、下游翼墙迎水面各设置1支水位标尺,共4支,长28 m。

(2)边墩和上、下游翼墙共设置20个水平及垂直位移观测标点;两岸观测基点设2个。

(3)两侧边墩各设一道坝基扬压力观测断面,每个断面设4个测点;在两岸边墩外侧各设一道绕渗观测断面,每个断面设3个测点;共计14个观测点。

(4)配备水准仪、经纬仪和自记水位计各1台。

第 6 章　机电及金属结构

6.1　水力机械

6.1.1　橡胶坝设计参数

山家林橡胶坝净坝长 138 m，设计坝高 4.8 m，坝袋设计内外压比 1.4，坝袋体积 4 938 m^3。坝上游护底、铺盖顶高程 46.00 m，底板顶高程 46.30 m，设计坝顶高程 51.10 m，下游消力池池深 0.6 m，消力池尾坎顶 45.50 m。

6.1.2　充排水系统布置和泵站运行工况

6.1.2.1　系统布置

充排水系统主要由泵站外充排水管路和充排水泵站两部分构成。

1. 泵站外充排水管路

橡胶坝上游设置取水井 1 座，通过 DN700 上游进水管输水至下游左岸泵站，泵站加压后通过 DN800 坝袋充排水总管、DN400 充排水支管向坝袋充水。坝袋充水、排水共用 1 根管道，排水时通过泵站加压或自流，沿着 DN800 下游排水管排向下游消力池。

2. 充排水泵站

橡胶坝充排水泵站位于橡胶坝右岸，泵房分为上下两层，上层为单层框架结构厂房，地坪高程 52.15 m，下层为水力机械设备层，为 C30 钢筋混凝土结构，高程 54.40 m。

水力机械设备层主要布置 2 台排水泵（1 用 1 备）。充坝时，充水泵通过上游进水管吸水加压，通过 DN800 坝袋充排水总管向橡胶坝充水；排水时，坝袋内水通过充排水总管、水泵、下游排水管排向下游；自流排水时，泵站内仅通过 DN800 自流管排向下游。

6.1.2.2　泵站运行工况

根据橡胶坝控制运用、已建工程经验和水泵性能指标等因素，综合确定橡胶坝设计充坝时间 2.06 h，设计排空时间 2.06 h。

本工程通过布设充排水管路、新建充排水泵站，对橡胶坝坝袋进行充排水，以达到升坝蓄水、坍坝行洪的目的。为方便管理，充坝水泵和排坝水泵分开设置、运行。

6.1.3　充水系统设计

6.1.3.1　充水水源

橡胶坝袋的充水水源采用蟠龙河河水，进入坝前取水井。

6.1.3.2　充水水泵及其管路

橡胶坝共 2 节，坝袋总容积 4 938 m^3，充水时间 2.06 h。

1. 充水泵设计指标

根据《橡胶坝工程技术规范》(GB/T 20979—2014),经计算水泵流量 Q=2 469 m³/h。

经计算,并综合考虑,选取上游进水管为 DN700 钢管。坝袋充排水管按照橡胶坝坍坝时设计排坝流量计算,确定坝袋充排水管为 DN800 钢管,其管径计算见排水系统设计。

经计算,沿程水头损失为 3.21 m,局部水头损失为 1.32 m,管道总水头损失 ΔH 为 4.53 m。

根据计算,充坝时充水泵为 1 台,设计流量为 2 400 m³/h,设计扬程为 8 m。

2. 水泵选型

根据计算的水泵流量和扬程,同时考虑泵房布置、减小泵房空间尺寸,确定选用立式离心泵。水泵型号为 500TXW2400-8 叠片同步自吸泵,单机流量 2 400 m³/h、扬程 8 m,配套电动机功率 90 kW,转速 740 r/min。根据水泵性能指标,确定充坝时间为 2.06 h。

3. 管路布设

上游 DN700 进水钢管从上游取水井引水至充排水泵房,经充水泵加压后进入 DN800 坝袋充排水总管,通过 10 根 DN400 充排水支管、水帽进入坝袋进行充坝。

其中,上游进水管管中心高程 45.60 m,泵房内管路、充水泵叶轮中心高程均为 45.60 m,DN800 充排水总管在右岸边墩南 1 m 处由高程 45.60 m 降至 43.50 m,之后埋设于坝底板下,并分设支管。

6.1.4 排水系统设计

橡胶坝共 2 节,坝袋总容积 4 938 m³。参考《泵站设计规范》(GB/T 50265—2010)中第 9.1.3 条的规定,重要的供水泵站,工作机组 3 台及以下时,宜设 1 台备用机组。根据以上原则,考虑橡胶坝顺利坍坝泄洪对下游乡村、农田的重要性,本泵站采用 2 台排水泵机组,1 台工作、1 台备用,型号相同。

6.1.4.1 排水泵设计指标

1. 水泵流量的计算

根据《橡胶坝工程技术规范》(GB/T 20979—2014),经计算,水泵流量 Q=2 469 m³/h。

2. 管道直径和水损计算

根据计算,同时考虑水泵强排和自流排水共用 1 根排水总管,在满足水泵强排设计要求下加大自流排水能力的要求,综合确定坝袋充排水管主管为 DN800 钢管,下游排水管为 DN800 钢管。

经计算,沿程水头损失为 0.84 m,局部水头损失为 4.70 m,管道总水头损失 ΔH 为 4.54 m。

根据上述计算,排坝时工作排水泵为 1 台,设计流量为 2 469 m³/h,设计扬程为 8 m。

6.1.4.2 水泵选型

根据计算的水泵流量和扬程,确定选用 2 台离心泵,水泵型号为 500TXW2400-8 叠片同步自吸泵,单机流量 2 400 m³/h、扬程 8 m,配套电动机功率 90 kW,转速 740 r/min。根据水泵性能指标,确定强排排空时间为 2.06 h。

6.1.4.3 管路布设

坝袋内水通过 DN800 充排水主管进入右岸泵房,经排水泵加压后进入 DN800 下游排水管至下游消力池。同时,考虑在非紧急情况下的坍坝自流排水,泵房内在坝袋充排水管和下游排水管间设置1根DN800自流管,并配置蝶阀。

其中,坝底板下充排水主管中心高程43.50 m,泵房内坝袋充排水主管和下游排水管中心高程为45.60 m,下游排水管出泵房后高程升至46.30 m。

6.1.5　辅助设备设计

6.1.5.1　充排水管道防腐

充排水管道基材为螺旋钢管,采用TPEP防腐——管材内防腐采用环氧粉末,外防腐为3PE防腐。

6.1.5.2　溢流管

为保证橡胶坝充坝安全和便于观测充水情况,在靠近泵房的右岸边墩设置溢流管3根,溢流管出口内底高程53.02 m,当坝袋充水时内压比大于1.4时可溢流,防止超压涨破坝袋。溢流管采用DN200 TPEP防腐钢管,钢管壁厚6 mm,防腐做法同充排水管道,溢流管出口处设置DN200拍门3套。

6.1.5.3　泵室内水泵机组附属设备

为保证泵室内水泵机组设备的运行和管理,在充排水管路上设置电动蝶阀、压力表,在管道穿墙设置防水套管。

1. 蝶阀

上游进水管处设置SD941X-6型电动伸缩蝶阀1台,公称直径DN700,压力等级0.6 MPa,共4台。

充排水泵两侧各设置SD941X-6型电动伸缩蝶阀1台,公称直径DN500,压力等级0.6 MPa,共4台。

坝袋充排水主管、下游排水管和自流连接管各设置SD941X-6型电动伸缩蝶阀1台,公称直径DN800,压力等级0.6 MPa,共3台。

2. 逆止阀

充排水泵出口设置1个逆止阀,共需DN500微阻缓闭式逆止阀2台,压力等级0.6 MPa。

3. 法兰松套传力接头

上游进水管,充排水泵出水管和下游排水管设置法兰松套传力接头,共需DN700(PN6)1台,DN800(PN6)3台,DN500(PN6)4台。

4. 压力表

在充排水泵出口处设置各真空压力表1个,压力范围0~0.4 MPa,共2个。

5. 压力变送器、液位信号器

在DN800坝袋充排水管上设置压力变送器1台,型号MPM480压阻式。

上游取水井、泵室集水坑、坝上下游各设置液位信号器1套,共4套,以监测水位。

6. 防水套管

钢管穿墙时设置止水环,DN700止水环型号D720/920,$b=16$ mm;DN800止水环型号D820/1020,$b=16$ mm。具体做法依据图集《防水套管》(07MS101-5)进行。

7. 起重设备

本泵站为干室型,泵站水力机械设备层位于室内地坪以下 7.05 m,该层布置水泵机组、管路、阀件等。充水泵重 3 472 kg,单台排水泵重 3 946 kg。

结合水泵机组重量和布置,泵房内设置单梁悬挂起重机 1 台。起重机型号 LX3-7,起重量 5 t,跨度 7 m,运行轨道为 I32c 工字钢,运行电动机功率 0.8×7.5 kW;起重机构采用双速钢丝绳电动葫芦(型号 MD1-5t)1 台,起重电动机功率 7.5 kW,运行电动机功率 0.8 kW。

8. 集水坑内潜水泵

在水机设备层底板四周设置 10 cm×5 cm 的排水沟,汇集到集水坑并通过潜水泵排入下游排水管。集水坑内尺寸 0.8 m×0.8 m×1.5 m,坑内设潜水排污泵 2 台,1 用 1 备,型号 50WQ30-10-1.5,设计流量 50 m^3/h,设计扬程 10 m,配套电动机功率 1.5 kW。

6.1.5.4 水帽

为防止坍坝时坝袋封盖住管口,同时防止充水时直冲坝袋,在底板上的充、排水支管末端设置水帽,本工程共设置 10 个。水帽、球帽壳采用 5 mm 厚钢板压制成型,在施工时管口处提前预埋法兰,水帽与预埋法兰连接。水帽与坝袋各接触部位均应进行机械处理,使其表面光滑以免刺破坝袋。

6.2 金属结构设计

山家林橡胶坝工程金属结构包括山家林船闸金属结构设计。

6.2.1 船闸金属结构设计

船闸与橡胶坝紧邻布置,闸室净宽 7 m,闸首设液压平开门,上、下闸首共设控制室 1 座。每座船闸金属结构包括一字闸门、一字闸门启闭机、平压管道及拦污栅设计。

6.2.1.1 上闸首

上闸首金属结构设计包括闸首一字闸门、廊道平压管道、廊道拦污栅及各自相应启闭设备的设计。

1. 一字钢闸门

1) 闸门设计资料

闸门形式:一字形平面钢闸门

闸门规格:7.0 m×5.3 m-5.0 m

孔口宽度:7.0 m

闸门高度:5.3 m

孔口数量:1 孔

设计水头:5.0 m

操作要求:充水平压,静水启闭。

2) 平面式一字闸门及预埋件结构布置

平面式一字闸门设计采用主横梁式焊接结构,闸门为实腹式多主梁焊接结构,主梁为等截面组合梁。门体材质为 Q235B,底、顶枢等支承设备采用铸钢件。

闸门预埋件均为钢板与型钢焊接件。

3)一字闸门启闭机

一字闸门启闭设备为 1 套 QRWY320/250kN 一字闸门液压启闭机。

启闭机的主要参数:

启闭机型式:QRWY 一字闸门液压启闭机

启门容量:320 kN

闭门容量:250 kN

工作行程:3.3 m

最大行程:3.4 m

2. 廊道平压管道

船闸前后考虑管道平压,根据《船闸输水系统设计规范》(JTJ 306—2001),平压管道直径为 1200 mm,管道出入口处分别设置一套蝶阀。为便于阀门的安装、拆卸及检修等,在工作阀门的下游侧设置有 1 套法兰式管道伸缩传力接头。阀门及埋件外露部分的金属结构件要做防腐处理。

3. 拦污栅设计

为防止管道内有污物进入,在平压管道出入口处各设拦污栅一扇。孔口尺寸 1.2 m×1.2 m(宽×高)。栅体结构为工字钢与钢板焊接结构,主体材质为 Q235B。栅条材质为 Q235B,规格为 8 mm×80 mm,栅条间距 120 mm。拦污栅常闭,拦污栅固定在船闸边墩上。

6.2.1.2　**下闸首**

下闸首金属结构布置与上闸首相同。

6.2.2　防腐蚀设计

(1)闸门、启闭机的防腐蚀处理执行《水工金属结构防腐蚀规范》(SL 105—2007),涂装前应进行表面预处理,处理后其表面清洁度等级不宜低于 Sa2.5 级,表面粗糙度 R_y 值应在 60~100 μm 范围内;预埋件与混凝土接触面清洁度等级最低应达到 Sa2 级。

(2)钢闸门、拦污栅等防腐蚀要求:喷锌厚度为 0.16 mm,然后涂厚浆型环氧云铁防锈漆一道,漆膜干膜厚度 70 μm;氯化橡胶面漆二道,漆膜干膜厚度 80 μm。

(3)预埋件防腐处理:闸门埋件的外露部分与闸门防腐要求相同,埋件与混凝土接触表面除锈后,涂水泥砂浆防护。

(4)对启闭设备在表面处理后,涂聚酯底漆两道,漆膜厚 120 μm,后涂锤纹漆两道,漆膜厚 120 μm。

6.2.3　金属结构制造、安装技术要求

(1)《水利水电工程钢闸门制造、安装及验收规范》(GB/T 14173—2008)。

(2)《水利水电工程启闭机制造安装及验收规范》(SL 381—2007)。

(3)《水工金属结构防腐蚀规范》(SL 105—2007)。

(4)《涂覆涂料前钢材表面处理 表面清洁度的目视评定 第一部分:未涂覆过的钢材表面和全面清除原有涂层后的钢材表面的锈蚀等级和处理等级》(GB/T 8923.1—2011)。

(5)《水利水电工程钢闸门设计规范》(SL 74—2013)。

(6)《水利水电工程启闭机设计规范》(SL 41—2011)。

(7)《铸铁闸门技术条件》(SL 545—2011)。

(8)《工程建设标准强制性条文 水利工程部分》(2016 年版)。

(9)《船闸输水系统设计规范》(JTJ 306—2001)。

6.3 电气设计

6.3.1 设计范围和依据

6.3.1.1 设计范围

山家林橡胶坝 10 kV 电源线路终端杆以下(包括终端杆)变配电、计算机监控、视频监视系统设计和通信设计,10 kV 架空线路只列投资。

6.3.1.2 设计依据

(1)《水利水电工程机电设计技术规范》(SL 511—2011);

(2)《供配电系统设计规范》(GB 50052—2009);

(3)《20 kV 及以下变电所设计规范》(GB 50053—2013);

(4)《低压配电设计规范》(GB 50054—2011);

(5)《通用用电设备配电设计规范》(GB 50055—2011);

(6)《建筑物防雷设计规范》(GB 50057—2010);

(7)《建筑物电子信息系统防雷技术规范》(GB 50343—2012);

(8)《民用建筑电气设计标准》(JGJ 16—2008);

(9)《建筑照明设计标准》(GB 50034—2013);

(10)《电力工程电缆设计标准》(GB 50217—2018);

(11)《水利水电工程高压配电装置设计规范》(SL 311—2004);

(12)《泵站设计规范》(GB 50265—2010);

(13)《电力装置的继电保护和自动装置设计规范》(GB/T 50062—2008);

(14)《电力装置电测量仪表装置设计规范》(GB/T 50063—2017);

(15)《继电保护和安全自动装置技术规程》(GB/T 14285—2006)。

6.3.2 接入电力系统方式设计

山家林橡胶坝工程电源采用新供电线路,长约 4.5 km,由附近的 10 kV 电网 T 接引入,T 接处距离变电所约 8 km,架空线为 LGJ-70。

6.3.3 橡胶坝的供电方式

6.3.3.1 负荷等级及供电电源

山家林橡胶坝具有蓄水、行洪、除涝和挡潮等功能,当达到防洪水位时必须及时泄洪,否则将给人民的生命、财产带来不可估量的损失。根据《供配电系统设计规范》(GB 50052—2009)和《水利水电工程劳动安全与工业卫生设计规范》(GB 50706—2011),该橡胶坝防汛指挥调度系统、通信系统、充排水机组的动力系统及现场照明用电负荷等为一级负荷,其他用电负荷为三级负荷。

橡胶坝由双回路电源供电,一回网电作为主电源,另一回采用柴油发电机组作为备用电源。网电电源由闸附近 10 kV 架空线路 T 接,采用架空线路,供电线路长约 4. 5 km,再设专用变压器为橡胶坝供电。设一台自备柴油发电机组作为备用电源。当电网停电时,可通过转换开关切换到柴油发电机组给启闭机供电,待网电恢复,再投切到网电。

6. 3. 3. 2　**负荷统计计算及变压器容量选择**

山家林橡胶坝设有充排水泵 2 台、卧式单级双吸泵(一用一备),配套电机 P_e = 90 kW,电压 380 V。型号 500TXW2400-8 叠片同步自吸泵,单机流量 2 400 m^3/h、扬程 8 m。

变压器容量计算时,考虑橡胶坝最大运行方式为 1 台充排水泵运行,橡胶坝配套设施及照明用电,用电负荷计算见表 2-6-1。

表 2-6-1　橡胶坝用电负荷估算

序号	用电设备组名称	每台设备功率 P_e/kW	安装台数	工作台数	工作总功率 P_c/kW	计算负荷系数 K_x	cosφ	效率 η	计算负荷		
									P_{js}/kW	Q_{js}/kVar	S_{js}/kVA
1	充排水水泵机组	90	2	1	90	1	0. 8	0. 9	90	86. 75	125
2	自动化	10	—	—	10	0. 85	1	—	8. 5	4. 11	9. 44
3	其他日常用电负荷	30	—	—	20	0. 85	0. 9	—	18	5. 7	18. 89
4	船闸	15	2	2	15	1	0. 8	0. 9	15	14. 4	20. 8
5	合计	—	—	—	—	—	—	—	131. 5	111. 0	174. 13
6	变压器容量										200

根据计算负荷容量结果,选择 1 台容量为 200 kVA 的变压器作为主用变压器。考虑充排水泵设备为季节性负荷,为节能运行另选择 1 台 50 kVA 杆台变压器供日常管理负荷用电。

6. 3. 3. 3　**电动机启动方式确定(变压器容量复核)**

充排水泵电机采用变压器供电,为了减小冲击,按加载 5 kW 站用负荷,一台 90 kW 异步电动机启动,根据《通用用电设备配电设计规范》(GB 50055—2011)第 2. 2. 2 条,配电母线电压波动允许值,当电机不经常启动时为 85%,考虑到大电机对电网的冲击以及柴油发电机的选择,选用软启动器启动,满足启动要求。

6. 3. 4　电气主接线设计

根据橡胶坝的规模、运行方式、重要性等因素,拟定的电气主接线应满足接线简单可靠、操作检修方便、节省投资等要求,橡胶坝的电气主接线方案为: 10 kV 进线一回,10 kV 侧采用架空线经电缆引至高压柜, 变压器低压侧经电缆引入泵室内,0. 4 kV 侧采用单母线分段接线。2 套充排水机组接在一段 0. 4 kV 母线上, 电动蝶阀及其他设备电源接线均引自此母线,站用电主要分为检修、办公、自动化及生活用电等,主变配电柜低压电源与管理区变配电柜低压电源回路经双电源自动转换设备(ATSE)接至日常管理用电母线段。柴油发电机组经双电源自动转换设备(ATSE)接至工作母线段。

管理区用电与泵站站用电共用一台户外杆台变压器。

6.3.5　主要电气设备选择

6.3.5.1　短路电流计算

工程用电电源来自地区电力系统,配电变压器的容量远小于系统的容量,短路电流可按无限大电源容量系统短路进行计算。

各电气元件电抗标么值计算公式见表 2-6-2,用电系统各点三相短路电流明细见表 2-6-3。

表 2-6-2　各电气元件电抗标么值计算公式

元件名称	标么值	备注
电动机	$X''_d* = \dfrac{X''_d\%}{100}\dfrac{S_b}{P_N/\cos\varphi}$	$X''_d\%$为电动机次暂态电抗的百分值
变压器	$X''_T* = \dfrac{U_k\%}{100}\dfrac{S_b}{S_N}$	$U_k\%$为变压器短路电压百分值,S_N 为最大容量线圈额定容量
系统阻抗	$X_C* = \dfrac{S_b}{S_{kd}} = \dfrac{S_b}{S}$	S_{kd} 为与系统连接的断路器的开断容量,S 为已知系统短路容量

表 2-6-3　三相短路电流明细　　单位:kA

序号	名称	三相短路电流
1	变压器高压侧	3. 97
2	变压器低压出口	2. 84

6.3.5.2　主要电气设备的选择

1. 变压器选择

橡胶坝计算负荷视在功率约为 174. 13 kVA,管理区计算视在负荷约为 39. 69 kVA。根据变压器经济运行要求、计算负荷、电机直接启动校验等条件,选择 SC13 系列容量为 200 kVA 及 50 kVA 的杆台变压器各 1 台,变比为 10±2×2. 5%/0. 4 kV。

2. 柴油发电机组选择

依据《民用建筑电气设计规范》(JGJ 16—2008),柴油发电机组容量按最大稳定负荷允许运行时间进行选择,按最大尖峰负荷过载允许运行时间及发电机母线允许压降进行校核。

经计算,选用自启动式备用功率 160 kW 柴油发电机组可满足要求。

柴油发电机组带自动控制屏,市电异常时能够自启动。为降低发电机组运行振动、噪声对设施和人员的影响,配备减振器、消音器等设备组件。发电机组基础一周设油槽,方便清理设备滴漏的燃油或润滑油。为降低室内挥发油烟气浓度,机组配备专用排风、排烟设备,发电机房内设自动定时排气扇。

3. 无功功率补偿

根据《全国供用电规则》的有关规定和本工程的自然功率因数，须对本工程用电负荷进行无功功率补偿，采用低压无功自动补偿装置使本站功率因数提高到 0.95，见表 2-6-4。

表 2-6-4　无功补偿容量计算

补偿前		补偿后		计算负荷/kW	无功补偿容量/kVar
$\cos\varphi_1$	$\tan\varphi_1$	$\cos\varphi_2$	$\tan\varphi_2$	P	$Q_c=P(\tan\varphi_1-\tan\varphi 2)$
0.8	0.75	0.95	0.33	131.5	55.23

实际补偿容量为 60 kVar，采用 3 组型自动投切式低压自愈式电容器，三相共补。

10 kV 终端杆选用跌落式熔断器 PRWG1－10FW 和避雷器选用 HY5WS－17/50W，主变压器选用 SC13－200kVA/10kV 油浸式变压器，杆台变压器选用 S13－M－50kVA/10kV 油浸式变压器。柴油发电机组选用容量为 160 kW(200 kVA)。低压配电装置采用 GGD3 系列成套低压屏。变压器低压屏内选用框架式低压断路器，水泵电动机回路选用智能软启动器，其他配电回路均选用塑壳断路器。低压电缆选择 YJV－0.6/1 交联聚乙烯绝缘聚氯乙烯护套铜芯电力电缆，柴油发电机组低压电缆选择 YJV－0.6/1 交联聚乙烯绝缘聚氯乙烯护套铜芯电力电缆，控制电缆选择 KVV－0.45/0.75 铜芯电缆。以上设备及载流导体均以所在回路工作电流、工作电压及使用环境等选择，并进行短路动、热稳定检验，均满足要求。

6.3.6　过电压保护及接地设计

6.3.6.1　过电压保护

为减少人体同时接触不同电位引起的电击危险，同时也为了防范雷电危害及满足信息设备抗干扰要求，设置总等电位联结。

为了防止大气过电压及异常运行情况可能产生的过电压对运行人员及电气设备的危害，橡胶坝的电气设备及建筑物按相关规程、规范要求设置相应的防雷与接地装置。

为了防止沿线路侵入的雷电进行波，在 10 kV 线路进线处均装设了氧化锌避雷器。

为防止雷电波侵入，在电源进线终端杆上设避雷器，为了防止直击雷，泵房屋顶挑檐设避雷带。

6.3.6.2　接地装置

工作接地(系统接地)、保护接地、防雷接地均利用建筑物基础钢筋自然接地极和人工接地极结合构成的接地装置，其接地电阻不应大于 1 Ω。电源 PEN 线在低压配电柜处接地，采用低压配电系统，配电柜箱体、电动机外壳等均通过 PE 线可靠接地。

对橡胶坝建成后的接地电阻进行实测，如不满足要求应重新敷设接地装置，接地装置主要是利用构造柱、地圈梁中的主钢筋及进、出水钢管等自然接地体焊接成等电位基础接地网。本工程防雷接地、电气设备的保护接地等共用一个接地装置，要求接地电阻不大于 1 Ω，实测不满足要求时，增设人工接地极。

6.3.6.3　继电保护、控制、测量和操作电源

1. 控制、保护与操作电源

变压器 10 kV 高压侧采用熔断器作短路、过负荷和接地故障保护，0.4 kV 低压侧采用

低压断路器瞬时或短延时过电流脱扣器作短路保护，利用断路器长延时过电流脱扣器作过载保护；电动机回路，利用软启动器作电动机的控制，利用低压断路器过电流脱扣器作为电动机短路和接地故障保护，利用软启动器作缺相和过负荷保护，利用交流接触器低压释放特性，作为电动机的低压保护。

2. 测量表计

主要电气设备装有相应的测量装置。

根据当地供电部门的要求，采用高供低计方式，变压器设置一个专用终端负荷控制计费箱。

变压器低压回路设置交流电压表、交流电流表、电能计量表。

低压出线回路设置各主要出线回路均设有交流电流表。

3. 信号

变压器、电动机各控制回路设有一对一的跳、合闸灯光信号。信号可由 PLC 可编程控制器采集、分析显示并上传。

4. 操作电源

本橡胶坝低压 0.4 kV 操作电源为交流 220 V；10 kV 操作电源选用 XCD3-FB 型、分布式直流电源装置，作为泵站 10 kV 负荷开关的直流 220 V 操作电源。

6.3.7　监控、测量和通信设计

6.3.7.1　**监控设置**

水泵监控自动化是橡胶坝自动化的重用组成部分，也是自动控制的核心，它能否合理高效工作直接决定了整个自动化系统的效能，主要由监控/视频工作站、监控 PLC、网络交换机、测量设备等组成，电源全部由 UPS 提供。船闸监控共用此系统。

1. 监控 PLC

监控 PLC 是整个自动化部分的核心，完成与生产运行相关的各项数据的采集、处理、数据上传，并自动控制系统运行或通过接收上位机的命令工作。设备选用 PLC 可编程控制器。

2. 测量设备

测量设备包括橡胶坝充排水水位传感器、排污井水位传感器。选用规格为 0~5 m，配 20 m 电缆。

3. 执行机构

执行机构有各电动蝶阀、接触器、断路器等。

4. 监控/视频工作站

工作站作为视频服务器，控制服务器选用 14 in 触控平板电脑。橡胶坝设视频监视系统，由一体化球形摄像机、硬盘录像机、监视器等设备组成。船闸监视共用此系统。

1) 一体化球形摄像机

本坝设有一体化球形摄像机 14 台，分别装于：变配电室 1 台、中控室 1 台、柴油发电机室 1 台，门厅 1 台，泵房 2 台，室外 3 台，园区 3 台，坝上下游各 1 台。室外球形摄像机采用柱上安装。

2)硬盘录像机

设置1套16路硬盘录像机,装于监控监视机柜内。硬盘录像机带有以太网口,通过交换机将图像传至控制室,可对图像进行监视、录像及画面处理。

3)浪涌保护器

为了防止雷电的侵害对系统的破坏,在每个室外摄像机的安装处均设有浪涌保护器。在监控监视机柜内凡是引至室外的电源线路、视频电缆和总线电缆也装设浪涌保护器。浪涌保护器的选型根据用途、电压等分别选用不同类型。

4)自动控制系统

自动控制系统采用二级控制方式,由现地控制和远方控制二级组成,采用以太网分级的结构形式。第一级为现地控制级,在坝设一套PLC,控制坝的运行。PLC主要负责对坝的运行状态、水位等数据进行实时采集和处理,并将运行数据发送到上位机。第二级为远方控制级,预留总控制接口。

6.3.7.2　主要功能

1.检测功能

三相电压、电流、有功功率、无功功率、橡胶坝充满水位、排净水位、上下游水位监测、排污井水位、电动机、阀门等各种开关量、模拟量的数据采集、计算和处理。

2.控制部分

控制部分包括充排水水泵、排污潜水泵及各个阀门。

3.保护部分

由PLC与电动机控制器及各种电器完成水泵电动机的基本保护功能,主要包括过电流、过负荷、短路、欠压、电机温度过热等。

4.监控工作站

监控工作站接受下级监控系统包括PLC、仪表等的数据,完成调度人员人机交互功能,显示各种监控画面、电力接线图、数据取向、统计报表、报警信息和管理信息等,提供充、排水水泵和排污泵启停、开关控制和事故追忆、事故重演等操作界面。(注:采用PK壳体作为PLC监控屏,PLC监控屏设有PLC可编程控制器、触摸屏、UPS电源、网络交换机等)

6.3.8　电气设备布置及电缆敷设

电源进线终端杆上设高压跌落保险、避雷器。主变采用户内布置,管理区用电与泵房站用电共用一台户外杆台变压器,变压器布置于室外管理区院内,配电柜布置于泵房变配电室。

高、低压配电柜和主变均布置在副厂房变配电室内,单列布置。柴油发电机布置在单独的柴油发电机室内,电缆进出线。水泵层设现地控制箱。动力及控制电缆沿电缆桥架敷设,无桥架的地方穿管或埋地敷设。电缆穿越楼板、隔墙的孔洞和进出开关柜、配电箱等的孔洞均采用非燃烧材料进行封堵。

柴油发电机室设置进排气烟囱通至室外,设置围栏、轴流通风机、集油槽,下设防震动噪声基础并将发电机组采用槽钢架起。

高压进线电缆埋地敷设。配电柜至各用电设备电缆集中的地方沿桥架敷设,电缆分散的地方埋管或直埋敷设。线缆在引进、引出和转弯处在长度上留有余地。

6.3.9 管理区用电

管理区用电与泵房站用电共用一台户外杆台变压器,变压器布置于管理区院内,配电柜布置于泵房变配电室。管理区内设有路灯照明。其接线方式等参见橡胶坝的设计说明。

6.3.10 电气劳动安全防护设计与防火设计

劳动安全防护按现行的国家有关规范进行设计。

电气设备布置、安全净距、操作间距均按有关安全标准设计。

泵房按要求设置了防雷与接地装置。

终端杆上设避雷器防止雷电波侵袭电气设备。

电气防火:动力电缆、控制电缆以及其他专用线缆分层布置,上下层间装设耐火隔板。电缆穿越楼板、隔墙等孔洞缝隙处均采用防火包封堵。

6.3.11 船闸电气设计

6.3.11.1 船闸电气设计概述

主要用电设备:橡胶坝旁边船闸,1 孔,上下闸首各 1 道闸门,分设液压站,每套液压站液压泵电机功率 15 kW/孔(一用一备)。

6.3.11.2 电源及配电设计

根据《船闸电气设计规范》(JTJ 310—2004)规定,船闸按Ⅱ级负荷考虑,供电电源引自橡胶坝配电室低压母线,橡胶坝供电采用双重电源供电方式。在船闸控制室设动力箱给两套液压站及照明等负荷供电。船闸采用低压计量方式,计量表安装于动力箱。船闸动力箱采用低压电缆进线,沿途电缆直埋或穿管敷设,控制室设电缆沟。电气主接线按照单母线方案设计,电压等级为~380 V。船闸总负荷考虑到船闸和橡胶坝不同时运行,橡胶坝配电变压器容量完全满足船闸运行需要。船闸不装设无功补偿装置,由上级电源点统一考虑补偿。

6.3.11.3 控制方式

(1)油泵电机控制:每套液压启闭机配套油泵电机,电机采用直接启动方式。船闸设有控制室,设置动力箱进行就地控制,在控制台上进行远方控制。

(2)交通指挥灯控制:船闸闸室内外分别设置交通指挥灯,进行交通信号指挥。交通指挥灯纳入控制系统,按照红(停止)、绿(通行)进行进闸、出闸指挥控制。另外,按要求在闸首内外侧设置停船界限灯等标志。

(3)保护与闭锁:进线和出线设置浪涌保护器;进线开关设置短路保护、接地保护等;电机设置短路保护、过载保护等。

(4)测量:在低压回路配有智能数字仪表,测量电流、电压等电量参数,并通过 RS-485 通信口上传自动控制系统。

6.3.11.4 自动控制系统

自动控制系统采用二级控制方式,由现地控制和远方控制二级组成,采用星形以太网的结构形式。第一级为现地控制级:在船闸液压站各设一套 PLC,由液压站厂家配套供应,控制所有闸门和阀门的运行。PLC 主要负责对闸门、阀门的运行状态和开度等数据进行实时采集和处理。控制室设 1 套总 PLC,负责对闸室内外水位的采集和显示,负责对船闸动力箱进行控制,并与液压站 PLC 进行数据通信,并将运行数据发送到上位机。

第二级为远方控制级:主要由工控机(上位机)、交换机、打印机等设备组成,负责对 PLC 提供的信息进行综合处理、显示、存档、打印、报警等,同时直接对 PLC 下达有关控制命令。

6.3.11.5 视频监视系统

视频监视系统主要由视频主机、前端摄像机、监视器等设备组成。视频采集主要由摄像机(云台、防护罩、摄像机、镜头、解码器、支架等)、视频信号线等组成,主要负责视频图像的采集、压缩与传输、云台镜头控制、报警等任务,监控中心主要由视频主机、监视器等组成,主要负责监视和管理任务。

6.3.11.6 船闸广播系统

在船闸配置一套广播扩音设备,在上、下闸首设置喇叭,指挥船只有序进闸、出闸。

6.3.11.7 通信系统

船闸对外通信采用固定电话通信,由当地电信部门架设通信线路至控制室。另外,船闸可根据需要配置一定数量的对讲机。

6.3.11.8 信号指挥系统

船闸的信号指挥主要包括上下闸首和闸室内设置的红绿交通指挥灯,交通指挥灯纳入船闸自动控制系统,进行联动控制。

6.3.11.9 防雷接地

建筑物确定为第三类防雷建筑物。

为了防止直击雷,在控制室屋顶挑檐设避雷带。避雷带的引下线利用结构柱内的φ12以上钢筋(至少4根一组绑扎或焊接)以最短的距离与接地装置可靠焊接。各引下线在距地板1.8 m处设引出连接板,便于测量接地电阻。接地装置利用闸底板内的主筋(φ12以上)选择一些纵横交错点加以焊接,形成电气通路。施工完毕要对接地网接地电阻进行实测,其阻值不应大于1 Ω,如不满足则加装人工接地体,直至满足要求。

建筑物采用 TN-C-S 接地系统。控制室及启闭机室内各电气设备外壳,启闭机外壳,电缆保护管及所有金属支架,电缆桥架均应可靠接地。接地装置与防雷合用一处接地体。

6.3.11.10 设备布置

船闸动力箱、液压站配套控制柜、PLC 柜及自动控制系统和视频监视系统设备均布置在控制室内;控制台上布置工控机、广播等设备。在上下闸首布置摄像头、交通信号灯等设备。至上下首启闭机室电缆埋管敷设,电缆敷设完毕管口注意用防火堵料封堵,以防进水,隔绝火源。动力电缆和控制电缆分管敷设。

6.3.11.11 照明

照明主要是室内照明和应急照明及室外路灯照明。照度要求:油泵房100 lx、控制室500 lx、闸室(最低通航水位)15 lx、船闸地面10 lx。

第 7 章　消防设计

7.1　概　述

7.1.1　消防设计依据和设计原则

7.1.1.1　设计依据

(1)《水利工程设计防火规范》(GB 50987—2014);

(2)《建筑设计防火规范》(GB 50016—2014)(2018 年版);

(3)《建筑灭火器配置设计规范》(GB 50140—2005);

(4)《工程建设标准强制性条文(房屋建筑部分)》(2013 年版);

(5)其他国家有关消防设计的规范。

7.1.1.2　设计原则

建筑防火设计遵循国家的有关安全、环保、节能、节地、节水、节材等经济技术政策和工程建设的基本要求,贯彻“预防为主,防消结合”的工作方针,从全局出发,统筹兼顾,正确处理生产和安全的关系,积极采用行之有效的防火技术,做到安全适用、技术先进、使用方便、经济合理。

7.1.2　消防总体布置

7.1.2.1　防火间距

本工程总体布置,建筑防火间距满足消防规范的要求。

7.1.2.2　消防车道布置

本工程消防车道的宽度为 7.0 m,满足消防规范的要求。

7.2　建筑物消防设计

7.2.1　建筑物火灾危险性分类和耐火等级

根据《水利工程设计防火规范》(GB 50987—2014)第 3.0.1、3.0.2 条规定,橡胶坝建筑物的火灾危险性分类和耐火等级详见表 2-7-1。

表 2-7-1　橡胶坝建筑物火灾危险性分类和耐火等级

序号	构筑物名称	耐火等级	火灾危险性类别	火灾类别	危险等级
1	柴油发电机室	一级	丙	B	中
2	中控室	二级	丁	E	中
3	主厂房	二级	丁	B、E	轻

其余场所火灾类型为A类,配置场所的危险等级为工业建筑轻危险级。

7.2.2　疏散通道布置

本工程建筑设置两个安全出口;安全疏散门的净宽不小于0.9 m,并向疏散方向开启。

7.2.3　防火设计方案及灭火设施

本工程灭火设施采用干粉型灭火器和二氧化碳灭火器。

橡胶坝管理房的柴油发电机室、中控室每具灭火器最小配置级别55B,最大保护面积1 m^2/(B),灭火器最大保护距离为12 m,办公室每具灭火器最小配置级别1A,最大保护面积100 m^2/(A),灭火器最大保护距离为25 m,灭火器选用MF/ABC4手提磷酸铵盐干粉灭火器,每具灭火器剂充装量为4 kg,放置在灭火器箱里。主厂房每具灭火器最小配置级别94B,最大保护面积1.5 m^2/(B),灭火器最大保护距离为15 m,灭火器选用MTT50推车式二氧化碳灭火器,每具灭火器剂充装量为50 kg,放置在灭火器箱里。

在柴油发电机室、中控室办公室的门口各设1处,每处设2具手提磷酸铵盐干粉灭火器;主厂房的门口设2处,每处设2具推车式二氧化碳灭火器。

7.3　通风和防排烟

7.3.1　设计依据规范

(1)《建筑防烟排烟系统技术标准》(GB 51251—2017);

(2)《水利工程设计防火规范》(GB 50987—2014);

(3)《民用建筑供暖通风与空气调节设计规范》(GB 50736—2012)。

7.3.2　工程设计

橡胶坝等建筑物的通风防排烟,采用门、窗户自然通风。

7.4　机电设备消防设计

根据《建筑设计防火规范》(GB 50016—2014)和《建筑灭火器配置设计规范》(GB 50140—2005),在橡胶坝主副厂房均设灭火器。动力电缆、控制电缆及其他专用线缆分层布置,上下层间装设耐火隔板。电缆穿越楼板、隔墙等孔洞缝隙处均采用防火包封堵。

电气设备布置、安全净距、操作间距均按有关安全标准设计。各建筑物均按规范要求设置防雷与接地装置;进线终端杆设避雷器防止雷电波侵袭电气设备。

7.5　消防给水

本工程建筑物耐火等级为二级,且建筑物内可燃物较少,不设计消防给水。

7.6 给水排水设计

给水排水设计依据《建筑给水排水设计规范》(GB 50015—2003)(2009 年版)、《工程建设标准强制性条文(房屋建筑部分)》(2013 年版)、《建筑给水排水及采暖工程施工质量验收规范》(GB 50242—2002)、山东省标准设计图集《13 系列建筑标准设计图集给水排水专业》(一)~(四)及其他国家有关给水排水设计的规范。

7.6.1 水源

橡胶坝管理房附近无市政给水管网,需打 1 眼机井,供管理房生活用水等。参考当地打井的钻孔地质资料及水文地质资料,机井深暂定为 50 m(应视现场钻孔的水质、水量来确定机井深度),开孔井径 500 mm,终孔井径 219 mm,设计单井出水量为 15~25 m^3/h。井壁管、滤水管、沉淀管均选用 ϕ 219 螺旋钢管,滤水管采用桥式滤水管,外部用磨圆度较好的硅质砾石填充,其粒径为 5~15 mm;井壁管、沉淀管开孔和井壁管之间用黏土球封闭。机井内设潜水电泵 1 台,放置在动水位以下 5 m,其潜水电泵型号为 100QJ8-45-2.2,Q=8 m^3/h,H=45 m,N=2.2 kW。潜水电泵配带变频调速节能控制柜 1 台,放在附近房间内。井管安装完毕后,要进行洗井和抽水试验,满足生活卫生要求方可使用。

7.6.2 室外给水排水设计

(1)室外给水:接水井给水管网。

(2)室外排水:管理区的排水采用雨、污分流制。

因管理区附近无污水管网,卫生间排出的生活污水,靠重力流入化粪池后,由环卫车定期外运,不得外排。

雨水由雨水口收集,经雨水管网排入管理区外的排水沟或低洼处。

(3)管材:室外给水管采用 PE80 聚乙烯管材(S5 系列),热熔连接;室外排水管、雨水管采用硬聚氯乙烯(UPVC)双壁波纹管(环刚度 4),橡胶密封圈连接。管道标高与接管位置视现场情况可做适当调整。管道敷设采用直埋形式,原则上敷设在未经扰动的原状土层上。管道交叉时,遵循原则是小管让大管、压力管让重力管。

(4)管道试压:给水管网安装完毕进行水压试验,试验压力为工作压力的 1.5 倍,但不得小于 1.0 MPa;排水管道埋设前必须做灌水试验和通水试验,排水应畅通。

7.6.3 室内给水排水设计

(1)室内给水:主要用于卫生间的盥洗用水等,给水管道接水井给水管网。

所有敷设于不采暖处的给水立管、支管均采用橡塑保温管保温,厚 30 mm,保护层采用自粘性镀铝反光保护胶带,安装详见《管道与设备保温、防结露及电伴热》L13S11。

(2)室内排水:排水采用污、废合流制。排水横管采用通用坡度 0.026,排出管坡度均为 0.020。

(3)卫生洁具:采用节水型陶瓷制品,颜色由业主和装修设计确定,给水和排水五金配件应采用与卫生洁具配套的配件。

(4)管材:室内给水管采用PP-R管材(S5系列)及相应配件,热熔连接;室内排水管采用UPVC管及管件,粘接。

(5)管道试压:给水系统安装完毕后,必须进行严格的水压试验,试验压力为工作压力的1.5倍,但不得小于1.0 MPa,在交付使用前必须冲洗和消毒,并经有关部门取样检验,符合国家《生活饮用水卫生标准》(GB 5749—2006)方可使用;排水管道在隐蔽前必须做灌水试验,其灌水高度应不低于底层卫生器具的上边缘或底层地面高度,排水主干管及水平干管管道均应做通球试验,通球球径不小于排水管道的2/3,通球率100%。

未尽事宜,以《13系列建筑标准设计图集给水排水专业》(一)~(四)为准。

第 8 章　施工组织设计

8.1　施工条件

8.1.1　工程条件

8.1.1.1　施工交通

山家林橡胶坝位于枣庄市，工程附近公路交通便利，公路有 G3、S245、S345、S348 省道等，现状路况良好，工程施工所需施工设备、砂石料和其他建筑材料，均可由以上交通道路运至工程区附近，再通过场内施工道路运至工程现场。

8.1.1.2　主要建材材料

水泥拟采用枣庄市中联水泥有限公司产品，运距 30 km。该水泥厂产品质量稳定，无论是质量还是数量均能满足本工程施工的需要。工程位置距市区较近，市区各建材部门或批发市场能满足工程施工对钢筋、钢材和木材等建材的要求，综合运距 5 km，柴、汽油综合运距 5 km。

8.1.1.3　施工供水、供电

1. 施工供水

根据地质勘查报告中的水质分析，区内地表水水质较差，施工用水可采用打井抽取地下水解决；生活用水可从工程附近的村庄内接自来水解决。

2. 施工供电

主要用电负荷为场区照明、施工排水、机械修配、混凝土与砂浆拌制、钢木加工、混凝土运输与浇筑、设备安装及生活区用电等施工用电。施工用电在附近高压线接线，并在现场设临时变压器，通过低压线路向各用电点供电。为保证施工排水、混凝土浇筑等不间断用电要求，需配备柴油发电机组作为备用电源。

8.1.2　自然条件

8.1.2.1　水文气象

根据水文气象资料，考虑到降雨、低温、度汛等对工程施工的影响，确定年有效施工天数约为 270 d。

8.1.2.2　地形地貌

山家林橡胶坝位于蟠龙河综合治理工程起步区上游段，主要地貌类型为山前冲洪积平原地貌，地势总体东高、西低，向西南倾斜，地势起伏不大，地面较平缓，地面高程 49.2~56.0 m。

本段蟠龙河呈东西流向，主河槽一般宽 60~120 m，河床高程 46.20~50.20 m，河道两岸漫滩不发育。左、右两岸为沿河大堤，堤顶宽约 5.0 m，堤高 3.0~3.5 m，表层为沥青硬化路面。

8.1.2.3　**工程地质**

根据地质勘查报告，开挖范围内除堤身为人工堆积地层外，地层由第四系全新统冲积堆积的淤泥、淤泥质黏土、壤土等，综合地质情况，根据一般工程土类分级标准，开挖土方综合按Ⅱ类土计。

8.2　料场的选择与开采

8.2.1　土料

工程所需土料主要用于橡胶坝、泵站等建筑物基坑回填，土料首先取自建筑物基坑开挖土方，所缺土方5 438 m^3 在山家林湖区内开挖。

土料场地势平缓，土层厚度分布较均匀，采用平均厚度法计算储量，开挖深度约3.5 m，取土面积约60万 m^2 计算，考虑到料场内耕植土、植物根茎埋深等影响因素，土料储量计算时扣除表层0.30 m，经计算，土料场壤土总储量为192万 m^3，土料的储量满足1.5倍设计需要量的要求。

土料场场地壤土按轻型击实压实度0.95控制下各项指标均满足《水利水电工程天然建筑材料勘察规程》(SL 251—2015)中一般土填筑料、防渗料质量技术指标要求，可作为填筑土料使用。

8.2.2　粗骨料、细骨料

本工程混凝土采用外购商品混凝土，出售方应当出具相关混凝土骨料质量技术指标检测报告，并交由地质人员审核之后方可使用。如果混凝土粗、细骨料具有碱活性，应补充专门论证。

8.2.3　建筑材料供应

8.2.3.1　**块石料**

工程所用块石料来自枣庄顺兴水泥集团石料场。料场主要岩性为石灰岩，浅灰色，厚层—巨厚层状，质地坚硬，单轴饱和抗压强度一般大于80 MPa，属硬质岩石。石料场依山采石，场地开阔，岩石裸露，岩性单一，岩相稳定，风化轻微，储量丰富，道路畅通。按地形、地质条件分类，均属Ⅰ类料场，开采条件良好，运距约13 km。

8.2.3.2　**混凝土细骨料**

本次工程所需混凝土细骨料可选用临沂河沙，运距在80 km以内。其质量和储量均能满足施工要求，厚度大，分布面积广，为Ⅰ类料场。

8.2.3.3　**混凝土粗骨料**

本次工程所需混凝土粗骨料可自枣庄顺兴水泥集团石料场采购，平均运距13 km，交通便利。

8.3 施工导截流

8.3.1 导流标准

根据《水利水电工程施工组织设计规范》(SL 303—2017),土石结构类型的5级导流建筑物的洪水标准为5~10年一遇,综合考虑各种因素后,本工程围堰的挡水标准采用10年一遇重现期洪水。

8.3.2 导流时段

考虑到本工程的规模相对较小,工程量不大,各部分的施工工序互相干扰性小,为了减少河道阻水障碍及河道防汛压力,降低洪涝灾害发生的可能性,使施工风险降至最低,汛期及汛前、汛后的过渡期内不宜安排施工,本工程的导流时段定为4月初至5月底。

8.3.3 导流流量

经水文计算,本工程所处河道非汛期4—5月10年一遇洪峰流量为178.3 m^3/s。

8.3.4 导流方式

本着有利于缩短工期、保证施工安全、节约投资的原则,结合施工场区周围的水文特性、地形及地质条件,确定本工程采用全段围堰法导流的方式,即在主河槽一侧开挖导流明渠,河床上、下游填筑围堰,利用导流明渠过水。

8.3.5 导流建筑物设计

8.3.5.1 导流明渠

山家林橡胶坝坝址处河道左岸滩地相对较宽,具备开挖导流明渠的基本条件,因此在河道左岸开挖导流明渠,橡胶坝上、下游修筑围堰。

导流明渠过流能力应保证施工期洪水非汛期10年一遇导流流量的过流要求,导流明渠的过流能力采用明渠均匀流公式计算。

导流明渠设计水深2.80 m,设计流量180.97 m^3/s,大于非汛期5年一遇洪水流量178.30 m^3/s,过流能力满足要求。考虑0.5 m安全超高后,导流明渠深度不小于3.3 m。明渠实际开挖深度应根据现场地面高程确定。根据实测地形图,橡胶坝上游河底高程约46.0 m,左岸滩地平均高程约50.0 m,导流明渠平均挖深约4 m。导流明渠开挖工程量见表2-8-1。

表2-8-1 导流明渠开挖工程量

参数	设计水位/m	进口高程/m	挖深/m	底宽/m	边坡	底坡	长度/m	开挖量/m^3
工程量	48.80	46.0	4.0	20	1:2	1:500	392	27 597

导流明渠土方采用1 m^3挖掘机配8 t自卸车挖运至上、下游围堰填筑,运距0.5 km,剩

余土方采用推土机推运至明渠一侧堆放，运距 40 m。导流工程完成后，将围堰拆除料及堆存土运回导流明渠回填。

8.3.5.2　**导流围堰设计**

经计算，上游堰顶高程为 49.80 m，堰底平均高程 46.0 m，平均堰高 3.8 m。下游围堰设计水深 1.15 m，堰顶高程 47.95 m，堰底平均高程 45.80 m，平均堰高 2.15 m。

围堰结构形式为：顶宽 3 m，水上边坡采用 1∶2.5，水下边坡采用 1∶4，上游围堰迎水面采用复合土工膜防渗，为增强防渗效果，复合土工膜自堰脚向外水平延伸 3 m，膜上采用编织袋装土护砌（厚 0.5 m）。围堰水上部分采用 74 kW 推土机推运整平，拖拉机压实。围堰填筑完成后，再进行复合土工膜铺设及编织袋装土护坡，复合土工膜采用人工铺设，编织袋装土护坡水下部分采用人工抛填，水上部分采用人工铺填。工程完毕后拆除围堰，拆除的土方运回导流明渠回填。

上、下游围堰工程量见表 2-8-2。

表 2-8-2　围堰工程量

项目	单位	上游围堰	下游围堰
堰长	m	160	134
填筑量	m	8 426	2 709
编织袋装土护坡	m^3	1 227	700
复合土工膜防渗	m^2	2 455	1 401
需土方(自然方)	m^3	11 023	3 839

8.3.5.3　**围堰稳定计算**

围堰为 5 级建筑物，根据《水利水电工程施工组织设计规范》（SL 303—2017），采用简化毕肖普法计算边坡抗滑稳定的最小安全系数为 1.15。围堰计算断面堰高取 3.8 m，干容重为 15.8 kN/m^3，黏聚力为 38.5 kPa，内摩擦角为 24.4°。经计算，围堰边坡抗滑稳定系数为 2.75，边坡稳定满足规范要求。

8.3.6　施工期排水

施工期内的排水主要为明水排除（初期排水）和施工期内围堰及基坑底部渗水与埋深较浅的地下水。

8.3.6.1　**初期排水**

施工围堰填筑完毕后，基坑内的明水可通过离心泵抽排至基坑外的下游河道内；局部的积水可以使用 2.2 kW 潜水泵抽排至基坑外的下游河道内。为防止水中填土围堰滑坡，基坑降水深度控制为 0.5～0.8 m/d。

8.3.6.2　**经常性排水**

施工期内围堰及基坑底部渗水采用明沟结合集水坑排水方式。基坑开挖后沿围堰堰脚和基坑四周开挖一圈排水沟，在纵横向排水沟交汇处设集水坑，集水坑内放置潜水泵抽排渗水，排至基坑外的下游河道内。

8.4　主体工程施工

8.4.1　土方工程施工

土方挖填工程项目主要为橡胶坝、泵站等建筑物基坑土方挖填。

土方平衡原则如下：

(1)自身开挖土方,如满足设计要求,首先用于自身填筑。

(2)自身平衡后剩余的开挖土方应由近至远用于其他项目的填筑,以充分利用开挖与拆除方;剩余开挖土方应尽量用于占地复耕,以减少弃土弃渣占地。

根据以上原则,确定土方挖填及拆除平衡与调配方案,详见表2-8-3。

表2-8-3　土方平衡　　单位：m^3

序号	挖方项目		填方项目				小计	余量
			橡胶坝土方回填	泵站土方回填	水泥土	管理区、道路回填		
	项目名称	实方	18 981	19 137	18 890	15 136	72 144	
		自然方	22 331	22 514	22 224	17 807	84 876	
1	橡胶坝土方开挖	60 128	22 331	3 204	16 786	17 807	60 128	0
2	橡胶坝淤泥开挖	19 042					0	19 042
3	泵站土方开挖	19 310		19 310			19 310	0
4	泵站淤泥开挖	2 851					0	2 851
5	料场取土	5 438			5 438		5 438	0
合计		106 769	22 331	22 514	22 224	17 807	84 876	21 893

根据土方挖填及拆除平衡与调配方案,综合考虑各种机械的性能特点,确定土方工程主要施工机械为1 m^3挖掘机、8 t自卸车、74 kW拖拉机、74 kW推土机等,同时结合现场的地形条件、交通条件和运距等,确定本工程土方施工方法。

综合考虑各种机械的性能特点及现场的地形条件、交通条件和运距等,确定施工方案如下：

(1)橡胶坝、泵站基坑土方采用1 m^3挖掘机配8 t自卸车挖运。其中用于橡胶坝和泵站自身基坑回填的土方运至临时堆土区临时堆存,待主体工程完成后,再回运用于自身回填,剩余土方挖运用于管理区及道路回填,平均运距0.5 km。

(2)橡胶坝、泵站清淤土方采用1 m^3挖掘机配8 t自卸车挖运至弃渣场弃置,弃渣场位于南岸新老堤之间靠近长白山路的空地上,平均运距1 km。

建筑物回填土方采用拖拉机配蛙夯机压实。

8.4.2　砌石工程

砌石工程施工项目包括橡胶坝上下游护坡和防冲槽等。

8.4.2.1　石料的选用

砌石体的石料均自选定料场外购，应选用材质坚实，无风化剥落层或裂纹，石材表面无污垢、水锈等杂质，用于表面的石材，应色泽均匀。石料的物理力学指标应符合国家施工规范要求。

8.4.2.2　砂浆拌制

砌石胶结材料选用水泥砂浆，水泥砂浆采用灰浆搅拌机拌制。制备的水泥砂浆配合比应准确，拌和均匀，不应产生泌水和离析现象，超过初凝时间的熟料应废弃，不得重拌使用。拌制好的砂浆采用机动翻斗车运输至工作面。

8.4.2.3　浆砌石体砌筑

(1)进场后的石料，经人工选修后采用胶轮车运输至工作面，搬运就位。砌筑前，应在砌体外将石料表面的泥垢冲洗干净，砌筑时保持砌体表面湿润。在砌筑护坡时，应在砌筑之前先对坡面进行修整，使其平顺，并把坡面部位的填料压实后，再进行护坡砌筑。

(2)浆砌石施工采用坐浆法分层砌筑。砌筑应先在基础面上铺一层砂浆，然后安放石块。

(3)勾缝应在砌筑施工 24 h 以后进行，先将缝内深度不小于 2 倍缝宽的砂浆刮去，用水将缝内冲洗干净，再用强度等级较高的砂浆进行填缝。

8.4.2.4　养护及其他

砌体外露面应在砌筑后及时养护，经常保持外露面的湿润，并做好防暑、防冻、防雨、防冲工作。工程完工后，砌体未达到设计强度时不得回填。

砌石工程施工应严格执行现行的施工技术规范。

8.4.3　钢筋混凝土工程

8.4.3.1　混凝土拌制

为了满足当地环保要求和保证混凝土的拌和质量，本工程混凝土采用外购商品混凝土解决，自工程区附近的商品混凝土生产厂家购买，不再单独布设拌和系统，另配备一台 0.4 m^3 移动式混凝土搅拌机备用。

8.4.3.2　混凝土运输

混凝土的运输包括自拌和区至浇筑部位的水平运输和垂直运输。

(1)水平运输。水平运输采用搅拌车运输方案，包括在采购运输中。

(2)垂直运输。垂直运输采用混凝土泵运输或汽车吊配吊罐入仓方案。

8.4.3.3　混凝土浇筑

混凝土采用泵送入仓，分层平铺法铺料，铺料厚度 20~30 cm，采用高频插入式电动振捣器平仓和振捣。

对于有浇筑强度要求的铺盖底板等浇筑块的混凝土浇筑，采用吊罐直接入仓，分层平铺法铺料，铺料厚度 30 cm 左右，采用高频插入式电动振捣器平仓和振捣，没有浇筑强度要求的墩浇筑块和小体积混凝土，混凝土通过下料漏斗与缓降器入仓或胶轮车直接入仓，人工平仓，软轴式振捣器振实。

模板要具有足够的强度、刚度及稳定性，表面光洁平整，接缝严密，模板安装按设计图纸测量放样。工程所用的钢筋应符合设计要求，钢筋安装时，应严格控制保护层厚度，使用时应进行防腐除锈处理。混凝土所用的水泥掺合料、外加剂符合现行国家标准，骨料粒径、纯度满足设计要求，配合比应通过计算和试验确定，坍落度根据建筑物的部位、钢筋含量、运输、浇筑方法和气候条件确定。混凝土浇筑前应详细进行仓内检查，模板、钢筋、预埋件、永久缝及浇筑准备工作等，并做好记录，验收合格后方可浇筑，浇筑混凝土应连续进行。浇筑完毕后，应及时覆盖以防日晒，面层凝固后，立即洒水养护，使混凝土面层和模板经常保持湿润状态，养护至规定龄期。

为满足混凝土冬季施工要求，骨料宜在进入低温季节前筛洗完毕，成品料应有足够的储备和堆高，并采取必要的防冰雪、防冻结措施。混凝土浇筑完毕后，外露表面应立即覆盖保温。

8.4.4　水力机械及机电设备安装

8.4.4.1　水力机械安装

水力机械设备安装工程集中在橡胶坝工程中，主要包括水泵、止回阀、橡胶接头、蝶阀、闸阀、盖板、水帽及钢管等设备及材料的安装。

主要设备从制造厂运至工地的成套设备在仓库做短暂保管，然后按施工顺序采用载重汽车分件运至施工现场，采用人工与机械相结合的施工方式进行组装。

8.4.4.2　机电设备安装

本工程机电设备安装内容包括：主要机电设备（柴油发电机组、补偿柜、控制箱、动力箱及配电箱等）安装、照明、监控及视频监控设备安装等。各机电设备尤其是大件机电设备如柴油发电机组等均采用载重汽车运至场区，汽车吊吊运就位。

工程所需各种专业设备均由具备相应资质的专业生产厂家生产，设备结构要合理，便于安装、包装和运输，且整套设备应标明生产厂家、型号、电压、规格、生产年份和序列号等不易脱落的标志，以及必要的警告文字和符号，并附带每套设备制造厂的产品质量检验合格证及相应的技术文件。设备所配备的多种规格的卡具、支架及结构件等便于设备组装和安装的附属配件都需采取防水、防腐、防锈、防污处理措施，随同设备一起运至工地。

设备运至工地后，按照设备技术要求，采用人工与机械相结合的方式进行施工，根据不同的设备要求，必须在专业人员统一安排下进行安装及调试。

机电设备安装工序如下：

（1）准备阶段看图→图纸会审→提出设备、材料、加工件计划→验收入库和保管→编制施工技术方案→施工机具和设备的准备。

（2）施工阶段开工报告→技术交底→材料发放→配合预埋件预埋→电气设备安装→母线安装→照明安装→电缆支吊架和桥架制安→电缆头施工→芯线联接→高低压开关柜检查调整。

（3）调试阶段电气设备和单元件调试→耐压试验→操作电源送电→开关柜等系统联动试验→模拟试验。

（4）交工阶段检查各个系统相序→高、低压开关柜分别受送电→验收交工。

对于所有材料、设备和施工工艺，都应遵守国家和有关各部门颁发的所有现行技术规范。

8.4.5　坝袋安装工程

8.4.5.1　准备工作

坝袋安装前,首先清理坝袋底板、锚固槽、侧墙及坝袋安装场地表面的杂物,把坝底的杂物及施工时遗落的砂浆结成的硬块全部清除并冲洗干净,检查管道内杂物是否清除,特别是小圆钉和小碎石等有害物体。

检查坝袋接触面的平整度和锚固预埋件的位置尺寸,对不能满足坝袋安装要求的进行处理。然后将橡胶坝袋及安装锚固件运至施工现场,坝袋运输过程中严禁折叠划伤;坝袋运至现场后,将其展开,并进行详细检查,同时吊车和安装器具等施工机械必须全部到位,为橡胶坝安装做好准备工作。

8.4.5.2　坝袋安装

将底垫片对准底板上的中心线和锚固线,安装定位螺栓,将底垫片临时固定于底板锚固槽内和侧墙上;底垫片就位后,将坝袋胶布平铺在底垫片上,先对齐下游端相应的锚固线和中心线,再使其与上游端锚固线和中心线对齐吻合,按预埋螺栓位置打孔,由底板中部向两端侧墙推进。

坝袋安装采用先下游,后上游,最后岸墙的顺序进行,先从下游底板中心线开始,向左右两侧同时安装,下游锚固好后,将坝袋胶布翻向下游,安装充排水管,然后将胶布翻向上游,对准上游锚固中心线,从底板中心线开始向左右两侧同时安装。锚固两侧边墙时,须将坝袋布挂起撑平,从下部向上部锚固。

压板要首尾对齐,上螺帽时,要进行多次拧紧,坝袋充水试验后,再次拧紧螺帽;上螺帽时宜用扭力扳手,按设定的扭力矩逐个螺栓进行拧紧;卷入的压轴对接缝应与压板接缝处错开,以免出现软缝,造成局部漏水。

坝袋安装后,必须进行全面检查。在无挡水的条件下,应做坝袋充坝试验;若条件许可,还应进行挡水试验。

橡胶坝坝袋施工还应严格按照现行相关的施工技术规范。

8.5　施工交通

工程沿线附近公路交通便利,公路有国道G206和省道S345、S904等,现状路况相对较好,对外交通条件十分便利,工程施工所需施工设备、砂石料和其他建筑材料均可由以上交通道路运至工程区附近。

根据地形情况及施工需要,橡胶坝工程拟修建施工临时道路,与河道北岸现有道路相连接,该路路面宽5.0 m,为泥结碎石路,作为各施工段内连接道路。临时施工道路共筑745 m,其中365 m处于河槽、基坑内的临时道路不计占地,另外380 m临时道路需临时占地2.85亩。

8.6 施工工厂设施及生活区

8.6.1 施工工厂及施工仓库

施工工厂及施工仓库均布置于工程区附近的空地内,紧靠场内交通路设置。

8.6.1.1 混凝土系统

本工程所需混凝土全部自工程区附近的商品混凝土生产厂家购买,不再单独布设混凝土加工系统。

8.6.1.2 砂石料加工系统

工程所用砂石料均采用外购解决,不再设置砂石料加工系统,施工期间只需设置成品料的堆放场即可。

为了方便管理、便于调配,减少施工临时占地,节约工程投资,砂石料堆放区集中设1处,布置于河道北岸的空地上。

根据砌石、砂石垫层等工程施工高峰时段对材料储量的要求,经计算,砂石料堆放区共需临时占地1.2亩。

8.6.1.3 机械修配及综合加工系统

施工期间主要施工机械包括:土方工程施工机械、混凝土工程施工机械及材料加工运输机械,大型施工机械和汽车的大、中修理均在当地修理厂进行,大型施工机械和汽车的小修、保养工作及部分车辆停放可在工程自建的机械修配厂内进行。

综合加工厂包括混凝土预制件厂、钢筋加工厂、木材加工厂等。

为了施工期间方便管理、便于调配,减少施工临时占地,节约工程投资,橡胶坝工程机械修配及综合加工系统集中布置于河道北岸的空地上,临时占地2.0亩,内设水泥仓库、油料库及零星材料仓库280 m^2。

8.6.2 生活区

橡胶坝设于河道北岸的空地上,根据本工程高峰年平均劳动力人数,包括直接与间接生产人员等,按人均7 m^2 的占地面积计算出的专业队伍生活福利设施建筑面积1 000 m^2,生活场区临时占地2.5亩。

8.6.3 施工供风、供水、供电及通信设施

8.6.3.1 施工供风

施工用风采用移动式油动空压机,不再集中布设供风系统,其他零星用风则由施工单位自行解决。

8.6.3.2 施工供水

施工用水主要为生产和生活用水。生产用水主要为浆砌石工程的砂浆拌制与养护、混凝土的养护、施工机械设备冷却、仓面清基等用水,施工用水采取自工程管理范围内打井抽取地下水的方式解决,生活用水可自工程附近的村庄内接运自来水解决。

8.6.3.3　**施工供电**

施工用电在附近高压线接线,并在现场设临时变压器,通过低压线路向各用电点供电。为保证施工排水、混凝土浇筑等不间断用电要求,需配备柴油发电机组作为备用电源。

8.6.3.4　**通信设施**

施工期间通信采用固定程控电话及移动通信设备方式。

8.7　施工总布置

8.7.1　施工布置原则

(1)工程布置时充分考虑施工期洪水影响,合理利用项目区附近的有利地形。

(2)遵循有利生产、方便生活、易于管理的原则,施工布置力求紧凑合理,交通运输畅通,占用耕地少,相互干扰小,符合环保要求。

(3)充分利用当地可为工程服务的建筑、加工制造、修配及运输等企业。

(4)结合当地及有关部门对工程施工的要求。

8.7.2　施工布置

根据施工场地总体布置原则,并结合施工现场的基本情况,便于施工组织工作开展,具体布置如下。

8.7.2.1　**施工导截流**

橡胶坝工程采用明渠导流方式,明渠开挖土方首先用于围堰填筑,剩余土方堆存于明渠与河道之间包围的空地上,主要占地内容为明渠开挖及明渠与河道包围的区域面积,临时占地共计31.75亩。

上、下游围堰布置于主河槽内,不计占地。

8.7.2.2　**施工交通**

工程施工期间对外交通利用工程区附近现有的交通条件,场内施工临时道路应尽量布置在工程管理范围内或已考虑的临时占地范围内,除此之外还需增加施工临时道路占地21.6亩。

8.7.2.3　**施工临时设施**

为了满足工程施工期间砂石料堆放、机械小修及保养、钢木加工、水泥油料及零星材料存放、现场管理与生活等工程需要,需集中布设施工临时设施,施工临时设施占地共计5.7亩。

8.7.3　土石方堆存和弃置

根据工程设计,按照工程的土石方挖填平衡方案,经过与建设单位的沟通同时考虑工程的实际情况,确定工程堆放区如下。

8.7.3.1　**土方堆存**

橡胶坝和泵站工程基坑开挖土方中用于自身回填的部分运至附近空地临时堆存,以备回填,堆存土方共计6.16万m^3,折松方7.40万m^3,堆高2.0 m,边坡1:1.5,临时占地63.79亩。

8.7.3.2 土石方弃置

橡胶坝和泵站工程清淤土方共计 2.19 万 m^3,折松方 2.63 万 m^3,运至橡胶板南岸新老堤之间弃置,堆高 2.0 m,边坡 1:3,临时占地 23.64 亩。

8.7.4 施工临时占地汇总

本工程分别对施工临时道路、施工临时设施、生活区、堆放区等进行了规划和计算,扣除布置在河道管理范围内或已考虑的临时占地范围内的占地,还需增加临时占地 127.73 亩。工程临时占地汇总见表 2-8-4。

表 2-8-4 施工临时占地汇总

序号	项目名称	占地数量/亩	占用期/月
1	施工临时道路	2.85	4
2	砂石料堆放区	1.2	4
3	机械修配厂及综合加工厂	2.0	4
4	生活区	2.5	4
5	施工导截流	31.75	4
6	临时堆土区	63.79	4
7	淤泥弃置	23.64	4
合计		127.73	

8.8 施工进度安排

8.8.1 施工总进度安排

(1)橡胶坝工程施工期短,技术性强,且各工序相互穿插,应严格执行国家基本建设程序。

(2)立足国内施工水平,结合当地的施工条件,拟定施工方法。在资金、劳力、建材及设备保证供应的前提下,尽可能均衡安排施工。

(3)为使工程尽快发挥效益,根据整个工程的总体进度要求,各施工单位必须提前做好开工准备,保证工程顺利进行施工。

根据本工程的施工项目、工作量及施工条件,确定工程总工期 4 个月,其中施工导流期安排在当年 4—5 月,详见表 2-8-5。

表 2-8-5　施工进度

序号	工程项目名称	单位	工程量	4月			5月			6月			7月		
				上旬	中旬	下旬	上旬	中旬	下旬	上旬	中旬	下旬	上旬	中旬	下旬
一	施工准备			—	—										
二	主体工程														
1	建筑物工程														
	围堰筑拆	m^3	13 063	—	—					—	—				
	导流明渠开挖	m^3	27 597	—	—										
	基坑开挖、回填	m^3	79 438		—	—									
	上游连接段混凝土浇筑	m^3	4 203			—	—	—							
	橡胶坝段混凝土浇筑	m^3	2 716			—	—	—							
	下游连接段混凝土浇筑	m^3	3 171			—	—	—							
	坝袋及机电设备安装	项	1					—	—						
	泵站工程混凝土浇筑	m^3	473						—	—	—				
	船闸工程混凝土浇筑	m^3	2 533			—	—	—							
三	竣工清理													—	—

8.8.2　主要技术供应

8.8.2.1　材料用量表

人工及主要材料用量汇总见表 2-8-6。

表 2-8-6　人工及主要材料用量汇总

序号	名称	单位	数量
1	人工	工日	53 190
2	钢材	t	802
3	水泥	t	2 234
4	汽油	t	10
5	柴油	t	158
6	沙	m^3	811
7	石子	m^3	2 012
8	块石	m^3	2 899

8.8.2.2　主要工程量表

主要工程量汇总见表 2-8-7。

表 2-8-7　主要工程量汇总

序号	项目名称	单位	橡胶坝	泵站	船闸	合计
1	土方开挖	m^3	84 608	22 161		106 769
2	土方回填	m^3	53 007	19 137		72 144
3	砌石	m^3	3 773			3 773
4	混凝土	m^3	10 095	473	2 533	13 101
5	钢筋	t	659. 84	36. 24	193. 15	889. 23

8. 8. 2. 3　机械用量表

主要机械用量汇总见表 2-8-8。

表 2-8-8　主要机械用量汇总

序号	机械名称	型号	单位	数量
1	挖掘机	1 m^3	台	3
2	自卸汽车	8 t	辆	12
3	推土机	74 kW	台	3
4	拖拉机	74 kW	台	3
5	蛙夯机	2. 8 kW	台	3
6	混凝土搅拌机	JS500	台	1
7	机动翻斗车		辆	20
8	插入式振捣器		台	25
9	钢筋加工设备	2. 2 kW	套	2
10	载重汽车	25 t	台	3
11	汽车式起重机	20 t	台	2

第9章　建设征地与移民安置

9.1　编制依据

9.1.1　法律法规

（1）《中华人民共和国土地管理法》（2004年修订）。

（2）《大中型水利水电工程建设征地补偿和移民安置条例》（中华人民共和国国务院令第679号）。

（3）《山东省土地征收管理办法》（山东省人民政府令第226号,2010年）。

（4）《山东省实施〈中华人民共和国土地管理法〉办法》（2015年修改）。

9.1.2　规范规程

（1）《水利水电工程建设征地移民安置规划设计规范》（SL 290—2009）。

（2）《水利水电工程建设农村移民安置规划设计规范》（SL 440—2009）。

（3）《水利水电工程建设征地移民实物调查规范》（SL 442—2009）。

（4）《水利工程设计概（估）算编制规定（建设征地移民补偿）》（水总〔2014〕429号）。

9.1.3　相关文件

（1）《山东省人民政府关于调整山东省征地区片综合地价标准的批复》（鲁政字〔2015〕286号）。

（2）《中华人民共和国耕地占用税法实施办法》（2019年9月1日起实施）。

（3）《山东省国土资源厅山东省财政厅〈关于枣庄市征地地上附着物和青苗补偿标准的批复〉》（鲁国土资字〔2017〕384号）。

（4）工程有关设计指标及当地社会经济统计资料。

9.2　征地范围

新建山家林橡胶坝工程包括建筑物、管道和管理设施三部分内容,建设占地均在河道现状管理用地范围内。

9.2.1　征地范围确定原则

根据工程主体设计、施工总体布置及河道管理现状,工程建设用地均为临时用地。

9.2.2　临时用地

根据施工总体布置方案,临时用地含施工临时道路、施工临时设施、生活区、临时堆放区等,临时用地合计 127.73 亩,占用期 4 个月。施工临时用地汇总见表 2-8-4。

9.3　投资说明

经业主确认,本工程建设用地范围均已征收为国有水利建设用地,征地移民涉及的相关补偿投资由地方政府自行解决,项目投资中不再计列征地移民部分。

第10章　环境保护设计

10.1　概　述

10.1.1　环境影响报告书(表)评价结论及审查审批意见

前期未编制环境影响报告书(表)和环评章节。

10.1.2　环境质量现状

10.1.2.1　地表水环境质量

山家林橡胶坝位于蟠龙河干流桩号3+681处,根据水环境功能区划,本工程蟠龙河区为工业用水区,水质指标为《地表水环境质量标准》(GB 3838—2002)Ⅳ类标准。

10.1.2.2　环境空气和声环境

项目区无重大空气污染源和工矿企业,根据薛城区例行空气质量监测点分析,环境质量标准满足《环境空气质量标准》(GB 3095—2012)二级标准,同时声环境质量满足《声环境质量标准》(GB 3096—2008)的2类标准。

10.1.2.3　生态环境

项目区植被属以平原人工植被为主的生态系统,农田生态系统是评价区内主要的生态系统,呈片状分布在评价区内,形成以农田生态系统为背景的评价区生态景观。工程区没有濒危、珍稀动植物分布。现状河道内水生生物种群数量稀少,沿线未发现洄游通道,上下游亦没有重要的鱼类产卵场、索饵场和越冬场分布。

10.1.2.4　人群健康

工程影响范围内均设有三级医疗机构,其技术力量一般能满足当地需要。近几年当地发病率较高的疾病有病毒性肝炎、肺结核、细菌性痢疾等,说明该地区发病率较高的疾病为肠道传染病和呼吸道疾病。

10.1.3　环境影响复核

由于工程前期未编制环境影响报告书(表)和环评章节,无法进行环境影响复核,本节对环境影响进行分析预测。

10.1.3.1　水环境影响

工程运行期无污染源,对水质无影响,运行期合理调度生态下泄流量,满足水环境需求。对水环境的影响主要是施工期基坑排水、生产废水和生活污水对受纳水体的影响。

1.基坑排水

在河道左岸开挖导流明渠,河床上下游修筑围堰。施工期内的排水主要为明水排除(初期排水)和施工期内围堰及基坑底部渗透水与埋深较浅的地下水。

本工程基坑排水主要为明渠原水和地下渗水，水质相对较好，稍作水力停留后排放，不会对地表水环境造成影响。

2. 生产废水

生产废水包括混凝土浇筑养护废水。废水主要污染指标为悬浮物，且呈碱性，其 pH 可达 9~12。本工程混凝土浇筑总方量为 13 101 m^3，按每立方米混凝土浇筑养护约产生废水 0.35 m^3 计，本工程共产生混凝土施工废水 4 585.35 m^3。

3. 含油废水

施工机械、车辆的检修、冲洗等环节，会产生一定量的油性废水（洗车污水石油类浓度 1~6 mg/L），如果不进行处理并排入（或随雨水流入）河道，将会污染河道水质，增加水体中的石油类污染物。

4. 生活污水

生活污水主要来源于施工进场的管理人员和施工人员的生活排水，主要污染物来源于排泄物、食物残渣、洗涤剂等有机物，污水中 BOD_5、COD 及大肠杆菌含量较高。本工程高峰期施工人数为 143 人，施工人员生活污水按 80 L/(人·d)计，排放系数按 0.8 计，其中 COD 按 40 g/(人·d)计，BOD_5 按 30 g/(人·d)计，高峰期污水排放量为 9.15 t/d；高峰期 COD 污染物排放量为 5.72 kg/d；高峰期 BOD_5 污染物排放量为 4.29 kg/d。如果生活污水直接排放将影响施工区域环境，因此应当对生活污水进行处理后排放。

10.1.3.2 大气环境影响

建设项目属于非污染项目，工程运行期间无大气污染物排放，对工程周围地区的环境空气没有不利的影响。建设项目对环境的影响是施工期对环境的影响。施工活动产生的废气主要来自机动车辆和机械燃油、施工扬尘和粉尘。主要污染物有总悬浮微粒（TSP）、二氧化硫（SO_2）、二氧化氮（NO_2）、一氧化碳（CO）等。

施工机械和运输车辆运行时会产生道路扬尘并排放汽车尾气，会对局部空气产生不利影响，根据类比工程分析，在最不利气象条件下，燃油废气在下风向 100 m 处的 SO_2、NO_2、TSP 的扩散浓度分别为 0.003 1 mg/Nm^3、0.018 1 mg/Nm^3、0.007 8 mg/Nm^3，说明工程施工机械排放尾气对大气环境影响很小。施工区目前的空气环境质量较好，大气稀释能力和环境容量都比较大，不会对当地的大气环境产生明显的影响。

施工扬尘最大产生时间将出现在土方开挖阶段，即橡胶坝和泵站基坑开挖处，另外在工程区内和道路上易带起扬尘，污染环境。施工产生的粉尘对现场施工人员健康产生不利影响，应注意加强劳动保护。

10.1.3.3 声环境影响

1. 施工期声环境影响

施工期噪声源分为固定源和流动源两种。固定噪声源为综合加工厂；流动噪声源主要为车辆运输，主要为挖掘机、推土机、汽车等，在露天施工，均无法防护，噪声随着距离变大逐渐衰减。

综合加工厂固定噪声源随距离的衰减见表 2-10-1。

表 2-10-1　固定噪声源的噪声影响达标距离预测值　单位:dB(A)

声源	源强	离声源不同距离的噪声预测值							
		20 m	50 m	60 m	80 m	100 m	200 m	300 m	500 m
综合加工厂	97	71	63	61.4	58.9	57	51	47.5	43

根据噪声衰减计算,距离施工场地 20 m 外噪声值可满足《建筑施工场界环境噪声排放标准》(GB 12523—2011)昼间 70 dB(A)限值要求,125 m 处噪声值可满足《建筑施工场界环境噪声排放标准》(GB 12523—2011)夜间 55 dB(A)限值要求。

根据施工组织设计,交通噪声的影响选取最不利的条件进行预测,工程施工交通噪声预测结果见表 2-10-2。

表 2-10-2　流动噪声源的噪声影响达标距离预测　单位:dB(A)

工况	时段	项目	不同水平距离(m)下的交通噪声预测值									
			20	40	60	80	100	120	140	160	180	200
无隔音	昼间	贡献值	65.9	62.9	61.2	59.9	58.9	58.1	57.5	56.9	56.4	55.9

由表 2-10-2 可知,在无隔音措施的情况下,昼间交通噪声值满足《声环境质量标准》(GB 3096—2008)2 类声环境标准的距离为 80 m。

2. 运行期声环境影响

本项目主要噪声源为北堤内充排水泵站运行时产生的噪声,与同类工程相比,声压级为 90 dB(A)。泵位于管理用房内,通过房屋的吸收衰减,房外的噪声能够满足《工业企业厂界环境噪声排放标准》(GB 12348—2008)中 2 类区标准要求。本工程周边无环境噪声敏感区,项目在运营过程中产生的噪声对周边环境影响较小。

10.1.3.4　固体废弃物

固体废弃物主要包括施工建筑过程中产生的建筑垃圾和施工人员产生的生活垃圾。施工建筑房屋多为板房,工程结束后可回收进行重复利用,本工程固体废弃物主要为施工期产生的生活垃圾,施工期间共产生生活垃圾约 53.19 t。

固体废弃物产生在施工区,若不妥善处置,将会对堆放地周边环境产生污染,如扬尘污染大气环境、雨淋污染地表水和地下水环境、有害生物大量繁殖危害周边人群环境、导致水土流失和破坏景观环境等。

10.1.3.5　生态环境影响

工程施工和临时设施布设会使施工占地范围内的一些植被数量和类型遭到破坏,使野生动植物受到一定程度的干扰;弃土、渣的堆放会产生水土流失现象。

工程施工区野生动物种类较少,物种较普及,施工期间,施工噪声会对这些野生动物产生惊吓,施工占地也会侵占一些野生动物的栖息地,但由于占地面积相对较小,而且动物都具有较强的移动能力,它们会迅速转移到较远的地方,工程结束后,又会回到原来的栖息地。因此,工程对其影响是轻微的。

工程施工时,扰动河水使底泥浮起,造成局部河段悬浮物增加,河水浑浊。在短时间内使得河道的水质变浑,会在一定程度上导致水质的下降。另外,在岸边打桩、土石填筑等施工作业中,水体被搅浑,影响水生生物的栖息环境,或者将鱼虾吓跑,影响正常的活动路线;对河岸的开挖和围堰,会破坏河漫滩地的水生植物群落,从而影响植食性水生动物的觅食。

10.1.3.6 人群健康影响

本工程施工影响范围内,主要的传染疾病有病毒性肝炎、痢疾、出血热、麻疹、乙脑等。

施工期间大量施工人员进驻施工场地,人员集中,场区卫生和生活条件差,加之施工人员流动性大,外来人员可能带来新疫情,若卫生防疫措施不力,易造成传染性疾病特别是病毒性肝炎和痢疾等传染病在施工人员中的暴发和流行。但根据近年来水利工程的实践经验,只要落实好各项卫生防疫措施,注意环境卫生、个人卫生和食品卫生,施工人员中各种疾病的暴发和流行就可得到有效控制。

10.1.4 环境保护对象及保护标准

10.1.4.1 环境保护目标

根据工程建设区和工程影响区的环境现状,确定将施工期环境质量、生态环境、人群健康作为环境保护的主要目标。

1. 施工期环境质量

在工程施工期内控制废污水、噪声、固体废弃物、粉尘等对环境的不利影响,加强施工期环境监测,有针对性地采取环保措施,尽量避免或降低工程施工对周边环境造成的影响。

2. 生态环境

保护工程影响范围内现有林地和农田,尽量减少占用耕地的数量并减少对植被的破坏;结合本工程的水土保持设计,采取必要的工程措施、植物措施和临时防护措施,预防和治理因工程建设所导致的水土流失。

3. 人群健康

加强工程施工期间的医疗卫生管理,控制传染病媒介生物,加强施工人员的防疫检疫,防止各类传染病的暴发,保护施工人员和工程施工区域内居民的身体健康,加强工程施工期间的环境监测。

10.1.4.2 环境敏感点

坝址附近无自然保护区、风景名胜区、文物古迹等敏感目标,项目区 200 m 范围内亦无村庄分布。

10.1.4.3 环境保护标准

评价执行的环境质量标准和污染物排放标准见表 2-10-3。

表 2-10-3 环境保护标准

环境要素	标准名称及级(类)别
地表水环境	《地表水环境质量标准》(GB 3838—2002)Ⅳ类标准
声环境	《声环境质量标准》(GB 3096—2008)的 2 类标准
施工期环境空气	《环境空气质量标准》(GB 3095—2012)二级标准
土壤环境	《土壤环境质量 农用地土壤污染风险管控标准(试行)》(GB 15618—2018)

续表 2-10-3

环境要素		标准名称及级(类)别
施工期	废气	《大气污染物综合排放标准》(GB 16297—1996)二级标准及各项有关污染物的无组织排放监控浓度限值
	噪声	《建筑施工场界环境噪声排放标准》(GB 12523—2011)中相应时段的标准
	固体废弃物	《一般工业固体废弃物贮存、处置场污染控制标准》(GB 18599—2001)Ⅳ类标准

10.1.5　环境保护设计依据

(1)《建设项目环境保护管理条例》,国务院 2017 年第 682 号令。

(2)《水利水电工程初步设计报告编制规程》(SL 619—2013)。

(3)《水利水电工程环境保护设计规范》(SL 492—2011)。

(4)《水利水电工程环境保护概估算编制规程》(SL 359—2006)。

(5)《枣庄市蟠龙河综合整治工程山家林橡胶坝项目初步设计报告》(2020 年 4 月)。

10.2　水环境保护

10.2.1　工程调度及环境用水需求

根据兴利调节计算,橡胶坝断面处的多年平均来水量为 4 841 万 m^3,生态供水量为 484.1 万 m^3,下游河道生态用水为现状工程条件下多年平均来水量的 10%,因坝下游无生态敏感目标,可满足生态供水基本要求,橡胶坝的建设不会对水环境产生不利影响;船闸的建设会使蟠龙河山家林橡胶坝段河道流场有所改变,但流场流速变化不大,不会对区域水文条件产生大的影响。

10.2.2　水域保护措施

(1)加强对水体的保护,严禁随意向水体倾倒垃圾和污水。

(2)有害的施工材料尤其是粉尘类材料的堆放要远离水体,降低对河流水质和水生生物的影响。

(3)为保护水域和施工安全,导流时段为 4 月初至 5 月底,避开了汛期,施工导流不会影响水生生物的洄游通道和水生生境。

10.2.3　施工期废污水处理措施设计

10.2.3.1　混凝土浇筑养护废水

根据水利工程施工经验,每立方米混凝土浇筑养护约产生废水 0.35 m^3,本工程共产生混凝土施工废水 4 548.35 m^3。一般生产废水偏碱性,水质悬浮物浓度较高,普遍超标,悬浮物的主要成分为土粒和水泥颗粒等无机物。

在施工现场设置简易沉淀池,将混凝土养护废水集中收集后,统一处理。具体做法是:向沉淀池加入一定量的酸剂(生产废水 pH 可高达 12),让废水静置沉淀 2 h 后用水泵抽出收集后回用于混凝土拌和、养护。混凝土工程主要集中在闸底板和消力池段,因此在闸底板和消力池养护区设置 1 处沉淀池,沉淀时间不少于 2 h,废水沉淀处理后用于工程洒水等,沉淀池中沉积物可按弃土处置。根据浇筑强度分析,沉淀池容积不小于 15 m^3,为砖砌结构,尺寸为 3 m×3 m×1.8 m(长×宽×高)。

10.2.3.2 含油废水

大型施工机械和汽车的大、中修理均在当地修理厂进行,大型施工机械和汽车的小修、保养工作在工程自建的机械修配厂内进行,会产生部分含油废水,主要污染物为石油类和悬浮物,根据同类工程类比,石油类浓度一般为 50~80 mg/L,每辆车维修约产生含油废水 1.2 m^3/d。根据施工布置,工程机械修配厂布置于河道北岸的空地上,机械修配厂内设 1 座隔油池,对机械检修废水进行处理,含油废水处理后回用于施工场地洒水抑尘,禁止排入干渠及附近地表水体,隔油池约 15 d 清理一次,清除的油污与废机油可以统一交有资质的单位进行处理。

隔油池设计尺寸、材料及设计平面图、剖面图见《建筑给水与排水设备安装图集:建筑排水》(上)(L03S002)中乙型砖砌隔油池。

10.2.3.3 生活污水

生活污水主要来源于施工期进场的管理人员和施工人员的生活排水。可在施工区设置冲厕和化粪池,化粪池并入当地生活污水处理系统。化粪池采用《建筑给水与排水设备安装图集:建筑排水》(上)(L03S002-114)中 5 号化粪池,有效容积为 12 m^3。化粪池的污水停留时间均为 24 h,污泥清除期约为 90 d,污泥、污水清除后农用。根据施工布置,本工程共设置化粪池 1 个、旱厕 2 个。

10.2.4 运行期水质保护措施

(1)加强对蟠龙河船闸处水质的监测,确保船闸运行期间水质满足《地表水环境质量标准》(GB 3838—2002)中Ⅳ类标准。

(2)本工程橡胶坝工程管理区运行期管理人员较少,生活用水量约为 87.6 m^3/a,污水产生量为 70 m^3/a。生活污水可配备小型地埋式成套污水处理设备,采用生物接触氧化工艺,有效去除污水中氮、磷等有机污染物,处理达标后可用于道路洒水和周边绿化,不排入河道。

10.3 生态保护

10.3.1 陆生生态保护措施

(1)施工期应该严格按照设计施工,尽量避开农田和林地。

(2)为了减少农业生产的损失,施工过程中应尽量保护好表层土,施工还应尽量避开农作物生长季节。

(3)在保证顺利施工的前提下,严格控制施工车辆、机械及施工人员的活动范围,尽可能缩小施工作业带宽度,以减少对地表的碾压;在施工作业带以外,不准随意砍伐、破坏树木和植被,不准乱挖植被,减少对生态环境的影响。

(4)根据不同水土流失防治区可能造成水土流失的初步分析,结合主体工程已有水土保持功能的工程布局,按照与主体工程相衔接的原则,对新增水土流失重点区域和重点工程进行因地制宜、重点设防,建立工程措施、植物措施和临时措施相结合的防治措施体系,有效防治项目区原有水土流失和工程建设造成的新增水土流失,促进项目区地表修复和生态建设。

(5)注意施工后对临时占用农田的恢复,使之尽量恢复原状,将施工期对临时占地的影响降到尽可能低的程度。

10.3.2　水生生态保护措施

(1)施工时生活污水不宜直接排入河道;禁止将生产污水、垃圾及其他施工机械的废弃物,尤其是油污类严重影响水体质量、威胁鱼类生存的污染物抛入水体,应收集后处理;有害的施工材料尤其是粉尘类材料的堆放要远离水体,降低对河流水质和水生生物的影响。

(2)施工活动应尽量减少对河岸带植被的破坏,施工完成后,应及时对破坏的河岸带植被进行修复,维护近岸的水生生态环境。

10.4　土壤环境保护

工程施工过程中开挖、施工踏压会扰动地表、破坏土层结构,对表层土壤环境造成一定的影响。表层土一般较肥沃,含有较多的腐殖质,土地一旦失去表土, 地力就很难恢复。因此,表土是保证树木植被良好生长的基础,土层结构受到破坏后,将影响植被生长。

施工中应采取严格的措施来保护土地,否则会对土壤质量产生较大的不利影响。由于本工程设计中已考虑在施工开挖时,将表层土单独收集堆放,并采取严格的水土流失防治措施;而且对施工中临时踏压的土地,在施工结束后应立即翻耕,恢复其疏松状态,因此施工对土壤环境质量的影响不大。

10.5　人群健康保护

10.5.1　卫生清理

本工程卫生清理工作主要包括施工场地的厕所、垃圾场和油污地面等临建设施拆除、污染物清理等。

在工程动工以前,结合场地平整工作,对施工区进行一次清理消毒。

工程施工结束后,需要及时拆除施工区的临建设施,清理建筑垃圾及各种杂物,对其周围的生活垃圾、厕所、污水坑进行填埋处理,并用生石灰、石炭酸进行消毒,避免滋生蚊蝇,成为传染病的疫源地,同时做好施工迹地恢复工作。

10.5.2　疾病防治

对工地炊事人员进行全面体检和卫生防疫知识培训，严格持证上岗制度。广泛宣传多发病、常见病（如流行性出血热、肝炎、食物中毒等）的预防治疗知识，加强群体防抗病意识。

定期对饮用水水质和民工食品进行卫生检查，保护水源，消除污染，切断污染饮用水的任何途径。

妥善处理各种废水和生活垃圾，定期进行现场消毒。

为了避免鼠疫的发生，每个月要在施工场地投放毒鼠强和敌嗅灵等灭鼠药物，重点投放区域为食堂、仓库和垃圾堆放地。

10.5.3　卫生检疫和监测

对新进入工区的炊事人员进行卫生检疫。检疫项目为非典型性肺炎和病毒性肝炎、疟疾等虫媒传染性疾病。

工程指挥部门应加强疫情监测，对所有施工人员做定期健康观察，严格执行疫情报告制度。

10.6　大气及声环境保护

10.6.1　大气环境保护措施

为了保护空气环境质量，施工期间应严格按照《山东省扬尘污染防治管理办法》，采取如下保护措施：

(1)施工原材料场地堆放整齐，水泥、石灰、砂土等尽可能不露天堆放，如不得不敞开堆放，应对其在临时存放场所采取防风遮盖措施。在大风天气或空气干燥易产生扬尘的天气条件下，采取洒水等措施保持一定湿度，提高表面含水率，也能起到抑尘的效果，减少扬尘污染。

(2)施工场地、施工道路的扬尘可用洒水和清扫措施予以防治。如果只洒水清扫，可使扬尘量减少70%~80%，如果清扫后洒水，抑尘效率能达90%以上。有关试验表明，在施工场地每天洒水抑尘4~5次，其扬尘造成的污染距离可缩小到20~50 m。施工区段配备1台洒水设备，注意洒水降尘。

(3)加强运输车辆的管理，车辆出工地前尽可能清除表面黏附的泥土等。

(4)土方和水泥等易产生扬尘的材料在运输过程中要用挡板和篷布封闭，车辆不应装载过满，以免在运输途中震动洒落。

燃油机械和车辆必须保证在正常状态下使用，并安装必需的尾气净化和消烟除尘装置，保证废气达标排放，并定期对尾气净化器和消烟除尘等装置进行检测与维护。

10.6.2　声环境保护措施

10.6.2.1　噪声源控制

施工过程中要尽量选用低噪声设备，对机械设备精心养护，保持良好的运行工况，降低设备运行噪声;加强设备的维护和管理,以减小运行噪声;降低混凝土振动器噪声,将高频振动器施工改为低频振动器以减少施工噪声。

场区200 m范围内无村庄分布,在施工布置上力求固定声源远离临时生活区,将仓库等低噪声的临时建筑物布置在生活区和噪声源之间起隔音作用。合理安排施工计划,最好避免同一地点集中使用大量机动设备。

10.6.2.2　施工人员防护

混凝土拌和综合加工厂操作人员应实行轮班制,每人每天工作时间不超过6 h。

10.7　固体废弃物污染防治措施

10.7.1　施工期固废处置措施

在施工营地设置垃圾箱,垃圾箱需经常喷洒灭害灵等药水,防止苍蝇等传染媒介孳生;设专人定时进行卫生清理工作,委托当地环卫部门进行定期清运,集中将施工生活垃圾就近运往各工程区附近的垃圾转运站或者填埋场进行收集填埋处理。工程施工工日为5.319万工日,按人均每日产生活垃圾1.0 kg预测,工程总共产生施工生活垃圾53.19 t。

施工结束后,对混凝土拌和系统、施工机械停放场、综合仓库等施工用地及时进行清理,清理建筑垃圾及各种杂物,对其周围的生活垃圾、厕所、污水坑进行场地清理,并用生石灰、石炭酸进行消毒,做好施工迹地恢复工作。

10.7.2　运行期固体废弃物处置措施

运行期固体废物主要是工程管理区工作人员产生的生活垃圾,产生量约为1.10 t/a。生活垃圾采用垃圾箱存放,委托环卫部门及时清运,不外排。

10.8　环境管理及监测

10.8.1　环境管理

10.8.1.1　环境管理体系

本项目环境保护工作的拟建项目环境管理体系见表2-10-4。

表2-10-4　拟建项目环境管理体系

项目阶段	环境保护内容	环境保护措施执行单位	环境保护管理部门
施工期	实施环保措施处理突发性环境问题	施工单位	监理工程师

10.8.1.2　管理机构

本工程不设单独的环境管理机构,但配备专职的环境保护管理人员,在当地环境保护部门的监督管理下,负责工程施工的环境管理、环境监测和污染事故应急处理,并协调工程管

理与环境管理的关系。机构的具体职责如下:

(1)根据各施工段的施工内容和当地环境保护要求,制定本工程环境管理制度和章程,制订详细的施工期污染防治措施计划和应急计划。

(2)负责对施工人员进行环境保护培训,明确施工应采取的环境保护措施及注意事项。

(3)施工中全过程跟踪检查、监督环境管理制度和环境保护措施执行情况,是否符合当地环境保护的要求,及时反馈当地环境保护部门意见和要求。

(4)负责开展施工期环境监测工作,统计整理有关环境监测资料并上报地方环境保护部门。

(5)及时发现施工中可能出现的各类生态破坏和环境污染问题,负责处理各类污染事故和善后处理等。

10.8.2 环境监理

本工程配备环境监理人员 1 名,其主要职责如下:

(1)监督承包商环保合同条款的执行情况,并负责解释环保条款,对重大环境问题提出处理意见。

(2)发现施工中的环境问题,下达监测指令,并对监测结果进行分析,反馈给环保设计单位,提出环境保护改善方案,监督各项环保措施的实施情况。

(3)参加承包商提出的施工技术方案和施工进度计划会议,就环保问题提出改进意见,审查承包商提出的可能造成污染的施工材料、设备清单。监督施工单位在施工过程中的施工行为及环保措施的执行情况。

(4)处理合同中有关环保部分的违约事件,根据合同规定,按索赔程序公正地处理好环保方面的双向索赔。

(5)对施工现场出现的环境问题及处理结果做出记录,定期向环境管理机构提交报表,并根据积累的有关资料整编环境监理档案,每季度提交一份环境监理评估报告。

(6)参加工程的竣工验收工作,并为项目建设提供验收依据。

10.8.3 环境监测

环境监测是建设项目环境保护管理的基本手段和基础,为保证各项环保措施的落实,环境监测应委托具有环境监测资质的单位实施。

10.8.3.1 水质监测

1. 生活饮用水监测

监测位置:生活饮用水可自工程所在的村庄内接运自来水解决,本工程 1 个工区,监测点在工程生活饮用水取水口处。

监测项目:根据《生活饮用水卫生标准》(GB 5749—2006)确定监测指标。

监测频次:施工期前监测 1 次。

2. 生产废水监测

监测位置:沉淀池排放口。

监测项目:pH、SS。

监测频次:施工期每月监测 1 次,控制出水口水质,共监测 4 次。

3. 含油废水监测

监测位置:隔油池排放口。

监测项目: pH、COD、石油类。

监测频次:施工期每月监测 1 次,控制出水口水质,共监测 4 次。

4. 生活污水监测

监测位置:在工程施工工区污水排放口设置监测点。

监测项目:选择生活污水中的主要污染指标作为监测项目,主要有 pH、五日生化需氧量(BOD_5)、化学需氧量(COD)、氨氮、总磷、悬浮物(SS)等。

监测频次:工程施工期每月监测 1 次,共 4 次。

5. 地表水水质监测

监测位置:在蟠龙河山家林橡胶坝下游 50 m 处设 1 处监测点。

监测项目:水质指标选择《地表水环境质量》(GB 3838—2002)中基本项目指标,共 24 项。

监测频次:工程施工期每月监测 1 次,共 4 次。

10.8.3.2　噪声监测

为防止和减小工程施工对敏感点环境质量的影响,对施工生活区段进行监测。

监测位置:施工场界设监测点。

监测项目:昼间和夜间等效声级 dB(A)。

监测频次:施工高峰期监测 2 次。

10.8.3.3　大气监测

工程施工作业区粉尘、飘尘浓度较高,对施工人员健康有影响,需要对相应点位进行空气质量监测。

监测位置:施工生活区段进行监测。

监测项目:PM2.5、PM10、SO_2、NO_2。

监测频率:施工期的废气采用非连续性监测,施工进场前监测 1 次,施工高峰期监测 2 次,共计 3 点 · 次。

10.8.3.4　人群健康监测

由地方卫生防疫部门按卫生部门有关要求对施工人员进行健康监测。对施工人员按不低于 20%的比例进行抽检,对各种污染病和自然疫源性疾病每季度进行统计。建立疫情报告制度,发现有关传染病时,除及时上报外,应立即采取相应措施,控制疾病发展。

10.9　环境保护投资

10.9.1　编制依据

《水利水电工程环境保护概估算编制规程》(SL 359—2006)。

10.9.2　投资概算

根据该工程内容、环境影响情况,依据国家有关规范,本工程总体环境保护投资 29.25

万元,详见表 2-10-5。

表 2-10-5　环境保护投资概算

编号	工程和费用名称	单位	数量	平均单价/元	投资/万元
第一部分　环境监测费					3.96
一	地表水监测	点·次	4	2 500	1.00
二	生活饮用水水质监测	点·次	1	2 500	0.25
三	生产废水监测	点·次	1	1 000	0.10
四	生活污水水质监测	点·次	4	1 800	0.72
五	含油废水监测	点·次	4	1 000	0.40
六	大气监测	点·次	3	2 500	0.75
七	噪声监测	点·次	2	1 000	0.20
八	卫生防疫监测	人·次	30	180	0.54
第二部分　环境保护临时措施					9.11
一	生产废水处理				4.6
	沉淀池		1	10 000	1
1	隔油池	座	1	36 000	3.6
二	生活污水处理				2.4
1	旱厕	座	2	2 000	0.4
2	化粪池	座	1	20 000	2
三	环境空气质量保护				1.00
1	洒水车运行费	元/(台·月)	4	2 500	1.00
四	固体废弃物处理				0.57
1	垃圾桶	个	2	200	0.04
2	生活垃圾清运费	t	53.19	100	0.53
五	人群健康				0.53
1	施工区清理和消毒	元/次	1	1 000	0.1
2	卫生防疫	元/m^2	1 667	2	0.33
3	施工完毕后迹地卫生清理	元/次	1	1 000	0.1
第三部分　仪器设备及安装					6.00
1	生活污水处理设备	套	1	60 000	6.00
一至三部分合计					19.07
第四部分　独立费用					8.79
一	环境管理费				2.76
1	环境管理人员经常费		2%		0.38

续表 2-10-5

编号	工程和费用名称	单位	数量	平均单价/元	投资/万元
2	环保设施竣工验收费				2. 00
3	环保宣传及技术培训费		2%		0. 38
二	监理费	人·年	1	15 000	1. 5
三	科研勘测设计咨询费				4. 53
1	环境影响评价费				3. 00
2	环境保护勘测设计费		8%		1. 53
一至四部分合计					27. 86
基本预备费			5%		1. 39
环境保护专项投资					29. 25

第 11 章　水土保持设计

11.1　概　述

11.1.1　水土保持方案审批主要内容及结论

本工程设计阶段为初步设计阶段,前期未编写水土保持专章和水土保持方案报告书。

11.1.2　水土流失防治责任范围与防治分区

根据工程建设特点和水土流失情况,确定本工程水土流失防治责任范围为项目建设区。项目建设区面积 11.90 hm^2,其中永久占地 3.38 hm^2,主要为橡胶坝工程占地;临时占地 8.52 hm^2,主要包括临时堆土防治区占地 4.25 hm^2、弃土防治区占地 1.58 hm^2、施工临时道路防治区占地 0.19 hm^2、施工生产生活防治区占地 2.50 hm^2(包括综合加工厂及机械设备修配厂、砂石料堆放区、生活区、施工导截流工程占地)。

水土流失防治分区采用一级划分,划分为橡胶坝工程防治区、临时堆土防治区、弃土防治区、施工临时道路防治区和施工生产生活防治区,共 5 个防治分区。水土流失防治责任范围及防治分区,详见表 2-11-1。

表 2-11-1　水土流失防治责任范围及防治分区

防治分区	项目建设区防治责任面积/hm^2	占地类型	水土流失特征
橡胶坝工程防治区	3.38	水域及水利设施用地	基坑开挖造成土壤流失
临时堆土防治区	4.25	耕地、林地	土方临时堆存造成土壤流失
弃土防治区	1.58	林地	弃土占压造成土壤流失
施工临时道路防治区	0.19	林地	施工期机械碾压容易产生新的水土流失危害
施工生产生活防治区	2.50	耕地	施工期机械、材料碾压和人为扰动容易产生新的水土流失危害
合计	11.90	—	—

11.2 水土流失预测

11.2.1 扰动土地面积、弃土弃渣量、损毁植被面积

(1)本工程建设期间将扰动原地貌、损坏土地和植被总面积11.89 hm^2。

(2)经水土保持分析评价后,工程土石方挖方总量12.23万m^3,土石方回填总量10.58万m^3,借方0.54万m^3,弃方2.19万m^3。本工程借方取自山家林湖区右堤整治工程弃土。弃方为橡胶坝和泵站工程清淤土方,运至橡胶板南岸新老堤之间摊平。弃土区占地1.58 hm^2,现状为林地,主体工程未考虑后期对弃土区采取表土剥离及回填措施和复植措施,本设计予以补充。

(3)损坏水土保持设施的预测:项目区征占地范围内损坏的水土保持设施主要为耕地、林地、水域及水利设施用地,损毁植被面积2.83 hm^2。

11.2.2 可能造成的水土流失面积及新增水土流失量预测

本工程水土流失预测范围为项目建设区的面积,即11.90 hm^2,预测单元为各个防治分区。预测时段划分为施工准备及施工期和自然恢复期两个时段,施工准备及施工期预测时段均为0.5年,自然恢复期预测时段为3年。

11.2.2.1 预测方法

预测方法采用调查法和经验公式法。

11.2.2.2 土壤侵蚀模数的选取

结合本工程施工特点和水土流失因子情况,确定工程扰动前土壤侵蚀模数取450 t/(km^2·a),扰动后土壤侵蚀模数包括:施工准备期及施工期,取3 800~4 200 t/(km^2·a);第一年自然恢复期,取1 500 t/(km^2·a),第二年自然恢复期,取900 t/(km^2·a),第三年自然恢复期,取200 t/(km^2·a)。

11.2.2.3 水土流失量预测

经验公式是根据产生水土流失的面积、预测的土壤侵蚀模数、预测水土流失时段来计算土壤流失量的。采用经验公式时,分项工程的数目、扰动地表产生土壤侵蚀的面积、土壤侵蚀模数因施工时段、施工性质的变化而变化。当预测单元土壤侵蚀强度恢复到原地貌土壤侵蚀模数以下时,不再计算。

经计算,工程建设期产生流失总量499 t,新增流失量为384 t,详见表2-11-2。从表2-11-2中可以看出,新增水土流失总量中,橡胶坝工程防治区和弃土防治区新增水土流失量占新增水土流失总量的比例分别为15.13%、24.61%,将橡胶坝工程防治区、临时堆土防治区和弃土防治区作为水土流失的重点防治区域。施工准备及施工期新增水土流失量占预测时段内新增水土流失总量的比例为63.26%,水土流失重点监测时段应安排在施工准备及施工期。

表 2-11-2　工程土壤流失量预测

预测单元	预测时段	土壤侵蚀模数背景值/[t/(km² · a)]	扰动后侵蚀模数/[t/(km² · a)]	侵蚀面积/hm²	侵蚀时间/a	背景流失量/t	预测流失量/t	新增流失量/t
橡胶坝工程防治区	施工准备及施工期	450	3 800	3.38	0.5	8	64	57
	自然恢复期	450	1 200	0.11	2	1	3	2
	小计					9	67	58
临时堆土防治区	施工准备及施工期	450	4 200	4.25	0.5	10	89	80
	自然恢复期	450	1 200	4.25	2	38	102	64
	小计					48	191	144
弃土防治区	施工准备及施工期	450	4 200	1.58	1	7	66	59
	自然恢复期	450	1 200	1.58	3	21	57	35
	小计					28	123	95
施工临时道路防治区	施工准备及施工期	450	4 000	0.19	0.5	0	4	3
	自然恢复期	450	1 200	0.19	2	2	5	3
	小计					2	8	6
施工生产生活防治区	施工准备及施工期	450	4 000	2.50	0.5	6	50	44
	自然恢复期	450	1 200	2.50	2	22	60	37
	小计					28	110	82
合计						115	499	384

11.2.3　水土流失可能造成的危害

项目建设过程中人为活动造成水土流失的原因主要是破坏扰动了原地貌，损坏了植被等现有水土保持设施，使土壤疏松、抗蚀力降低，易产生水土流失。

建筑物基础开挖而出现的新的开挖面，如不及时采取有效的水土流失防治措施，遇大雨天气，会造成基坑开挖坡面的冲刷和基坑底部泥土淤积；临时堆土和弃土区将扰动地表，并破坏原有水土保持设施，由此引起的人为加速土壤流失将改变周边环境，产生更为严重的水土资源流失，对周边生态环境造成不良影响；施工围堰取土场由于大量取土，表土松动，遭遇雨水冲刷易产生水土流失；施工临时道路区和施工生产生活区由于施工期间施工机械设备和人员的出入，表层土板结化，在不利的天气条件下，会造成土壤有机质和养分随水流失，后期恢复困难；对于采取植物防护措施的区域，在自然恢复期，植物措施尚未发挥其应有的水土保持功能，受降雨、径流影响，仍会产生一定程度的水土流失，但随着各项措施水土保持功能日渐发挥作用，水土流失影响将逐渐减轻。

11.3　水土保持措施布置和设计

11.3.1　水土流失防治标准

根据《山东省水利厅关于发布省级水土流失重点预防区和重点治理区的通告》(鲁水保字〔2016〕1 号)和《生产建设项目水土流失防治标准》(GB 50434—2018)的有关规定,本项目位于枣庄市薛城区,属于尼山南麓省级水土流失重点治理区,确定本方案的水土流失防治标准等级执行生产建设类项目北方土石山区水土流失防治一级标准。

本项目区属轻度侵蚀区,故将土壤流失控制比调整为 1.0。修正之后,本工程设计水平年采用的水土流失综合防治目标为:水土流失治理度 95%,土壤流失控制比 1.0,渣土防护率 97%,表土保护率 95%,林草植被恢复率 97%,林草覆盖率 25%。

本工程的水土流失防治目标详见表 2-11-3。

表 2-11-3　水土流失防治目标修正

防治目标	施工期		设计水平年		
	标准规定	采用标准	标准规定	按土壤侵蚀强度修正后	采用标准
水土流失治理度/%	—	—	95		95
土壤流失控制比	—	—	0.90	≥1.0	1.0
渣土防护率/%	95	95	97		97
表土保护率/%	95	95	95		95
林草植被恢复率/%	—	—	97		97
林草覆盖率/%	—	—	25		25

11.3.2　水土流失防治总体布局及防治措施体系

在主体工程水土保持分析评价的基础上,通过现场查勘,结合工程现有水土流失防治措施和防治效果,提出本项目的水土流失防治措施总体布局,详见表 2-11-4。

表 2-11-4　水土流失防治措施总体布局

防治区	水土流失防治措施		
	工程措施	植物措施	临时措施
橡胶坝工程防治区	混凝土排水沟 (主体已有)	场区绿化 (主体已有)	临时覆盖
临时堆土防治区	表土剥离及回填	—	临时拦挡、临时覆盖、临时排水沟
弃渣场防治区	表土剥离及回填	撒播种草	临时拦挡、临时覆盖

续表 2-11-4

防治区	水土流失防治措施		
	工程措施	植物措施	临时措施
施工临时道路防治区	表土剥离及回填	—	临时拦挡、临时覆盖、临时排水沟
施工生产生活防治区	表土剥离及回填	—	临时拦挡、临时覆盖、临时排水沟

在水土流失防治措施总体布局的基础上，根据本工程不同水土流失防治区可能造成水土流失的初步分析，对工程新增水土流失重点区域和重点工程本着因地制宜、因害设防的原则进行针对性防治，建立建设期工程措施、植物措施和临时措施相结合的综合防治措施体系，有效防治项目区原有水土流失和工程建设造成的新增水土流失，促进项目区地表修复和生态建设。

11.3.3 水土保持工程的级别及设计标准

11.3.3.1 水土保持工程级别划分

根据《水利水电工程水土保持技术规范》(SL 575—2012)，植被恢复与建设工程级别应根据水利水电工程主要建筑物及绿化工程所处位置确定，根据主体设计，本工程植被恢复和建设工程级别取 3 级。

11.3.3.2 水土保持工程设计标准

本工程植被恢复与建设(3 级标准)应满足水土保持和生态保护的要求，执行《生态公益林建设技术规程》(GB/T 18337.3—2001)标准。

11.3.4 分区水土流失防治措施设计

根据项目建设特点和水土流失预测结果，采取的水土流失防治措施包括工程措施、植物措施和临时措施。工程措施为表土剥离及回填，植物措施为撒播种草，临时措施包括临时堆土防护、临时排水沟等。

11.3.4.1 橡胶坝工程防治区新增水土保持措施设计

该区域新增水保措施为临时措施。

临时堆土防护：橡胶坝工程基坑开挖土运至临时堆土区堆放，为了避免未及时清运的开挖和回填基坑土临时堆存造成的新增水土流失，本方案设计对临时堆土采取密目防尘网覆盖设计。在临时堆土表面覆盖密目防尘网进行苫盖。经计算，该区域共需密目防尘网覆盖 550 m^2。

11.3.4.2 临时堆土防治区新增水土保持措施设计

该区域新增水土保持措施为工程措施和临时措施。

1. 工程措施

表土剥离及回填措施：为保护和利用表土，首先对临时堆土防治区占用的耕地和林地进行表土剥离措施,占地4.25 hm^2,剥离厚度0.3 m,表土剥离量总计1.28万 m^3,表土堆高2 m,边坡1:1.5,临时堆放在该区域内,待工程完工后用作复耕复植用土。

2.临时措施

临时堆土防护:为了避免剥离表土和排水沟基坑开挖土临时堆存土方造成的新增水土流失,本方案设计对临时堆土采用编织袋装土拦挡和密目防尘网覆盖设计。拦挡高度约1.0 m,在临时堆土表面覆盖密目防尘网进行苫盖。经计算,该区域共需编织袋装土及拆除309 m^3,密目防尘网覆盖29 860 m^2。

临时排水沟:临时堆土防治区四周布设土质排水沟,使雨水有序排放,减轻地表受雨水冲刷引起的水土流失。排水沟断面为梯形,底宽0.5 m,深0.5 m,边坡1:1。经计算,排水沟总长583 m,需土方开挖291.64 m^3。

11.3.4.3 弃土防治区新增水土保持措施设计

该区域新增水土保持措施为工程措施、植物措施和临时措施。

1.工程措施

表土剥离措施:为保护和利用表土,施工前首先对弃渣场防治区占用的耕地采取表土剥离措施,后期用作复耕用土。剥离面积1.58 m^2,剥离厚度0.3 m,表土剥离量总计0.47万 m^3。

2.植物措施

撒播种草:弃土区占地为临时占地,完工后应恢复原植被类型,以防止雨水对裸露土壤的侵蚀,造成水土流失。弃土区原为林地,但为不影响行洪,本设计不再对弃土区采取复植措施,改为撒播种草措施,草籽选取狗牙根,规格一级,播种量为60 kg/hm^2。撒播种草面积为1.58 hm^2。

3.临时措施

临时堆土防护:为了避免剥离表土临时堆存造成的新增水土流失,本方案设计对临时堆土采取编织袋装土拦挡和密目防尘网覆盖设计措施。拦挡高度约1.0 m,在临时堆土表面覆盖密目防尘网进行苫盖。经计算,该区域共需编织袋装土及拆除194 m^3,密目防尘网覆盖2 364 m^2。

11.3.4.4 施工临时道路防治区新增水土保持措施设计

该区域新增水保措施为工程措施和临时措施。

1.工程措施

表土剥离措施:本工程施工临时道路为泥结石路面,为保护和利用表土,施工前首先对弃渣场防治区占用的耕地和林地采取表土剥离措施,后期用作复耕复植用土。剥离面积0.19 m^2,剥离厚度0.3 m,表土剥离量总计0.06万 m^3。

2.临时措施

临时堆土防护:为了避免排水沟开挖土方临时堆存造成的新增水土流失,本方案设计对临时堆土采取编织袋装土拦挡和密目防尘网覆盖设计措施。拦挡高度约1.0 m,在临时堆土表面覆盖密目防尘网进行苫盖。经计算,该区域共需编织袋装土及拆除41 m^3,密目防尘网覆盖380 m^2。

临时排水沟:沿施工临时道路单侧布设土质排水沟,使雨水有序排放,减轻地表受雨水冲刷引起的水土流失。排水沟断面为梯形，底宽 0. 4 m，深 0. 4 m，边坡 1∶1。经计算，排水沟总长 380 m，需土方开挖 121. 60 m^3。

11. 3. 4. 5　施工生产生活防治区新增水土保持措施设计

该区域新增水土保持保措施为工程措施和临时措施。

1. 工程措施

表土剥离措施：为保护和利用表土，施工前首先对施工生产生活防治区占用的耕地和林地采取表土剥离措施，后期用作复耕用土。剥离面积 2. 50 m^2，剥离厚度 0. 3 m，表土剥离量总计 0. 75 万 m^3。

2. 临时措施

临时堆土防护：为了避免剥离表土和排水沟开挖土方临时堆存造成的新增水土流失，本方案设计对临时堆土采取编织袋装土拦挡和密目防尘网覆盖设计措施。拦挡高度约 1. 0 m，在临时堆土表面覆盖密目防尘网进行苫盖。经计算，该区域共需编织袋装土及拆除 200 m^3，密目防尘网覆盖 3 115 m^2。

临时排水沟：施工生产生活区四周布设土质排水沟，使雨水有序排放，减轻地表受雨水冲刷引起的水土流失。排水沟断面为梯形，底宽 0. 5 m，深 0. 5 m，边坡 1∶1。经计算，排水沟总长 593 m，需土方开挖 296. 38 m^3。

11. 3. 4. 6　工程新增水土流失防治措施工程量汇总

根据《关于发布〈水利工程各阶段水土保持技术文件编制指导意见〉的通知》（水总局科〔2005〕3 号文）和《水利水电工程设计工程量计算规定》（SL 328—2005）的要求，本项目工程措施、植物措施工程量阶段系数取 1. 05，临时措施工程量的阶段系数取 1. 1。本工程新增水土流失防治措施设计及工程量情况详见表 2-11-5。

表 2-11-5　新增水土流失防治措施工程量汇总

防治区	防护措施	内容		单位	数量	调整后工程量
橡胶坝工程防治区	临时措施	密目防尘网		m^2	550	605
临时堆土防治区	工程措施	表土剥离及回填		万 m^3	1. 28	1. 40
	临时措施	编织袋装土拦挡		m^3	309	340
		密目防尘网		m^2	29 860	32 846
		临时排水沟	长度	km	0. 58	0. 64
			土方开挖	m^3	291. 64	320. 80
弃土防治区	工程措施	表土剥离及回填		万 m^3	0. 47	0. 50
	植物措施	撒播种草		hm^2	1. 58	1. 65
	临时措施	编织袋装土拦挡		m^3	194	214
		密目防尘网		m^2	2 364	2 600

续表 2-11-5

防治区	防护措施	内容		单位	数量	调整后工程量
施工临时道路防治区	工程措施	表土剥离及回填		万 m^3	0.06	0.06
	临时措施	临时排水沟	长度	km	0.38	0.42
			土方开挖	m^3	121.60	133.76
		编织袋装土拦挡		m^3	41	45
		密目防尘网		m^2	380	418
施工生产生活防治区	工程措施	表土剥离及回填		万 m^3	0.75	0.82
	临时措施	编织袋装土拦挡		m^3	200	220
		密目防尘网		m^2	3 115	3 426
		临时排水沟	长度	km	0.59	0.65
			土方开挖	m^3	296.38	326.02

11.3.5　水土保持施工组织设计及进度安排

11.3.5.1　施工条件

1. 交通运输及施工场地

项目区运输条件较好，施工道路依托主体工程的施工道路，能够满足水土保持施工要求，水土保持工程施工仓储利用主体工程的材料仓库和施工场地。施工人员生活住房沿用主体工程生活营地。

2. 材料供应及苗木来源

本方案水土保持工程材料供应应与主体工程一致，采用外购解决。工程所需草种在保证质量的前提下，原则上就近在当地采购。

3. 施工供水和供电

本方案水土保持工程所需的水源和电力均与主体工程一致。

11.3.5.2　施工方法

1. 工程措施施工

本工程采取的工程措施主要为表土剥离及回填。表土剥离土采用 74 kW 推土机推运 40 m 临时堆存，复耕时用 74 kW 推土机回推 40 m 摊平，无须压实。

2. 植物措施施工

为保证植物措施的成活率和施工质量，植物措施一般按照以下工序进行施工：整地、苗（籽）选择、定点放线、挖坑栽植、抚育管理和补植。

3. 临时措施施工

本工程采取的临时措施为针对临时性堆土采用草袋装土拦挡、临时排水沟等防护。临时堆存土按设计边坡堆放成一定形状后，在临时堆土周边码砌草袋装土进行防护，草袋分层顺次压实堆放在临时堆土的外侧，按设计高度进行码放，施工完毕后进行拆除。临时排水沟采取人工开挖方式。

11.3.5.3　施工进度安排

水土保持治理措施的进度安排是建立在主体工程施工基础上的,并与主体工程施工保持一致。按照“三同时”原则,水土保持工程与主体工程同时设计、同时施工、同时投产使用。

11.4　水土保持监测与管理

11.4.1　水土保持监测方案

11.4.1.1　水土保持监测内容、监测频次

(1)监测的主要内容:扰动土地情况监测、取土(石、料)弃土(石、渣)监测、水土流失情况监测和水土保持措施监测等。

(2)监测频次:本工程为建设类项目,需开展全程监测。其中扰动土地情况监测中实地量测监测频次每季度1次,遥感监测在施工前开展1次,施工期每年1次。水土保持措施监测频次每月监测记录1次,正在实施的表土剥离情况每10 d监测记录1次,临时堆放区监测频次每月监测记录1次。水土流失情况监测中土壤流失面积监测频次每季度监测1次,土壤流失量、弃土潜在土壤流失量监测频次每月监测1次,遇到暴雨和大风天气应加测。水土保持措施监测中工程措施、临时措施及措施防治效果监测频次每月监测记录1次,植物措施生长情况每季度监测记录1次。

另外,有重大水土流失事件发生时也应适当增加监测频次,并提交季度监测报告和重大水土流失事件监测报告。

11.4.1.2　水土保持监测点布设、监测设施

1.监测点布设

工程共布设5个监测点,其中固定监测点2个,主要位于橡胶坝工程防治区基坑开挖边坡和弃土防治区临时堆土边坡;临时监测点3个,主要位于临时堆土防治区、施工临时道路防治区和施工生产生活防治区。主要采用插钎法调查监测,施工生产生活区采用沉沙池法监测。

2.监测设施

本工程监测主要采用巡查法,水土保持监测设备主要包括手持GPS、电脑、皮尺、钢尺、电子天平、数码摄像机等。

11.4.2　工程建设期和运行期水土保持管理要求

11.4.2.1　工程建设期水土保持管理要求

建设单位将本项目水土保持工程纳入主体工程施工招标合同,明确承包商在各承包工程区内的水土保持内容、水土流失防治范围及防治责任。承包商在施工过程中有责任防治项目建设区的水土流失。对外购砂、石、土料,施工单位必须到已编报水土保持方案(表)的合法砂、石、土料场购买,并在供料合同中注明水土流失防治责任由供方负责。监理单位对水土保持工程施工建设各阶段随时进行实施进度、质量、资金落实等情况的监督检查,将出现的问题及时向业主汇报。

初步确定该项目水土保持监理人员 1 名。

11.4.2.2　**工程运行期水土保持管理要求**

工程运行管理单位应设立专门的人员对水土保持设施进行管理,确保各项水土保持设施运行正常,防止产生新的水土流失危害。

11.5　水土保持投资概算

11.5.1　投资概算的编制原则、依据、方法

11.5.1.1　**概述**

主体工程设计中已具有水土保持功能的投资已计入主体工程投资中,本次不再重复计列,本概算仅计列新增水土保持项目的有关费用。

11.5.1.2　**编制原则与依据**

根据《生产建设项目水土保持技术标准》(GB 50433—2018)的规定,为与主体工程设计部分保持一致,水土保持投资概算原则上采用主体工程建设项目编制依据和定额,不足部分采用水土保持投资概算依据。

(1)水利部水总〔2013〕67 号文《关于颁发〈水土保持工程概(估)算编制规定和定额〉的通知》及《开发建设项目水土保持工程概(估)算编制规定》。

(2)《省物价局、省财政厅、省水利厅关于降低水土保持补偿费收费标准的通知》(山东省物价局、山东省财政厅、山东省水利厅 鲁价费发〔2017〕58 号)。

(3)《水利部办公厅关于调整水利工程计价依据增值税计算标准的通知》(办财务函〔2019〕448 号)。

11.5.1.3　**编制方法**

本方案投资概算项目划分:第一部分工程措施,第二部分植物措施,第三部分临时工程,第四部分独立费用,以及基本预备费和水土保持设施补偿费。

本工程作为工程建设的一个重要内容,水电价格及主要材料价格与主体工程一致。

11.5.1.4　**基础价格**

(1)人工预算单价:与主体工程保持一致,9.00 元/工时。

(2)水电价格:与主体工程保持一致,水 0.75 元/m^3,电 0.88 元/m^3。

(3)主要材料价格:与主体工程保持一致。

11.5.1.5　**费用构成**

水土保持工程措施及植物措施由直接工程费、间接费、企业利润和税金组成。

主体工程已有措施的工程量全部利用主体工程已有单价,不足部分根据水利部水总〔2003〕67 号文补充。水土保持定额费率取值如下。

(1)其他直接费:工程措施其他直接费费率为 2.3%,植物措施其他直接费费率为 1.0%,土地整治 1.0%。

(2)现场经费:土石方工程现场经费费率为 5.0%,植物措施现场经费费率为 4.0%,土地整治工程现场经费费率为 3.0%。

(3)间接费:土石方工程间接费费率为 6.0%,植物措施间接费费率为 3%,其他工程间

接费费率为6%。

(4)企业利润:工程措施取直接工程费和间接费之和的7.0%,植物措施取直接工程费和间接费之和的5.0%。

(5)税金:按直接工程费、间接费、企业利润之和的9%计算。

11.5.1.6 临时工程

临时工程包括临时防护工程费和其他临时工程费,前者由临时工程设计方案的工程量乘以单价计算;后者按工程措施投资的1.5%计算。

11.5.1.7 独立费用标准

(1)建设管理费:按一至三部分之和的2.0%计算。

(2)工程建设监理费:主体工程监理单位一并监理,费用计列3.00万元。

(3)水土流失监测费用:包括监测人工费、监测设施费、监测设备折旧费和监测消耗性材料费,本工程水土保持监测费共计6.10万元。

(4)科研勘测设计费:根据项目实际投资计列,水土保持方案编制费根据实际合同金额,计列6.00万元。

(5)水土保持设施验收费:根据新规定委托第三方,费用参照同类项目,本项目水土保持设施验收费按6.00万元计列。

11.5.1.8 基本预备费

按一至四部分之和的3%计算。

11.5.1.9 价格水平年

与主体工程一致。

11.5.1.10 水土保持设施补偿费

根据《省物价局、省财政厅、省水利厅关于降低水土保持补偿费收费标准的通知》(山东省物价局、山东省财政厅、山东省水利厅 鲁价费发〔2017〕58号)规定,本工程水土保持补偿费按占地面积征收,征收面积为118 909 m^2,补偿费标准采用1.2元/m^2。经计算本工程水土保持补偿费共计142 690.80元。

11.5.2 水土保持投资概述

本工程新增水土保持工程总投资约86.08万元,其中工程措施费约21.10万元,植物措施费约0.76万元,临时措施费约19.12万元,独立费用约28.74万元,基本预备费约2.09万元,水土保持补偿费约142 690.80元。

新增水土保持投资总概算详见表2-11-6。

表2-11-6 水土保持措施投资概算

序号	工程或费用名称	单位	数量	单价	合价/元
一	第一部分 工程措施				210 995
1	临时堆土防治区				106 376
1.1	表土剥离及回填	100 m^3	140.34	758.00	106 376
2	弃土防治区				37 630

续表 2-11-6

序号	工程或费用名称	单位	数量	单价	合价/元
2.1	表土剥离及回填	100 m^3	49.64	758.00	37 630
3	施工临时道路防治区				4 537
3.1	表土剥离及回填	100 m^3	5.99	758.00	4 537
4	施工生产生活防治区				62 452
4.1	表土剥离及回填	100 m^3	82.39	758.00	62 452
二	第二部分　植物措施				7 551
1	弃土防治区				7 551
1.1	狗牙根草籽(Ⅰ级草籽)	kg	101.27	60.00	6 076
	种植费	hm^2	1.65	891.20	1 475
三	第三部分　施工临时工程				191 210
1	橡胶坝工程防治区				1 638
1.1	密目防尘网	100 m^2	6.05	270.78	1 638
2	临时堆土防治区				127 676
2.1	编织袋装土拦挡	100 m^3	3.40	10 805.00	36 740
2.2	密目防尘网	100 m^3	328.46	270.78	88 941
2.3	临时排水沟土方开挖	100 m^3	3.21	622.00	1 995
3	弃土防治区				16 754
3.1	编织袋装土拦挡	100 m^3	2.14	270.78	579
3.2	密目防尘网	100 m^2	26.00	622.00	16 174
4	施工临时道路防治区				6 827
4.1	编织袋装土拦挡	100 m^3	0.45	10 805.00	4 862
4.2	密目防尘网	100 m^2	4.18	270.78	1 133
4.3	临时排水沟土方开挖	100 m^3	1.34	622.00	832
5	施工生产生活防治区				35 036
5.1	编织袋装土拦挡	100 m^3	2.20	10 805.00	23 731
5.2	密目防尘网	100 m^2	34.26	270.78	9 277
5.3	临时排水沟土方开挖	100 m^3	3.26	622.00	2 028
6	其他临时工程	%	1.50	218 546	3 278
四	第四部分　独立费用				287 420
1	建设管理费	%	2.00	409 756	8 195
2	工程建设监理费				30 000

续表 2-11-6

序号	工程或费用名称	单位	数量	单价	合价/元
3	水土保持监测费				61 000
4	水土保持设施验收报告编制费				60 000
5	科研勘测设计费				128 225
	一至四部分合计				697 176
	基本预备费	%	3.00	697 176	20 915
	水土保持补偿费				142 690.80
	总投资				860 781.80

第 12 章　劳动安全与工业卫生

12.1　危险与有害因素分析

12.1.1　设计依据

(1)《中华人民共和国安全生产法》(2014 年 12 月 1 日)。
(2)《中华人民共和国劳动法》(2018 年修订)。
(3)《水利水电工程劳动安全与工业卫生设计规范》(GB 50706—2011)。
(4)《工业企业设计卫生标准》(GBZ1—2010)。
(5)《建筑设计防火规范》(GB 50016—2014)。
(6)《建筑物防雷设计规范》(GB 50057—2010)。

12.1.2　自然条件及主要危害因素

12.1.2.1　自然条件对安全卫生影响及防范

本流域属季风气候区,气候温和,雨量充沛,但在年际及年内分配极不均衡。本工程采用空调和风扇进行除湿降温。多年平均雷暴次数较多,要做好防雷击工作,尤其是管理房的防雷。

12.1.2.2　劳动安全与卫生影响因素分析

劳动安全是枢纽建筑物正常运行的保障,包括厂房的防火、防爆、防电气伤害、防机械振动危害、噪声。

1. 危害部位及程度

工程运行中主要的高压生产部位是变压器、发电机、低压开关室等。特别是存在电压为 10 kV 的高压电气设备,违反规范操作可能造成人员伤亡。厂房内的油处理室、油罐室、电缆等可燃部位,燃烧起来可能烧毁电气设备,损坏厂房;电机机组、发电机等设备引起噪声,对工作人员的听觉功能危害较大,引起听力下降。长期在厂房内工作的人员,容易引起关节炎。

2. 有危害的设备

危险因素较大的设备主要有变压器、户外 10 kV 高压断路器和高压隔离开关、户内开关柜等高压电气设备,操作不慎或误入可能造成人员伤亡。

3. 防洪与防淹

遇超标准洪水时,易造成供电中断,为确保汛期供电安全,要设置两个独立电源,确保橡胶坝的正常供电、排水泵的正常运行。

12.2　安全防范措施

12.2.1　防火防爆

(1)有关防火设计详见第7章消防设计。

(2)油浸式主变压器及压力油、气罐应设置泄压装置。泄压面避开运行巡视工作的部位。

(3)压力容器的设计与选型,应符合《压力容器》(GB/T 150.1~150.4—2011)的规定。

(4)防静电设计应符合下列要求:

①油罐室、油处理室的油罐、油处理设备、输油管和通风设备及风管均接地。

②移动式油处理设备在工作位置设临时接地点。

③防静电接地装置与工程中的电气接地装置共用。

12.2.2　防电气及雷电伤害

(1)配电装置的电气安全净距应符合《3~110 kV高压配电装置设计规范》(GB 50060—2008)的规定。对于110 kV以上配电装置应符合《高压配电装置设计规范》(DL/T 5352—2018)的有关规定。当裸导体至地面的电气安全净距不满足规定时,应设防护等级不低于IP2X的保护网。

(2)对35 kV及以下户内装配式的油断路器及隔离开头,在操作机构处应设防护隔板,防护隔板的宽度不宜小于0.5 m,高度不宜低于1.9 m。

(3)电气设备的防护围栏应符合下列规定:

①栅状围栏的高度为1.2 m,最低栏杆离地面净距不应大于0.2 m。

②网状围栏的高度为1.7 m,网孔为10 mm×40 mm。

③所有围栏的门均装锁,并有安全标志。

(4)凡可能漏电伤人或易受雷击的电器及建筑物均应设置接地或避雷装置,并设置警示牌,承包人应负责避雷装置的采购、安装、管理和维修,并建立定期检查制度。

装有避雷针和避雷线的构架上的照明灯电源线、独立避雷针和装有避雷针的照明灯塔上的照明灯电源线,均需采用直接埋入地下的带金属外皮的电缆或穿入金属管的导线,电缆外皮或金属管埋入地中长度在10 m以上,然后才允许与35 kV以下的配电装置的接地网及低压配电装置相连接。严禁在装有避雷针(线)的构架物上架设通信线、广播线和低压线。

(5)对于误操作可能带来人身触电或伤害事故的设备或回路应设置电气联锁装置或机械联锁装置。

(6)在远离电源的负荷点或配电箱的进线侧,装设隔离电器。

(7)使用的照明器应符合以下要求:

①供检修用携带式作业灯,应符合《特低电压(ELV)限值》(GB/T 3805—2008)的有关规定。

②当照明器安装高度低于2.4 m时,如照明器的电压超过《特低电压(ELV)限值》(GB/T 3805—2008)规定值,应设有防止触电的防护措施。

(8)单芯电缆的金属护层、封闭母线外壳及所有可能产生感应电压的电气设备外壳和构架上,其最大感应电压不宜大于50 V,否则应采取防护措施。

(9)电气设备外壳和钢构架在正常运行中的最高温升,运行人员经常接触但非手握的部位,当为金属材料时,最高温度限制为70 ℃;当为非金属材料时,最高温度限制为80 ℃。正常操作中不需要触及的部位,当为金属材料时,最高温度限制为80 ℃;当为非金属材料时,最高温度限制为90 ℃,并设置明显安全标志。

12.2.3　防机械伤害、防坠落伤害

起重机用钢丝绳、滑轮、吊钩等应符合《起重机械安全规程 第5部分:桥式和门式起重机》(GB/T 6067.5—2014)的有关规定。

凡检修时可能形成的坠落高度在2.0 m以上的孔、坑,均采取设置固定临时防护栏杆用的槽孔等措施。

固定式钢直梯或固定式钢斜梯均满足电气安全距离和水力冲击等的影响,并满足劳动者的工作安全。楼梯、钢梯、平台均设防滑条以防止人员滑倒。

施工设备要加强现场的维护保养,保持完好率,禁止带病运转和超负荷作业。

装载车辆必须做好防护措施,避免货物掉落砸伤人员,并在卸载货物前,疏散附近工作人员,以免造成人体伤害。

12.2.4　防洪、防淹

施工期间应与当地气象部门及时沟通,了解水文气象资料变化情况,做好防洪准备。施工导流要求构筑上游挡水围堰,并做好防汛储备。同时要及时掌握水情,采取相应措施,避免造成不必要的人员伤亡和财产损失。

12.3　工业卫生措施

12.3.1　防噪声及防振动

水利水电工程各类工作场所的噪声宜符合噪声A声级限制值的要求。

工作场所的噪声测量应符合《工业企业噪声测量规范》(GBJ 122—1988)的有关规定,设备本身的噪声测量应符合相应设备的有关标准的规定。

自备柴油发电机组、空压机、高压风机应布置在单独房间内,必要时应设置减振、消声设施。

噪声水平超过85 dB,而运行中只需短时巡视的局部场所,运行巡视人员可使用临时隔音的防护用具,瞬间噪声超过115 dB的设备,布置时宜避免对重要场所值班人员的影响。

12.3.2　采光与照明

采光设计以天然采光为主,人工照明为辅。

人工照明应创造良好的视觉作业环境,各类工作场所最低照度标准应符合设计有关标准的规定。

12.3.3 防尘、防污、防腐蚀、防毒

屋内配电装置室地面采用地面砖,防止起灰尘。

机械通风系统的进风口位置,设置在室外空气比较洁净的地方,并设在排风口的上风侧。

变压器事故油坑及透平油、绝缘油罐的挡油槛内的油水,需经油水分离后,方可排入地面水体。

设备支撑构件、水管、气管、油管和风管应根据不同的环境采取经济合理的防腐蚀措施。除锈、涂漆、镀锌、喷塑等防腐处理工艺应符合国家现行的有关标准的规定。

储存 CO_2、卤化物等灭火材料的房间采用机械通风方式,在易发生火灾的部位设置事故排烟设施。

12.3.4 防电磁辐射

由于超高压电场对人体有一定的影响,在配电装置设备周围一般为运行人员巡查和操作地段,工作时间较短,因此本设计规定在配电装置设备周围的电场强度不能大于 10 kV/m。

12.4 安全卫生管理

12.4.1 辅助用室

管理区建在地势平坦的地区,避免有害物质、病原体等有害因素的影响,室内通风良好、采暖和排水设施齐全。

12.4.2 安全卫生管理机构及配置

(1)建立安全责任制,落实责任人。项目负责人是该项目的责任人,控制的重点是施工中人员的不安全行为、设备设施的不安全状态、作业环境的不安全因素及管理上的不安全缺陷。责任人在施工前要进行安全检查,把不安全因素消灭在萌芽状态。

(2)工程中设专职安全员,全面负责施工工程的安全,统筹工程安全生产工作,保证并监督各项措施的实施。

(3)根据该工程的特点,安全卫生机械需配置声级计、温度计、照度计等监测仪器设备和宣传栏等安全宣传设备,还要配备扫帚、喷雾器、消毒液、灭鼠药等工具和用品,定期对橡胶坝、管理房和周围环境进行大扫除、消毒和灭鼠工作。每人配发一本安全卫生管理手册,平时加强对职工安全卫生的教育和宣传。

第 13 章　节能设计

为有效提高资源利用效率,减少资源消耗,降低废物排放,开发再生资源,以尽可能少的资源消耗和环境成本,节能降耗,实现经济社会可持续发展的战略目标。本工程根据国家颁发的各项能源标准及节能设计规范,根据国家的政策法规,尽可能地利用节能降耗技术和措施,提高水资源利用效率。

13.1　设计依据

(1)《中华人民共和国节约能源法》(2016 年修订版)。

(2)《中华人民共和国可再生能源法》(2010 年实施修改版)。

(3)《中华人民共和国电力法》(2015 年修订版)。

(4)《中华人民共和国建筑法》(2011 年修订版)。

(5)《中华人民共和国清洁生产促进法》(2012 年修订版)。

(6)《固定资产投资项目节能评估和审查暂行办法》(国家发改委 2010 年 6 号令)。

(7)《民用建筑节能管理规定》(中华人民共和国建设部令第 143 号)。

(8)《国家发改委关于加强固定资产投资项目节能评估和审查工作的通知》(发改投资〔2006〕2787 号)。

(9)《水利水电工程节能设计规范》(GB/T 50649—2011)。

(10)《公共建筑节能设计标准》(GB 50189—2015)。

(11)《水利水电工程采暖通风与空气调节设计规范》(SL 490—2010)。

(12)《建筑照明设计标准》(GB 50034—2013)。

(13)其他现行国家法律、法规、规范、标准。

13.2　能耗分析

13.2.1　能源需求和供应情况

本项目能源需求主要有柴油、汽油、电能等。项目区能源供应状况较好,施工用电可由施工单位自备柴油发电机供电,也可就近接电网供电。施工用柴油、汽油可由当地供销部门供应。工程运行管理用电可由当地电网解决,另外为保证运行用电,管理所配备柴油发电机供电。

13.2.2　能源消耗种类及数量

13.2.2.1　工程施工期

施工期主要是机械、机电设备和施工照明耗能,能源消耗种类主要有柴油、汽油、钢筋和水泥等四种。

13.2.2.2　工程运行期

工程运行期耗能主要是橡胶坝运行耗能,以及办公、生活用电等。

13.2.3　项目综合能耗指标

本工程是以生态景观为主的公益性建设项目,目前没有国家节能标准,本次暂以万元国内生产总值能耗综合指标作为评价标准。即到2015年为0.85 t标准煤/万元GDP;2015—2020年期间,能耗标准下降10%,到2020年为0.76 t标准煤/万元GDP。

13.2.4　能耗计算

本工程消耗的能源为一次能源和二次能源,在建设期主要消耗的能源为柴油、汽油和电力;在运行期,主要消耗电力和少量柴油、汽油。

13.2.4.1　工程建设施工期消耗

工程建设施工期消耗的能源用于施工机械设备、施工辅助生产系统、交通运输系统、生产性建筑物、生活性建筑物等。

经分析,施工期的总能耗量为电17.63万kW·h、汽油10 t、柴油158 t、水1.33万m^3。

13.2.4.2　工程投产后运行期消耗的能源

运行期消耗的能源包括柴油发电机及其附属设备、变压器等主要机电设备的运行需消耗的能源和金属结构的运行需消耗的能源。主要机电设备能耗参数详表2-13-1。

表2-13-1　计算期内综合能耗总量计算(按运行期30年)

计算期	能耗种类	单位	数量	折合标准煤系数	折合标准煤/t
				等价值	等价值
建设期	电力	kW·h	176.30	0.404	71.23
	汽油	t	10	1.471 4	14.71
	柴油	t	158	1.457 1	230.22
	水	t	13 300.00	0.000 257 1	3.42
	小计				319.58
运行期	电力	kW·h	869.30	0.404	351.20
	柴油	t	3.00	1.457 1	4.37
	汽油	t	184.80	1.471 4	271.91
	水	t	8.76	0.000 257 1	0
	小计				627.48
合计					947.06

13.2.4.3　运行期能耗分析与计算

1. 工程负荷情况

工程运行期主要耗能为电能,主要包括液压启闭机系统用电、变压器损耗等,线路损耗非常小,可以忽略。

1)变压器、线路损耗

变压器损耗计算公式:年耗电量=(空载损耗+负载损耗)×损耗小时数。本工程共有 SC13-200-10±5%/0.4 型变压器 1 台、空载损耗 0.52 kW、负载损耗 1.98 kW,则变压器年耗电量=(0.52+1.98)×8 760=21 900(kW·h),折算为 8.85 t 标准煤/年。

供电线路长 4.5 km,线路年运行能耗为 22.5 kW·h,折合为 0.01 t 标准煤/年。

2)充排水泵耗能

2 台充水泵每次运行 11.9 h,2 台排水泵每次运行 0.9 h,橡胶坝每年运行 2 次。水泵耗能共计 2 304 kW·h,折合为 0.93 t 标准煤/年。

3)船闸液压启闭机系统用电

工程共 2 台液压启闭机,总功率 15 kW,年运行 120 次,每次 6 min。

$$W = P \times T$$

由以上公式计算所得,年耗电能 180 kW·h。

4)柴油发电机油耗

橡胶坝配备功率 160 kW 柴油发电机 1 台,按启动工作每天 24 h,每年运行 1 d 计(应急备用发电机,运用概率低),折合为 0.35 t 标准煤/年。

5)泵房、机房和管理设施照明、监控等耗能

本工程管理人员共计 8 人,泵房机房和管理设施照明、监控等用电按照 2 kW·h/d 计算,年均 730 kW·h,折合为 0.3 t 标准煤/年。

6)管理人员生活用水量

本工程管理人员 8 人,人均综合生活用水定额采用 100 L/(人·d),则运行期年生活用水量为 292.0 m^3,折合为 0.05 t 标准煤/年。

2. 交通运输

工程管理按配备 1 辆防汛车、2 辆工具车和 1 艘机动船考虑,每辆防汛车按每年行驶里程 1.5 万 km 计,油耗按 15 L/100 km 计,则每年消耗汽油约 1.62 t。每辆工具车按每年行驶里程 1.0 万 km 计,油耗按 12 L/100 km 计,则每年消耗汽油约 1.73 t。每辆机动船按每年行驶里程 1.0 万 km 计,油耗按 15 L/100 km 计,则每年消耗汽油约 1.08 t。交通工具每年耗汽油共 6.16 t。

13.2.4　能耗总量分析

项目计算期内综合能耗总量计算见表 2-13-1。

13.3　节能措施综述

13.3.1　工程方案节能设计

设计中对橡胶坝工程进行了工程布置、结构形式等优化比选,选择节能型设计方案,降低了能源消耗。

13.3.2 建筑方案节能设计

该橡胶坝主要在节能建筑的选址、体形、体量、布局朝向及日照、间距、密度上考虑节能方法与措施。

13.3.2.1 建筑规划节能

1. 总体布局原则

建筑总平面的布置和设计应充分利用冬季日照并避开冬季主导风向，利用夏季凉爽时段的自然通风。建筑朝向应选择当地最佳朝向。

2. 选址

建筑选址应综合考虑整体生态因素，最大限度地利用现有生态资源，使其成为当地生态环境的延续。

3. 外部环境设计

在建筑设计中，应对建筑自身所处的具体环境加以利用和改善，以创造满足人们工作生活需要的室内外环境。在建筑外围种植树木、植被等，可有效净化空气，同时起到遮阳、降噪的效果。也可通过垂直绿化、屋面绿化、渗水地面等，改善环境湿度，提高建筑物的室内热舒适度。

4. 规划和形体设计

在建筑设计中应对建筑形体及建筑群体进行合理设计，以适应不同的气候环境。防止因建筑高度、宽度的差异出现不良风环境。

5. 日照环境设计

充分利用环境提供的日照条件，合理确定建筑物的间距、朝向。

13.3.2.2 建筑构造节能

建筑构造节能主要在围护结构上采取措施。围护结构主要包括墙体、屋面及门窗。围护结构的耗热量占建筑采暖热耗的1/3以上，对这一部分采取科学的保温设计，节能效果非常显著。

1. 建筑单体空间设计

建筑单体空间设计，在充分满足建筑功能要求的前提下，对建筑空间进行合理分割，以改善建筑室内通风、采光、热环境等。

2. 外门窗

门窗作为节能的最薄弱环节，门窗的保温和隔热作用在节能中最重要，因此门窗的设计和施工直接影响建筑物的节能效果。玻璃的可见光透射比不应小于0.40，透明幕墙应具有开启部分或设有通风换气装置。

3. 墙体节能

外墙采用外保温构造，尽量减少混凝土出挑构件及附墙部件，当外墙有出挑部件及附墙部件时应采取隔断热桥或保温措施。外墙外保温的墙体，窗口外侧四周墙面应进行保温处理。

4. 屋面

保温隔热屋面采用板材、块材或整体现喷聚氨酯保温层，屋面的天沟、檐沟应铺设保温层。

13.3.3　电气节能设计

13.3.3.1　供配电系统的节能设计

根据负荷容量、供电距离及分布、用电设备特点等因素合理设计供配电系统,做到系统尽量简单可靠,操作方便。变配电站应尽量靠近负荷中心,以缩短配电半径,减少线路损耗。合理选择变压器的容量和台数,实现经济运行,减少轻载运行造成的不必要电能损耗。

13.3.3.2　变压器的节能设计

SC13 系列干式电力变压器性能优越,节能效果显著,属于节能型变压器,与 SC11 系列干式电力变压器相比,降低变压器空载损耗 10%～25%,降低空载电流;变压器噪声水平显著降低,减少城镇噪声污染。线圈温升低,适用于防火要求较高的场所,器身采用牢固的结构,抗短路能力强。提高了配电网的功率因数,减少了电网的无功损耗,改善了电网的供电品质。

13.3.3.3　减少线路损耗

由于配电线路有电阻,有电流通过时就会产生功率损耗,线路电阻在通过电流不变时,线路长度越长则电阻值越大,造成的电能损耗就越大。

13.3.3.4　照明的节能设计

照明节能设计就是在保证不降低作业面视觉要求、不降低照明质量的前提下,力求减少照明系统中光能的损失,从而最大限度地利用光能。

13.3.3.5　电力节能措施

(1)推广节能型电光源。夜间施工照明采用高效节能灯及灯具等,尽量不使用白炽灯照明。

(2)严格执行交流接触器节电器及其应用技术条件国家标准,禁止使用 RTO 系列熔断器,JR6、JR16 系列热继电器等低压电气产品。

(3)降低线损和配电损失。尽量采用高压输电,减小低压输电线路长度,以减少输电线损。

(4)施工用电计划报电力供应部门备案,以便开展电网经济调度,最大限度地使用无功补偿容量,减少无功损失。

(5)施工用电焊机采用可控弧焊机,禁止使用电机驱动的直流弧焊机。

(6)使用高效节能式变压器等设备,禁止使用能耗高的机电设备。

13.3.4　施工节能设计

本工程施工期间,建材运输、土石方挖填、混凝土加工及浇筑、机电和金属结构加工及运输等均使用较多机械设备,消耗大量油、电能源。汽油和柴油消耗机械设备主要包括运输车辆、土石方施工机械和发电机组;施工期主要用电负荷为混凝土拌和系统、混凝土供水系统、混凝土浇筑施工、综合加工厂等施工工厂及其他生产、生活照明用电,以混凝土拌和系统耗电量最大。

施工节能设计主要从土石方挖填施工、混凝土生产与运输、机械设备配置、施工区交通及办公生活设施等方面入手。施工过程中应加强施工现场的管理,提高各参建单位的节能降耗意识。

13.3.4.1 施工组织节能设计

(1)合理布置施工场地。合理布置施工场地,减少场内运输。进行分区布置时,分析施工工厂及施工项目的能耗中心位置,尽量使为施工项目服务的设施距能耗(负荷)中心最近,工程总能耗值最低。规划施工电源位置尽量缩短与混凝土加工系统的距离,以减少线路损耗,节省能耗。

(2)合理安排施工方案和时序。本工程工程量大,施工点相对较多,应合理安排各工程部位施工方案和施工进度,尽可能减少施工设备和运输设备空载消耗。

(3)优选运输方式。本工程建材和机械设备均采用公路运输,应根据施工进度及强度,合理配置运输机械。根据土石方平衡施工方案合理安排开挖土方临时堆存或弃置,避免二次倒运,回填土料充分利用自身开挖料,减少运距;合理安排施工程序,降低土石方挖运机械空载率。

(4)施工期间加强废旧物资的再生利用,扩大废旧物资加工能力。混凝土浇筑尽量采用钢模板,减少木模板的使用量。

13.3.4.2 施工节电措施

(1)使用办公及生活节能设施,采用节能型照明电器。根据施工布局和生活区合理布置光源,选择照明方式、光源类型。推广节能型电光源,夜间施工照明采用高效节能灯及灯具等,尽量不使用白炽灯。

(2)严格执行交流接触器节电器及应用技术条件国家标准。

(3)降低线损和配电损失。减少接点数量,降低接触电阻;尽量采用高压输电,减少低压输电长度;改造低压配电线路,扩大导线载流水平,减少输电线损。

(4)施工用电计划报电力供应部门备案,以便开展电网经济调度,最大限度地使用无功补偿容量,减少无功损失。

(5)调整用电负荷,保持均衡用电。调整各施工用电设备运行方式,合理分配负荷,压低电网高峰时段的用电,增加电网低谷时段的用电;改造不合理的局域配电网,保持三相平衡,使各单项工程用电均衡,降低线损。

(6)使用高效节能式变压器、水泵等用电设备,禁止使用能耗高的机电设备。

(7)在提高排水泵运行效率的同时,采取措施减少基坑内渗水量。

13.3.4.3 施工机械节油措施

(1)结合各种设备的选择,合理调整汽车的吨位构成以降低油耗。重型车宜采用节能型车为主导的产品,减少高能耗车辆的使用。

(2)优化施工设备配置,加大柴油车使用比重,提高车辆的实载率和能源利用率。

(3)改善场内外施工道路路况,提高路面质量,亦可减少油耗。

(4)提高施工机械的技术、经济性能,加强维护,确保其高效运行。应定期对施工机械维护、保养,加强施工机械润滑和管理,以减少摩擦、磨损,提高传动效率。施工中保证车辆轮胎气压正常,并采取增设废气涡轮增压器,采用感温器控制的风扇离合器等措施促使施工机械节能。

13.3.5 工程管理节能设计

(1)加强能源计量、控制、监督和能源科学管理。能源利用的计量、控制、监督和科学管理逐步使用现代化方法,是节能技术进步的基础工作,也是实现工艺、设备最佳运行的必要手段。节能科学管理能够经济、合理有效地利用能源,是现代化生产、推进节能水平提高的标志。

(2)提高用电设备效率。采用新技术和新材料;对用电设备进行技术改造,如提高电动机、风机等设备的效率,减少电能的传输损耗。

(3)提高用电设备的经济运行水平。提高设备利用率(如提高变压器、电动机的负载率等),提高变压器、电动机经济运行水平。

(4)加强用电设备的维修,提高检修质量。

(5)加强照明管理,人走灯灭。

13.4　节能效果评价

本工程计算期内能耗总量为947.06 t标准煤,国民经济净效益9 671万元,计算本工程综合能耗指标为0.10 t标准煤/万元,大大低于2020年0.76 t标准煤/万元GDP能耗标准,从能源消耗和产出看,本项目属节能投资项目。

本次从理念、工程总体布置、设备选用、施工组织设计等多个方面进行了优化设计,符合国家政策要求的先进节能设备要求。在施工组织设计中,合理选用了节能型施工机械,并合理安排了工期和施工程序,符合固定资产投资项目节能设计要求,本项目节能效果十分突出。

第 14 章　工程管理设计

14.1　工程管理体制

14.1.1　工程管理体制、行政隶属关系

工程完工后由山家林湖与蟠龙河南堤(长白山至店韩路段)工程管理办公室统一管理,隶属枣庄薛城区城乡水务局。

14.1.2　管理机构设置和人员编制

14.1.2.1　管理机构设置

管理单位应按照国家有关法律、法规,制定各项工程管理制度,严格执行上级防洪调度命令,有效保证防洪安全。

本工程由枣庄坤泽置地开发有限公司组建工程项目法人,承担工程的建设管理,协调工程建设的施工环境,对工程的质量、安全、进度、筹资和资金使用负总责。其主要任务为:负责组织编制单项工程设计;负责落实工程建设计划和筹措工程建设资金;对工程质量、安全、进度和资金等进行管理;给工程运行期的经营管理创造良好条件。

14.1.2.2　人员编制

根据新的管理任务,按照水利部、财政部联合发布的《水利工程管理单位定岗标准(试点)》(水办〔2004〕307 号)的规定进行测算,确定定员级别为 3 级。

工程管理单位岗位定员见表 2-14-1。

表 2-14-1　工程管理单位岗位定员

岗位类别	岗位名称	G_i	人员数量(兼职)
运行、观测类及养护修理类	运行负责岗位	S_1	1
	闸门及启门机运行岗位与电气运行岗位	S_2	3
	通信设备运行岗位	S_3	1
	水工观测、水文观测与水质监测岗位	S_4	1
辅助类	辅助岗位	F	2

经测算,按照《水利工程管理单位定岗标准(试行)》(水办〔2004〕307 号),山家林橡胶坝管理岗位定员人数为 8 人,由山家林湖与蟠龙河南堤(长白山至店韩路段)工程管理办公室兼职统一管理。

14.1.3　管理职能

管理单位依据《中华人民共和国水法》《中华人民共和国防洪法》《中华人民共和国河道

管理条例》等有关法规,负责建立健全各项管理制度和管理办法,培训人员,提高管理水平,确保在设计洪水下河道安全运行。非常洪水时,协调防汛抢险,当好领导参谋。对管辖范围内的河道和水工建筑物的运行,做好日常检查观测、养护和维修工作。

14.2　工程管理范围和保护范围

根据《中华人民共和国河道管理条例》及相关法规的规定,橡胶坝工程具体管理范围和安全区域由县级以上人民政府划定。应在橡胶坝工程周围划定必要的工程管理范围和安全区域,树立标志,其所有权归管理单位。

工程管理范围和保护范围应按照保障工程安全、方便运行管理的原则确定。

14.2.1　管理范围

建筑物管理范围包括:

(1)上下游连接段、闸室段、上下游连接段和两岸连接建筑物等主体工程的覆盖范围。

(2)主体工程建筑物覆盖范围以外的一定范围,可参照表2-14-2确定。

表2-14-2　水闸主体工程建筑物覆盖范围以外的管理范围　单位:m

工程规模	大型	中型
上下游边界以外的宽度	单侧不大于300	单侧不大于150
两侧边界以外的宽度	单侧不大于100	单侧不大于40

建筑物管理区范围为:上下游边界以外的宽度为100 m,两侧边界以外的宽度为20 m。

14.2.2　保护范围

保护范围是指为满足工程安全需要,防止在工程设施周边进行对工程安全设施有影响的活动,在管理范围边界线以外划定的一定范围,参照表2-14-3确定。

表2-14-3　水闸主体工程建筑物覆盖范围以外的保护范围　单位:m

工程规模	大型	中型
上下游的宽度	单侧300~500	单侧200~300
两侧的宽度	单侧200~300	单侧100~200

建议保护范围为管理区范围以外的上下游的宽度200 m,两侧边界以外的宽度为100 m。

14.2.3　工程管理设施

管理单位建设本着有利管理、方便生活、经济适用的原则进行,并为工程管理的良性运行创造条件。管理单位的生产、生活区建设主要包括管理公用设施、生产和辅助生产设施(设备、材料库,检修门库,配电室等)、职工生活文化福利设施及其他建设设施等。根据工程管理的需要安排如下管理设施。

14.2.4 办公、生产、生活设施

办公用房可包括办公室、会议室等。为满足办公管理用房需要,管理用房面积 23.04 m^2,结合充排水泵房布置。

14.2.5 交通设施

本工程县乡公路四通八达,交通条件十分便利,不需要额外交通设施。

防汛通信设施及交通车辆利用区水务局防汛车辆,本次设计不再计列。

14.2.6 安全设施

工程管理和保护范围内应设置安全警示牌及标志牌。

14.2.7 附属设施

利用附近自来水管网引接供水管道解决管理生活用水,管道长 680 m,采用 ϕ 50 PE 管道。

14.3 工程建设期管理

14.3.1 建设期管理机构设置和工程建设招标投标方案

14.3.1.1 建设期管理机构设置

枣庄坤泽置地开发有限公司具体负责工程建设期的组织实施。枣庄市城乡水务局是主管水务的政府机构。

14.3.1.2 招标方案

招标方式有公开招标、邀请招标和议标三种。为了充分体现公开、公正、公平竞争的招标原则,提高工程质量,缩短工期,降低造价,节省工程投资,初步拟定采用公开招标方式。

公开招标程序为:招标申请—资格预审文件、招标文件的编制—刊登评审通告、招标通告—资格预审—发售招标文件—投标文件编制与递交—开标—评标—定标—合同谈判及签约。

14.3.2 组织管理

严格实行项目法人制、招标投标制、建设监理制、合同管理制。为搞好该项目工程建设,提高工程质量,加快工程进度,控制工程经费,根据国家及水利部有关建设管理规定,结合本工程实际情况,建设单位应制订切实可行的建设管理办法、质量管理及安全生产管理办法,根据有关基本建设程序办理项目报建申请、监理招标、施工招标申请、开工报告、申请质量监督等相关手续,从编制招标文件、制订标底、划分标段、开标、评标、确定中标单位等各个环节都严格按照国家有关法律、实施办法和细则进行办理。

14.3.3 质量保证

建设期法人负责做好该工程的建设、管理工作,材料设备实行政府采购。全面实行阳光

作业,实行市场认证准入,材料设备供应商的产品必须要有三证,才能参与政府采购竞标,严禁“三无”产品、不合格的产品入场,对砂、卵石、水泥等产品进行严格的抽检,要求按规定必须取样试验后方可使用, 混凝土、砂浆拌和用的各种材料必须严格计量,保证各种原材料符合质量要求。

择优选定施工企业,严格按招标投标的法律法规进行招标投标活动,选择资信度高、业绩好的施工企业,加强本项目的监督管理。按照基本建设项目管理程序,实施严格的质量措施,建立目标管理责任制,明确目标,责任到人,并将工程进度、质量指标等列入考核内容。

建设单位要抽调相关人员常驻工地一线,认真协调各方面关系,加强计划管理,充分发挥建设管理的主导作用,为工程施工创造良好的建设条件;要授权工程监理,使之真正起到“三控制,两管理,一协调”的作用,要按照“政府监督、项目法人负责、社会监理、企业保障”的要求,建立健全各方面的质量管理体系。

监理单位要根据工程实际,制定切实可行的工程建设监理细则,使监理工作有章可循,各监理工程师必须认真履行监理职责,认真贯彻执行有关施工监理的各项政策、法规,按照工程的合同条件、建设规范,利用合同赋予监理工程师的职责、权利和义务。

施工单位要建立健全质量保证体系,落实质量责任制,对施工过程进行质量检查,坚持班组自检,施工技术人员复检、质检、终检的“三检制”,认真填写工程质量检测评定表,报请现场监理工程师复核认可后,方可进行下一步工序的施工。

设计单位要本着“百年大计,质量第一”的原则,精心设计,精心校核,精心审查,始终贯彻设计为工程建设服务的宗旨,确保实现优质设计工程的目标,施工期间选派设计代表进驻工地,负责设计文件的解答及技术交底工作,及时处理施工中出现的问题。

质量监督、运行管理和各级政府主管部门,要按照“监督、促进、帮助”的原则积极主持、指导各建设、设计和施工单位的质量管理工作,各建设、设计和施工单位要深入推行全面质量管理,完善质量保证体系,主动接受监督机构的监督。

工程实施过程中,建设单位会同其他各参建单位要加强质量验收工作,依据有关法律、规章和技术标准、合同文件,进行分部工程、单位工程验收,及时提交竣工验收报告。

14.3.4　进度保证

本工程工期短、任务重,对工程建设中管材等主要建材供应、移民迁占、施工组织设计都提出了极高要求。建设单位要抽调相关人员常驻工地一线,认真协调各方面关系,加强计划管理,充分发挥建设管理的主导作用,为工程施工创造良好的建设条件,保证工程建设按计划实施;同时提高资金使用效率,确保工程资金专款专用和及时足额到位,促使工程项目计划任务的完成。要建立完善激励机制,对于优先干完的施工企业,要进行通报表扬,同时进行一定的物质奖励,调动施工企业的积极性。

监理单位要严格审核施工单位报送的施工组织设计,要真正起到“三控制, 两管理,一协调”的作用,监理单位要定期召开监理例会,随时掌握季度、月度和周施工进度计划及完成情况,以督促施工进度按计划完成,同时认真做好工程计量工作,对施工单位报审的支付款凭证及时审批,避免因资金不到位而影响施工进度,确保工程项目计划任务的完成。

施工单位要合理安排工期,根据工程进度计划要求,合理划分施工阶段, 并对各施工阶段进行分解,突出关键、突出控制节点。在施工中针对各施工阶段的重点和有关条件,制订详细的施工方案,安排好施工顺序,实现流水作业,做到连续均衡施工。做好土方、工力、施工机械、材料的综合平衡,确保施工不超期。

14.3.5　资金保证

为规范和加强该项目建设资金管理,保证资金的合理有效使用,提高投资效益,根据基本建设资金管理的基本原则,按照合同要求,厉行资金拨付手续,对工程资金做到专款专用,真正依照合同条款、按施工进度拨付,对应拨付价款不拖不欠,保证项目工程按期完成。

建立健全财务会计机构,配备具有相应业务水平的专职财会人员,配备会计专用软件,实行会计电算化管理。财务管理资金分为固定资产、流动资金、前期费用、项目管理费用等,前期工作费和项目管理费列入投资分类中的勘察设计管理费。

通过审计,监督项目资金落实和使用情况,保证资金的使用符合财务制度要求。审计的计划是:建设期前以规划设计费用审计为主;建设期内以建设费用的审计为主;工程建成后,以运行管理费用的审计为主。

14.4　工程运行管理

14.4.1　工程运行管理任务

本工程属公益性工程。运行期工程管理任务为对拦蓄建筑物的安全运行、工程观测、日常维护、工程维修的管理。

(1)要严格遵守制定的各种管理制度,加强拦蓄引水工程和堤防工程的管理,确保工程处于完好的工作状态。

(2)各种建筑物要根据制订的运行计划和操作规程进行定期检查,保证在防洪、灌溉时能达到正常运行,科学合理地调配干流水量。

(3)加强水文观测和洪水预报,观测水位、流量、含沙量及地下水位,做到及时准确地向防汛主管部门提供洪水情报,达到洪水调度科学,防汛决策正确。

(4)建立工程管理档案,掌握工程质量和存在的问题,记录实际运行中的情况,建立工程质量、运行维修等技术档案。

(5)增加对干流水质的监测力度,保护沿河生态环境。

14.4.2　工程检查与观测

工程检查工作应包括经常检查、定期检查和特别检查。

(1)经常检查:管理单位应经常对橡胶坝工程各部位、坝袋、锚固件、充排设备、机电设备、通信设施、河床冲淤、管理范围内的河道堤防和水流情况等进行检查。检查周期,每月应不少于1次。当橡胶坝遭受到不利因素影响时,对容易发生问题的部位应及时加强检查观察。

(2)定期检查:每年汛前、汛后、冬季封冻时或在橡胶坝运用前后,应对橡胶坝工程各部位及各项设施进行全面检查。每年初次运用前,应着重检查岁修工程完成情况,汛后应着重检查工程变化和损坏情况,寒冷地区冬季运用的橡胶坝工程,应着重检查防冻、防冰凌措施的情况。

(3)特别检查:当发生特大洪水、暴雨、暴风、强烈地震和重大工程事故时,应及时对橡胶坝工程进行特别检查,着重检查主体工程有无损坏等。

14.4.3　工程维护修理

工程养护修理分为养护、岁修、抢修和大修。从部位来讲,主要是橡胶坝锚固件除锈、预埋件维护修理、充排水设备定期维护以及其他土建工程的养护修理等。

(1)土建工程:对土建工程的破损部位,应及时予以修复,清除麻面、孔洞,保证其平整光滑。

(2)橡胶坝金属结构、预埋固件及充排水泵:容易锈蚀的构件要定期除锈和涂防锈层。

(3)机电设备及附属物的定期维护保养等。

14.4.4　调度运用

橡胶坝部分的安全运行对保证下游河道行洪安全非常重要。设计中已考虑到一些不利情况组合,但为保证工程在任何运行情况下,均能达到安全要求,必须在工程运行中加强控制运用。根据上游各控制性建筑物的洪水控制信息及防汛部门的洪水预报,安全合理控制运行。

14.4.4.1　橡胶坝控制运用

1. 正常蓄水期控制运用

非汛期,橡胶坝充水至正常蓄水位。严禁坝袋超压、超高运行,严禁双向挡水运用。

2. 汛期控制运用

汛期橡胶坝坍坝行洪。

3. 控制运行中的注意事项

(1)必须按设计运用要求由专职人员进行操作,严格执行操作规程。

(2)严禁超压、超高运行。充坝时,要注意观测,安全装置要可靠。

(3)严禁穿钉鞋、硬底鞋在坝袋上行走,严禁坝袋处于充胀状态装卸锚固件。

(4)充水前把排气孔关闭,待坝袋充胀到 1/2 坝高时,再把排气孔打开排气,待坝袋内气体排除后关闭排气孔。

(5)由于橡胶坝较高,在充胀时,宜分级逐步充胀至设计坝高,每次停留时间不得少于半小时,要有专人现场观察。

(6)运用中发现坝体振动时,采用调节坝高、控制坝顶溢流水深等办法来减轻或消除坝袋振动。

(7)坍坝泄洪时,必须使坝袋塌平。

(8)坝下游 500 m 内严禁游人进入,以免坝袋突然破裂对游人造成生命威胁。

14.4.4.2　船闸控制运用

船闸运行控制:船只到达上闸首,准备下行时,先将闸室充水,待室内水位与上游相平时,将上游闸门开启,让船只进入闸室。随即关闭上游的闸门,闸室放水,待其降至与下游水位相平时,将下游闸门开启,船只即可出闸。船只到达下闸首,准备上行时,先将闸室泄水,待室内水位与下游水位齐平时,开启下游闸门,让船只进入闸室,随即关闭下游闸门,向闸室灌水,待闸室水面与上游水位相齐平时,打开上游闸门,船只驶出闸室,进入上游航道。

洪水位时,闸首闸门应处于关闭状态,禁止通航。

船闸上下闸首各设一道检修闸门,检修闸门采用浮箱叠梁式钢闸门(7 m×1.0 m),上游侧叠梁为6节,下游侧叠梁为2节,采用汽车吊临时起吊,本工程不包含检修闸门工程量,只预留门槽,后期建设由建设单位根据后期运行管理情况确定。

14.5 工程管理费用及来源

14.5.1 基本工资和社会福利费测算

(1)人员的确定。

按前面的测算结果,管理单位定员数量为8人。

(2)基本工资。

按事业单位人均年工资约为20 000元计,管理单位年工资总额为:20 000元/人×8人=16万元。

(3)社会福利费。

年需社会福利费为6.4万元。

14.5.2 单位管理费测算

年需管理费2.8万元。

以上工程管理费用测算为每年25.2万元。

工程综合维护费包括工程日常养护费、年修和大修理费,按工程固定资产经济投资额核算。费率标准参照《水利建设项目经济评价规范》(SL 72—2013),按固定资产额(扣除占地补偿费和建设期贷款利息)乘以维护费率核算,即工程维护费率按固定资产额的2%核算。工程维护费为15.5万元。

根据实际情况,建议采取以下措施来筹措管理、养护费,以满足项目的正常运行。

(1)工程运行费用由区财政从河道堤防维护费中按比例拨出一定经费列支专项资金,同时收取一定数量的水费(灌溉工程),用于管理单位的日常开支及河道堤防、拦蓄工程的建设维护和运行管理。

(2)对受益区的农村,由地方政府和工程管理单位协商安排一定的义务工和劳动积累工,以维护工程设施。

采取以上措施后,仍不能维持工程的正常运行,资金不足的部分,由于工程属社会公益性的基础设施工程,建议其维护运行管理费由政府财政支付,以维持工程的正常运行,发挥效益。

第15章　设计概算

15.1　概算指标

(1)主要工程量:土方开挖(自然方)10.67万m^3,土方回填(实方)7.21万m^3,钢筋制安889.23 t,钢筋混凝土及混凝土13 101 m^3。

(2)主要材料:汽油10 t,柴油158 t,碎石2 012 m^3,块石2 899 m^3,砂811 m^3,钢筋802 t,抗硫酸盐水泥2 234 t。

(3)工日:53 190工日。

本工程概算总投资4 873.32万元,其中工程部分投资4 757.99万元,水土保持投资86.08万元,环境保护投资29.25万元。

(4)施工总工期:4个月。

15.2　编制原则及依据

15.2.1　编制原则

本工程价格水平年采用2019年第4季度,采用其他水利工程标准。

15.2.2　文件依据

(1)《山东省水利水电工程设计概(估)算编制办法》(山东省水利厅鲁水建字〔2015〕3号)。

(2)《山东省水利水电工程营业税改征增填税计价依据调整办法》(鲁水建字〔2016〕5号)。

(3)《关于调整水利水电工程计价依据增值税计算标准的通知》(鲁水建函字〔2019〕33号文)。

(4)《关于印发〈工程勘察设计收费管理规定〉的通知》(国家计委、建设部计价格〔2002〕10号文)。

(5)《水利水电工程设计工程量计算规定》(SL 328—2005)。

(6)《关于印发〈建设工程监理与相关服务收费管理规定〉的通知》(国家发展改革委、建设部发改价格〔2007〕670号文)。

(7)国家及上级主管部门颁发的有关文件、条例、法规等。

(8)本工程设计说明书及图纸。

15.2.3 采用定额

(1)山东省水利厅鲁水建字〔2015〕3 号文颁发的《山东省水利水电建筑工程预算定额》(上、下册)。

(2)山东省水利厅鲁水建字〔2015〕3 号文颁发的《山东省水利水电工程施工机械台班费定额》。

(3)山东省水利厅鲁水建字〔2015〕3 号文颁发的《山东省水利水电设备安装工程预算定额》。

15.2.4 基础单价

15.2.4.1 人工费

人工预算单价为 72 元/工日。

15.2.4.2 材料预算价格

(1)采用 2019 年第 4 季度价格水平。

(2)主材预算价格:根据供应地、运距及询价,并计入运杂费、采保费等计算确定。外购砂、碎石、块石等材料预算价格超过 70 元/m^3 的,按 70 元/m^3 的基价进入工程单价参加取费,钢筋、水泥、汽油、柴油、炸药的材料预算价格分别超过 2 600 元/t、260 元/t、3 100 元/t、3 000 元/t、6 000 元/t 的基价时,按基价进入工程单价参加取费,预算价格与基价的差额以材料补差形式进行计算,材料补差列入单价表中并计取税金。

(3)次要材料预算价格:按现行市场价格综合取定。

(4)施工用电预算价格为 0.88 元/kW·h,施工用水预算价格为 0.75 元/m^3,施工用风预算价格为 0.14 元/m^3。

15.2.4.3 施工机械台班费

根据鲁水建字〔2015〕3 号文《山东省水利水电工程施工机械台班费定额》及有关规定计算。

15.2.5 建筑、安装工程取费标准

根据以上规定,确定费用标准如下:

(1)其他直接费:建筑工程取基本直接费的 6.9%,安装工程取基本直接费的 7.6%。

(2)间接费:间接费费率见表 2-15-1。

表 2-15-1 间接费费率 %

序号	工程类别	计算基础	间接费费率
一	建筑工程		
1	土石方工程	直接费	10.5
2	砌筑工程	直接费	13.5
3	模板及混凝土工程	直接费	11.5

续表 2-15-1

序号	工程类别	计算基础	间接费费率
4	钻孔灌浆及锚固工程	直接费	10.5
5	其他工程	直接费	10.5
二	机电、金结设备及安装工程	人工费	70.0

(3)利润:按直接费与间接费之和的 7%计算。

(4)税金:按直接费与间接费、利润之和的 9%计算。

15.2.6　分部工程概算编制

15.2.6.1　建筑工程

(1)主体建筑工程:按设计工程量乘以单价计算。

(2)其他建筑工程:按主体工程量的 2.5%计算。

15.2.6.2　机电设备和金属结构设备及安装工程

主要机电设备价格在询价的基础上并参考近期已建工程同类产品综合确定,金属结构设备中闸门埋件及启闭机价格参考表 2-15-2 计算。另按设备原价的 4%计取运杂费,按设备原价、运杂费之和的 0.7%计取采购及保管费。

表 2-15-2　金属结构设备价格参考　单位:元/t

序号	设备名称	价格
1	涵闸闸门	12 500
2	启闭机(定制)	18 000

15.2.6.3　施工临时工程

(1)施工交通工程:按设计工程量乘以单价计算。

(2)施工房屋建筑工程:施工仓库按设计工程量乘以造价指标计算,办公、生活及文化福利建筑按一至四部分建安工程量之和的 1.5%计。

(3)其他施工临时工程:按一至四部分建安工程量之和的 1.5%计。

15.2.6.4　独立费用

(1)项目经济技术服务费:以一至四部分投资作为计算基数(1.20%),按表 2-15-3 所列费率,以差额定率累进方法计算。

表 2-15-3　项目经济技术服务费费率

序号	一至四部分投资/万元	费率/%
1	5 000 以内	1.50
2	5 000~10 000	1.20
3	10 000~50 000	1.00
4	50 000~100 000	0.80
5	100 000 以上	0.50

(2)工程建设监理费:参考国家发展改革委、建设部发改价格〔2007〕670 号文发布的《关于印发〈建设工程监理与相关服务收费管理规定〉》的通知》计算。

(3)生产准备费:按有关规定计算。

(4)工程勘测设计费:参考国家计委、建设部计价格〔2002〕10 号文颁布的《工程勘察设计收费标准》的规定执行。本工程设计费、勘测费包括初步设计、招标设计、施工图设计阶段的费用。

(5)其他。

工程质量检测费:根据山东省水利厅鲁水建字〔2009〕38 号文,按工程一至四部分建安工作量的 0.75%计算。

15.2.7 预备费及其他

(1)基本预备费:按照一至五部分合计的 5%计算。

(2)价差预备费:暂不计列。

(3)本次投资按静态总投资计列,不考虑建设期融资利息。

15.3 工程概算

(1)工程总概算表,见表 2-15-4。

(2)建筑工程概算表。

(3)机电设备及安装工程概算表。

(4)金属结构设备及安装工程概算表。

(5)临时工程概算表。

(6)独立费用预算表。

(7)建筑工程单价汇总表。

(8)施工机械台班费计算表。

(9)主要材料预算价格计算表。

表 2-15-4 总概算表 单位:万元

编号	工程或费用名称	建筑安装工程费	设备购置费	独立费用	合计
Ⅰ	工程部分投资				4 757.99
	第一部分 建筑工程	3 411.33			3 411.33
一	橡胶坝工程	2 887.40			2 887.40
二	船闸工程	402.18			402.18
三	高压线路工程	81.00			81.00
四	其他建筑工程	40.75			40.75
	第二部分 机电设备及安装工程	135.25	260.44		395.70
一	水利机械设备及安装工程	62.62	67.70		130.32

续表 2-15-4　　单位:万元

编号	工程或费用名称	建筑安装工程费	设备购置费	独立费用	合计
二	橡胶坝电气设备与安装	14.04	67.40		81.44
三	监控系统设备	1.87	21.78		23.65
四	动力及控制线缆	7.64	8.77		16.41
五	渗流自动观测系统设备	11.24	18.12		29.36
六	视频监视系统	3.50	19.48		22.97
七	管理区变配电系统	11.41	10.29		21.70
八	船闸电气设备及安装	22.94	28.67		51.60
九	消防设备		0.36		0.36
十	劳动安全与工业卫生	0.00	12.43		12.43
十一	外部观测设施	0.00	5.44		5.44
	第三部分　金属结构设备及安装	69.20	139.08		208.28
一	山家林船闸金属结构设备及安装工程	69.20	139.08		208.28
	第四部分　施工临时工程	201.49			201.49
一	施工导流	72.73			72.73
二	施工道路	11.18			11.18
三	施工房屋建筑工程	61.18			61.18
四	其他施工临时工程	56.41			56.41
	第五部分　独立费用			314.62	314.62
一	经济技术服务费			42.17	42.17
二	工程建设监理费			74.94	74.94
三	生产准备费			13.88	13.88
四	勘测设计费			155.00	155.00
五	其他			28.63	28.63
	一至五部分合计	3 817.28	399.53	314.62	4 531.42
	基本预备费(5%)				226.57
	静态总投资				4 757.99
	工程部分总投资				4 757.99
Ⅱ	专项部分投资				115.33
一	环境保护投资				29.25
二	水土保持投资				86.08
Σ	工程总投资				4 873.32

第16章　经济评价

16.1　评价依据及基本参数

16.1.1　评价依据

（1）《建设项目经济评价方法与参数》（第三版）。

（2）《水利建设项目经济评价规范》（SL 72—2013）。

16.1.2　评价方法及基本参数

根据《水利产业政策》及《水利建设项目经济评价规范》（SL 72—2013）的要求，枣庄市山家林橡胶坝工程属于社会公益性质，将着重进行国民经济评价。

国民经济评价采用动态分析法，以建设第一年即2020年作为折算基准年，并以该年初作为折算基准点。工程建设期5个月，即开工后第二年开始发挥效益，正常运行期取30年，则经济计算期为31年。国民经济评价社会折现率采用8%。项目主要投入物和产出物价格在国民经济评价时采用影子价格，供水成本分析采用现行价格。项目概算总投资4 873.32万元，根据工程建设情况及管理职责，结合本项目实际情况，共需管理人员8人。

16.2　国民经济评价

山家林橡胶坝工程的实施，能够减少洪水灾害所造成的损失即为本工程的防洪效益，包括因受洪水淹没而造成的农业、工业、家庭财产、渔业、林业、交通、通信、毁坏的工程、防汛抢险费用等一切可以用货币表示其损失价值的。

16.2.1　工程费用

工程费用包括实施本工程所增加的固定资产投资、设备更新改造费、年运行费及流动资金等。

16.2.1.1　固定资产投资

国民经济评价应从国家整体的角度，采用影子价格，分析计算项目的全部效益和费用，考察项目对国民经济所做的净贡献，评价项目的经济合理性。根据国民经济评价的目的及规范要求，经济（影子）投资是在财务静态总投资的基础上，按《水利建设项目经济评价规范》（SL 72—2013）附录B方法进行编制和调整，即剔除投资概算中施工单位的税金、计划利润及设备储备贷款利息等属于国民经济内部转移支付的费用，并对三材费用、土地费用和基本预备费进行调整。具体方法与步骤如下：

（1）分析确定工程设计概（估）算中属于国民经济内部转移支付的费用（A）。

(2)按影子价格计算项目所需主要材料的费用,并计算与工程设计概(估)算中主要材料费用的差值(B)。

(3)按影子价格计算主要设备投资,并计算与工程设计概(估)算中该设备投资的差值(C)。

(4)计算项目占用、淹没土地的影子费用,并计算与工程设计概(估)算中占用、淹没土地补偿费的差值(D)。

(5)按影子工资计算劳动力费用,并计算与工程设计概(估)算中劳动力费用的差值(E)。

(6)计算项目国民经济评价总投资。其计算公式为:

项目国民经济评价总投资=(工程静态总投资-基本预备费$-A+B+C+D+E$)×(1+基本预备费率)

经计算,固定资产经济(影子)投资为4 386万元。

16.2.1.2　设备更新改造费

工程机电设备及金属结构经济使用年限为20年,在经济计算期内需维修改造一次,维修改造费为40万元。

16.2.1.3　年运行费

本次所计年运行费指因山家林橡胶坝改建工程实施后所增加的管理费、综合维护费及其他费用等。

1.管理费

管理费包括职工工资、工资性津贴、福利费、房屋统筹、养老金统筹及工程日常观测科研等费用。根据管理机构设置及有关规定,管理费每年共25.2万元。

2.综合维护费

工程综合维护费包括工程日常养护费、年修和大修理费,按工程固定资产投资额核算。费率标准参照《水利建设项目经济评价规范》(SL 72—2013)和水利部水财〔1995〕281号文《关于试行财务基准收益率和年运行费率标准的通知》,并考虑本项目的具体情况,综合维护费率采用0.5%,年均维护费为48万元。

16.2.1.4　其他费用

按上述费用之和的10%计取,为7万元。

综上所述,本工程年运行费为80万元。

16.2.1.5　流动资金

流动资金包括维持工程正常运行所需购置燃料、材料、备品、备件和支付职工工资等的周转资金,按年运行费的10%计列,为8万元。

16.2.2　工程效益

山家林橡胶坝工程实施后,可以保护两岸地区生产、人民生命财产及重要设施的防洪安全,提高区域防洪排涝能力和生态景观文化底蕴,改善区域生态环境,实现区域内社会、经济和环境的可持续发展。本工程效益主要为防洪效益。

16.2.2.1　防洪效益

通过"有无对比"的方法计算资产损失值。经计算,本工程多年平均防洪国民经济效益为550万元,其中多年平均直接防洪国民经济效益取500万元,多年平均间接防洪国民经济效益为50万元。

16.2.2.2 流动资金回收

流动资金在计算期末一次回收,计8万元。

16.2.2.3 固定资产残值

固定资产残值率按3%计算,为132万元,于计算期末一次回收。

16.2.3 经济分析与评价

从国民经济角度分析工程的盈利能力,根据经济内部收益率、经济净现值及经济效益费用比等评价指标和评价准则进行。工程经济效益费用流量成果详见表2-16-1。

由上述工程费用和效益计算各评价指标,计算国民经济评价指标如下:

经济内部收益率(EIRR)= 10.05%;

经济净现值(ENPV)= 809万元;

经济效益费用比(EBCR)= 1.25。

由以上经济评价指标可以看出,经济内部收益率大于社会折现率8%,经济效益费用比大于1,经济净现值大于零。因此,从国民经济盈利能力分析来看,工程在经济上是合理可行的,效益是显著的。

表2-16-1 国民经济效益费用流量

序号	项目	建设期	正常运行期													
		1	2	3	4	5	6	7	8	9	10	11	27	28	29	30	31
1	增量效益流量 B		550	550	550	550	550	550	550	550	550	550	550	550	550	550	690
1.1	项目各项功能的增量效益		550	550	550	550	550	550	550	550	550	550	550	550	550	550	550
1.1.1	防洪效益		550	550	550	550	550	550	550	550	550	550	550	550	550	550	550
1.2	回收固定资产余值																132
1.3	回收流动资金																8
2	增量费用流量 C	4 386	88	80	80	80	80	80	80	80	80	80	80	80	80	80	80
2.1	固定资产投资	4 386															
2.2	流动资金		8														
2.3	年运行费		80	80	80	80	80	80	80	80	80	80	80	80	80	80	80

续表 2-16-1

序号	项目	建设期	正常运行期														
		1	2	3	4	5	6	7	8	9	10	11	27	28	29	30	31
3	净效益流量（$B-C$）	-4 386	462	470	470	470	470	470	470	470	470	470	470	470	470	470	610
4	累计净效益流量	-4 386	-3 924	-3 454	-2 984	-2 514	-2 044	-1 574	-1 104	-634	-164	306	7 826	8 296	8 766	9 236	9 846

16.3　敏感性分析

考虑到计算期内各种投入物、产出物预测值与实际值可能出现偏差，对评价结果产生一定影响，为评价项目承担风险的能力，分别设定投资增加10%和效益减少10%两种情况，进行敏感性分析，计算成果见表2-16-2。

表 2-16-2　国民经济评价敏感性分析成果

方案	效益增减比例/%	费用增减比例/%	内部收益率/%	经济净现值/万元	经济效益费用比
1	-10	0	9.63	1 017	1.22
2	0	+10	9.92	1 330	1.25
3	+10	-10	8.55	371	1.13

从计算结果看，在设定的浮动范围内，各项经济指标仍能满足要求，可见工程具有较强的抗风险能力。

经过对该工程进行敏感性分析，各评价指标仍然是合理的，工程具有较强的抗风险能力。经过对项目各功能分别分析计算，也都达到规定要求。因此，从国民经济角度来看，本工程经济效果较好，社会效益显著，是合理可行的。

16.4　财务分析

山家林橡胶坝工程改建工程是一项以防洪为主的战略性工程，具有很强的公益性，经济效益和社会效益很大，但从现行的财税政策来看，工程没有明确的财务收益。根据《水利建设项目经济评价规范》（SL 72—2013）的要求，国民经济评价合理，而无财政或收入很少时，应进行财务分析计算，以确定需由国家补贴的资金数额，并提出维持项目正常运行需采取的经济优惠及政策。

16.4.1　财务费用分析

根据工程管理运行情况，本报告仅分析其年运行费用。本工程的年运行费由工程管理费、工程维护费、燃料动力费及其他费用组成。

根据国民经济评价,该工程正常运行期年需费用80万元。

16.4.2　建议

参考我国现行的法规,根据实际情况,建议采取以下措施来筹措资金,以满足项目的正常运行。

(1)工程运行费用由区财政从河道堤防维护费中按比例拨出一定经费列支专项资金,用于管理单位的日常开支及拦蓄工程的建设维护和运行管理。

(2)对防护区的农村,由地方政府和工程管理单位协商安排一定的义务工和劳动积累工,以维护工程设施。

采取以上措施后,仍不能维持工程的正常运行,资金不足的部分,由于工程属社会公益性的基础设施工程,建议其维护运行管理费由政府财政支付,以维持工程的正常运行,发挥效益。

第 17 章　社会稳定风险分析

17.1　编制依据

(1)《国家发展改革委重大固定资产投资项目社会稳定风险评估暂行办法》(国家发展和改革委员会发改投资〔2012〕2492 号)。

(2)《重大固定资产投资项目社会稳定风险分析篇章大纲及说明(试行)》(国家发展和改革委员会办公厅文件发改办投资〔2013〕428 号)。

17.2　风险调查

风险调查是风险分析的基础工作,同时也是风险识别、风险估计、风险等级判断和制订风险防范、化解措施的基础。

17.3　项目合法性、合理性遭质疑的风险

项目的建设严格遵循现行政策、法律、法规,有充分的政策、法律依据,该项目坚持严格的审查审批和报批程序,对项目进行了严谨科学的可行性研究论证。项目合法性、合理性遭质疑的风险很小。征地程序正在按照《中华人民共和国土地管理法》等有关法律,按部就班依法进行中。

17.3.1　项目可能造成环境破坏的风险

17.3.1.1　风险内容

本项目需要用地可能会对当地的生态和景观造成一定程度的破坏。项目在建设期间可能对环境产生的影响包括施工噪声、粉尘、废弃土石方、生态破坏的影响等,项目在运营期间可能对环境产生的影响主要包括汽车尾气、粉尘、噪声、事故风险等对环境的影响。

17.3.1.2　风险评价

为使项目造成环境破坏的风险较小,项目在施工期间严格按照设计方案进行施工,严格依照环境保护及水土保持投资预算投入保护措施建设,做好各项防治工作,废弃土石方集中堆放,对路面进行洒水处理粉尘,在白天进行施工作业,基本上对周边环境影响不大,不会产生噪声扰民现象。项目造成环境破坏的风险较小。

17.3.2　抵制征地拆迁的风险

17.3.2.1　风险内容

由于征地涉及群众的切身利益,加上群众对征地政策缺乏理解,因此在征地问题上群众

往往会与政府站在对立面,以各种形式抵制征地。征地项目中群众最敏感、最担忧的问题是失去土地。

17.3.2.2 风险评价

本工程征地问题已解决,预计本项目遭群众抵制的风险很小。

17.3.3 群众对生活环境变化的不适风险

17.3.3.1 风险内容

项目建设生产期间,大批施工队伍进驻项目驻地,施工车辆进出等将打破当地居民的生活现状,使得村民与外界的联系更加密切,并在一定程度上受到外界的干扰,从而造成沿线村庄村民内心的不安与担忧。

17.3.3.2 风险评估

本项目在施工期间聚集形成一个相对稳定的施工群体,不会破坏沿线村落的生态环境,同时伴随着本项目的完成,将大大改善沿线群众的居住及出行环境。群众对生活环境变化的不适风险较小。

17.4 风险识别

17.4.1 征用土地、拆迁房屋和再安置的问题

为了保护被征地农民的合法权益,国家对土地和拆迁补偿标准不断提高,但尚不足市场拍卖价。因此,为了国家利益应做好被安置群众的工作,用地单位在同等条件下应优先吸收被征地农民就业,尽量满足征地农民的土地置换等要求,使他们的长远生计得到一定程度的保证。

在征地过程中,必须严格履行法定程序,要保护被征地农村经济组织和农户的知情权。在征地依法报批前,当地国土资源部门应将拟征地的用途、位置、补偿标准、安置途径等,以书面形式告知被征地农村集体经济组织和农户;对土地现状的调查结果应与被征地农村集体经济组织、农户和产权人共同确认;被征地农村集体经济组织、农户对拟征土地的补偿标准、安置途径有申请听证的权利。

由于本工程不存在拆迁房屋和再安置问题,所以工程建设不会影响当地群众利益,工程开展也不会有大的阻力。

17.4.2 弱势群体的支持问题

项目建设占用了部分耕地,应尽量减少对所占用土地户主生活的干扰,特别是贫困家庭。应对贫困家庭给予特别关注,并提供适当的援助,以帮助他们提高生活水平。对耕地很少、不能通过土地再分配维持基本生活水平的家庭,帮助他们进行产业转移,进行生产开发,充分尊重劳动者的就业意愿,获得其对项目的支持,减少项目的社会风险。

17.4.3 项目的组织运作问题

建设资金是项目顺利实施的保证。因此,资金筹措能否落实是关键。需要项目的组织

机构和法人切实做好项目的前期工作,加强同各级政府组织机构的沟通,获取各方面的支持,保证项目如期开工。项目的组织、设计及实施要符合国家政策及国家和地区的长远规划,本着"以人为本"的原则进行,否则会违背项目可持续性的宗旨。

17.4.4 风险估计

为便于度量该项目整体风险的大小,要对各类风险的可能性大小进行量化,然后得到项目的综合风险大小。

首先,根据专家经验和民意调研结果将可能的社会风险划分为4类,确定每类风险因素的权重,取值范围为[0,1],取值越大表示某类风险在所有风险中的重要性越大;其次确定风险可能性大小的等级值,本次评价将风险划分为5个等级(很小、较小、中等、较大、很大),等级值按风险可能性由小至大分别取值为0.2、0.4、0.6、0.8、1.0;最后将每类风险因素的权重与等级值相乘,求出该类风险因素的得分,把各类风险的得分加总求和得到综合风险的分值。综合风险的分值越高,说明项目的风险越大。当综合风险分值为0.2~0.4时,表示该项目为低风险,多数群众理解支持,但少部分人对项目有意见,通过有效工作可防范和化解矛盾;当综合风险分值为0.41~0.7时,表示该项目为中风险,部分群众对项目有意见,反应强烈,可能引发矛盾冲突;当综合风险分值为0.71~1.0时,表示该项目为高风险,大部分群众对项目有意见,反应特别强烈,可能引发大规模群体性事件。

17.5 风险防范和化解措施

根据对项目可能诱发的风险及其评价,采取下述风险防范措施。

一是协调相关村庄召开村民代表会,协商确定土地补偿标准、青苗补偿标准;介绍项目开工建设及以后运行生产对村民的影响;解答村民对项目的疑问及听取村民的建议,做到人人知情、事事无疑问。

二是环境评价先期多次进行民意调查,确保知道村民关心的是哪一事项,对哪一事项有疑虑。针对村民疑虑事项进行解答,并对有关事项向村委会承诺。

三是征占土地计量,地上附着物及林木计数做到公平、公开、合理,让村民无异议,补偿金无异议后马上兑现。

四是补偿金兑现无异议后才入场施工。建设期间严格要求和监督施工单位文明施工,减少扰民,施工建设过程中所产生的垃圾、废弃土石方、粉尘等有可能污染周围环境的,采取相对应措施及时处理,不随意倾倒。

五是项目组紧密联系和依靠村委会,采取以预防为主的治安防范措施,建设期间,如有个别村民有异议,以疏导、说服、化解为主,将问题消除在萌芽状态。

17.6 风险等级及结论

项目风险综合评价见表2-17-1。

表 2-17-1　项目风险综合评价

风险类别	风险权重	风险发生的可能性	风险	综合风险
项目合法性、合理性遭质疑的风险	0.2	0.4	0.08	0.30
项目可能造成环境破坏的风险	0.3	0.2	0.06	
群众抵制征地拆迁的风险	0.3	0.4	0.12	
群众对生活环境变化的不适风险	0.2	0.2	0.04	

从表 2-17-1 可看出，本项目可能引发的不利于社会稳定的综合风险值为 0.30，风险程度低，意味着项目实施过程中出现群体性事件的可能性不大。

项目的实施及准备过程中应注意以下几点：

（1）注重对居民切身利益的保护。

本项目实施应严格执行征地及地表附着物补偿标准。开工前应制订详细的补偿方案，为确保项目的顺利进行，在具体操作时，本着有利于保护居民切身利益的原则，制定标准时，取高舍低。

（2）科学安排和监管补偿资金使用。

制订详细的征地及地表附着物补偿金的支付方式，确保资金的依法拨付和使用。

（3）减少施工期间的扰民。

各相关职能部门密切配合，严格要求和监督施工单位文明施工，减少扰民，采取下列措施：施工过程中所产生的垃圾、废水、废气等有可能污染周围环境的，应采取相应措施及时处理，不可随意倾倒、排放；施工现场车辆进出场时，要避开每日上、下班（学）时段，不要造成施工现场周围交通不畅或发生事故等。

（4）保障项目全过程治安安全。

本工程实施时，采取以预防为主的治安防范措施。一是确保补偿款到位然后进场施工，首先保证街道、村集体和居民的切身利益。二是确需强制进场的，在补偿款到位的前提下，对现场进行证据保全，同时要求公安、民政等部门到现场维持秩序。三是公安部门在项目全过程加强综合治理工作，保持征地涉及区域日常治安环境的良好。四是密切关注极少数居民可能的因对补偿不满意引发的上访、闹访、煽动群众、示威等动向，第一时间采取教育、说服、化解等措施，将问题消除在萌芽状态。

（5）继续加强征地补偿政策的宣传，营造良好的社会舆论氛围。

要通过电视、广播、报纸等多种新闻媒体，宣传本工程对拉动地方经济发展、带动周边土地升值、增加农民就业和致富机会、集体经济和物业经营将有较快增长等诸多能给农民带来长期福利改善、收入增加这些正面的影响。

（6）加强风险预警，做好征地现场维稳工作。

建立风险预警制度，对征地过程中发生的不稳定因素进行排查。加强征地现场的治安保障，突发事件一旦发生或是出现发生的苗头后，各方力量和人员都能立即投入到位，各司其职，有条不紊开展工作；涉及单位的主要领导要亲临现场，对能解决的问题要现场给予承诺和答复，确保事态不扩大，把不稳定因素的影响控制在最小范围内。

第3篇　枣庄市薛城区蟠龙河匡山头闸除险加固工程

原匡山头闸位于薛城区蟠龙河下游,蟠龙河桩号13+300处,枣庄市薛城区陶庄镇河北庄村东。本次除险加固工程将闸址上移4.2 km,位于薛城区陶庄镇二郎庙村南,蟠龙河桩号17+500处。设计匡山头闸为钢坝闸,为液压底轴驱动式闸门挡水形式,挡水高度4.5 m,钢坝闸共3孔,单孔净宽38 m,总净宽114 m。

第 1 章　综合说明

原匡山头闸位于枣庄市薛城区蟠龙河下游，蟠龙河桩号 13+300 处，枣庄市薛城区陶庄镇河北庄村东。匡山头闸兴建于 1979 年，闸底板高程 41.20 m，设计蓄水位 43.6 m，相应蓄水量 65 万 m^3，设计灌溉面积 0.3 万亩，建成后由夏庄乡（今陶庄镇）水利站管理，隶属于薛城区水利局。闸上控制流域面积 233 km^2。本次除险加固工程将闸址上移 4.2 km，位于薛城区陶庄镇二郎庙村南，蟠龙河桩号 17+500 处。

蟠龙河发源于枣庄市中区齐村镇胡埠村，流经枣庄市薛城区、高新区、新城区北部，由上游的北支、南支及南支的小支流——宏图河及下游的干河组成，流域面积 233 km^2。其中，蟠龙河北支流域面积 98.6 km^2、南支流域面积 95.9 km^2。

鉴于该闸防洪标准低，闸室及挡土墙稳定、消能防冲不满足规范要求等大量问题及严重的安全隐患，2009 年 4 月山东省水利厅审定该闸为四类闸，为消除该闸对防洪安全的影响，恢复水闸的蓄水灌溉及改善生态环境等功能，实施该闸除险加固工程是必要的。

工程规模：匡山头闸设计蓄水位 47.80 m，闸前挡水深度 4.50 m。闸上游山家林湖和千山湖初拟正常蓄水量分别为 260 万 m^3、520 万 m^3，闸上河道内蓄水量 62.7 万 m^3，回水长度 3.916 km，实现河道景观水面面积约 31.21 万 m^2，两湖水面面积约 170 万 m^2，灌溉面积 0.51 万亩。

匡山头闸新闸址现状工程条件下的来水量，是在天然径流量的基础上，扣除现状上游拦蓄水工程的蓄水量和用水量后的水量。经分析计算，现状工程条件下，匡山头闸新闸址多年平均来水量为 5 326 万 m^3。

本次设计洪水采用了实测流量法、实测暴雨法分别计算各频率设计洪水。综合分析，匡山头闸设计洪水采用实测暴雨法成果。汇流计算采用山东省瞬时单位线法推算。匡山头闸新闸址以上 50 年一遇洪峰流量为 2 257 m^3/s。

根据《防洪标准》（GB 50201—2014）、《水利水电工程等级划分及洪水标准》（SL 252—2017），结合区域规划、保护对象的重要性，蟠龙河综合治理工程起步区工程规模为中型，工程等别为Ⅲ等，蟠龙河防洪标准为 50 年一遇；匡山头闸设计蓄水位 47.80 m，河道内蓄水量 62.7 万 m^3；设计灌溉面积 0.51 万亩；河道设计防洪标准 50 年一遇洪峰流量为 2 257 m^3/s，设计过闸流量 2 257 m^3/s，闸下水位 49.09 m，闸上水位 49.29 m；综合确定匡山头闸工程规模为中型。

根据蟠龙河综合治理起步区工程规划，并考虑泰山北路交通桥下游蟠龙河上现有泰山橡胶坝，其坝顶高程为 44.0 m，正常挡水位 43.80 m，该坝现运行良好，可以作为起步区工程中梯级蓄水的拦蓄工程，故拟定将匡山头闸新闸址较原闸址上移约 4.2 km，位于起步区工程规划的千山湖南侧蟠龙河桩号 17+500 处，设计匡山头闸挡水深度 4.5 m，正常挡水位 47.80 m，匡山头闸采用钢坝闸，为液压底轴驱动式闸门挡水形式，汛期开闸行洪，非汛期关闸蓄水。工程主要由上游抛石防冲槽、上游铺盖、闸室、下游消力池、海漫、抛石防冲槽、上下游连接段、闸墩外连堤路及管理设施等组成。钢坝闸共 3 孔，单孔净宽 38 m，总净宽 114 m。

匡山头闸除险加固工程特性见表 3-1-1。

表 3-1-1　匡山头闸除险加固工程特性

序号	指标名称	单位	加固前	加固后
一	水文			
1	闸址控制流域面积	km^2	233(新复核)	211.6
2	干流长度	km	20.8	16.6
	干流平均坡度		0.001 9	0.002 6
二	特征水位			
	校核洪水位(闸前)	m	(P=2%)48.70	
	设计洪水位(闸前)	m	(P=5%)47.90	(P=2%)49.09(规划河道)
	最高挡水位	m	43.6	47.80
三	下泄流量			
1	校核洪水时最大泄量	m^3/s	(P=2%)1 441	
2	设计洪水时最大泄量	m^3/s	(P=5%)1 130	(P=2%)2 257
四	主要建筑物			
1	节制闸			
	工程位置		蟠龙河综合治理工程起步区工程蟠龙河桩号13+300处	蟠龙河综合治理工程起步区工程蟠龙河桩号 17+500 处
	地基特征		壤土	壤土、灰岩
	地震基本烈度/设防烈度	度	7/7	7/7
	闸底高程	m	41.20	43.30
	消能形式		浆砌块石海漫	消力池
	闸门形式		木闸门	底轴驱动式钢闸门
	闸门尺寸(宽×高)	m×m	2×3	38×4.5
	闸门数量	扇	31	3
	总净宽	m	62	114
五	施工			
1	主要工程量			
	开挖土石方	万 m^3		9.21
	回填土方	万 m^3		5.05

续表 3-1-1

序号	指标名称	单位	加固前	加固后
	混凝土及钢筋混凝土	万 m^3		2.78
2	主要材料消耗量			
	汽油	t		9
	柴油	t		104
	钢筋	t		1 315
	水泥	t		1 332
	砂	m^3		2 985
	碎石	m^3		1 848
	块石及乱石	m^3		12 099
	商品混凝土	m^3		25 317
3	施工期限			
	工程总工期	月		12
六	工程迁占			
1	永久占地	亩		0
2	临时占地	亩		107.4
七	经济指标			
1	静态总投资	万元		7 379.00
(1)	工程部分投资	万元		7 197.47
	建筑工程	万元		4 295.51
	机电设备及安装工程	万元		190.79
	金属结构设备及安装工程	万元		1 212.52
	临时工程	万元		264.67
	其他费用	万元		891.06
	基本预备费	万元		342.92
(2)	专项部分投资	万元		181.53
	工程占地及移民安置补偿投资	万元		112.72
	环境保护工程投资	万元		29.55
	水土保持工程投资	万元		39.26

续表 3-1-1

序号	指标名称	单位	加固前	加固后
八	综合利用经济指标			
	经济内部收益率	%		10.94
	经济效益费用比			1.33
	经济净现值	万元		1 799
备注		加固前指标来自安全鉴定资料		

第 2 章　水　文

本篇水文部分内容中基本情况与第 2 篇中内容有重复，不再赘述，只介绍主要计算成果。

2.1　径流计算

2.1.1　本工程天然径流量分析计算

经分析计算，现状工程条件下，匡山头闸多年(1961—2014 水文年)平均来水量为 5 326 万 m^3。

2.1.2　本工程天然径流量成果合理性分析

本次计算所采用的基础数据是国家水文站和雨量站实测、整编资料，资料系列完整、可靠。

本次还原分析计算的岩马水库入库径流系列，采用建库以后的实测径流资料分析计算，资料的一致性较好。系列长度 55 年，满足规范要求。系列中既包含了 20 世纪六七十年代的较丰水年份，也包括了 20 世纪 80 年代的连续枯水年份，其丰枯代表性较好。

匡山头闸断面以上多年平均天然径流深 270.2 mm，1961—2014 水文年多年平均年降水量 792.5 mm，流域多年平均径流系数为 0.34。本次分析的匡山头闸多年平均天然径流深与山东省 1956—2000 年年径流深等值线图成果基本相近，表明本次可研报告中分析计算的蟠龙河径流系列成果是合理可信的，系列一致性、代表性、可靠性均较好。

由 1961—2014 水文年历年降水量及天然径流量资料，点绘匡山头闸年降水量-天然年径流深关系对应图。总体来说，降水、径流趋势较一致，符合降水径流的一般规律。

综合以上分析，本次分析计算的匡山头闸天然径流量成果是基本合理的。

2.2　设计洪水计算

本次设计洪水采用实测流量法、实测暴雨法分别计算各频率设计洪水。经综合分析，匡山头闸设计洪水采用实测暴雨法成果。根据计算分析，匡山头闸新闸址以上 50 年一遇设计洪水流量为 2 257 m^3/s。

2.3　施工期洪水

根据施工期设计净雨量、设计雨型，采用山东省综合瞬时单位线法推求施工期 12 月至次年 2 月、12 月至次年 4 月、12 月至次年 5 月、3—5 月设计洪水洪峰流量分别为 17.6 m^3/s、87.1 m^3/s、195.8 m^3/s、191.6 m^3/s。根据施工组织设计中施工期方案比选，最终选定施工期为 12 月至次年 4 月，施工期洪水洪峰流量为 87.1 m^3/s。

第 3 章　工程地质

3.1　区域地质概况

3.1.1　地形地貌

场区在地貌上属于以鲁中南构造侵蚀为主的中低山丘陵地区，本次工程勘查范围内主要为山前冲洪积平原河谷地貌，地势起伏不大，地面较平缓。

场区蟠龙河呈东西流向，主河床高程 42.40~42.60 m，宽约 75.0 m，左右岸漫滩不发育；左岸发育一级阶地，宽度约 23.0 m，高程为 48.10~48.50 m；右岸发育一级阶地，宽度约 65.0 m，高程为 46.50~48.05 m；两岸阶地现状均已被人工改造，种植果树。

左、右两岸为沿河大堤，堤顶宽约 6 m，堤顶高程一般在 49.80~50.50 m，堤高 2.5~3.0 m，表层沥青硬化路面。

3.1.2　地层岩性

区域地层主要分布古生界奥陶系中统马家沟组（OM）及新生界第四系松散堆积层（Q），分述如下。

3.1.2.1　**奥陶系中统马家沟组（OM）**

场区内均被第四系覆盖，揭露岩性主要为青灰色泥质条带灰岩、白云质灰岩、灰质白云岩等，揭示最大厚度 4.2 m，未揭穿。

3.1.2.2　**第四系松散堆积层（Q）**

第四系全新统冲洪积堆积（Q_4^{alp}）、全新统冲湖积堆积（Q_4^{all}）、上更新统冲洪积堆积（Q_3^{alp}），岩性主要为壤土、壤土夹姜石，分布于河床及两岸，厚度一般不大于 15 m。

3.1.3　地质构造和地震

3.1.3.1　**大地构造单元分区**

场区大地构造部位属于华北板块（Ⅰ）鲁西隆起区（Ⅱ）鲁中隆起（$Ⅱ_a$）尼山-平邑断隆（$Ⅱ_{a9}$）尼山凸起（$Ⅱ_{a9}^3$）南部。

3.1.3.2　**主要构造与地震**

1. 对场区影响较大的控震性断裂构造——沂沭断裂带

沂沭断裂带为我国东部规模最大的深大断裂带，由 4 条主干断裂组成，自东向西依次有昌邑—大店断裂、安丘—莒县断裂、沂水—汤头断裂、鄌郚—葛沟断裂。沂沭断裂带为区域性活动性构造，工程场区东距鄌郚—葛沟断裂约 100 km。

2. 近场区断裂构造

近场区发育的主要断裂有峄城断裂、陶枣断裂、峄山断裂。

场区内断裂构造发育,构造稳定性较差,但自有史记录以来未发生过大的地震活动,场区适宜工程建设。

根据《中国地震动参数区划图》(GB 18306—2015),工程区基本地震动峰值加速度为0.10g,相应地震基本烈度为Ⅶ度。拟建场区为Ⅱ类场地,基本地震动加速度反应谱特征周期值为0.40 s。

3.1.4 水文地质条件

场区地下水按赋存条件可分为第四系孔隙水、基岩裂隙岩溶水两种类型。

3.1.4.1 第四系孔隙水

第四系孔隙水主要埋藏于河床、河漫滩及河流两岸壤土中,含水层厚6~10 m。地下水埋深一般为2~6 m,水位43.20~43.25 m,年变幅2~3 m。地下水补给源主要为大气降水和河水,周围民井开采和地下径流为主要排泄途径。根据地区经验,含水层渗透系数一般在0.05~0.63 m/d,具弱—中等透水性。

3.1.4.2 基岩裂隙岩溶水

基岩裂隙岩溶水主要赋存于灰岩、白云岩等岩溶裂隙中,为非承压水,水位与第四系孔隙水一致,水位43.20~43.25 m,受大气降水、河水及地下水径流的入渗补给,地下水径流为其主要排泄渠道。根据地区经验,灰岩岩体透水率13.0~55.0 Lu,具中等透水性。

据水质分析成果,地下水化学类型为HCO_3-SO_4-Ca型,矿化度0.856 g/L,为淡水,pH值7.5,弱碱性水;河水化学类型为SO_4-Ca-Na型,矿化度1.434 g/L,为微咸水,pH值8.0,为弱碱性水。根据《水利水电工程地质勘察规范》(GB 50487—2008)附录L判定如下:

(1)场区地下水对混凝土具硫酸盐型弱腐蚀性,干湿交替环境作用下对混凝土结构中的钢筋具弱腐蚀性,对钢结构具弱腐蚀性。

(2)场区河水对混凝土具硫酸盐型强腐蚀性,干湿交替环境作用下对混凝土结构中的钢筋均具弱腐蚀性,对钢结构均具中等腐蚀性。

3.1.5 不良地质现象

工程地处山前冲洪积平原河谷地貌,拟建闸址处以上流域内第四系覆盖层厚度较小,植被发育,工程区河道地势低缓,故产生滑坡及泥石流的可能性较小;工程区下伏地层为奥陶系马家沟组灰岩,不存在地面沉降等不良地质现象。

3.2 闸址区工程地质条件及评价

3.2.1 地层岩性特征及分布规律

勘察深度内揭示:地层自上而下依次为第四系冲洪积堆积的壤土、奥陶系灰岩。

人工填土(Qs):黄褐色为主,岩性以壤土为主,含砂砾,可塑状态,分布于河道两岸堤体处,钻孔揭露厚度1.30~2.50 m,层底高程47.89~48.76 m。

3.2.1.1　**第四系**

①-1层淤泥质壤土(Q_4^{all}):灰黑色,软塑,略具腥臭味,偶见贝壳碎片。该层普遍分布于主河槽表层,厚度0.60~1.50 m,层底高程41.05~41.82 m。

①层壤土(Q_4^{alp}):黄褐色,可塑,切面无光泽,干强度中等,韧性中等,裂隙较发育,顶部多见植物根茎。该层除主河槽处被侵蚀外,场区均有分布,厚度3.70~6.30 m,层底高程41.65~43.21 m。

①-2层壤土(Q_4^{alp}):灰色、蓝灰色,可塑,质软,有腥味,局部粉粒含量稍高,偶见贝壳碎片。该层主要分布于闸址勘探桩号0+000.0~0+055.0、0+125.0~0+165.0及右岸上游翼墙处,厚度1.60~2.60 m,层底高程38.36~41.50 m。

②层壤土(Q_3^{alp}):黄褐色、棕褐色,可塑—硬塑,偶见姜石,姜石直径0.3~2 cm,分布不均匀,底部富集,局部黏粒含量较高,相变为黏土。该层分布于整个场区,厚度2.10~7.90 m,层底高程33.69~39.30 m。

土层的主要物理力学指标见表3-3-1。

3.2.1.2　**基岩**

勘探深度内揭示的基岩为奥陶系马家沟组灰岩,叙述如下:

灰岩(OM):青灰色,局部灰黄色,揭露裂隙性溶蚀风化带,岩芯呈短柱状及块状,局部溶蚀孔洞较发育,多充填方解石斑晶。该层场区均有分布,未揭穿,揭示最大厚度为4.20 m,揭示层底高程31.19 m。

3.2.2　渗透变形判别

闸底板底高程为39.30 m,持力层主要为②层壤土。

3.2.2.1　**渗透变形形式**

②层壤土为黏性土,根据《水利水电工程地质勘察规范》(GB 50487—2008)附录G土的渗透变形判别,②层壤土渗透变形形式为流土。

3.2.2.2　**土层允许比降值的确定**

结合工程经验类比,出口无保护条件下,②层壤土允许水力比降建议值如下:水平段0.30,出口段0.45。

3.2.3　浸没评价

闸址上游左、右两岸第四系地层为壤土,渗透性中等,根据勘察资料,左岸揭示覆盖层厚度为7.1~8.9 m,揭示层底高程为39.30~40.86 m,左岸地面高程为47.09~49.50 m;右岸揭示覆盖层厚度为14.10~15.50 m,揭示层底高程为33.69~36.26 m,右岸地面高程47.30~48.80 m;两岸以小麦种植为主,浸没地下水埋深临界值为0.7 m。

表 3-3-1　各土层的主要物理力学性质指标一览

分层编号	地层岩性	数值类别	天然状态物理性指标：含水量 ω/%	湿密度 ρ/(g/cm^3)	干密度 ρ_d/(g/cm^3)	比重 G_s	孔隙比 e	饱和度 S_r/%	液性限度 ω_L/%	塑性限度 ω_P/%	塑性指数 I_P	液性指数 I_L	天然状态力学性指标：压缩系数 a_{1-2}/MPa^{-1}	压缩模量 E_s/MPa	压缩系数 a_{1-3}/MPa^{-1}	三轴 UU 压缩试验：黏聚力 c_u/kPa	三轴 UU 压缩试验：内摩擦角 φ_u/(°)	三轴 CU 压缩试验 总强度：黏聚力 c_{cu}/kPa	三轴 CU 压缩试验 总强度：内摩擦角 φ_{cu}/(°)	三轴 CU 压缩试验 有效强度：黏聚力 c'/kPa	三轴 CU 压缩试验 有效强度：内摩擦角 φ'/(°)	标贯击数 $N_{63.5}$/击
①-1	淤泥质壤土	试验组数	4	4	4	4	4	4	4	4	4	4	4	4	4	2	2	2	2	2	2	5
		平均值	36.90	1.81	1.33	2.73	1.070	94.3	33.8	20.0	13.8	0.94	0.770	2.86	0.660	6.0	3.0	17.2	18.3	13.9	22.4	3.3
		最大值	46.40	1.94	1.51	2.74	1.340	97.0	39.6	22.2	17.4	1.03	1.000	3.67	0.860	8.0	3.2	17.5	18.6	14.1	22.8	4.0
		最小值	28.60	1.70	1.16	2.71	0.800	92.0	28.5	18.0	10.5	0.89	0.490	2.17	0.400	6.0	2.7	17.1	18.0	13.7	22.0	3.0
		大值平均值	43.30	1.89	1.45	2.74	1.260	97.0	37.6	21.5	16.1	1.41	0.960	3.36	0.860							
		小值平均值	30.50	1.74	1.21	2.72	0.880	93.3	30.0	18.5	11.6	0.89	0.570	2.36	0.460							
		变异系数	0.216	0.057	0.115	0.005	0.222	0.022	0.143	0.094	0.214	0.141	0.309	0.227	0.355							0.43
		标准差	7.964	0.102	0.153	0.013	0.237	2.062	4.827	1.874	2.960	0.133	0.237	0.648	0.233							0.43
		建议值	36.90	1.81	1.33	2.73	1.070	94.3	33.8	20.0	13.8	0.94	0.960	2.36	0.860	6.0	3.0	17.0	18.0	14.0	22.0	3.0
①	壤土	试验组数	6	6	6	6	6	6	6	6	6	6	6	6	6	3	3	3	3	3	3	24
		平均值	24.1	1.92	1.56	2.73	0.750	87.7	35.8	20.5	14.9	0.17	0.410	4.28	0.33	10.7	10.7	25.3	22.5	21.3	26.2	11.1
		最大值	28.0	1.96	1.70	2.74	0.890	100.0	40.5	22.4	16.8	0.48	0.600	5.05	0.47	16.0	16.4	30.0	26.3	27.0	29.7	18.0
		最小值	18.0	1.84	1.45	2.70	0.610	74.0	29.4	17.6	11.3	0.01	0.270	2.89	0.22	5.0	8.8	20.0	19.1	13.0	22.7	5.0
		大值平均值	27.1	1.97	1.62	2.74	0.850	95.2	39.5	21.9	16.3	0.44	0.510	4.93	0.41	14.3	21.9	29.5	24.7	27.0	28.1	
		小值平均值	21.0	1.87	1.48	2.71	0.680	80.2	32.9	19.4	12.2	0.06	0.340	3.46	0.28	7.0	9.3	21.0	20.3	15.5	24.3	
		变异系数	0.155	0.023	0.053	0.006	0.128	0.108	0.113	0.077	0.145	0.977	0.249	0.170	0.230	0.418	0.304	0.197	0.134	0.326	0.109	0.356
		标准差	3.722	0.044	0.083	0.015	0.095	9.534	4.045	1.597	2.172	0.169	0.101	0.731	0.076	4.457	3.248	4.991	3.019	6.946	2.868	4.0
		建议值	24.1	1.92	1.56	2.73	0.750	87.7	35.8	20.5	14.9	0.44	0.510	3.46	0.41	15.0	12.3	21.0	20.3	15.5	24.3	11

续表 3-3-1

分层编号	地层岩性	数值类别	天然状态物理性指标										天然状态力学性指标							标贯击数 $N_{63.5}$/击
			含水量 ω/%	湿密度 ρ/(g/cm^3)	干密度 ρ_d/(g/cm^3)	比重 G_s	孔隙比 e	饱和度 S_r/%	液性限度 ω_L/%	塑性限度 ω_P/%	塑性指数 I_P	液性指数 I_L	压缩系数 a_{1-2}/MPa^{-1}	压缩模量 E_s/MPa	压缩系数 a_{1-3}/MPa^{-1}	饱和快剪		饱和固结快剪		
																黏聚力 c/kPa	内摩擦角 φ/(°)	黏聚力 c/kPa	内摩擦角 φ/(°)	
①-2	壤土	试验组数	4	4	4	4	4	4	4	4	4	4	4	4	4	4	4	4	4	6
		平均值	29.1	1.88	1.46	2.71	0.860	92.8	31.1	20.6	11.4	0.63	0.440	4.30	0.370	34.7	13.0	41.0	22.1	7.2
		最大值	29.9	1.90	1.47	2.72	0.870	96.0	35.6	21.2	12.5	0.85	0.480	4.58	0.420	60.0	23.0	65.0	30.3	12.0
		最小值	28.3	1.87	1.45	2.71	0.850	90.0	25.3	20.1	10.8	0.42	0.410	3.85	0.340	14.0	5.1	13.0	10.8	5.0
		大值平均值	29.9	1.96	1.52	2.72	0.870	95.5	33.1	22.2	12.5	0.79	0.480	7.85	0.420	60.0	23.0	56.5	28.3	
		小值平均值	26.7	1.88	1.46	2.70	0.780	90.0	25.3	20.4	9.0	0.47	0.310	3.85	0.260	22.0	8.0	25.5	15.9	
		变异系数	0.028	0.008	0.007	0.002	0.012	0.035	0.138	0.027	0.081	0.309	0.087	0.092	0.126	0.674	0.705	0.530	0.382	0.50
		标准差	0.802	0.015	0.010	0.006	0.010	3.202	4.280	0.551	0.929	0.194	0.038	0.396	0.046	23.352	9.145	21.741	8.425	3.65
		建议值	29.1	1.88	1.46	2.71	0.860	92.8	31.1	20.6	11.4	0.63	0.480	3.85	0.420	22.0	8.0	25.5	15.9	7.2

续表 3-3-1

分层编号	地层岩性	数值类别	天然状态物理性指标										天然状态力学性指标									标贯击数 $N_{63.5}$/击
																三轴 UU 压缩试验		三轴 CU 压缩试验				
																		总强度		有效强度		
			含水量 ω/%	湿密度 ρ/(g/cm^3)	干密度 ρ_d/(g/cm^3)	比重 G_s	孔隙比 e	饱和度 S_r/%	液性限度 ω_L/%	塑性限度 ω_P/%	塑性指数 I_P	液性指数 I_L	压缩系数 a_{1-2}/MPa^{-1}	压缩模量 E_s/MPa	压缩系数 a_{1-3}/MPa^{-1}	凝聚力 c_u/kPa	内摩擦角 φ_u/(°)	黏聚力 c_{cu}/kPa	内摩擦角 φ_{cu}/(°)	凝聚力 c'/kPa	内摩擦角 φ'/(°)	
②	壤土	试验组数	21	21	21	21	21	21	21	21	21	21	21	21	21	9	9	13	13	13	13	45
		平均值	25.6	1.96	1.56	2.74	0.760	92.7	37.3	21.5	15.7	0.33	0.350	5.17	0.30	29.3	8.3	34.0	19.9	29.1	23.1	14.1
		最大值	32.1	2.08	1.72	2.75	1.000	100.0	42.6	26.1	16.6	0.53	0.460	7.21	0.42	57.0	10.6	45.0	28.5	42.0	31.5	25.0
		最小值	21.0	1.82	1.38	2.71	0.570	82.0	28.4	17.0	12.6	0.06	0.250	3.88	0.19	3.0	5.2	23.0	11.0	17.0	12.1	7.0
		大值平均值	28.8	2.01	1.64	2.74	0.860	97.0	39.7	23.8	16.4	0.44	0.400	6.14	0.36	52.4	10.7	40.3	25.8	37.2	28.6	
		小值平均值	23.1	1.89	1.48	2.72	0.670	88.0	33.2	19.6	13.3	0.22	0.290	4.55	0.26	17.8	6.6	26.6	15.5	22.6	15.8	
		变异系数	0.132	0.038	0.059	0.004	0.148	0.061	0.095	0.113	0.081	0.394	0.161	0.161	0.196	0.580	0.237	0.196	0.296	0.258	0.306	0.345
		标准差	3.378	0.073	0.092	0.011	0.112	5.625	3.533	2.434	1.266	0.128	0.056	0.831	0.059	17.01	1.975	6.646	5.902	7.499	7.069	4.864
		建议值	25.6	1.96	1.56	2.74	0.760	92.7	37.3	21.5	15.7	0.33	0.400	4.55	0.36	29.3	14.3	34.0	19.9	30.1	23.1	14.0

勘探期间地下水位高程 43.15～43.25 m,根据场区地层岩性,拦河闸蓄水位至 47.80 m,周围地下水位因两岸渗漏会相应抬升,当地下水位高于浸没临界深度时,会产生浸没现象。根据蟠龙河综合治理起步区的工程规划,闸址右岸规划拟建千山湖,不存在浸没问题。左岸地面高程一般为 47.09～49.50 m,闸址 150 m 范围内无房屋等建筑物,附近农田局部会产生浸没,浸没影响范围约 0.09 km^2,根据蟠龙河综合治理起步区的工程规划,该区域采用河道开挖土进行回填治理,回填高程应大于 48.50 m。

3.2.4　工程地质评价

(1)据《中国地震动参数区划图》(GB 18306—2015),场区基本地震动峰值加速度值为 0.10*g*,相应地震基本烈度为Ⅶ度。

(2)闸室底板底高程 39.30 m,位于②层壤土之上。②层壤土呈可塑—硬塑状态,具中等压缩性,力学强度较高,但该层闸基下分布厚度不均,应进行变形验算,如不满足设计要求,建议采取工程处理措施。

(3)两岸翼墙闸上、下游基础底高程分别为 42.30 m、41.30 m,左岸翼墙闸上游基础位于①-2 层壤土、②层壤土上,①-2 层壤土呈软可塑状态,②层壤土呈硬可塑状态,二者力学强度具有一定差异性,建议采取工程处理措施;闸下游基础位于①-2 层壤土下部,鉴于①-2 层壤土剩余厚度较薄,建议采取换填措施。右岸翼墙闸上游基础位于①层壤土中,该层呈可塑状态,可作为基础持力层;闸下游基础位于②层壤土中,该层呈硬可塑状态,可作为基础持力层。

(4)消力池底板底高程 39.60 m,位于②层壤土中部,该层呈硬可塑状态,可作为基础持力层;海漫底板底高程 41.60 m,主河槽处坐于①-1 层淤泥质壤土上,呈软塑状态,均一性差,具高压缩性,建议对主河槽处①-1 层淤泥质壤土采取抛石挤淤或挖除换填等工程处理措施。①-1 层淤泥质壤土、②层壤土抗冲刷淘蚀能力差,建议采取相应的工程处理措施。①层壤土、②层壤土不冲刷流速建议值分别取 0.60 m/s、0.65 m/s。

(5)②层壤土允许比降建议值:水平段取 0.30,出口段取 0.45。

(6)①层壤土、①-2 层壤土、②层壤土渗透性中等,蓄水至高程 47.80 m,存在闸基渗漏、绕闸渗漏问题。

(7)闸址上游两岸第四系地层为壤土,蓄水至 47.80 m,周围地下水位因两岸渗漏会相应抬升,右岸为拟建千山湖,不存在浸没问题,左岸局部会产生浸没,浸没影响范围约 0.09 km^2,根据蟠龙河综合治理起步区的工程规划,该区域采用河道开挖土进行回填治理,回填高程应大于 48.50 m。

(8)围堰基础位于①-1 层淤泥质壤土,该层呈软塑状态,为软土地基,存在沉降及抗滑稳定问题,建议清除。②层壤土可作为围堰基础持力层。

(9)施工期导流槽主要开挖①-2 层壤土及①层壤土层,临时开挖边坡建议值为 1∶2.5。

(10)该闸址基坑开挖深度最大达 8.0 m,边坡工程安全等级为二级,开挖边坡岩性主要为①层壤土、①-2 层壤土及②层壤土，①-2 层壤土粉粒含量较高、稳定性较差，闸址周边为农田，具备放坡条件，可采用坡率法，建议采用分级放坡，降水后临时开挖边坡建议值为 1∶1.5~1∶2.0。

(11)勘察期间地下水位较高，基坑开挖应采取降水措施，闸基下基岩裂隙岩溶水为非承压水，综合渗透系数建议值采用 1.2 m/d。

3.3 天然建筑材料

根据设计要求，调查当地的天然建筑材料料场的分布、质量、储量，以及开采运输条件等。

3.3.1 土料

土料主要用于两岸建筑物翼墙回填，设计需要量约 3.43 万 m^3，土料主要从闸址右岸河道滩地取土，岩性为壤土，离大堤坡角不小于 20 m，开采厚度一般为 2.50~3.00 m，取土面积约 1.8 万 m^2，经计算，土料场壤土总储量为 5.2 万 m^3，土料的储量满足 1.5 倍设计需要量的要求。

土料场壤土压实度 0.94 控制下的渗透系数为(5.20~6.30)$\times10^{-6}$ cm/s，含水量 23.3%~24.3%，塑性指数 10.1~11.1，击实后最大干密度 1.58~1.61 g/cm^3，其余各项指标均满足《水利水电工程天然建筑材料勘察规程》(SL 251—2015)中一般土填筑料、防渗料质量技术指标要求，可作为填筑土料使用。施工前应对土料场进行复核，并进行现场碾压试验，以确定相关参数。

土料按 0.94 压实度控制下的物理力学指标见表 3-3-2。

3.3.2 砂石料

3.3.2.1 混凝土粗、细骨料

经与业主沟通后得知，该闸拟采用商品混凝土，施工时需采购具有生产资质的企业生产的商品混凝土，并满足工程需要，经检验合格后方可使用。

3.3.2.2 块石料

工程所用块石料来自滕州市柴胡店镇石料场。

料场主要岩性为石灰岩，浅灰色，厚层—巨厚层状，质地坚硬，单轴饱和抗压强度一般大于 80 MPa，属硬质岩石。石料场场地开阔，岩石裸露，岩性单一，风化轻微，储量丰富，道路畅通，均属Ⅰ类料场，运距 50~70 km。

表 3-3-2 土料主要物理力学性指标一览

岩性	数值类别	按 0.94 控制状态下的物理性指标						渗透系数 k/(cm/s)	压缩性			三轴剪切 UU		三轴剪切 CU				最大干密度 ρ_{dmax}/(g/cm^3)	最优含水量 ω_{op}/%
														总应力		有效应力			
		含水量 ω/%	湿密度 ρ_o/(g/cm^3)	干密度 ρ_d/(g/cm^3)	土粒比重 G_s	孔隙比 e	饱和度 S_r/%		压缩系数 a_{1-2}/MPa^{-1}	压缩模量 E_s/MPa	压缩系数 a_{1-3}/MPa^{-1}	黏聚力 c_u/kPa	内摩擦角 φ_u/(°)	黏聚力 c_{cu}/kPa	内摩擦角 φ_{cu}/(°)	黏聚力 c'/kPa	内摩擦角 φ'/(°)		
①层壤土	试样组数	6	6	6	6	6	6	6	6	6	6	6	6	6	6	6	6	6	6
	平均值	23.3	1.94	1.58	2.72	0.730	87.2	3.32×10^{-6}	0.400	4.29	0.340	29.0	14.5	41.6	21.3	38.5	24.4	1.67	18.7
	最大值	25.4	1.95	1.59	2.72	0.740	95.0	3.50×10^{-6}	0.430	4.63	0.360	39.0	18.8	43.0	21.7	41.0	24.9	1.68	20.0
	最小值	21.1	1.93	1.57	2.72	0.710	81.0	3.10×10^{-6}	0.370	4.03	0.320	19.0	10.8	40.0	20.9	36.0	23.9	1.67	17.6
	大值平均值	24.4	1.95	1.59	2.72	0.730	92.5	3.50×10^{-6}	0.450	4.54	0.390	35.0	18.2	43.3	21.6	40.0	24.7	1.68	19.4
	小值平均值	22.1	1.93	1.57	2.72	0.710	84.5	3.23×10^{-6}	0.380	3.89	0.330	23.0	12.7	40.5	21.1	37.0	24.1	1.67	18.0
	变异系数	0.067	0.004	0.007	0.000	0.017	0.056	0.048	0.060	0.056	0.045	0.263	0.212	0.027	0.015	0.049	0.016	0.003	0.048
	标准差	1.559	0.008	0.010	0.000	0.012	4.875	0.160	0.024	0.242	0.015	7.616	3.078	1.140	0.327	1.871	0.378	0.005	0.904

3.4　结论及建议

3.4.1　构造稳定性

场区大地构造部位属于华北板块（Ⅰ）、鲁西隆起区（Ⅱ）、鲁中隆起（$Ⅱ_{a}$）、尼山-平邑断隆（$Ⅱ_{a9}$）、尼山凸起（$Ⅱ_{a9}^{3}$）南部。

场区地震动峰值加速度为0.10g，相应地震基本烈度为7度。

3.4.2　场区水腐蚀性

场区地下水对混凝土具硫酸盐型弱腐蚀性，对混凝土结构中的钢筋具弱腐蚀性，对钢结构具弱腐蚀性。场区河水对混凝土具硫酸盐型强腐蚀性，对混凝土结构中的钢筋均具弱腐蚀性，对钢结构均具中等腐蚀性。

3.4.3　钢坝闸

（1）场区基本地震动峰值加速度值为0.10g，相应地震基本烈度为7度。

（2）闸室底板底高程39.30m，位于②层壤土之上。②层壤土呈可塑—硬塑状态，具中等压缩性，力学强度较高，但该层闸基下分布厚度不均，应进行变形验算，如不满足设计要求，建议采取工程处理措施。

（3）两岸翼墙闸上、下游基础底高程分别为42.30 m、41.30 m，左岸翼墙闸上游基础位于①-2层壤土、②层壤土上，①-2层壤土呈软可塑状态，②层壤土呈硬可塑状态，二者力学强度具一定差异性，建议采取工程处理措施；闸下游基础位于①-2层壤土下部，鉴于①-2层壤土剩余厚度较薄，建议采取换填措施。右岸翼墙闸上游基础位于①层壤土中，该层呈可塑状态，可作为基础持力层；闸下游基础位于②层壤土中，该层呈硬可塑状态，可作为基础持力层。

（4）消力池底板底高程39.60 m，位于②层壤土中部，该层呈硬可塑状态，可作为基础持力层；海漫底板底高程41.60 m，主河槽处坐于①-1层淤泥质壤土上，软塑状态，均一性差，具高压缩性，建议对主河槽处①-1层淤泥质壤土采取抛石挤淤或挖除换填等工程处理措施。①-1层淤泥质壤土、②层壤土抗冲刷淘蚀能力差，建议采取相应的工程处理措施。①层壤土、②层壤土不冲刷流速建议值分别取0.60 m/s、0.65 m/s。

（5）②层壤土允许比降建议值：水平段取0.30，出口段取0.45。

（6）①层壤土、①-2层壤土、②层壤土渗透性中等，蓄水至高程47.80 m，存在闸基渗漏、绕闸渗漏问题。

（7）闸址上游两岸第四系地层为壤土，蓄水位至47.80 m，周围地下水位因两岸渗漏会相应抬升，右岸拟建千山湖，不存在浸没问题，左岸局部会产生浸没，浸没影响范围约0.09 km^2，根据蟠龙河综合治理起步区的工程规划，该区域采用河道开挖土进行回填治理，回填高程应大于48.50 m。

（8）围堰基础位于①-1层淤泥质壤土，该层呈软塑状态，为软土地基，存在沉降及抗滑稳定问题，建议清除。②层壤土可作为围堰基础持力层。

(9)施工期导流槽主要开挖①-2层壤土及①层壤土层,临时开挖边坡建议值为1:2.5。

(10)该闸址基坑开挖深度最大达8.0 m,边坡工程安全等级为二级,开挖边坡岩性主要为①层壤土、①-2层壤土及②层壤土,①-2层壤土粉粒含量较高、稳定性较差,闸址周边为农田,具备放坡条件,可采用坡率法,建议采取分级放坡,降水后临时开挖边坡建议值为1:1.5~1:2.0。

(11)勘察期间地下水位较高,基坑开挖应采取降水措施,闸基下基岩裂隙岩溶水为非承压水,综合渗透系数建议值采用1.2 m/d。

3.4.4 天然建筑材料

土料、块石料质量及储量均满足设计要求。

混凝土粗、细骨料拟采用商品混凝土,施工时需采购具有生产资质的企业生产的商品混凝土,并满足工程需要,经检验合格后方可使用。

此外,施工时坝轴线若偏移,应补充勘察。场区标准冻结深度0.50 m。

第 4 章　工程任务和规模

本篇基本概况与第二篇中内容有重复，重复内容不再赘述，只介绍工程任务与规模。

4.1　工程任务

工程任务是通过拆除旧闸移址改建，消除安全隐患，恢复蓄水功能，为灌溉及水生态修复提供水源条件。

4.2　原设计概况

匡山头闸位于枣庄市薛城区陶庄镇河北庄村东，于 1979 年 10 月 27 日开工建设，1980 年 4 月 30 日竣工，至今已运行 40 余年。匡山头闸位于蟠龙河下游，闸上控制流域面积 198 km^2。

匡山头闸原设计为大(2)型水闸，工程等别为Ⅱ等，水闸等主要建筑物级别为 2 级，次要建筑物为 3 级。设计洪水标准 20 年一遇，设计流量 1 130 m^3/s，闸上水位 47.9 m，闸下水位 47.7 m；50 年一遇校核洪水流量 1 441 m^3/s，闸上水位 48.7 m，闸下水位 48.5 m。

匡山头闸设计蓄水位 43.6 m，相应蓄水量 65 万 m^3，设计灌溉面积 0.3 万亩。利用匡山头闸的调蓄能力，薛城大沙河(上游称为蟠龙河)成为薛城区重要的地表饮用水水源，同时也是薛城区农业用水的重要水源，对薛城区的经济发展起到了非常重要的作用。

匡山头闸为浆砌石节制闸，全长 93 m，共 31 孔，每孔净宽 2.0 m，闸墩宽 1 m，闸门采用 2 m×3.0 m(宽×高)的木闸门、角铁包边，闸墩顶连接交通桥，桥宽 3.5 m，桥面高程 44.4 m，钢筋混凝土桥板厚 0.15 m。工程沿水流方向主要由上游连接段浆砌石护底，护坡、闸室及岸翼墙、下游消力池、海漫等组成。上游连接段为浆砌石护底，护坡长 5.0 m，厚 0.4 m；闸底板为浆砌石结构，底板顺水流方向长 5 m；下游连接段消力池长 9 m，厚 0.4 m，海漫长 4 m，厚 0.3 m，均为 M5.0 浆砌石砌筑。

4.3　工程现状及存在的主要问题

4.3.1　工程现状

(1)工程施工存在隐患，由于资金等问题，施工标准偏低，仅采用 M5.0 浆砌石砌筑，至今 30 多年没有维修，消力池未做防渗处理，渗水严重，并多处出现毁坏，特别是护坡、护底和消力池现已是千疮百孔。

(2)闸墩整体沉陷变形，局部淘空，存在安全隐患。

(3)消力池护坡、护底毁害、淤积严重，已经起不到消力、保护作用。

(4)闸门基本全部毁坏,已经不能起到蓄水行洪作用,启闭机及闸门现已不复存在,再加上闸门槽变形,导致转动失灵,严重影响行洪安全。

(5)闸体上设交通桥,桥板出现局部沉陷、板裂、变形现象,因而整体外形发生变形,这种现象今后还将扩大。

由于管理经费限制,只能对该闸进行日常维护,目前诸多危及工程安全的问题亟待解决。

匡山头闸全貌见图3-4-1,消力池现状见图3-4-2。

图3-4-1　现状匡山头闸全貌

图3-4-2　匡山头闸消力池现状

4.3.2　工程现状调查分析主要成果

4.3.2.1　工程安全状态分析

工程现有闸31孔,全长93.0 m,历经多年运行,从未维修过,现已不能发挥作用,存在重大的安全隐患,工程存在的问题主要体现在以下几个方面。

1. 闸室段

闸室段虽有工作门槽和检修门槽,门槽结构为 C20 素混凝土结构,混凝土强度等级偏低,再加上二期混凝土与浆砌石之间没有钢筋连接,致使门槽混凝土脱落,炭化严重。该闸无排架和机架桥,没有启闭设施,不能满足现有规范要求,运行不灵活。闸室段的工作门和检修门全部丢失,无法发挥正常的蓄水功能。

2. 闸墩

闸体兼作交通桥,出现整体沉陷、外凸现象,因而闸体整体外形发生变形,闸墩体局部淘空,未处理,随时都有倒塌的可能,具有极大的安全隐患。

3. 消力池

消力池毁坏、坍塌、淤积严重,已经起不到消力作用,放水时容易造成下游河床的冲刷,对堤防形成安全隐患;原设计未安装排水孔,蓄水期容易形成管涌现象。

4. 海漫

原设计海漫长仅 4.0 m,可能由于资金原因,没有达到设计标准,加上多年运行,冲刷毁坏严重,远远发挥不了应有的作用,需重新设计施工。

5. 交通桥

交通桥为 C15 的钢筋混凝土预制板,厚 0.15 m,混凝土强度等级偏低,该桥板原设计标准为汽-10 级,已远远满足不了现行的设计规范。交通桥两侧没有栏杆和警示柱,存在交通安全隐患。桥板表观质量较差,炭化严重,部分混凝土剥落,钢筋外露,锈蚀严重。桥面铺装细石混凝土大面积脱落,对桥板的结构极为不利。

6. 护底和护坡

护底和护坡现已是千疮百孔,护坡大面积脱落坍塌,淘刷严重,浆砌石砂浆强度等级仅为 M5.0,砂浆强度等级较低,表面砂浆脱落,风化严重,裂缝随处可见;上游护坡堤防和河底河床大面积裸露,直接面对洪水冲刷,堤防斜坡最大沉陷量 50 cm,护坡和护底濒临报废。

由于无闸门和启闭机,防洪能力大大降低,历年来,曾发生多起洪水漫闸现象,严重影响防洪安全,给防汛调度带来极大的压力。

4.3.2.2 结论与建议

1. 结论

(1)防洪标准低,过闸流量远远低于 20 年一遇,汛期易发生洪水漫闸现象,严重影响防洪安全。

(2)建筑物混凝土表面炭化及裂纹、裂缝严重。

(3)由于消能设施消能不力,产生水流冲刷,引起下游消力池、海漫等设施损坏,河床下切。

(4)护底、护坡坍塌、脱落、淘空损毁严重。

(5)交通桥设计标准低,无栏杆。

(6)无启闭机、无闸门、无管理房。

2. 建议

(1)匡山头闸存在着安全问题,需要对该闸基础的工程地质,基础防渗、导渗和消能防冲设施的有效性和完整性,混凝土结构的强度、变形和耐久性,闸门、启闭设施的安全性,观测设施的有效性及其他有关专项进行测试。对闸墩、大堤护坡的整体稳定性和抗渗稳定性进行验算,并对其抗震性进行复核计算。

(2)做好该闸的水力计算、结构计算及稳定核算,分别按20年一遇设计、50年一遇校核洪水标准分析运用可行性。

(3)对灌区灌溉综合效益重新评估,提出意见以解决当前基本丧失蓄水功能的问题。

(4)通过对工程现状综合初步分析,提出对匡山头闸,分别按20年一遇设计、50年一遇校核标准除险加固或重新建设的措施。

4.4　工程安全复核

4.4.1　洪水标准复核

现状匡山头闸50年一遇设计洪峰流量为2 279 m^3/s,洪水位为46.72 m。

4.4.2　闸过流能力复核

根据《水闸设计规范》(SL 265—2016),采用匡山头闸过流计算成果见表3-4-1。

表3-4-1　匡山头闸过流能力复核计算成果

项目	计算值	项目	计算值
洪水标准	2%	底板顶高程/m	41.20
设计流量/(m^3/s)	2 279	上游水位/m	47.02
闸孔数	31	下游水位/m	46.72
闸孔净宽/m	2	计算过闸流量/(m^3/s)	1 708
中墩厚/m	1	计算滩地过流量/(m^3/s)	270
闸孔总净宽/m	62	计算总过流量/(m^3/s)	1 978
河道底宽/m	100		

由表4-4-1可知,正常设计情况下该闸及其交通桥严重阻水,现状不满足洪水过流要求。

4.4.3　闸墩顶高程复核

现状闸墩顶高程为44.25 m,设计洪水位为46.72 m。按照《水闸设计规范》(SL 265—2016),2级建筑物设计洪水位时墩顶需要有不小于1.0 m的安全超高,故闸墩顶高程不满足规范要求。

4.4.4　渗流安全复核

闸室防渗段由上游浆砌石护底、浆砌石闸底板及其下的沥青麻袋组成,总长12.0 m。该闸设计最不利渗流工况为挡水时上游设计蓄水位为43.8 m,下游水位为闸室底板顶高程

41.20 m,最大水位差 ΔH=2.60 m。

按照《水闸设计规范》(SL 265—2016),水闸要求的防渗长度为 13.0 m,不满足防渗要求,且浆砌块及沥青麻袋不是正规的防渗体。

4.4.5 结构安全复核

4.4.5.1 闸室、翼墙稳定计算

根据地基基本工程性质指标,稳定复核地基与闸基底面之间的摩擦系数取 0.29,承载力标准值为 160 kPa。

采用《水闸设计规范》(SL 265—2016)第 5.6.3 条中的计算公式,匡山头闸闸室、翼墙稳定计算结果见表 3-4-2、表 3-4-3。

表 3-4-2　闸室稳定计算成果

荷载组合		基本组合			特殊组合
计算工况		完建情况	设计洪水位	正常蓄水位	地震情况
计算水位	闸上/m	无水	47.02	43.8	43.8
	闸下/m	无水	46.72	无水	无水
抗滑稳定安全系数	计算值 K_c	—	—	2.65	0.93
	允许值[K_c]	1.30	1.30	1.30	1.05
基底压力/kPa	平均值 σ	73.09	62.33	55.49	55.49
	最大值 σ_{max}	84.58	70.22	61.43	86.65
	最小值 σ_{min}	61.6	54.44	49.55	24.33
	容许值[R]	160	160	160	160
	不均匀系数 η	1.37	1.29	1.24	3.56
	允许不均匀系数[η]	2.00	2.00	2.00	2.50

计算结果表明,地震情况下,闸室抗滑稳定安全系数和应力不均匀系数都不满足现行规范要求。

表 3-4-3　翼墙稳定计算成果汇总

荷载组合		基本组合			特殊组合
计算工况		完建情况	设计洪水位	正常蓄水位	地震情况
计算水位	墙前/m	无水	47.02	43.8	43.8
	墙后/m	无水	46.72	43.8	43.8
抗滑稳定安全系数	计算值 K_c	1.35	1.06	1.12	0.98
	允许值[K_c]	1.30	1.30	1.30	1.05

续表 3-4-3

荷载组合		基本组合			特殊组合
计算工况		完建情况	设计洪水位	正常蓄水位	地震情况
基底压力/kPa	平均值 σ	149.8	126.225	116.445	116.445
	最大值 σ_{max}	210.35	189.23	176.09	182.03
	最小值 σ_{min}	89.25	63.22	56.8	50.83
	容许值[R]	160	160	160	160
	不均匀系数 η	2.36	2.99	3.10	3.58
	允许不均匀系数[η]	2.00	2.00	2.00	2.50

计算结果表明,除完建情况外,其余工况抗滑稳定安全系数、翼墙基底应力、不均匀系数,均不满足规范要求。

4.4.5.2　消能防冲计算

匡山头闸设计为 M5.0 浆砌石平底消力池,消力池长 9 m,底板厚 0.4 m,海漫长 4 m,厚 0.3 m,海漫后直接连河底。现状消能防冲设施水毁严重,工程不能安全运行。

4.4.5.3　抗震安全复核

闸墩为浆砌石结构,不满足抗震要求。

4.4.6　金属结构、机电设备安全复核

原设计木闸门早已报废,无启闭设备,故该闸无金属结构、机电设备。

4.4.7　工程安全复核结论

通过各分项安全复核,评价如下:

该闸及交通桥严重阻水,影响河道防洪安全;铺盖及闸室为浆砌石结构,闸渗径长度不满足规范要求;闸室稳定及翼墙稳定不满足规范要求;消力池长度、深度和海漫长度不满足规范要求;闸墩为浆砌石结构,不满足抗震要求。

4.5　工程建设的必要性

4.5.1　安全鉴定结论的要求

4.5.1.1　安全鉴定结论

根据水利部颁发的《水闸安全鉴定管理办法》《水闸安全评定规定》及相关规范要求,临沂市水利勘测设计院编制完成了薛城区匡山头节制闸的各项调查、检测及安全复核计算分析等报告。经省水利厅组织专家通过现场检查和听取并审查各项报告后,认为对匡山头节制闸的各项鉴定项目的分析评价基本符合实际,比较全面。影响水闸安全运行的主要问题如下:

(1)该闸及交通桥严重阻水,影响河道防洪安全。

(2)铺盖及闸室为浆砌石结构,砂浆强度低,大面积脱落,水毁严重;闸渗径长度不满足规范要求;闸室稳定及翼墙稳定不满足规范要求,危及工程安全。

(3)消力池长度、深度和海漫长度不满足规范要求,现状消能防冲设施水毁严重,工程不能安全运行。

(4)闸墩为浆砌石结构,不满足抗震要求。

(5)原木质闸门腐朽报废,现状无闸门和启闭设备,工程不能运行。

(6)无观测和管理设施,不满足运行管理要求。

综上所述,该闸运用指标无法达到设计标准,工程存在严重安全问题,需报废改建,评定为四类水闸。

4.5.1.2 建议

鉴于匡山头节制闸当前存在的严重问题,应尽快对该闸进行改建,在未改建前应降低标准运行,确保防洪安全。

4.5.2 水资源开发利用要求

水资源供需矛盾成为制约本地经济作物、粮食作物快速发展的瓶颈。匡山头闸工程的建设对水资源的合理利用具有重要作用,对增加作物的有效灌溉面积是十分必要的。

4.5.3 河道行洪要求

工程于1979年10月27日开工,于1980年4月30日竣工。经过40年的运行,因当时设计标准低,从防洪能力到闸体安全稳定等都存在诸多问题,已不能充分发挥其功能和效益,防洪能力大大降低,低于20年一遇洪水标准,严重影响防洪安全。

4.5.4 水生态建设发展的要求

匡山头闸工程的建设,对恢复、改善河道生态环境,提升沿河岸带的综合功能和品位,获得良好的经济、生态、社会效益,是十分必要的。

4.5.5 当地政府及群众对工程建设的要求

根据蟠龙河两岸耕地的情况,主要种植小麦、玉米和经济作物。改建匡山头闸蓄水位47.8 m,相应蓄水量62.7万m^3,设计灌溉面积0.51万亩,建成后作为一座有灌溉功能的水利枢纽,可以发挥巨大的社会、经济效益。因此,尽快建设匡山头闸是非常必要的,也是当地政府及群众的迫切要求。

4.6 工程规模

4.6.1 工程规模

根据《防洪标准》(GB 50201—2014)、《水利水电工程等级划分及洪水标准》(SL 252—2017),匡山头闸设计蓄水位47.80 m,河道内蓄水量62.7万m^3;设计灌溉面积0.51万亩;河道设计防洪标准50年一遇洪峰流量为2 257 m^3/s,设计过闸流量2 257 m^3/s,闸下水位49.09 m,

闸上水位49.29 m;匡山头闸原规模为大(2)型,综合确定匡山头闸工程规模为中型。结合蟠龙河综合治理工程起步区工程堤防防洪标准,确定匡山头闸设计洪水标准与河道防洪标准相同。匡山头闸50年一遇设计洪水过闸流量为2 257 m^3/s,确定建筑物级别提高一级但洪水标准不再提高,即匡山头闸主要建筑物级别为2级,施工等临时建筑物为4级。

4.6.2 防洪标准及洪水位确定

根据《防洪标准》(GB 50201—2014),匡山头闸设计洪水标准与规划堤防标准相同,为50年一遇。

改建匡山头闸位于蟠龙河桩号17+500处,50年一遇洪水流量为2 257 m^3/s,相应洪水位为49.09 m。其计算内容如下。

4.6.2.1 水面线推算

1.起始水位

治理段下游津浦铁路梁底高程较低,本次治理工程起始水位以不超过津浦铁路梁底高程以下1.0 m为控制,推算至治理终点水位为46.10 m。

2.糙率的选取

参照河海大学编制的高等院校教材《水力学》,关于天然河道糙率 n 值表,经分析论证,确定河道糙率:主槽为0.03,边槽为0.04。

3.建筑物的壅水计算

治理后,工程治理范围内现有周楼南桥、岚山路桥、小武穴村东桥、小武穴村南桥、小武穴村西南桥、东曲柏后村西北桥、泰山北路老桥、拦河堰、匡山头拦河闸等跨河建筑物均拆除,还剩余7座跨河建筑物。规划新建拦河闸2座。由于闸墩或桥墩的阻碍和束窄作用,在闸前、桥前形成一定的水位壅高。

工程治理范围内跨河建筑物主要有桥梁及拦河闸。桥梁壅水高度为0.02~0.05 m,取0.05 m;拦河闸壅水高度取0.2 m。

4.设计洪水位推算

根据蟠龙河断面测量资料,采用山东省水利勘测设计院编制的天然河道水面线计算程序计算,起始水位46.60 m,逐个断面往上游推算。

5.计算结果

匡山头闸位于蟠龙河桩号17+500处,50年一遇洪水流量为2 257 m^3/s,相应洪水位为49.09 m。

4.6.2.2 堤顶高程

经计算,边坡系数为1:3时,计算堤顶超高为1.86 m,设计采用堤顶超高1.5 m,并增设0.5 m高防浪墙。

根据设计堤顶高程的计算,闸址处左堤现状堤顶高程基本满足要求,设计洪水位(49.09 m)比堤顶高程(50.59 m)低1.50 m,规划堤防需增设高0.5 m防浪墙,右堤规划根据防洪要求断面向北侧漫堤,考虑50年一遇洪水位不漫堤及蟠龙河综合治理工程的实施,本次匡山头闸除险加固工程对堤防不再加固。

4.6.3 设计蓄水位

匡山头闸位于蟠龙河综合治理工程起步区工程范围内,根据地方规划,为尽可能利用雨洪资源,增加蓄水量,本工程蓄水水位为 47.80 m。

根据场区地层岩性,拦河闸蓄水位为 47.80 m,周围地下水位因两岸渗漏会相应抬升,根据蟠龙河综合治理起步区的工程规划,闸址右岸规划拟建千山湖,不存在浸没问题。左岸地面高程一般为 47.09~49.50 m,闸址 150 m 范围内无房屋等建筑物,附近农田局部会产生浸没,在闸上游左岸长约 500 m、宽约 200 m 的范围内,浸没影响范围约 0.09 km^2,根据蟠龙河综合治理起步区的工程规划,该区域采用河道开挖土进行回填治理,回填高程至 48.50 m,从而解决浸没问题。

4.6.4　灌溉保证率

农田灌溉保证率为 50%。

4.6.5　兴利调节计算

采用典型年法按水量平衡原理逐月进行调节计算。

4.6.5.1　正常蓄水位

匡山头闸底板高程 43.1 m,正常蓄水位为 47.8 m。

4.6.5.2　灌溉用水量

灌溉面积:匡山头闸原设计灌溉面积 0.3 万亩,本次除险加固闸址向上游移 4.2 km,灌溉范围为闸址附近陶庄镇农田,设计灌溉面积为 0.51 万亩。

4.6.5.3　灌溉保证率

灌溉设计保证率取 50%。作物组成与灌溉定额:灌区冬小麦 65%,春玉米 26%,夏玉米 52%,春花生 9%,夏稻 13%,复种指数为 165%。根据灌区的灌溉制度计算灌区净灌溉定额为 197.5 m^3/亩。灌溉水利用系数为 0.6。

4.6.5.4　损失水量

损失水量包括蒸发损失量和渗漏损失量。蒸发损失量根据月平均水面面积乘以蒸发深计算,月渗漏量取月初与月末库容平均值乘以 1%计算。

4.6.5.5　调算结果

匡山头闸调节计算从 7 月起调。经调算,匡山头闸断面处的来水能满足设计灌溉面积 0.51 万亩农作物的用水需求。从调算成果来看,匡山头闸 50%来水量为 4 706 万 m^3,灌溉供水量为 167.9 万 m^3,生态供水量为 4 70.6 万 m^3,蒸发、渗漏损失水量合计 31.5 万 m^3,弃水量为 4 036 万 m^3。

4.7　主要建设内容

匡山头闸除险加固工程主要建设内容为拆除原闸,向上游移址 4.2 km,改建为底轴驱动式钢坝闸、新建连堤路及管理设施等。

钢坝闸主要由上游抛石防冲槽、上游铺盖、钢坝闸室、下游消力池、海漫、抛石防冲槽、上下游连接段、闸墩外连堤路及管理设施等组成。钢坝闸共 3 孔,单孔净宽 38 m,总净宽 114 m,挡水高度为 4.50 m,挡水位为 47.80 m。

第 5 章　工程布置及建筑物

5.1　设计依据

5.1.1　依据文件

(1)《薛城区蟠龙河匡山头闸水闸安全鉴定报告》(山东省水利厅,2009 年 4 月)。

(2)薛城区蟠龙河匡山头闸水闸安全鉴定报告资料(临沂市水利勘测设计院,2009 年 4 月)。

(3)《匡山头闸除险加固初设地勘报告》(山东省水利勘测设计院,2019 年 8 月)。

(4)关于《山东省灾后重点防洪减灾工程建设实施方案》的批复(山东省人民政府鲁政字〔2018〕237 号,2018 年 10 月)。

5.1.2　依据的规范及规定

(1)《水利工程建设标准强制性条文》(2016 版)。

(2)《水利水电工程初步设计报告编制规程》(SL 619—2013)。

(3)《防洪标准》(GB 50201—2014)。

(4)《水利水电工程等级划分及洪水标准》(SL 252—2017)。

(5)《水闸设计规范》(SL 265—2016)。

(6)《水利水电工程合理使用年限及耐久性设计规范》(SL 654—2014)。

(7)《水工建筑物荷载设计规范》(SL 744—2016)。

(8)《水工混凝土结构设计规范》(SL 191—2008)。

(9)《建筑设计防火规范》(2018 年版)(GB 50016—2014)。

(10)《建筑地基基础设计规范》(GB 50007—2011)。

(11)《水利水电工程钢闸门设计规范》(SL 74—2013)。

(12)《水工建筑物抗震设计标准》(GB 51247—2018)。

(13)现行国家、省政府有关的法律、法规及相关文件等。

5.2　工程等级及标准

5.2.1　工程等别和建筑物级别

5.2.1.1　工程等别

根据《防洪标准》(GB 50201—2014)、《水利水电工程等级划分及洪水标准》(SL 252—

2017)，蟠龙河综合治理主要保护薛城区 47.37 万人(比较重要城市)，保护京沪高铁、京台高速、枣临铁路等重要交通设施，结合区域规划、保护对象的重要性，蟠龙河综合治理工程起步区工程规模为中型，工程等别为Ⅲ等，蟠龙河防洪标准为 50 年一遇；匡山头闸位于蟠龙河综合治理工程起步区工程范围内，且匡山头闸原规模为大(2)型，综合确定匡山头闸除险加固工程规模为中型，工程等别为Ⅲ等。结合蟠龙河综合治理工程起步区工程防洪标准，确定匡山头闸设计洪水标准与规划堤防标准相同为 50 年一遇。

5.2.1.2 建筑物级别

拦河闸原工程等别为Ⅱ等、主要建筑物 2 级是根据《水利水电工程等级划分及洪水标准》(SL 252—2000)中过闸流量确定的，现规范《水利水电工程等级划分及洪水标准》(SL 252—2017)中取消按过闸流量确定等级。根据《水利水电工程等级划分及洪水标准》(SL 252—2017)，条文 4.3.1 拦河闸永久性水工建筑物的级别，应根据其所属工程的等别按表 4.2.1 确定，条文 4.8.1 水利水电工程施工期使用的临时性挡水、泄水等水工建筑物的级别，应根据保护对象、失事后果、使用年限和临时性挡水建筑物规模按表 4.8.1 确定。

本次蟠龙河匡山头闸除险加固工程规模为中型，工程等别为Ⅲ等。匡山头闸主要建筑物级别为 3 级，施工等临时建筑物级别为 5 级；根据《水利水电工程等级划分及洪水标准》(SL 252—2017)，条文 4.3.2 拦河闸永久性水工建筑物按表 4.2.1 的规定为 2 级、3 级，其校核洪水过闸流量分别大于 5 000 m^3/s、1 000 m^3/s 时，其建筑物级别可提高一级，但洪水标准可不提高。匡山头闸 50 年一遇设计洪水过闸流量为 2 257 m^3/s，确定建筑物级别提高一级但洪水标准不再提高，即匡山头闸主要建筑物级别为 2 级，施工等临时建筑物为 4 级，设计洪水标准为 50 年一遇。

5.2.2 设计标准

匡山头闸建筑物级别由 3 级提高为 2 级，结合蟠龙河综合治理工程起步区工程堤防防洪标准，匡山头闸设计洪水标准与规划堤防标准相同为 50 年一遇；相应洪水流量为 2 257 m^3/s，相应洪水位为 49.09 m。

5.2.3 地震设防烈度

根据《中国地震动参数区划图》(GB 18306—2015)，工程区基本地震动峰值加速度为 0.10g，相应地震基本烈度为 7 度，地震设计烈度为 7 度。

5.2.4 高程系与坐标系

本次设计高程系采用 1985 国家高程基准，坐标系采用 1980 西安坐标系。

5.2.5 耐久性设计

根据《水利水电工程合理使用年限及耐久性设计规范》(SL 654—2014)，确定永久性水工建筑物合理使用年限：节制闸水工建筑物及底轴驱动钢闸门为 50 年。

场区地下水对混凝土无腐蚀性，对混凝土结构中的钢筋具弱腐蚀性，对钢结构具弱腐蚀性。场区河水中 SO_4^{2-} 浓度为 804.2 mg/L，对混凝土具硫酸盐型强腐蚀性，对混凝土结构中的钢筋具中等腐蚀性，对钢结构具弱腐蚀性。

根据规范《水利水电工程合理使用年限及耐久性设计规范》(SL 654—2014)，水中 SO_4^{2-} 浓度为 200~1 000 mg/L 时，化学侵蚀程度为轻度，为满足耐久性要求，本工程水工混凝土结构强度等级不低于 C30，最大水灰比 0.45，最小水泥用量 340 kg/m³，最大氯离子含量 0.1%，最大碱含量 2.5 kg/m³。

混凝土抗冻等级 F150，抗渗等级 W6，最大裂缝宽度限值 0.25 mm。

采用抗侵蚀高性能混凝土，即水泥中掺较大掺量优质的矿物掺合料(如掺加粉煤灰或采用抗腐蚀复合水泥等，混凝土施工配合比经试验确定)，配制成高性能混凝土，以抵抗 Cl^-、SO_4^{2-} 等的侵蚀。同时闸室混凝土结构尺寸较大，应考虑采用水化热较低的水泥品种。

拌和与养护混凝土用水水质应符合《混凝土用水标准》(JGJ 63—2006)的规定。不得将未经处理的工业污水、生活污水和具有腐蚀性的地下水、地表水用于拌和与养护混凝土。

5.3　建筑物轴线选择

蟠龙河综合治理起步区工程位于枣庄市薛城区北侧，该工程规划布置三湖三闸形成梯级连续水面和景观，三湖自上游起分别叫山家林湖、千山湖和奚仲湾湖。现蟠龙河上泰山北路下游约 530 m 有泰山橡胶坝，拟将泰山橡胶坝作为起步区工程的最末端拦河建筑物，用于调蓄奚仲湾湖。将匡山头闸址较原闸址上移约 4.2 km，该闸布置在起步区工程千山湖的南侧，湖的两座引排水涵闸之间，设计闸底板高程 43.3 m，上游挡水位 47.8 m，下游水位同泰山坝挡水位 43.8 m，上、下游水头差 4.0 m，设计闸门高度 4.5 m，将匡山头闸布置在该处，能够合理形成该段蟠龙河梯级连续水面，可以调蓄千山湖，又可以通过两座涵闸及其上下游水头差形成流动水体，改善湖内水质。

该闸址河流顺直，周围无重大建筑物，远离支流入口。经地质勘探，闸室底板底高程 39.30 m，位于②层壤土之上，其下埋深 0.5~4.0 m 为灰岩，工程地质基本满足建闸要求，故设计确定将匡山头闸布置在蟠龙河桩号 17+500 处。

5.4　建筑物形式

建筑物选型的原则是：①应满足汛期行洪和非汛期蓄水的基本要求；②拦河建筑物应满足地方规划要求；③城市河道应结合地方特色将水闸(坝)作为重要景点，建筑物选型力求美观、体现现代特色。

拦河建筑物形式主要有平板钢闸拦河闸、橡胶坝、底轴驱动式钢坝、气盾坝、双扉拱形闸等。现对各建筑物形式分析如下。

5.4.1　平板钢闸门拦河闸

平板钢闸门拦河闸闸门制造加工较容易，运行安全可靠，维修方便，运用极广。平面闸门自重大，所需启门力亦大，门槽水力学条件较差，因此在高流速的水道上作为工作闸门的使用范围受到限制。普通钢闸门的启闭设备一般位于闸墩上面，会对有景观要求的河道工程美观上造成影响。单孔净宽一般小于 15.0 m，根据该处河宽，设置单孔宽 13 m，共 9 孔，综合每延米造价约 38.7 万元。

5.4.2　橡胶坝

橡胶坝是用高强度合成纤维织物作受力骨架，内外涂敷橡胶作保护层，加工成胶布，再将其锚固于底板上成封闭状的坝袋，通过充排管路用水(气)将其充胀形成的袋式挡水坝。坝顶可以溢流，并可根据需要调节坝高，控制上游水位，以发挥灌溉、发电、航运、防洪、挡潮等效益。

根据该处河宽，设置单孔宽 40 m，共 3 孔，综合每延米造价约 26 万元。

5.4.3　底轴驱动式钢坝

钢坝闸能够实现双向挡水及立门蓄水或防洪，卧门行洪排涝；闸门启闭灵活快速、开度无级可调且调度方便；启闭设备隐蔽，门顶过水形成人工瀑布，改善工程景观效果；该闸型泄洪能力大，卧门时无碍通航。根据该处河宽，设置单孔宽 38 m，共 3 孔，综合每延米造价约 43.26 万元。

5.4.4　气盾坝

气盾坝是综合橡胶坝、钢板坝二者之长的新型水工建筑物。其结构简单，建设、安装周期短；防洪度汛能力突出，运行安全可靠；过水高度和运行状态持续可控；生态景观效果好，坝顶溢流会形成瀑布，十分美观；适用范围广，适用于各种水文情况复杂的河道及城市美化建设。根据该处河宽，设置单孔宽 60 m，共 2 孔，综合每延米造价约 37.6 万元。

5.4.5　双扉拱形闸

双扉拱形闸为新型拱形结构，具有结构轻巧，自重较轻，孔口跨度可以相对较大，在水头不高、孔口较大的场合具有较大的优势。双扉拱形闸在结构上可以在门顶设置通道或门顶过流形成瀑布景观，容易与周边环境景观协调，从而使该门在技术含量上、景观设计上大大得到提高，更能体现一个城市的发展水平、城市的风貌和城市的特色。根据该处河宽，设计为 2 孔，每孔净宽 60 m，综合每延米造价约 99.5 万元。

建筑物型式方案比选详见表 3-5-1。

根据分析并结合所在地理位置及挡水高度，为打造优美、和谐的城市生态走廊，拟定选择造型优美、景观价值高、启闭灵活、安全可靠的钢坝形式。

表 3-5-1　平板钢闸门拦河闸、橡胶坝、钢坝、双扉拱形闸方案比较

闸型	平板钢闸门拦河闸	橡胶坝	底轴驱动式钢坝	气盾坝	双扉拱形闸
造价/(万元/延米)	38.7	26	43.26	37.6	99.50
优点	1. 耐久性好,制造加工较容易,运行安全可靠,维修方便,运用极广,不易遭人为损坏; 2. 工程管理、控制运用灵活、方便	1. 结构简单,节省建材,造价低; 2. 施工难度低,无排架、启闭机房等上部结构,土建工程少,工期短; 3. 坝体自重轻,对地基承载力要求低,抗震性能好; 4. 可坝顶溢流	1. 闸门启闭灵活快速、开度无级可调且调度方便,耐久性好; 2. 启闭设备隐蔽,门顶过水形成人工瀑布景观效果; 3. 闸顶可安装灯光喷泉,形成景观; 4. 泄洪能力大; 5. 使用寿命长	1. 结构简单,建设、安装周期短; 2. 防洪度汛能力突出,过水高度和运行状态持续可控,较橡胶坝运行更安全可靠; 3. 生态景观效效果好,坝顶溢流会形成瀑布景观效果; 4. 造价适中	1. 结构轻巧新颖,孔口跨度较大; 2. 景观效果好
缺点	1. 闸孔宽度有限,闸墩占用行洪断面大,不利于行洪,对于景观河道,视野受闸室影响; 2. 闸顶不宜过水	1. 坝袋易受破损、漂浮物刺伤等,坚固性较差; 2. 坝袋易老化,使用寿命较短,一般为15年; 3. 不宜用于水位变化过于频繁的河道,塌坝时间较长; 4. 景观效果一般; 5. 不便于维修	1. 造价较高; 2. 要求启闭设备运行精度高; 3. 维修不便	1. 运行能耗稍高; 2. 钢板后气囊压力不一致时,可引起钢板之间的密封止水受拉,可能造成密封止水破坏发生漏水现象; 3. 下游侧景观效果较差; 4. 不便于维修	1. 造价高; 2. 闸门制作和工程施工难度大,工期长; 3. 维修不便

5.5 工程总布置

根据蟠龙河综合治理起步区工程规划，拟定匡山头闸址较原闸址上移约 4.2 km，位于千山湖南侧，蟠龙河桩号 17+500 处，匡山头闸采用底轴驱动式钢坝挡水形式，液压系统启闭，汛期卧门行洪，非汛期立门蓄水。当挡水超过闸门高度时，可形成溢流景观。

钢坝闸主要由上游抛石防冲槽、上游铺盖、钢坝闸室、下游消力池、海漫、抛石防冲槽、上下游连接段、闸墩外连堤路及管理设施等组成。钢坝闸共 3 孔，单孔净宽 38 m，总净宽 114 m，挡水高度为 4.50 m。

原闸上交通桥年久失修，存在安全隐患，交通车辆极少，且上下游均规划有跨河大桥，现泰山北路交通桥距老闸约 800 m，能够满足交通要求。根据蟠龙河治理工程总体规划，本次设计不考虑新建跨河桥梁。

5.6 建筑物工程设计

5.6.1 钢坝闸底板高程、挡水高度、孔口尺寸确定

5.6.1.1 底板高程

规划该处河底高程为 43.10 m，设计闸底板高程为 43.30 m。

5.6.1.2 挡水高度

考虑河道水资源比较丰富，在尽量多蓄水且尽量不出现堤外浸没现象的前提下，确定挡水高度为 4.5 m，挡水高程为 47.80 m。规划匡山头上游拦河闸位于桩号 3+686 处，河底高程 46.0 m，匡山头闸的挡水位保证了水面宽度和上游闸处上下游通航水深。

正常挡水时周围地下水位因两岸渗漏会相应抬升，根据蟠龙河综合治理起步区的工程规划，闸址右岸规划拟建千山湖，不存在浸没问题。左岸地面高程一般为 47.09~49.50 m，闸址 150 m 范围内无房屋等建筑物，在闸上游左岸长约 500 m、宽约 200 m 的范围内会产生浸没，浸没影响范围约 0.09 km^2，根据蟠龙河综合治理起步区的工程规划，该区域采用河道开挖土进行回填治理，回填高程至 48.50 m。

5.6.1.3 孔口尺寸

在挡水 4.5 m 的情况下，根据当前国内技术水平，钢坝闸单跨长度范围可做到 50 m，结合规划主河槽底宽 120 m，考虑闸到 50 年一遇过洪要求及单数孔数过流条件较好等因素，孔口宽度选定为单跨 38 m，共 3 跨。

5.6.2 钢坝闸工程布置

匡山头钢坝闸布置在蟠龙河桩号 17+500 处，总宽 308.0 m，其中钢坝闸宽 145.20 m，连堤路宽 162.80 m。工程主要由上游抛石防冲槽、上游铺盖、钢坝闸室、下游消力池、海漫、抛石防冲槽、上下游连接段、闸墩外连堤路及管理设施等组成。钢坝闸共 3 孔，单孔净宽 38 m，总净宽 114.00 m，挡水高度为 4.50 m，墩内布置液压启闭装置，墩顶设检修孔及预制混凝土盖板。闸底板内设廊道，其内布置电缆和液压管路，且便于人员检修，通过廊道可以进

入墩内,墩顶设法兰密封口,便于工作人员进出。

闸门选用 3 套 38 m×4.5 m-4.5 m(宽×高-挡水水头)底轴驱动式钢坝闸门。

闸门门叶固定于底轴上,底轴支承在固定于闸底板的铰座上,底轴穿过闸墩处设置密封装置;闸门侧止水位于门叶两侧,底止水固定于闸底板预埋件上。

闸门在非汛期长期立门蓄水时,闸门由液压穿轴锁定装置锁定,每套闸门设 2 套液压穿轴锁定装置,锁定装置包含液压站、行程检测、管路等附件,锁定装置须满足安全可靠、运行灵活的要求。闸门卧倒全行程时间≤15 min。

上游抛石防冲槽长 10.00 m、深 1.5 m;上游 M10 浆砌块石铺盖,长 15.00 m、厚 0.5 m,C30 钢筋混凝土铺盖长 15.00 m、厚 0.5 m,顶高程均为 43.10 m。闸室 C30 钢筋混凝土底板长 22.00 m,厚 4.0~1.60 m,闸门上游段底板顶高程 43.30 m,闸后设 1∶5斜坡,高程由 42.10 m 降至 40.90 m,闸室下游斜坡段及其下长 2.0 m 水平段作为消力池的一部分;中墩宽 9.6 m,边墩宽 6.0 m,中、边墩均兼作液压缸室,墩顶高程 50.10 m,闸底板内设宽 1.5 m、高 2.0 m 的拱形廊道。下游 C30 钢筋混凝土消力池深 1.20 m,池底板顶高程 40.90 m、厚 1.0 m、长 15.00 m;下游 C30 钢筋混凝土海漫长 15.00 m、厚 0.5 m,M10 浆砌块石海漫长 15 m、厚 0.5 m;抛石防冲槽深 2.5 m、长 10.00 m,海漫及防冲槽顶高程均为 42.10 m;防冲槽下游设置 1∶15 倒坡与规划河底高程 43.10 m 衔接。

主河槽两侧滩地高程为 48.30 m,边坡为 1∶3.0,上游 M10 浆砌块石护坡长 20.00 m、厚 0.3 m,顶高程平滩地;下接 C30 钢筋混凝土悬臂式翼墙,圆弧段半径为 15.60 m,顺直段长 15.0 m,墙顶高程 48.70 m;下游消力池段两侧设 C30 钢筋混凝土扶壁式翼墙,其下接半圆形 C30 钢筋混凝土翼墙,圆弧半径为 18.60 m,墙顶高程 48.40 m;下游为 M10 浆砌块石护坡长 25.00 m、厚 0.3 m;建筑物上、下游各 100 m 之外与规划河道平顺衔接。墙后回填壤土,设计压实度 0.94。

边墩外设置连堤路,与两岸规划堤防连接,连堤路顶高程 50.10 m,高于设计洪水位 1.01 m,宽 22.00 m,上下游边坡 1∶5,采用壤土填筑,设计压实度 0.94。

工程范围内两岸滩地及连堤路设置植草砖护砌,左岸护砌宽度至左堤顶,右岸护砌宽度至主河槽坡顶外 10 m。

钢坝闸液压泵及其电气设备布置在左堤外坡上的生产用房内。

5.6.3　地基处理设计

闸室底板位于②层壤土之上,②层壤土呈可塑—硬塑状态,具中等压缩性,力学强度较高,闸基下分布厚度为 0.5~4.0 m,其下为灰岩,因钢坝闸跨度大,适应变形能力较差,故确定将闸室下②层壤土换填为 C20 埋石混凝土(埋石率 40%)。

左岸翼墙基础墙底局部在①-2 层壤土的底层,剩余厚度约 0.3 m,确定清除后回填水泥土(掺量 12%),设计压实度 0.96;消力池处左岸挡墙底高程距基岩 0~0.5 m 不等,设计将该段②层壤土换填为 C15 素混凝土。右岸翼墙基础位于①、②层壤土中,作为基础持力层。

上游铺盖和下游海漫下在现状主河槽范围内为①-1 层淤泥质壤土,软塑状态,均一性差,具高压缩性,对该①-1 层淤泥质壤土挖除换填,闸上游换填为水泥土(掺量 12%),设计压实度 0.96,闸下游换填为中粗砂,设计相对密度 0.75。

5.6.4　防渗排水设计

闸室顺水流长 22.00 m,为钢筋混凝土结构,上游钢筋混凝土铺盖长 15.00 m,厚 0.50 m,闸室及上游铺盖分缝处均设置止水。闸室下游为钢筋混凝土消力池,厚 1.00 m,消力池末端埋设φ 50 排水管,共 5 排,间距 1.50 m,呈梅花形布置。消力池与闸室及其内分缝处均设置止水。

闸室上、下游钢筋混凝土翼墙与其相邻圆弧段翼墙、边墩、铺盖、消力池连接处均设置止水,墙后回填壤土,压实度 0.94。下游钢筋混凝土翼墙内埋设φ 50 排水孔,共设 2 排,第一排至墙底板 1.00 m,排间距 1.00 m。排水孔外侧设置反滤层,依次为碎石(粒径 0.5~2 cm)厚 0.3 m、中粗砂厚 0.30 m。

埋设的排水孔均插入碎石反滤层内 5.0 cm,孔口包裹土工布(250 g/m^2)一层。

5.6.5　钢坝闸水力计算

5.6.5.1　闸孔过流计算

经计算,节制闸过流能力为 2 570 m^3/s,满足 50 年一遇洪水流量要求。

5.6.5.2　闸基防渗长度拟定

按《水闸设计规范》(SL 265—2016)公式计算,坝上游钢筋混凝土铺盖、闸坝底板及翼墙和边墩防渗长度应不小于防渗长度 16 m,设计长度为 37 m。

5.6.5.3　闸基渗流稳定计算

1. 计算工况及计算参数

正常蓄水工况:闸前正常蓄水位 47.80 m,下游水位平底板。由地质勘察报告知,在出口无保护的条件下,其出口段允许比降建议值为 0.45,水平段为 0.30。

2. 计算成果

水闸地基渗透计算采用加拿大 geo-studio 软件的 seep/w 模块来进行,计算成果见图 3-5-1、图 3-5-2、表 3-5-2。

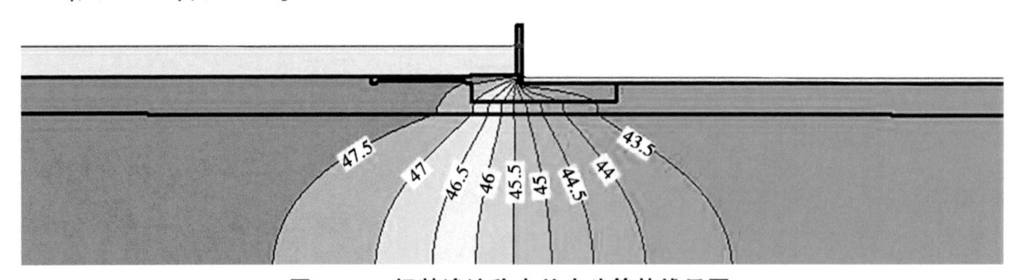

图 3-5-1　闸基渗流稳定总水头等势线云图

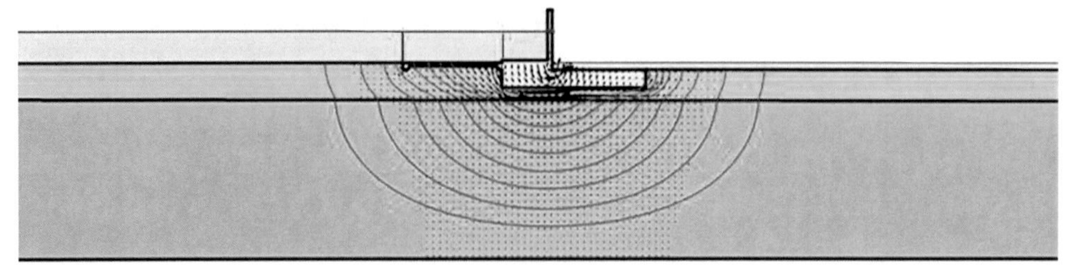

图 3-5-2　闸基渗流稳定流线图

表 3-5-2　渗透坡降计算成果

上游水位	下游水位	计算值		允许值	
		水平段	出口段	水平段	出口段
47.80	平底板	0.28	0.18	0.30	0.45

由表 3-5-2 可知，闸基渗透稳定满足规范要求。设计闸室壤土地基换填为埋石混凝土更有利于渗透稳定安全。

5.6.5.4　绕流分析

上游铺盖、边墩与上游翼墙分缝处均设有止水，墙后回填壤土，压实度 0.94，绕流渗径同底流渗径，满足渗透稳定要求。

5.6.5.5　消能计算

经计算，闸(坝)消能防冲结果见表 3-5-3。

表 3-5-3　消能防冲计算结果

项目	计算值	项目	计算值
上游水头/m	4.50	设计消力池深/m	1.20
单宽流量/(m^3/s)	3.4	设计消力池长/m	17
下游水深/m	1.52	设计消力池底板厚度/m	1.0
计算消力池深/m	0.96	设计海漫长度/m	30
计算消力池长/m	14.37	设计抛石防冲槽深/槽长/m	2.5/10
计算消力池底板厚度/m	0.84	上游护底首端的防冲槽深/槽长/m	1.5/10
计算海漫长度/m	29.7		

5.6.5.6　墩顶及上游翼墙顶高程确定

匡山头闸为非汛期拦蓄工程，汛期开闸泄洪，汛期无防洪功能，墩顶及上游翼墙顶高程确定按正常蓄水位加波浪计算高度与相应安全加高值之和，安全加高值取 0.5 m。

计算闸墩及翼墙顶高程为 48.69 m，设计上游翼墙顶高程 48.70 m；考虑中、边墩顶设有检修孔、进人孔等，为了保证各种情况下的设备检修和操作人员的安全，确定墩顶高程为 50.10 m，高于设计洪水位 1.01 m。

5.6.6　钢坝闸稳定计算

5.6.6.1　计算工况

(1)施工完建情况：施工完建期，地下水位在闸底板以下。

(2)正常挡水情况：上游正常挡水位 47.80 m，下游水位 43.10 m。

(3)设计洪水情况：全部开启泄流，50 年一遇设计洪水位 49.09 m。

(4)正常挡水位遇顺水流向地震情况：上游正常挡水位 47.80 m，下游水位 43.10 m，加遇Ⅷ度顺水流向地震。

(5)正常挡水位遇垂直水流向地震情况:上游正常挡水位 47.80 m,下游水位 43.10 m,加遇Ⅶ度垂直水流向地震。

5.6.6.2　**计算公式**

采用《水闸设计规范》(SL 265—2016)中的计算公式进行计算。

5.6.6.3　**计算结果**

闸室稳定计算成果见表 3-5-4~表 3-5-6。

表 3-5-4　闸室边墩稳定计算成果

荷载组合	运行工况	抗滑稳定安全系数		基底应力/kPa			承载力特征值/kPa
		计算值	允许值	最大值	最小值	平均值	
基本组合	(1)	3.01	1.3	153.65	149.2	151.43	800
	(2)	3.03	1.3	124.36	73.4	98.88	
	(3)	2.7	1.3	76.04	66.99	71.52	
特殊组合	(4)	2.76	1.05	128.62	69.15	98.88	
	(5)	2.36	1.05	114.47	83.29	98.88	

表 3-5-5　闸室中墩稳定计算成果

荷载组合	运行工况	抗滑稳定安全系数		基底应力/kPa			承载力特征值/kPa
		计算值	允许值	最大值	最小值	平均值	
基本组合	(1)	—	1.3	135.23	125.4	130.32	800
	(2)	8.18	1.3	97.04	67.26	81.65	
	(3)	—	1.3	66.56	51.44	59.00	
特殊组合	(4)	4.46	1.05	100.49	62.81	81.65	

表 3-5-6　匡山头闸室底板稳定计算成果

荷载组合	运行工况	抗滑稳定安全系数		基底应力/kPa			承载力特征值/kPa
		计算值	允许值	最大值	最小值	平均值	
基本组合	(1)	—	1.3	91.75	64.99	78.37	800
	(2)	5.68	1.3	60.6	30.97	45.78	
	(3)	—	1.3	47.59	40.68	44.13	
特殊组合	(4)	3.21	1.05	58.94	32.62	45.78	

由表 3-5-4~表 3-5-6 可知,各种计算工况抗滑稳定及地基承载力均满足规范要求。

5.6.7　上、下游挡墙稳定计算工况

5.6.7.1　上游挡墙计算工况

(1)施工完建工况:墙前后无水。

荷载组合:结构自重+土重+土压力。

(2)正常挡水工况:墙前水位47.80 m,墙后水位47.80 m。

荷载组合:结构自重+土重+土压力+静水压力+扬压力+水重。

(3)设计洪水位工况:墙前水位49.09 m,墙后水位49.09 m。

荷载组合:结构自重+土重+土压力+静水压力+扬压力+水重。

(4)水位骤降工况:墙前水位43.10 m,墙后水位45.35 m。

荷载组合:结构自重+土重+土压力+静水压力+扬压力+水重。

(5)地震情况:正常挡水+Ⅶ度地震作用。

5.6.7.2　下游消力池处挡墙计算工况

(1)施工完建工况:墙前后无水。

荷载组合:结构自重+土重+土压力。

(2)正常挡水工况:墙前水位43.10 m,墙后水位44.1 m。

荷载组合:结构自重+土重+土压力+静水压力+扬压力+水重。

(3)设计洪水位工况:墙前水位49.09 m,墙后水位49.09 m。

荷载组合:结构自重+土重+土压力+静水压力+扬压力+水重。

(4)地震工况:正常运行期+Ⅶ度地震作用。

5.6.7.3　计算参数

上游翼墙地基承载力特征值为120 kPa,$f_a=0.30$,墙后回填土$\gamma_{湿}=19.7\ kN/m^3$,等值内摩擦角$\varphi'=28°$。

下游海漫段翼墙及右岸消力池段翼墙地基承载力特征值为160 kPa,$f_a=0.35$,墙后回填土$\gamma_{湿}=19.7\ kN/m^3$,等值内摩擦角$\varphi'=28°$。

左岸消力池段翼墙地基承载力特征值为800 kPa,$f_a=0.5$,墙后回填土$\gamma_{湿}=19.7\ kN/m^3$,等值内摩擦角$\varphi'=28°$。

5.6.7.4　计算成果

节制闸上、下游挡墙稳定计算成果见表3-5-7~表3-5-10。

表3-5-7　节制闸上游段挡墙稳定计算成果

荷载组合	计算工况	抗滑稳定安全系数		基底应力/kPa		地基应力不均匀系数		地基承载力特征值/kPa
		计算值	允许值	最大值	最小值	计算值	允许值	
基本组合	施工完建	1.633	1.30	115.427	105.055	1.099	2.0	120
	正常挡水	2.021	1.30	88.598	72.032	1.230	2.0	
	设计洪水位	2.311	1.30	83.334	74.049	1.125	2.0	
特殊组合	地震工况	1.429	1.05	105.846	54.783	1.932	2.5	
	水位骤降	1.184	1.15	114.258	80.122	1.426	2.5	

表 3-5-8　节制闸下游消力池段左岸挡墙稳定计算成果

荷载组合	计算工况	抗滑稳定安全系数		基底应力/kPa		抗倾覆稳定安全系数		地基承载力特征值/kPa
		计算值	允许值	最大值	最小值	计算值	允许值	
基本组合	施工完建	1.885	1.30	183.51	107.61	4.996	1.5	800
	正常挡水	1.632	1.30	176.07	74.13	2.718	1.5	
	设计洪水位	2.712	1.30	122.74	84.43	1.788	1.5	
特殊组合	地震工况	1.416	1.05	197.30	52.90	2.443	1.3	

表 3-5-9　节制闸下游消力池段右岸挡墙稳定计算成果

荷载组合	计算工况	抗滑稳定安全系数		基底应力/kPa		地基应力不均匀系数		地基承载力特征值/kPa
		计算值	允许值	最大值	最小值	计算值	允许值	
基本组合	施工完建	1.556	1.30	168.91	128.65	1.313	2.0	160
	正常挡水	1.308	1.30	164.01	94.15	1.742	2.0	
	设计洪水位	2.087	1.30	121.00	96.80	1.250	2.0	
特殊组合	地震工况	1.118	1.05	183.06	75.10	2.438	2.5	

表 3-5-10　节制闸下游海漫段挡墙稳定计算成果

荷载组合	计算工况	抗滑稳定安全系数		基底应力/kPa		地基应力不均匀系数		地基承载力特征值/kPa
		计算值	允许值	最大值	最小值	计算值	允许值	
基本组合	施工完建	1.537	1.30	129.24	110.60	1.169	2.0	160
	正常挡水	1.291	1.30	125.56	87.00	1.443	2.0	
	设计洪水位况	2.150	1.30	91.81	79.11	1.161	2.0	
特殊组合	地震工况	1.102	1.05	141.20	71.36	1.979	2.5	

由表 3-5-7~表 3-5-10 可知,各种计算工况挡墙稳定均满足规范要求。

5.6.8　地基沉降计算

闸室地基为厚 0.5~4.0 m 的壤土,其下为灰岩。

采用分层总和法计算地基沉降。

根据计算，两中墩底板最终最大沉降量分别为6.0 cm、12.0 cm，沉降差为6.0 cm，因底轴钢坝闸每孔跨度38 m使用同一底轴，基础变形直接影响闸门的安全运行，考虑两中墩间的沉降差较大，将壤土地基换填为C25埋石混凝土地基。

5.6.9　结构应力分析

5.6.9.1　计算工况

根据钢坝底板实际受力情况，选取以下不利工况进行底板内力计算。

(1)施工完建：上下游无水。主要荷载包括自重、风压力、土重、土压力等。

(2)正常挡水：闸上水位为47.80 m，闸门关闭，闸下水位为43.80 m。主要荷载包括自重、风压力、水重、静水压力、扬压力、浪压力、土重、土压力等。

(3)地震工况：正常运行期+Ⅶ度地震作用。

5.6.9.2　计算结果

经分析计算，闸底板最大弯矩624.05 kN·m。中、边墩底板按纯受弯构件计算，中墩底板根部最大弯矩130 kN·m，边墩底板最大弯矩166 kN·m。

5.7　安全监测设计

5.7.1　安全监测目的

监测设施在施工期的观测数据，对了解施工情况，加快施工进度，确保施工安全，提高施工质量是非常必要的；在工程运行期，随时掌握建筑物运行情况，充分发挥工程效益和确保工程安全也是必不可少的。

5.7.2　监测设计

按有关规范，结合工程具体情况进行监测设计。

本工程观测包括水位、流量、水平位移、垂直位移、沉降、闸基扬压力观测。

(1)水位观测：在闸的上、下游翼墙设置水尺贴片。

(2)流量观测：通过水位观测，根据水位-流量关系，推求出相应过闸流量。

(3)渗流监测。

钢坝闸设绕流、底流观测断面，绕流测压管2套，共6支；底流测压管2套，共6支。

(4)变形监测。节制闸设置观测基点4个，其中工作基点2个，校核基点2个，布置在闸左右两端便于观测的地方，其位置待施工时确定。闸墩及上下游翼墙均设置沉陷位移观测标点，共28个。

本工程各观测项目，需在浇筑基础时开始观测，然后每施工一层观测一次，主体工程完成后，在装修期间，每个月观测一次，工程竣工后，第一年内每隔2~3个月观测一次，以后每隔4~6个月观测一次。沉降停测标准可采用连续2次半年沉降量不超过2 mm。

(5)监测设备。配备经纬仪1台、自动调平水准仪1台、雷达水位计上下游各1套，定期对工程进行观测。

5.8　管理区建筑设计

5.8.1　设计原则

(1)在设计中贯彻执行国家现行有关规范和标准,确保工程质量。

(2)合理利用场地进行功能布局。

5.8.2　设计概况

(1)建设地点:枣庄市薛城区。

(2)建筑层数:一层。

(3)设计使用年限: 50 年。

(4)防火设计耐火等级:二级 。

(5)屋面防水等级: Ⅱ级。

(6)结构形式:框架结构。

5.8.3　建筑总体布局

该项目建设场地位于枣庄市薛城区匡山头闸左堤外坡填筑的平台上,顺堤向布置,外设大门及镂空围墙,总建筑面积 463.58 m^2,厂区道路硬化面积 700 m^2,绿化面积 450 m^2,建筑平面布局满足消防规范的要求。

5.8.4　建筑单体

建筑基于坡屋顶、实用的原则,立面造型上力求简洁大方,注意与环境的协调。建筑长 56.10 m,宽 8.40 m,总建筑面积 463.58 m^2;采用框架结构,地面以上一层,层高 4.5 m;主要由值班室、柴油发电机室、中央控制室、高压配电室、低压配电室、液压控制室、液压泵房等房间组成。按照《建筑设计防火规范》(2018 年版)(GB 50016—2014),设 4 处直通室外的出口。

5.9　管理区给水排水设计

给水排水设计依据《建筑给水排水设计规范(2009 年版)》(GB 50015—2003)、《工程建设标准强制性条文(房屋建筑部分)》(2013 年版)、《建筑给水排水及采暖工程施工质量验收规范》(GB 50242—2002)、山东省标准设计图集《13 系列建筑标准设计图集给水排水专业(一)~(四)》及其他国家有关给水排水设计的规范。

5.9.1　水源

钢坝闸副厂房附近无市政给水管网,需打一眼机井,供生活用水等。机井深暂定为 50 m(应视现场钻孔的水质、水量来确定机井深度),开孔井径 500 mm,终孔井径 219 mm,设计单井出水量为 15~25 m^3/h。机井内设潜水电泵 1 台,放置在动水位以下 5 m,其潜水电泵型号为 100QJ8-45-2.2,Q=8 m^3/h,H=45 m,N=2.2 kW。潜水电泵配带变频调速节能控制柜 1 台,放在附近房间内。井管安装完毕后,要进行洗井和抽水试验,满足生活卫生要求方可使用。

5.9.2 室外给水排水设计

(1)室外给水:接水井给水管网。

(2)室外排水:管理区的排水采用雨、污分流制。

因管理区附近无污水管网,卫生间排出的生活污水,靠重力流入化粪池后,由环卫车定期外运,不得外排。

(3)管材:室外给水管采用PE80聚乙烯管材(S5系列),热熔连接;室外排水管采用硬聚氯乙烯(UPVC)双壁波纹管(环刚度4),橡胶密封圈连接。管道敷设采用直埋形式,原则上敷设在未经扰动的原状土层上。管道交叉时,遵循的原则是:小管让大管,压力管让重力管。

(4)管道试压:给水管网安装完毕进行水压试验,试验压力为工作压力的1.5倍,但不得小于1.0 MPa;排水管道埋设前必须做灌水试验和通水试验,排水应畅通。

5.9.3 室内给水排水设计

(1)室内给水:主要用于卫生间的盥洗用水等,给水管道接水井给水管网。

所有敷设于不采暖处的给水立管、支管均采用橡塑保温管保温,厚度30 mm,保护层采用自粘性镀铝反光保护胶带,安装详见《管道与设备保温、防结露及电伴热》(L13S11)。

(2)室内排水:排水采用污、废合流制。排水横管采用通用坡度0.026,排出管坡度均为0.020。

(3)卫生洁具:采用节水型陶瓷制品,颜色由业主和装修设计确定,给水和排水五金配件应采用与卫生洁具配套的配件。

(4)管材:室内给水管采用PP-R管材(S5系列)及相应配件,热熔连接;室内排水管采用UPVC管及管件,粘接。

(5)管道试压:给水系统安装完毕后,必须进行严格的水压试验,试验压力为工作压力的1.5倍,但不得小于1.0 MPa,在交付使用前必须冲洗和消毒,并经有关部门取样检验,符合国家《生活饮用水标准》(GB/T 5750.1~13—2006)方可使用;排水管道在隐蔽前必须做灌水试验,其灌水高度应不低于底层卫生器具的上边缘或底层地面高度,排水主干管及水平干管管道均应做通球试验,通球球径不小于排水管道的2/3,通球率100%。

未尽事宜,以13系列建筑标准设计图集给水排水专业(一)~(四)为准。给水排水工程量见表3-5-11。

表3-5-11 室外给水排水材料

序号	名称	规格	单位	数量	备注
1	阀门井	DN50	座	1	
2	PP-R给水管	DN50	m	100	
3	水井	50 m	套	1	配带潜水泵及变频器
4	室外排水管PVC-U	DN300	m	50	
5	污水检查井	ϕ800	个	2	
6	钢筋混凝土化粪池	1号	座	1	$V=3.75\ m^3$

第 6 章　机电及金属结构设计

6.1　金属结构设计

本工程金属结构设计内容包括底轴驱动式钢坝闸门及其启闭设备设计。

6.1.1　匡山头闸金属结构设计

6.1.1.1　闸门设计指标及运行方式

1. 闸门设计指标

该闸共 3 孔,单孔净宽 38 m,挡水高度为 4.5 m。闸底板顶高程 43.30 m,设计蓄水位 47.80 m,墩顶高程 50.10 m。

2. 闸门运行方式

正常蓄水时闸门关闭挡水,汛期时闸门开启泄洪。

6.1.1.2　钢坝闸门设计

本工程钢坝共 3 孔,闸孔净宽 38 m,挡水高度为 4.5 m。闸门选用 3 套 38 m×4.5 m-4.5 m(宽×高-挡水水头)底轴驱动式钢坝闸门。

闸门门叶固定于底轴上,底轴支撑在固定于闸底板的铰座上,底轴穿过闸墩处设置密封装置;闸门侧止水位于门叶两侧,底止水固定于闸底板预埋件上。闸门门叶材质为 Q235B,底轴、拐臂的材质均为 Q355B。拐臂锁定孔采用长圆形,便于闸门开启时液压穿轴顺利打开。门顶设有破水器。

闸门在非汛期长期立门蓄水时,闸门由液压穿轴锁定装置锁定,每套闸门设 2 套液压穿轴锁定装置,锁定装置包含液压站、行程检测、管路等附件,锁定装置须满足安全可靠、运行灵活的要求。

闸门主要技术参数如下:

闸门形式:38 m×4.5 m-4.5 m 底轴驱动式钢坝闸门;

闸门数量:3 扇;

设计水头:4.5 m;

底板顶高程:43.30 m;

设计蓄水位:47.80 m;

墩顶高程:50.10 m;

单孔宽度:38 m;

液压穿轴锁定装置:6 套;

锁定装置液压站电动机功率: 4 kW/台。

6.1.1.3　闸门启闭机

闸门选用 3 套 QHLY-2×3000 kN-5.1 m 液压启闭机控制运行。液压启闭机活塞杆吊耳通过拐臂与闸门底轴连接,拐臂固定于闸门底轴端部,通过液压启闭机活塞杆的往复运动带动闸门底轴转动,实现闸门的开启和关闭。启闭机的主要参数如下:

启闭机形式:QHLY 液压启闭机;

套数:3 套;

启门力:2×3 000 kN;

闭门力:水压力+闸门自重;

液压缸套数 :6 套;

最大行程:5.1 m;

启门速度:0.4~0.8 m/min;

吊点距:43.2 m;

液压站数量: 3;

液压泵站电动机:55 kW/台,一用一备。

6.1.1.4　液压启闭机主要技术要求

该闸共设 QHLY-2×3000 kN-5.1 m 液压启闭机及 3 套液压站;每套液压站分别设置 2 套油泵电机组(鼠笼式)和全套调压控制阀组及全套液压附件、管路设备等。每套液压站设控制柜、动力柜各一套。液压启闭机包含:液压启闭机油泵电动机组、油箱、液压缸、各类阀组、启闭机所用底座、管路及其附件、现地控制柜、动力柜和电气元件、行程检测和控制装置、启闭机各部件间的连接电缆、专用工具及备品备件等。

1.运行操作要求

(1)在闸门启闭过程中,两油缸吊耳的不同步误差应小于 20 mm。全行程时间不大于 15 min。

(2)要求启闭机既可现场操作,又可在远方集控室控制。启闭机采用 PLC 可编程逻辑控制。设备应具有满足功能要求的输入、输出接口,内容包括:闸门开度、闸门上下极限位置信号;油泵油压,油缸上、下腔油压;油箱油液温度、滤器堵塞信号、油箱液位各种故障信号和电机、油泵运行及故障信号等。

(3)液压启闭机安装完毕后,应对液压系统进行耐压试验。在不与闸门连接的情况下,做全行程空载往复动作试验 3 次。在与闸门连接而闸门不承受水压力的情况下,进行启闭闸门的全行程往复动作试验 3 次。

2.液压启闭机的结构与功能

(1)油缸活塞杆顶部与闸门拐臂杆连接。

(2)液压站及控制柜、动力柜放置在该闸左岸机房内。

(3)启闭机用于操作底轴驱动式钢坝闸门。

(4)活塞杆应满足压杆稳定要求。

(5)行程测量采用外置刚性绝对编码型静磁栅闸门开度传感器。

3.液压启闭机液压系统

液压站及控制柜、动力柜放置在该闸左岸机房内。每套液压站分别设置 2 套油泵电机组(鼠笼式,故障时相互切换备用)和 1 套调压控制阀组及全套液压附件、管路设备等。

(1)液压启闭机油箱采用整体式结构。油箱、油管及管件均采用不锈钢(1Cr18Ni9Ti)。

(2)油缸动静密封圈、关键液控阀、油泵全部采用进口优质产品。电动机选用知名品牌产品。

(3)液压缸同步控制系统应设置电液比例阀。

4. 液压启闭机控制系统

本工程液压启闭机控制系统采用两种控制方式:现场手动控制、远方控制。两种控制方式互相切换并互锁,留远方通信接口。

6.1.2 防腐蚀设计

钢坝闸门体的防腐蚀处理执行《水工金属结构防腐蚀规范》(SL 105—2007),涂装前应进行表面预处理,处理后其表面清洁度等级不宜低于《涂覆涂料前钢材表面处理 表面清洁度的目视评定 第1部分:未涂覆过的钢材表面和全面清除原有土层后的钢材表面的锈蚀等级和处理等级》(GB/T 8923.1—2011)中规定的Sa2.5级,表面粗糙度应在60~100 μm范围内;预埋件与混凝土接触面清洁度等级宜达到Sa2.5级,然后刷涂水泥胶浆1道。

防腐蚀要求:喷锌厚度为0.16 mm,然后涂厚浆型环氧云铁防锈漆一道,漆膜干膜厚度0.07 mm;氯化橡胶面漆二道,漆膜干膜厚度0.08 mm。

6.1.3 执行主要技术标准规范及技术要求

(1)《水工金属结构防腐蚀规范》(SL 105—2007)。

(2)《水利水电工程钢闸门设计规范》(SL 74—2013)。

(3)《水利水电工程钢闸门制造、安装及验收规范》(GB/T 14173—2008)。

(4)《水利水电工程启闭机制造安装及验收规范》(SL 381—2007)。

(5)《水利水电工程启闭机设计规范》(SL 41—2018)。

(6)《水利工程建设标准强制性条文》(2016版)。

6.2 电气设计

6.2.1 设计范围

匡山头闸除险加固工程电气设计部分主要包括10 kV终端杆以下变配电设计。10 kV架空线路仅列工程量。

6.2.2 设计依据

(1)《20 kV及以下变电所设计规范》(GB 50053—2013)。

(2)《低压配电设计规范》(GB 50054—2011)。

(3)《供配电系统设计规范》(GB 50052—2009)。

(4)《通用用电设备配电设计规范》(GB 50055—2011)。

(5)《建筑物防雷设计规范》(GB 50057—2010)。

(6)《电力工程电缆设计标准》(GB 50217—2018)。

(7)《视频安防监控系统工程设计规范》(GB 50395—2007)。

(8)《电力装置的继电保护和自动装置设计规范》(GB/T 50062—2008)。

(9)《电力装置的电测量仪表装置设计规范》(GB/T 50063—2017)。
(10)《水利水电工程自动化设计规范》(SL 612—2013)。
(11)国家及行业颁布的其他有关现行法规和标准等。

6.2.3　用电负荷等级及电力系统接入

6.2.3.1　负荷统计及负荷等级

匡山头闸的闸门共3孔,采用钢坝闸门形式,启闭机采用液压启闭机形式,主要用电负荷统计见表4-6-1。

表4-6-1　主要用电负荷统计

用电负荷名称		单台功率/kW	数量	总负荷/kW
钢坝枢纽	液压站	55(1用1备)	3	165
	管理房用电	20	1	20

匡山头闸具有挡水和泄洪功能,当达到防洪水位时必须及时泄洪,否则将给人民的生命、财产安全带来不可估量的损失。根据《供配电系统设计规范》(GB 50052—2009)第3.0.1条及《水利水电工程劳动安全与工业卫生设计规范》(GB 50706—2011)第4.5.8条的规定,匡山头闸钢坝闸的动力系统及现场照明、通信及管理自动化的用电负荷确定为一级负荷,由双重电源供电,其他用电负荷为三级负荷。

6.2.3.2　电力系统接入

匡山头闸供电采用10 kV单回路进线,市电采用10 kV单回路进线,由附近10 kV架空线T接供电,供电距离约为5.0 km。

6.2.4　变配电系统设计

6.2.4.1　电气主接线

本闸设10 kV室内变电所,电气主接线方案为:变压器10 kV侧采用单母线接线,380 V/220 V侧分为闸动力负荷用电母线(Ⅰ段)和日常管理用电母线(Ⅱ段),250 kVA变压器低压侧和低压柴油发电机组经机械闭锁自动转换开关(ATSE)接至380 V/220 V侧闸动力负荷用电母线(Ⅰ段),液压启闭机用电由此段母线引接,并由此段母线引出回路和50 kVA变压器低压侧出线经双电源自动转换开关(ATSE)引至日常管理用电母线(Ⅱ段)供日常管理用电。计量方式采用高供低计,在0.4 kV配电室预留计量柜安装位置。

6.2.4.2　负荷计算

根据金属专业设计人员提供的资料,钢坝闸为3孔,每孔设液压启闭机1套,均配1台液压泵,每台液压泵的电机设2套,1用1备。单台电机额定功率为55 kW,最大负荷按2孔同时提闸门考虑。其他负荷包括日常照明插座、监控系统等。经计算,变压器低压侧负荷合计为193 kVA,在负荷率为0.77时计算变压器容量为250 kVA。

6.2.4.3　短路电流计算

因供电部门未能提供详细的电源及高压线路资料,本阶段暂按上一级高压馈电线出口断路器的开断容量代替短路容量,近似计算电力系统电抗,以此进行短路电流计算。经调查

分析,本工程新建变电站至上级变电站距离为7.0 km,架空线截面暂定为120 mm^2。短路电流计算成果如下:

(1)10 kV 母线 k1 处短路电流:三相稳态短路电流,I''_{k3} = 2.25 kA;短路全电流,I_p = 3.42 kA;短路冲击电流,I_{chp} = 5.74 kA。

(2)0.4 kV 母线 k2 处短路电流:三相稳态短路电流,I''_{k3} = 7.83 kA;短路全电流,I_p = 11.9 kA;短路冲击电流,I_{chp} = 19.97 kA。

6.2.4.4　电机启动方式

根据《工业与民用供配电设计手册》(第四版)启动压降计算公式,按2台55 kW 电动机运行时1台55 kW 电动机启动计算,电机电缆按 ZR-YJV-0.6/1-3×35+2×25 考虑,电机端电压相对值为96.8%,满足电机直接启动的要求。但考虑到实际运行时电网容量的不确定性、柴油发电机容量的节约及液压启闭机厂家的建议,各液压泵电机采用软启动方式,由液压启闭机厂家配套启动柜。

6.2.4.5　无功补偿装置的选择

根据《全国供用电规则》的有关规定和本泵站的自然功率因数,须对本泵站进行无功功率补偿,采用无功自动补偿装置使本站功率因数提高至0.95。0.4 kV 母线设无功补偿装置。

根据计算结果,变电所0.4 kV 母线实际补偿容量为80 kVar,采用8组低压自愈式电容器 BCMJ0.4-3-10,三相共补,投切装置采用接触器。

6.2.4.6　变压器选择

根据负荷计算成果选择变压器,所选变压器额定容量应满足全部用电设备计算负荷的需要,同时考虑降低电机启动对系统的冲击及今后负荷发展等因素。变压器设2台,均选择节能型干式配电变压器,一台型号为 SC13-10/0.4-250,额定容量为250 kVA;另一台型号为 SC13-10/0.4-50,额定容量为50 kVA。

6.2.4.7　柴油发电机组选择

依据《民用建筑电气设计规范》(JGJ 16—2008),柴油发电机组容量按最大稳定负荷允许运行时间进行选择,按最大尖峰负荷过载允许运行时间及发电机母线允许压降进行校核。

柴油发电机选用 THLC200 型自启动式200 kW 柴油发电机组可满足要求。柴油发电机组选择带自动控制屏,具有自动控制、手动控制、各种参数显示、保护及通信功能,柴油发电机自带排烟管、减噪、减震等装置。

6.2.4.8　其他电气设备选择

10 kV 配电装置采用户内 HXGN15-12 型高压环网柜。低压柜选择 MNS 型,动力箱选择 XL-21 型。上述各种电气设备均按所在回路的额定参数及使用环境选择,并以短路电流进行开断电流及动热稳定度校验,均满足要求。低压电缆采用 YJV 型铜芯交联聚乙烯绝缘聚氯乙烯护套电力电缆。

主要电气设备均按其所在回路额定电压和额定电流选择,并以短路动热稳定度进行校验,均满足要求。

6.2.4.9　电气设备布置与电缆敷设

变电站位于堤外侧,设10 kV 高压开关室、0.4 kV 低压配电室、控制室、柴油发电机室等。

10 kV 高压开关室内设有高压环网柜,为单列布置,电缆进出线。0.4 kV 低压室设有MNS 型低压配电柜和干式站用变压器,为单列布置,电缆进出线。控制室内设有监控工作站、监视工作站、变电站 LCU 屏、UPS 电源装置、监控监视设备柜等设备。本站电气设备全部布置在户内。

变电站引出电缆穿保护管与闸上设备相连。

6.2.4.10　计算机监控

为了满足现代化管理的要求,设计算机监控系统。

本计算机监控系统由控制级和现地级设备组成。控制级设备设置1套,布置在变电站控制室内。现地级设备钢坝拦河闸每个液压站各设1套。

控制级设备主要由工作站、液晶显示器、打印机、键盘、鼠标、UPS 电源、变电站 LCU、监控监视机柜等组成。远方级设备设有通信接口,以满足与上级管理部门数据通信的要求。

现地级设备主要由 PLC、接触器、继电器、直流电源、触摸屏及油温传感器、液位计等组成。各现地控制单元与远方级的数据通信方式采用工业以太网方式。

1.控制方式

(1)油泵电机控制:每套液压启闭机配套油泵电机,电机采用软启动方式,通过正反转实现启闭。

(2)保护与闭锁:进线和出线设置浪涌保护器,进线开关设置短路保护、接地保护等,电机设置短路保护、过载保护等。

(3)测量:在低压回路配有智能数字仪表,测量电流、电压等电量参数,并通过 RS-485 通信口上传自动控制系统。

2.控制系统

控制系统采用二级控制方式,由现地控制和远方控制两级组成,采用以太网环网的结构形式。第一级为现地控制级,在各液压泵旁设一套 PLC,控制闸液压站和阀门的运行。PLC主要负责液压站、阀门的运行状态、闸室内外水位、闸门和阀门开度等数据进行实时采集和处理,并将运行数据发送到上位机。第二级为远方控制级,由变电站控制室上位机控制。在主控室用键盘、鼠标在监控工作站上任意设定闸门开启(或关闭)高度,发出开机指令,启闭机运行,闸门开启(或关闭)到设定高度时自动停机,并发出信号。也可根据运行管理的要求,通过程序设置自动依次开启或关闭所有闸门,但最大运行方式为2台启闭机运行,1台启闭机启动。

3.控制室弱电设备功能性等电位连接接地和抗干扰措施

控制室采用防静电及等电位连接。首先在混凝土地面采用2.5 mm×50 mm 铜排铺设不小于1.5 mm×1.5 m 的网格(一般以4块活动地板面积为1网格),在铜排的上面敷设高度约200 mm 的防静电活动地板金属支架(铜排与支架应可靠连接),支架上安装防静电活动地板,把地面上所产生的静电,通过防静电地板导入大地。控制室内需要接地的设备及建筑物的金属构件就近与铜排网格连接,铜排网格与工程主接地网应有不少于2处的连接。地板下可敷设控制室的电线电缆。控制室防静电地板施工的具体要求详见《数据中心设计规范》(GB 50174—2017)。

6.2.4.11　视频监视系统

为了实现在控制室进行远程监视的目标,枢纽设视频监视系统,该系统由一体化球形摄像机、固定摄像机、硬盘录像机、监视器等设备组成。

1.200 万高清红外网络球形摄像机

本闸设有 200 万高清红外网络球形摄像机 15 台,其中室内一体化球形摄像机 7 台,室外一体化球形摄像机 8 台。室内机分别装于 10 kV 配电室 1 台、0.4 kV 配电室 1 台、控制室 1 台、柴油发电机室 1 台、金结设备控制室 1 台、液压站 1 台及廊厅 1 台。室内球形摄像机带安装支架,室外球形摄像机采用柱上安装。

2.200 万高清红外网络筒式摄像机

本视频监视系统设 200 万高清红外网络筒式摄像机 7 台,每孔钢坝闸门廊道内均设 1 台,共 3 台;每孔钢坝闸外设 1 台,共 3 台;管理区门口设 1 台。每台摄像机带安装支架、镜头、防护罩、浪涌保护器等。射灯电源为交流 220 V。

3.硬盘录像机

设置 1 套 24 路硬盘录像机,装于监控监视机柜内。硬盘录像机带有以太网口,通过交换机将图像传至控制室,可对图像进行监视、录像及画面处理。

4.浪涌保护器

为了防止雷电的侵害对系统的破坏,在每个室外摄像机的安装处均设有浪涌保护器。在监控监视机柜内凡是引至室外的电源线路、视频电缆和总线电缆也装设浪涌保护器。浪涌保护器根据用途、电压等分别选用不同类型。

6.2.4.12　通信系统

本闸对外通信采用固定电话,由当地电信部门架设通信线路至控制室。本闸根据需要配置一定数量的对讲机。

6.2.4.13　防雷保护、过电压保护及接地装置

管理房建筑物确定为第三类防雷建筑物。为了防止雷电波侵入,在电源进线终端杆上设避雷器。杆上所有的金属构件均应可靠接地。配电室内低压配电系统采用 TN-S 接地系统。发电机组中性点及外壳,变压器中性点及外壳,高压室、低压室、控制室及液压站室内各电气设备外壳,启闭机外壳,电缆保护管及所有金属支架,电缆桥架等均应可靠接地。接地装置与防雷合用一处接地体。

为了防直击雷,在管理房屋顶挑檐设避雷带。避雷带的引下线利用管理房结构柱内的 Φ 12 以上钢筋(至少 4 根一组绑扎或焊接)以最短的距离与接地装置可靠焊接。各引下线在距地板 0.5 m 处设引出连接板,便于测量接地电阻。接地装置利用管理房基础底板外圈梁上下两层钢筋中的 2 根主筋通长焊接形成的环形金属网作自然接地极。施工完毕要对接地网接地电阻进行实测,其阻值不应大于 1 Ω,如不满足则加装人工接地体,直至满足要求。

为防止雷电波对电气设备的侵袭,在 0.4 kV 进线处装设电涌保护器,并将启闭机、控制箱外壳及电缆保护管等金属构件与接地网作可靠联结。

6.2.4.14　照明

在管理房、拦河闸闸墩内、船闸启闭机室内均设有照明箱,照明箱的电源引自配电屏。照明网络为 380 V/220 V,接地形式采用 TN-S 系统。各房间均设有照明灯具,灯具形式根据房间用途进行选择。

第 7 章　消防设计

7.1　消防设计依据和设计原则

7.1.1　设计依据

(1)《水利水电工程初步设计报告编制规程》(SL 619—2013)。
(2)《建筑设计防火规范》(2018 年版)(GB 50016—2014)。
(3)《建筑灭火器配置设计规范》(GB 50140—2005)。
(4)《工程建设标准强制性条文(房屋建筑部分)》(2013 年版)。
(5)《水利工程设计防火规范》(GB 50987—2014)。
(6)其他有关消防设计的规范。

7.1.2　设计原则

建筑防火设计应遵循国家的有关方针政策,贯彻“预防为主,防消结合”的原则,从全局出发,统筹兼顾,正确处理生产和安全的关系,积极采用行之有效的防火技术,做到安全适用、技术先进、使用方便、经济合理。

7.2　消防总体布置

7.2.1　防火间距

闸管所建筑物间距满足《建筑设计防火规范》(2018 年版)(GB 50016—2014)的要求。

7.2.2　消防车道设置

按照规范要求,消防车道宽度应大于 4 m,设计为 7 m,满足规范要求。

7.3　建筑物消防设计

7.3.1　建筑物生产的火灾危险性分类和耐火等级

匡山头钢坝闸生产用房建筑物,根据《水电工程设计防火规范》(GB 50872—2014)表 3.0.1、《水利工程设计防火规范》(GB 50987—2014)表 3.0.1、《建筑灭火器配置设计规范》(GB 50140—2005)附表 C 的规定,建筑物火灾类别及耐火等级见表 3-7-1。

表 3-7-1　构筑物的火灾危险性类别和耐火等级

序号	构筑物名称	耐火等级	火灾危险性类别	火灾类别	危险等级
1	柴油发电机室	二级	丙	B	中
2	(油浸式)变压器室	二级	丙	B、E	中
3	配电室	二级	丁	E	中
4	中控室	二级	丁	E	中
5	液压控制室液压泵房	二级	戊	A	轻
6	办公室等	二级	戊	A	轻

7.3.2　疏散通道布置

匡山头钢坝闸生产用房共设 4 个安全出口,生产用房的疏散宽度为 1.66 m,门宽 1.5 m,满足疏散要求。

7.3.3　防火设计方案

匡山头钢坝闸生产用房的建筑面积为 463.58 m^2,地上 1 层,设 1 个防火分区。防火分区面积分别为:液压泵房,93.51 m^2;液压控制室,51.08 m^2;低压配电室,23.07 m^2;高压配电室,35.22 m^2;中央控制室,48.44 m^2;柴油发电机室,29.15 m^2;值班室,17.00 m^2;办公室,17.00 m^2;卫生间、走廊等共设 4 个安全出口。

7.3.4　灭火设施

根据《建筑设计防火规范》(2018 年版)(GB 50016—2014)和《建筑灭火器配置设计规范》(GB 50140—2005),采用磷酸铵盐干粉灭火器灭火。

7.4　消防设备设计

根据《建筑灭火器配置设计规范》(GB 50140—2005)的规定,匡山头钢坝闸生产用房属工业建筑 A、E 类火灾,工业轻危险级(局部柴油发电机室中危险级),配置基准为 2A,最大保护面积 75 m^2。灭火器选用 MF/ABC4 手提式磷酸铵盐干粉灭火器,每具灭火器充装量为 4 kg,放置在灭火器箱内。在走廊各设 4 处,每处设 2 具 MF/ABC4 手提式磷酸铵盐干粉灭火器,共 8 具。

根据《建筑灭火器配置设计规范》(GB 50140—2005),钢坝闸地下廊道属工业建筑 A、E 类火灾,工业轻危险级,配置基准为 1A,最大保护面积 100 m^2。灭火器选用 MF/ABC4 手提式磷酸铵盐干粉灭火器,每具灭火器充装量为 4 kg,放置在灭火器箱内。廊道坝支墩处每处设 2 具 MF/ABC4 手提式磷酸铵盐干粉灭火器,共 4 处 8 具。

根据《建筑设计防火规范》(2018 年版)(GB 50016—2014)第 8 章及条文说明,本工程建筑物耐火等级均为二级,且建筑物内可燃物较少,可不设计消防给水。

7.5　通风和防排烟

7.5.1　通风

配电室等的通风优先采用门、窗户自然通风的方式，配电所内的10 kV高压室、柴油发电机室增设机械通风。

7.5.2　防排烟

卫生间设排风机通风。

7.6　消防电气

电力电缆及控制电缆全部采用铜芯电缆。其中，微机监控系统的电流、电压和信号接点引入线均采用屏蔽电缆。

电缆构筑物中电缆引至电气柜、盘或控制屏、台的开口部位，电缆贯穿隔墙、楼板的孔洞处均实施阻火封堵。

火灾应急照明设计包括备用照明、疏散照明。高压配电室、低压配电室、直流屏室、柴油发电机室、中控室应设置备用照明，供人员疏散及为消防人员撤离火灾现场的场所设置疏散指示标志灯和疏散通道照明。设火灾事故照明和疏散指示标志，采用蓄电池作备用电源，连续工作时间不少于60 min。

所有电气设备消防均采用干式灭火器，安置在各配电间值班室内。

建筑物防雷采用避雷带防护，中控室采用防静电地板。

7.7　防火设计方案

(1)柴油发电机室、变配电室等电气设备室之间及其对外的管沟、孔洞，应采用不燃烧材料封堵，封堵部位的耐火极限不应低于该部位的结构或构件的耐火极限。

(2)穿越各机组段之间的架空敷设的电力电缆、控制电缆等均应分层排列敷设。电力电缆上下层之间，电力电缆层与控制电缆层之间，应装设耐火极限不低于0.5 h的隔板进行分隔。

(3)电缆穿越楼板、隔墙的孔洞和进出电气设备的孔洞，应采用不燃烧材料封堵，封堵部位的耐火极限不应低于1.0 h(封堵部位的耐火极限不应低于该部位的结构或构件的耐火极限)。

第 8 章　施工组织设计

8.1　施工条件

8.1.1　工程条件

8.1.1.1　建材供应条件

本工程位于枣庄城区北部,施工所用商品混凝土、钢筋、木柴等建筑材料可从当地购买。柴、汽油从附近油料供应点采购。

8.1.1.2　水电供应条件

根据地质勘查报告,工程场区内地下水水质较好,由于项目位于枣庄城区,施工用水根据水质要求可自项目区附近打井取水或从市政、生活供水管网解决。生活用水可从项目区附近城市生活供水管网接水。

本次加固工程配备一台变压器(315 kVA),工程开工前期可先行购置,提前架设工程永久供电线路,现场增设一台 100 kVA 变压器,经变压器降变压后供应施工期用电。变压器容量满足施工要求。为保证施工用电的连续性,施工时现场还需配备一定数量的柴油发电机组。

8.1.1.3　施工布置场地条件

拟建匡山头钢坝闸闸址两岸均为耕地,地势平坦,可用于布置施工临时设施。

8.1.2　自然条件

根据自然条件,考虑到降雨、低温、度汛等对工程施工的影响,确定年有效施工天数约为 240 d。

根据一般工程的土类分级标准,确定本工程开挖土方综合按Ⅱ类土计,泵站石方按Ⅶ类岩石计。

8.2　天然建筑材料供应

8.2.1　土料

土料可取自河道河漫滩滩地,岩性为壤土,开采厚度一般为 4.50~5.00 m,储量丰富,满足设计要求。

根据土料物理力学指标情况,料场土料天然含水率高于最优含水率,用于回填前需进行翻晒。

8.2.2　混凝土、砂浆

本项目采用购买商品混凝土、预拌砂浆供应施工。

8.2.3　块石料

工程所用块石料来自滕州市的柴胡店镇石料场。

8.3　施工导截流

8.3.1　导流标准

匡山头钢坝闸建筑物级别为2级,根据《水利水电工程等级划分及洪水标准》(SL 252—2017),施工临时建筑物为4级,土石结构建筑物洪水标准重现期为20~10年,匡山节制闸除险加固工程施工导流期设计洪水标准采用10年一遇。

根据导流方案比选要求,分别计算导流时为12月至次年2月、3—5月两个时段以及12月至次年5月、12月至次年4月的施工导流期设计洪水。

经计算,施工期设计流量,12月至次年2月为17.6 m^3/s,3—5月为191.6 m^3/s;12月至次年5月为195.8 m^3/s,12月至次年4月为87.1 m^3/s。

8.3.2　导流方案

常用施工导流方案有分期围堰导流方案和一次拦断河床+明渠导流方案两种。

8.3.2.1　分期围堰导流方案

右侧河槽内填筑一期上下游围堰及纵向围堰,完成右岸钢坝闸施工,一期利用左侧现状河槽导流(闸址下游左岸滩地需要提前疏挖,便于导流)。二期填筑上下游围堰及纵向围堰,施工左岸2孔钢坝闸坝段,利用新建的右岸一孔坝段泄流(需疏挖右岸上下游滩地,以便于导流)。

8.3.2.2　一次拦断河床+明渠导流方案

闸址左岸现状堤外设置一条导流明渠,钢坝闸基坑上下游填筑围堰挡水,施工期间上游来水利用开挖的导流明渠下泄。

根据导流建筑物设计,对两个导流方案进行比选分析。

8.3.3　导流建筑物设计

8.3.3.1　分期导流方案

1.堰型选择

在确保建筑物安全可靠和保证施工进度的前提下,本着力求经济、就地取材、施工和拆除方便的原则,结合围堰处水流情况,确定本工程一期上、下游围堰、纵向围堰采用土围堰+编织袋防冲形式;二期上、下游围堰采用土石围堰+编织袋防冲形式,钢坝闸铺盖、消力池及海漫段纵向围堰采用编织袋装土+浆砌砖复合形式。

2. 围堰布置

一期施工围堰上游围堰位于钢坝闸挡水板上游约 75 m 处，线形布置，纵向围堰位置确保一期中墩左侧上下游铺盖、消力池底板分缝满足施工要求，分别向上下游方向与上、下游围堰连接，下游围堰位于钢坝闸挡水板下游约 100 m 处，线型布置；二期上游围堰位于钢坝闸轴线上游约 80 m 处，线形布置，一侧接河道左岸，一侧接纵向围堰，纵向围堰从新建钢坝闸右侧中墩向上下游分别与上下游围堰连接；二期下游围堰位于钢坝闸下游约 100 m 处。

3. 围堰断面设计

1）围堰顶高程

堰顶高程为设计挡水位加波浪高度和安全加高。

一期上游围堰，设计挡水位 44.42 m，围堰前河底高程 43.42 mm，波浪高度按 0.3 m 考虑，安全加高 0.5 m，围堰顶高程 45.22 m，最大堰高 1.8 m。下游围堰堰前挡水位 44.12 m，考虑 0.3 m 波浪高度和 0.5 m 安全加高，下游围堰顶高程 44.92 m，最大堰高 1.50 m。

二期上游围堰，设计挡水位 45.76 m，波浪高 0.36 m，安全加高 0.5 m，围堰顶高程 46.62 m，最大堰高 3.2 m。下游围堰堰前挡水位 45.51 m，考虑 0.32 m 波浪高度和 0.5 m 安全加高，下游围堰顶高程 45.51 m，最大堰高 2.1 m。

2）围堰断面

土石围堰断面形式为梯型，上下游坡度均为 1∶2.5。堰顶宽度定为 4.0 m。编织袋装砂+浆砌砖复合围堰形式为 0.4 m 厚浆砌砖直墙，墙后为编织袋装砂加固体，编织袋装砂加固体顶宽 0.5 m，外侧边坡 1∶1。

围堰工程量见表 3-8-1。

3）护坡与防渗

为防止迎水面风浪冲刷影响土石围堰安全，在土石围堰迎水面需进行防冲加固，采用袋装砂（0.3 m 厚）护砌迎水坡；同时由于围堰填筑料渗透系数不大，防渗利用围堰填筑土料。

护坡及防渗工程量见表 3-8-1。

表 3-8-1　导流工程量

项目名称			围堰长/m	高度/m	顶宽/m	边坡	填筑土方/m^3	编织袋防冲/m^3	砌砖/m^3	编织袋加固/m^3
钢坝闸	合计		568				9 078	1 227	160	1 480
钢坝闸	一期（右岸）	小计	218				2 819	470		
钢坝闸	一期（右岸）	上游	20	1.8	4	0.4	245	39		
钢坝闸	一期（右岸）	纵向	153	1.65	4	0.4	2 051	340		
钢坝闸	一期（右岸）	下游	45	1.5	4	0.4	523	91		
钢坝闸	二期（左岸）	小计	350				6 259	757	160	1 480
钢坝闸	二期（左岸）	上游	95	3.2	4	0.4	3 648	409		
钢坝闸	二期（左岸）	纵向	170	3.2	4	0.4	960	108	160	1 480
钢坝闸	二期（左岸）	下游	85	2.1	4	0.4	1 651	240		

为确保一、二期导流通道通畅，一期导流需对左岸下游滩地进行疏挖（约 6 400 m^3），二期需对右岸上、下游滩地进行疏挖（约 19 500 m^3）。土料外运弃置需占地 11.7 亩。

8.3.3.2　一次拦断+明渠导流方案

1. 导流明渠

根据 12 月至次年 5 月与 12 月至次年 4 月的设计洪水成果，结合工程施工工艺、施工效率，本次采用 12 月至次年 4 月为施工导流期，设计洪水流量 87.1 m^3/s。根据泄流要求，综合考虑河道内滩地高程情况，设计导流明渠底宽 12.0 m，两侧边坡 1∶2，设计渠底比降 1/1 000。经计算，渠道内水深 2.46 m，设计流速 2.1 m/s。考虑到流速较大，渠道边坡采用土工布上覆 0.3 m 厚编织袋进行防护（护砌高度高于设计水深 0.5 m）。明渠开挖 43 245 m^3，土工布 11 118 m^2，编织袋 3 335 m^3。

2. 围堰堰型选择

本工程上、下游围堰采用土围堰+编织袋防冲形式。

3. 围堰布置

施工上游围堰位于钢坝闸挡水板上游约 75 m 处，线形布置，下游围堰位于钢坝闸挡水板下游约 100 m 处，线形布置。

4. 围堰断面设计

1）围堰顶高程

堰顶高程为设计挡水位加波浪高度和安全加高。

上游围堰，设计挡水位 45.88 m，围堰前河底高程 43.42 mm，波浪高度按 0.37 m 考虑，安全加高 0.5 m，围堰顶高程 46.75 m，最大堰高 3.33 m。下游围堰堰前挡水位 44.38 m，考虑 0.3 m 波浪高度和 0.5 m 安全加高，下游围堰顶高程 45.18 m，最大堰高 1.76 m。

2）围堰断面

土石围堰断面形式为梯形，上下游坡度均为 1∶2.5。堰顶宽度定为 4.0 m。围堰工程量见表 3-8-2。

表 3-8-2　导流工程量

项目名称	围堰长/m	高度/m	顶宽/m	边坡	填筑土方/m^3	编织袋防冲/m^3
上游	85	3.3	4	0.4	2 699	179
下游	70	1.8	4	0.4	1 071	102
小计	155				3 770	281

3）护坡与防渗

为防止迎水面风浪冲刷影响土石围堰安全，在土石围堰迎水面需进行防冲加固，采用袋装砂（0.3 m 厚）护砌迎水坡；同时由于围堰填筑料渗透系数不大，防渗利用围堰填筑土料，护坡防渗工程量见表 3-8-2。

4）稳定计算

计算工况分为设计洪水位、水位骤降。计算断面选取最大堰高断面。经计算，围堰背水侧出逸点为堰脚上 0.4 m，见表 3-8-3。

表 3-8-3　围堰渗流计算成果

渗漏量/(m^3/s)	出逸比降		出逸高度/m
	计算值	允许值	
4.2×10^{-6}	0.4	0.3	0.4

根据计算结果可知,围堰堰体内水力坡降很小,背水坡堰脚出逸点处最大渗透坡降值大于允许渗透坡降(见表 3-8-4)。施工时可在出逸点位置采用编织袋装土进行护砌。

表 3-8-4　围堰稳定计算成果

计算断面	运用条件		坝坡	有效应力法	规范要求最小安全系数
上游围堰	正常运用条件	1	上游坡	1.31	[1.15]
		2	下游坡	2.29	
	非常运用条件	1	上游坡	1.329	[1.15]
		2	下游坡	1.338	

施工围堰边坡稳定系数满足规范要求。

为保证围堰安全,施工期间围堰顶部禁止施工机械运输、行驶。施工时应加强监视与巡查,及时采取边坡防护措施,确保围堰及基坑边坡安全。

8.3.3.3　**方案比选**

分期导流方案导流费用 97 万元,明渠导流方案导流费用 105 万元。由于管理区位于左岸,需要从对岸滩地调运,如采用分期导流方案,运距约 2.5 km,土料运输费用 36 万元,明渠方案运距 200 m,土料运输费用 25 万元。分期导流方案疏挖滩地土料外运临时占地弃土,占地面积 11.7 亩,占地费用 3 万元;明渠方案设置明渠及明渠开挖临时堆土,占地面积 60.5 亩,占地费用 15 万元;其他临时设置占地,分期导流方案 5 万元,明渠导流方案 2 万元。综合比较,明渠导流方案投资较分期导流方案多 6 万元。

根据项目建设进度安排,需要在 2020 年汛前完成,计划开工日期为 2019 年 11 月底 12 月初。如按分期导流方案安排施工,开工后即为低温时段,施工强度低;同时还需要进行两期围堰的筑拆,施工期间干扰较明渠导流方案多,且基坑内工作面较明渠方案小,难以确保施工效率,施工总体进度不能保障。明渠方案导流明渠布置于一岸,与主体工程无交叉,开工后钢板坝基坑为一整体,工作面较大,有利于多仓面同步施工,提高工作效率,确保施工总体进度目标。

根据方案比选分析,明渠导流方案投资略高,但施工效率高,可以保证项目按计划完工,故本工程施工导流采用一次拦断+明渠导流方案。

8.3.3.4　**导流工程施工**

导流明渠采用挖掘机开挖,其中部分土料运 100 m 用于上下游围堰填筑,其余土料采用推土机推 20 m 在明渠附近临时堆存,堆存土料在工程导流结束后用推土机推运 20 m 恢复。

上下游围堰土料利用导流明渠开挖土料,拖拉机压实。导流结束后拆除围堰,挖掘机开挖拆除料,自卸汽车运 100 m 至明渠借土位置回填恢复。

8.3.4　施工排水

基坑排水包括基坑内明水排除(初期排水)和施工期内围堰及基坑底部渗透水的排除(经常性排水)。

8.3.4.1　初期排水

钢坝闸下游围堰填筑前可通过河床自然排除基坑内的大部分明水。下游围堰填筑完毕后基坑内少量淤水可以使用2.2 kW潜水泵进行抽排。

8.3.4.2　经常性排水

钢坝闸施工时在基坑封闭后沿围堰背水侧堰脚开挖一圈截渗沟集水,间隔30 m布置集水坑,坑内设2.2 kW潜水泵,将截渗沟内渗水抽排至基坑外河道内。

同时为保证基坑内干地施工条件,还需要在基坑内布置降水管井,提前排水降低基坑内地下水位。降水井间距40 m,梅花桩布置,需布设36眼,平均井深5 m,排水时间为50 d。

8.4　主体工程施工

8.4.1　土方工程

8.4.1.1　土方平衡调配

土方挖填工程项目主要为部分钢坝闸基坑开挖与回填、清淤、管理区填筑。

本工程土方挖填工程量较大,为节省工程投资,必须进行合理平衡与调配。

平衡与调配的原则如下:

(1)自身开挖土方应首先满足自身填筑要求。

(2)自身平衡后剩余的开挖土方应由近至远用于其他项目的填筑,以充分利用开挖土方。

(3)主体工程项目完工后剩余土方,外运弃置。

工程土方平衡见表3-8-5。

表3-8-5　工程土方平衡　　单位:m^3

挖方项目		填方项目							围堰	余土
		钢坝闸土方	闸基水泥土	换填中粗砂	管理房基础土方	配电室挡墙水泥土	连堤路	合计		
项目名称	实方	14 381	3 636	3 636	19 348	156	9 343	33 730	4 051	
	自然方	16 919	4 575	4 132	22 763	196	10 992	39 682	4 767	
钢坝闸土方	80 006	16 919	4 575		22 763	196	10 992	55 445		24 561
清淤(淤泥质壤土)	12 121									12 121
导流明渠	43 245									43 245
外购				4 132						
合计	96 894	16 919	4 575	4 132	22 763	196	10 992	55 445	4 767	41 449

8.4.1.2　**土方工程施工**

根据平衡与调配方案,综合考虑各种机械的性能特点及现场的地形条件、交通条件和运距等,确定施工方案如下:

钢坝闸基坑开挖土方,其中用于钢坝闸基坑回填的采用挖掘机配自卸车运输至临时堆土区临时堆存,用于管理区、连堤路回填的运至相应位置填筑,多余土方外运弃置(新建钢坝闸下游右岸,综合运距 500 m)。临时堆土区位于钢坝闸两岸现状滩地及堤防背水侧,综合运距采用 200 m;后期再回运至回填部位,综合运距采用 200 m。用于连堤路回填的土方运距采用 100 m;用于管理区回填的土方运距采用 200 m。各部位回填土方采用拖拉机压实,边角部位辅以蛙夯压实。

钢坝闸基坑清淤土方采用挖掘机开挖,自卸汽车外运弃置,弃土位置位于新建钢坝闸下游右岸,综合运距 500 m。

根据地质勘查资料,本项目所用回填土料天然含水率略高于最优含水率,根据闸基坑回填设计要求,基坑回填土方回填前应在临时堆土区或填筑工作面进行简单翻晒,调整含水率。

8.4.1.3　**拆除工程**

浆砌石拆除采用挖掘机,拆除旧料可利用的部分(利用率按 70%考虑)经挑拣后运至拟建钢坝闸处作为防冲槽抛石料,运距 4.5 km;其余部分外运弃置,采用自卸汽车外运至业主指定位置,经与业主商定综合运距按 5 km 考虑。

钢筋混凝土拆除采用液压破碎锤,局部采用人工风镐拆除,拆除料采用自卸汽车外运至业主指定位置,经与业主商定综合运距按 5 km 考虑。

8.4.2　砌石工程

本项目砌石工程为新建钢坝闸上下游连接段护岸,上游铺盖、下游海漫及防冲,总砌筑方量 9 705 m^3。

浆砌块石工程采用人工施工,水泥砂浆采用预拌砂浆供应,并利用人工胶轮车运输至工作面。

砌石体的石料均自选定料场外购,应选用材质坚实,无风化剥落层或裂纹,石材表面无污垢、水锈等杂质,用于表面的石材,应色泽均匀。石料的物理力学指标应符合国家施工规范要求。

砌石胶结材料选用水泥砂浆,水泥砂浆采用灰浆搅拌机拌制,拌和时间不得少于 2 min。拌制好的砂浆采用人工胶轮车运输至工作面。

进场后的石料,经人工选修后采用胶轮车运输至工作面,搬运就位。砌筑前,应在砌体外将石料表面的泥垢冲洗干净,砌筑时保持砌体表面湿润。边坡护砌前,应先对坡面进行修整,将坡面修整平顺,并把坡面部位的填料压实,浆砌块石施工采用坐浆法分层砌筑。

8.4.3　混凝土工程

本工程现浇混凝土、预制混凝土构件分属于钢坝闸底板、消力池、海漫、中墩、边墩、翼墙等工程。总混凝土量 27 784 m^3(含埋石混凝土 7 711 m^3),浇筑量大,浇筑时段较短,采用购买商品混凝土供应。

混凝土浇筑部位相对较集中,浇筑部位的高差不大,施工混凝土运输采用泵送,泵送距离综合按 50 m 计。入仓后的混凝土采用插入式或平板式振捣器振捣密实。

浇筑完毕后,及时覆盖以防日晒,面层凝固后,立即洒水养护,使混凝土面和模板经常保持湿润状态,养护至规定龄期。根据工程施工进度安排,低温季节混凝土浇筑时需要采取相应的保温措施,包括商品混凝土运输、仓面及养护,确保混凝土施工质量。

根据浇筑强度合理调配、安排混凝土运输,确保混凝土浇筑强度和项目施工进度。

低温时段浇筑施工应采取必要的保温措施,确保施工质量及工期进度要求。

8.4.4　钢坝闸安装

本工程钢坝闸共布置 3 孔,单孔净宽 38 m,挡水高度 4.5 m。

钢坝闸根据设计要求自生产厂家采购并运至项目所在位置,供货厂家技术人员全程指导预埋件布设、钢坝闸安装施工。

钢坝闸施工流程:基础内埋件安装→驱动装置安装→拐臂、闸门安装→调试。

钢坝闸施工按照设计技术要求和供货厂家提供的安装指导手册实施。

8.4.5　机电设备及安装工程

本工程机电设备安装内容包括配电柜、电缆、视频监控设备等。

本工程机电设备全部由取得生产许可证的厂家加工制造,用载重汽车运至工地后采用汽车吊吊装就位,人工现场安装。

材料、设备的制作和施工都应严格遵守国家现行有关规范和设计要求。

8.5　施工交通运输

8.5.1　对外交通运输

工程沿线附近公路交通便利,公路有国道 G3 和省道 S348、S347 及店韩路、长白山路、泰山北路、青啤大道,青啤大道自新建匡山闸闸址下游约 1.2 km 跨越蟠龙河,闸址左右岸均有现状道路沿蟠龙河走向,施工所需机械和料物均可通过以上道路直达现场。项目施工交通条件良好。

本工程左、右岸为蟠龙河现状堤顶路,上述两条道路与青啤大道连接后可通往省道 S348、S347,工程施工对外交通条件便利。项目建设所需人员、物资、设备均可运至各施工部位。

8.5.2　场内交通运输

根据工程区内实际情况,施工场内临时交通结合利用现有管理道路,为满足施工要求还需要在施工临时设施区及主河槽内设置必要的场内交通道路。

沿钢坝闸基坑上、下游各设置一条宽 6 m、长 170 m 的场内道路(不计占地),右岸基坑外设置一条宽 6 m、长 100 m 的临时道路,用于物料的场内运输和施工机械的移置。基坑外临时道路占地面积 1.0 亩。

场内临时道路为简易土路,经统计,总长 440 m,除主河槽内临时道路不计占地外,需临时征地 1.0 亩。

8.6 施工工厂设施

施工工厂设施布置原则如下:

(1)施工工厂厂址宜布置于交通运输和水电供应方便且靠近服务对象和用户中心的地方,并避免物资逆向运输,同时还应以工程所在场区的自然条件为依据。

(2)施工工厂设施的规模应根据工程所需材料的消耗量及施工高峰期所投入的人力资源确定。

(3)生产协作关系密切的施工工厂宜集中布置。

(4)生产区集中和分散布置距离均应满足防火、安全、卫生和环境保护的要求。

匡山头钢坝闸工程所用砂石料外购,现场不设骨料加工系统。工程所用混凝土采用购买商品混凝土供应,现场不设置混凝土拌和系统。

8.6.1 机械修配、综合加工厂

工程施工期间主要施工机械包括土方工程施工机械以及材料加工、运输机械,机械修配厂布置在现状堤防背水侧,右岸现状堤外设一处。施工机械和汽车的日常修理及保养工作均在机械修理厂进行。

机械修配厂设油库、机械零配件仓库、设备库和其他零星材料库等。

机械修理厂厂区占地面积 1.0 亩,综合加工厂占地面积 2.0 亩,内设仓库 140 m^2。

8.6.2 水、电供应及通信系统

施工用水及生活用水:主要是土方填筑层面、混凝土浇筑、施工机械设备冷却、生活等用水。考虑自附近工矿企业取水解决,供水系统布置于工程的场区内,系统内设蓄水池、沉淀池、清水池。

施工供电:施工用电主要是场区照明、排水设备及生活用电,拟自项目区附近现有电网线路接电,为确保施工供电正常,需备用充足的柴油发电机组。

施工通信:施工区通信可利用地方电话系统,施工区设程控电话、专用手机等,以方便对外联系。

8.7 施工总布置

本工程施工总布置的内容包括施工交通、土料堆存、施工仓库、加工厂及生活福利设施,总布置规划遵循以下原则:

(1)总布置力求因地制宜,因时制宜,做到有利生产,方便生活。

(2)总布置力求紧凑合理,交通运输畅通,节约用地,少占农田。

(3)生活区与施工区应保持一定距离,以保持生活环境的相对安静,有利于职工生活与休息。

(4)充分利用当地可为工程服务的建筑、加工制造、修配及运输等企业。

(5)场地布置应少占农田,并符合环保要求。

8.7.1 施工导流

施工围堰位于蟠龙河主河槽,不计占地。导流明渠开挖占地35.5亩,明渠开挖土料除用于上下游围堰填筑外多余土料在明渠附近临时堆存,临时堆土高度2.5 m,边坡1:1.5,占地面积25亩。占用期均按1年算。

8.7.2 施工交通运输

根据施工需要及场区现有交通道路情况,设置必要的场内临时道路满足工程建设要求。施工场内临时道路临时征地1.0亩,占用期1年。

8.7.3 土料临时堆存与弃置

8.7.3.1 土方堆存

根据工程施工土石方平衡调配方案,本工程基坑开挖后用于回填的土料约27 892 m^3,临时堆土高度按3.5 m算,堆土边坡1:1.5,占地面积13.0亩。临时堆土区布置在钢坝闸堤防附近,占用期1年。

8.7.3.2 土方弃置

根据工程施工土石方平衡调配情况,匡山头钢坝闸施工弃土36 682 m^3(自然方),统一运至新建闸闸址右岸下游弃置。弃土高度按2.5 m算,边坡1:1.5,弃土占地26亩,占用期1年。

8.7.4 施工临时设施

8.7.4.1 施工仓库及加工厂

施工仓库主要包括:油料库、机械设备库、钢筋仓库等,施工工厂主要包括:钢筋加工厂、木材加工厂、混凝土加工厂、混凝土预制厂及机修厂等,经计算,施工仓库总面积140 m^2。施工仓库及加工场布置在钢坝闸上下游堤防背水侧的平地上。占地4.0亩,占用期1年。

8.7.4.2 生活区

考虑到方便施工管理及施工场区地形条件的限制,生活福利区(包括施工单位办公室、宿舍等)钢坝闸址左岸堤防背水侧,紧靠场内交通道路布置,面积 2 000 m²,占地 3 亩。

8.7.5 占地汇总

本次治理工程施工临时占地共计 107.4 亩,占用期 1 年,见表 3-8-6。

表 3-8-6　施工临时占地汇总

序号	项目名称	单位	数量
1	施工导流明渠及堆土	亩	60.4
2	临时堆土	亩	13.0
3	弃土	亩	26.0
4	施工临时交通	亩	1.0
5	机械修配厂	亩	1.0
6	综合加工厂	亩	3.0
7	生活区	亩	3.0
合计		亩	107.4

8.8 施工总进度

根据本工程的施工项目、工作量及相互间制约条件,确定工程总工期 12 个月。

工程准备期:工程准备期为 1 个月,完成时间为第一年 11 月,主要完成工程前期施工场地的"三通一平"等临时设施工作。

主体工程施工期:主体工程施工期共为 10 个月工期,主要完成的项目包括施工导流设施、钢坝闸、管理区及老闸拆除。为确保河道汛期行洪安全,临河项目汛期不安排施工。

工程完建期:本工程完建期为 1.5 个月(与主体工程搭接 0.5 个月),主要完成本工程的尾工及清场退场环境保护和竣工验收工作。

施工总进度计划横道图见表 3-8-7。

表 3-8-7　施工总进度计划横道图

序号	项目名称	单位	数量	说明	第一年		第二年									
					11	12	1	2	3	4	5	6	7	8	9	10
一	施工准备期															
二	主体工程施工期															
1	导流明渠	m^3	43 245	土方												
2	围堰填筑、拆除	m^3	4 051	土方、编织袋												
3	老闸拆除	m^3	1 412	砌石、混凝土												
4	土方开挖	m^3	92 127													
5	土方回填	m^3	43 073													
6	上游铺盖、护岸	m^3	4 914	砌石、混凝土												
7	下游消力池、海漫、护岸	m^3	10 104	砌石、混凝土												
8	钢板坝坝段混凝土	m^3	20 405	砌石、混凝土												
9	钢板坝安装	项	1													
10	电气设备	项	1													
11	其他	项	1													
12	管理区	项	1													
三	工程完建期															

8.9　工程技术供应

主要工程量汇总见表 3-8-8。人工及主要建筑材料消耗量汇总见表 3-8-9。

表 3-8-8　主要工程量汇总

序号	项目名称	单位	数量
1	土方开挖	m^3	92 127
2	土方回填	m^3	50 502
3	砌石拆除	m^3	1 357
4	混凝土拆除	m^3	56
5	抛石防冲	m^3	4 724
6	砌石	m^3	4 981
7	碎石垫层	m^3	2 183
8	砂垫层	m^3	868
9	混凝土	m^3	27 784
10	钢筋	t	1 289
11	土工布	m^2	5 065

表 3-8-9　人工及主要建筑材料消耗量汇总

序号	名称	单位	数量
一	人工	工日	61 155
二	材料		
1	柴油	t	104
2	汽油	t	9
3	水泥	t	1 332
4	钢筋	t	1 315
5	商品混凝土	m^3	25 317
6	砂	m^3	2 985
7	碎石	m^3	1 848
8	块石及乱石	m^3	12 066

第9章　建设征地与移民安置

9.1　编制依据

9.1.1　法律、法规

(1)《中华人民共和国土地管理法》(2004年修订)。

(2)《大中型水利水电工程建设征地补偿与移民安置条例》(中华人民共和国国务院令第679号)。

(3)《山东省土地征收管理办法》(山东省人民政府令第226号,2010年)。

(4)《山东省实施〈中华人民共和国土地管理法〉办法》(2015年修改)。

9.1.2　规范、规程

(1)《水利水电工程建设征地移民安置规划设计规范》(SL 290—2009)。

(2)《水利水电工程建设农村移民安置规划设计规范》(SL 440—2009)。

(3)《水利水电工程建设征地移民实物调查规范》(SL 442—2009);

(4)《水利工程设计概(估)算编制规定(建设征地移民补偿)》(水总〔2014〕429号)。

9.1.3　相关文件

(1)《山东省人民政府关于调整山东省征地区片综合地价标准的批复》(鲁政字〔2015〕286号)。

(2)《关于枣庄市征地地面附着物和青苗补偿标准的批复》(鲁国土资字〔2017〕384号)。

(3)工程有关设计指标及当地社会经济统计资料。

9.2　征地范围

9.2.1　淹没对象设计洪水标准选择

依据《水利水电工程建设征地移民安置规划设计规范》(SL 290—2009)的规定,不同淹没对象设计洪水标准见表3-9-1。

表3-9-1　不同淹没对象设计洪水标准

淹没对象	洪水标准(频率,%)	重现期/年
耕(园)地	50~20	2~5
林(草)地	正常蓄水位	—

本工程不涉及居民点搬迁,工程影响范围主要为耕(园)地、林(草)地、河道回水等水工程用地范围等。耕(园)地防洪标准采用5年一遇,林(草)地洪水标准采用正常蓄水位。专业项目依据《防洪标准》(GB 50201—2014)规定的相关专业设计洪水标准(见表3-9-2)确定。

表3-9-2 专业项目设计洪水标准

专项类别	等级	类别	防洪标准
路桥	Ⅳ	生产路	20年一遇
		生产桥	20年一遇
输变电	Ⅴ	35 kV以下	20年一遇
通信线路	Ⅲ	各地之间的一般线路	30年一遇

9.2.2 工程淹没影响处理范围

9.2.2.1 闸前段

根据《水利水电工程建设征地移民安置规划设计规范》(SL 290—2009)的规定,考虑本工程的特点,耕(园)地征收界线取正常蓄水位加0.5 m和5年一遇洪水位两者的大值、林(草)地按正常蓄水位确定的原则,确定坝前段库区淹没处理水位如下:

(1)耕(园)地淹没线:48.3 m(设计兴利水位+0.50 m)。

(2)林(草)地淹没线:47.8 m水位线(正常蓄水位)。

本工程不涉及居民点搬迁,工程淹没影响范围主要为滩地、河流水面、耕(园)地、林地(草)等。

9.2.2.2 回水段

经推算,建闸后 $P=20\%$ 回水至设计桩号2+500处,回水淹没范围位于现状左右堤防范围内。

9.2.3 工程建设征地范围

根据主体工程设计,工程主要建设内容为新建拦河闸、新建建筑物、河道清淤等工程,此次工程永久占地均位于现状河道堤防范围内,纳入蟠龙河治理工程处理,故不涉及新增永久占地。

回水段新增淹没占地均位于现状河道堤防范围内,故不涉及新增永久占地。

9.2.4 永久占地

工程无新增永久占地,仅将占地范围内地上实物纳入本工程处理。

9.2.5 临时用地

根据工程施工布置,施工临时用地总计107.4亩,其中导流明渠临时用地35.5亩;堆土临时用地37.90亩;弃土区临时用地26.0亩,弃土平均堆高2.5 m;施工临时交通用地1.0亩;机械修配厂临时用地1.0亩;生活区用地3.0亩;综合加工厂临时用地3.0亩。占用期为1年。

9.3　征地实物

9.3.1　实物调查过程

根据《水利水电工程建设征地移民安置规划设计规范》(SL 290—2009)和《水利水电工程建设征地移民实物调查规范》(SL 442—2009)的要求,2019年8月,由项目业主组织,镇政府及沿河相关村等有关部门持1∶2 000地形图对工程影响范围内的各项实物进行了典型调查,并利用高清卫星地图、地类地形图进行了复核。

9.3.2　调查内容

土地调查:按照《土地利用现状分类》(GB/T 21010—2017),土地分为56个二级分类,主要有水浇地、果园、有林地等。调查组使用GPS全球定位系统,与沿线各村现场标定征迁范围的村界,对各类地类进行测量。

房屋、人口及附属设施调查:房屋按结构分为砖混房、砖木房、土木房、杂房等,在进行户主姓名登记的同时调查人口状况。

地面附着物调查:包括乔木、果树、经济树木、坟墓等。

小型水利设施调查:包括桥、涵、机井等。

专项设施调查:专项设施包括电力线路、通信线路、管道线路等。

同时与地方政府进行协调和沟通,对工程涉及地区的社会经济、资源状况进行了解。

9.3.3　实物分类汇总

现场调查结束后进行分类汇总,按规范要求分农村部分、专业项目部分等进行汇总。

9.3.4　实物调查成果

9.3.4.1　**临时用地**

工程临时用地总计107.4亩,其中水浇地99.8亩、林地7.6亩。

9.3.4.2　**地面附着物**

工程影响坟墓24座,见表3-9-3。

表3-9-3　工程征地移民实物成果汇总

序号	项目	单位	数量
一	工程用地		107.40
1	征收土地		
2	征用土地		107.4
2.1	堆土临时用地		37.90
	水浇地	亩	36.00
	林地	亩	1.90
2.2	生活区及加工厂临时用地		8

续表 3-9-3

序号	项目	单位	数量
	水浇地	亩	6.8
	林地	亩	1.2
2.3	导流及弃土区临时用地		61.5
	水浇地	亩	57
	林地	亩	4.5
二	地面附着物		
2	坟墓	座	24

9.4 农村移民安置

农村移民安置包括生产安置规划和生活安置规划。

9.4.1 规划依据

9.4.1.1 法律、法规

(1)《中华人民共和国土地管理法》(2004 年修改)。

(2)《国务院关于修改〈大中型水利水电工程建设征地补偿和移民安置条例〉的决定》(2017 年中华人民共和国国务院令第 679 号)。

(3)《山东省实施〈中华人民共和国土地管理法〉办法》(2015 年修正)。

(4)其他相关法律、法规。

9.4.1.2 规程、规范

(1)《水利水电工程建设征地移民安置规划设计规范》(SL 290—2009)。

(2)《水利水电工程建设农村移民安置规划设计规范》(SL 440—2009)。

(3)《水利水电工程建设征地移民实物调查规范》(SL 442—2009)。

(4)《土地利用现状分类》(GB/T 21010—2017)。

9.4.2 规划原则

(1)移民安置规划设计贯彻“以人为本”的思想,实行开发性移民方针。由于工程影响地区基本为农业区,绝大多数移民为农业户口,因此移民安置规划以农业安置为主,在尽可能保证移民有一份基本土地为依托的基础上,因地制宜,广开安置门路。

(2)移民安置规划本着不降低原有生活水平的原则。努力实现移民“搬得出、稳得住、逐步能致富”的目标,并结合安置区的资源情况及其生产开发条件和社会经济发展计划,为移民和原居民共同奔小康创造条件。

(3)移民安置区的选择注重移民环境容量分析,在安置区选择上首先考虑本村安置,本村安置不了的再考虑邻村安置,原有人均土地资源较少,土地不再是农民的谋生手段,在征求地方政府和移民意见的基础上,采取自谋职业安置。

(4)农村移民安置贯彻开发性移民方针,以农业安置为主,通过改造中低产田,发展种植业、养殖业和加工业,使每个移民都有恢复原有生产生活水平必要的物质基础,有条件的地方积极发展乡镇企业和第三产业安置移民。

(5)坚持移民安置规划设计与区域经济发展规划相结合,以移民为主的原则。合理使用移民补偿资金,合理利用安置区资源,为安置区可持续发展创造有利条件。

9.4.3　生产安置任务

本工程不涉及永久占地,因此无生产安置任务。

9.4.4　生活安置任务

本工程不涉及搬迁,因此无生活安置任务。

9.5　临时用地复垦

9.5.1　复垦原则

工程区土地复垦及生态重建规划遵循以下原则:

(1)因地制宜原则。根据项目区所在地的自然、气候条件,按照土地适宜性评价的结果,宜农则农,宜林则林,宜牧则牧,合理安排各类用地,使遭破坏的土地发挥最大效益,将有潜在可能性的生产力转变为现实生产力。

(2)可持续性原则。可持续发展思想对于项目土地复垦规划显得特别重要,因为破坏土地、占压土地的产生源于施工期建设,只有通过边建设、边复垦的持续性土地植被恢复,才能达到土地的可持续利用。为此,要立足于土地资源的持续利用和生态环境的改善,才有利于保证经济社会的可持续发展,变“废弃”为可利用,达到永续利用。

(3)综合效益原则。生态环境的恢复和治理是一项系统工程,关联众多因素,涉及自然、经济、社会各个方面。要以生态系统的弹性出发,以生态效益为目标,考虑治理的可能性和经济的可承受性,同时兼顾社会效益。项目土地复垦追求的目标就是融社会效益、经济效益和生态效益于一体的综合效益最优,使土地复垦寓于社会经济发展和维持生态系统平衡之中,谋求社会效益、经济效益、生态效益的统一。

(4)整体性原则。要着眼于生态系统的整体性,协调一致,建设、复垦、生态恢复要统一考虑。坚持施工工艺设计与复垦设计相统一的做法,把复垦内容纳入建设计划之中,统一规划、统一管理,使建设程序与土地复垦的要求相协调,既可节省复垦费用,又能使遭破坏的地表尽快恢复其功能。

9.5.2　复垦目标

土地复垦实施方案达到的目标是:恢复土地生产能力,提高土地利用率,增加土地收益,恢复和改善土地生态环境等。本次复垦目标与任务就是根据各类临时用地的不同特点,通过采取相应措施,将工程所占的临时用地复垦,使复垦地逐步达到原来或超过原来的产量水平。

9.5.3　复垦范围及现状

根据工程施工组织设计和土地复垦原则,根据施工组织设计,工程临时用地包括取土、堆土临时用地、施工临时交通、机械修配厂、生活区、导流等。除农村道路和河流水面外,临时用地均纳入复垦处理范围。

9.5.4　复垦规划

9.5.4.1　施工临时用地复垦

施工道路、办公及生活区是施工单位项目部日常办公、居住生活的区域,土地容易板结;拌和站、综合加工厂及混凝土预制厂和油库主要用来堆放砂石料、混凝土搅拌、混凝土预制件加工及存放,土地易被砂石料及混凝土废液等污染。

其他施工临时用地复垦分两个阶段,第一个阶段是主体工程完成后将生活垃圾和建筑垃圾清理外运(计入环境保护部分),并结合原有高程及坡向,对多余土方摊平处理,同时恢复沟、路、渠等原有地貌,本阶段内容由主体工程施工企业完成,投资计列在主体工程、环境保护与水土保持投资中。恢复完毕后由当地政府组织验收。第二个阶段是在第一个阶段完成并交地的基础上进行的复垦,主要是结合邻近地块坡向、高程及种植习惯由土地所有者对土地自行精细整平并恢复原有田埂。

9.5.4.2　堆土临时用地复垦

堆土区临时用地复垦共分两个阶段,第一个阶段是土方堆填工程外运、弃置完工后,进行表层土回覆、平整处理,同时结合原有高程及坡向,对多余土方摊平处理,恢复沟、路、渠等原有地貌,本阶段内容由主体工程施工企业完成,投资计列在主体工程中,恢复完毕后由当地政府组织验收。第二个阶段是在第一个阶段完成并交地的基础上进行复垦,主要是结合邻近地块坡向、高程及种植习惯由土地所有者对土地自行精细整平并恢复原有田埂、灌排设施。

9.5.4.3　导流及弃土区临时用地复垦

导流及弃土区临时用地复垦共分四个阶段,第一个阶段是临时用地表层土(耕作层)的剥离、集中堆放、看护和表层土回填整平等;第二个阶段是土方开挖或堆填工程;第三个阶段是表层土回覆、平整处理工程,同时将生活垃圾和建筑垃圾清理外运,并结合原有高程及坡向,对多余土方摊平处理,恢复沟路渠等原有地貌,本阶段内容由主体工程施工企业完成,投资计列在主体工程、环境保护与水土保持投资中,恢复完毕后由当地政府组织验收;第四个阶段是在第一、二、三阶段完成并交地的基础上进行的复垦,主要是结合邻近地块坡向、高程及种植习惯由土地所有者对土地自行精细整平并恢复原有田埂、灌排设施。

9.5.4.4　复垦费及地力损失费

参照近期已实施的其他水利类似工程,施工临时用地复垦费按照 1 800 元/亩计列,堆土区临时用地复垦费按照 1 000 元/亩计列,导流及弃土区临时用地复垦费按照 5 650 元/亩计列。

考虑复垦后农作物产量需要一定的时间才能恢复到原有水平,恢复期按 3 年考虑,第 1 年达原产量的 50%(补偿 50%),第 2 年达 70%(补偿 30%),第 3 年达 80%(补偿 20%),第 4 年后达到原有水平。恢复期计列 1 年亩产值的地力损失费。

9.6　投资概算

9.6.1　编制依据与原则

9.6.1.1　法律法规

(1)《中华人民共和国土地管理法》(2004年修改)。

(2)《中华人民共和国耕地占用税法》(2019年9月)。

(3)《国务院关于修改〈大中型水利水电工程建设征地补偿和移民安置条例〉的决定》(2017年中华人民共和国国务院令第679号)。

(4)《山东省实施〈中华人民共和国土地管理法〉办法》(2015年修正)。

(5)《关于调整森林植被恢复费征收标准引导节约集约利用林地的通知》(财税〔2015〕122号)。

(6)《山东省财政厅、山东省林业厅关于调整森林植被恢复费征收标准引导节约集约利用林地的通知》(鲁财综〔2016〕33号)。

(7)《山东省土地征收管理办法》(2010年山东省人民政府令第226号)。

(8)《山东省人民政府关于调整山东省征地区片综合地价标准的批复》(鲁政字〔2015〕286号)。

(9)《山东省国土资源厅 山东省财政厅关于公布省级耕地占补平衡指标调剂指导价格的通知》(鲁国土资发〔2017〕12号)。

(10)《山东省国土资源厅 山东省财政厅关于枣庄市征地地上附着物和青苗补偿标准的批复》(鲁国土资字〔2017〕384号)。

(11)《山东省国土资源厅关于加强临时用地管理的通知》(鲁国土资规〔2018〕3号)。

9.6.1.2　规程规范

(1)《水利水电工程建设征地移民安置规划设计规范》(SL 290—2009)。

(2)《水利水电工程建设农村移民安置规划设计规范》(SL 440—2009)。

(3)《水利工程设计概(估)算编制规定(建设征地移民补偿)》(水总〔2014〕429号)。

9.6.1.3　其他文件

除上述法律法规、规程规范外,还可依据其他相关文件进行编制。

9.6.2　补偿标准

9.6.2.1　临时用地补偿标准

根据《山东省国土资源厅 山东省财政厅关于枣庄市征地地上附着物和青苗补偿标准的批复》(鲁国土资字〔2017〕384号)及《山东省国土资源厅关于加强临时用地管理的通知》(鲁国土资规〔2018〕3号)的相关规定,农用地采用2 500元/(亩·年)。

依据占用时间逐年补偿确定补偿费用。临时用地占用期为1年,补偿标准按年平均亩产值的1倍计。

9.6.2.2　临时用地复垦费标准

根据临时用地复垦规划措施,复垦费暂按照1 000元/亩或1 800元/亩计列。按照1年亩产值计列地力损失费。

9.6.2.3 房屋及附属设施、地面附着物补偿标准

房屋、附属设施、其他地面附着物参照《山东省国土资源厅 山东省财政厅关于枣庄市征地地上附着物和青苗补偿标准的批复》(鲁国土资字〔2017〕384号)规定及当地近期实施的工程确定。地面附着物补偿标准见表3-9-4。

表3-9-4 地面附着物补偿标准

序号	名称	单位	单价/元
1	乔木 $D\leqslant5$ cm	棵	10
2	乔木 5 cm$<D\leqslant$10 cm	棵	60
3	乔木 10 cm$<D\leqslant$20 cm	棵	80
4	乔木 $D>20$ cm	棵	90
5	坟墓	座	1500

9.6.3 其他费用

根据《水利工程设计概(估)算编制规定(建设征地移民补偿)》(水总〔2014〕429号),有关取费标准如下。

(1)前期工作费。

前期工作费=(农村部分+专业项目+防护工程+工业企业+库底清理)×2.5%

(2)勘测设计科研费。

勘测设计科研费=(农村部分+城镇部分+库底清理)×4%+(工业企业+专业项目+防护工程)×1%

(3)实施管理费:包括地方政府实施管理费和建设单位实施管理费,均按费率计算。地方政府实施管理费计算公式为

地方政府实施管理费=(农村部分+城镇部分+库底清理)×4%+(工业企业+专业项目+防护工程)×2%

建设单位实施管理费计算公式为

建设单位实施管理费=(农村部分+城镇部分+库底清理+工业企业+专业项目+防护工程)×1.2%

(4)实施机构开办费:取实施管理费的10%。

(5)技术培训费:取农村部分的0.5%。

(6)监督评估费。

监督评估费=(农村部分+城镇部分+库底清理)×1.50%+(工业企业+专业项目+防护工程)×0.50%

9.6.4 预备费

(1)基本预备费:

(农村部分+城镇部分+库底清理+其他费用)×10%+(工业企业+专业项目+防护工程)×6%

(2)价差预备费:暂不计列。

9.6.5 有关税费

根据财政部、国家林业局关于印发《关于调整森林植被恢复费征收标准引导节约集约利用林地的通知》(财税〔2015〕122 号)的通知,用材林林地、经济林林地、苗圃地,每平方米收取 10 元,森林植被恢复费 6 666.67 元/亩。

9.6.6 投资概算

根据工程影响范围和确定的补偿数量、补偿标准,经计算,工程征地及迁占补偿总投资为 112.72 万元。工程征地移民补偿投资概算见表 3-9-5。

表 3-9-5　工程征地移民补偿投资概算

序号	项目	单位	数量	单价	投资/万元
第一部分　农村移民安置补偿费					88.45
1	征地补偿补助				84.85
1.1	征收征地补偿		0		0
1.2	征用土地补偿				26.85
1.2.1	堆土临时用地补偿				9.48
	水浇地	亩	36.00	0.250 0	9.00
	林地	亩	1.90	0.250 0	0.48
1.2.2	生活区及加工厂临时用地补偿				2.00
	水浇地	亩	6.80	0.250 0	1.70
	林地	亩	1.20	0.250 0	0.30
1.2.3	导流及弃土区临时用地补偿费				15.38
	水浇地	亩	57.00	0.250 0	14.25
	林地	亩	4.50	0.250 0	1.13
1.3	征用土地复垦费				52.98
1.3.1	生活区及加工厂临时用地	亩	6.80	0.180 0	1.22
1.3.2	堆土临时用地	亩	36.00	0.100 0	3.60
1.3.3	导流及弃土区临时用地	亩	57.00	0.565 0	32.21
1.3.4	地力损失费	亩	63.80	0.250 0	15.95
1.4	征用土地青苗补偿				5.02
1.4.1	林地	亩	7.60	0.660 0	5.02

续表 3-9-5

序号	项目	单位	数量	单价	投资/万元
9	其他补偿补助				3.60
9.1	坟墓	座	24	0.150 0	3.60
第七部分　其他费用				0	10.37
(一)	前期工作费				
(二)	综合勘测设计科研费		88.45	4.00%	3.54
(三)	实施管理费		88.45	5.20%	4.60
(四)	实施机构开办费		4.60	10.00%	0.46
(五)	技术培训费				
(六)	监督评估费		88.45	2.00%	1.77
第八部分　预备费					8.84
1	基本预备费		88.45	10.00%	8.84
2	价差预备费				
第九部分　有关税费					5.07
1	森林植被恢复费	亩	7.600 0	0.666 7	5.07
第十部分　总投资					112.72

第10章　环境保护设计

10.1　概　述

10.1.1　环境影响报告书(表)评价结论及审查审批意见

工程前期未编制环境影响报告书(表)和环评章节。

10.1.2　环境质量现状

根据现场调查和资料查阅,环境质量状况如下。

10.1.2.1　地表水环境质量

根据水环境功能区划,本工程区为工业用水区,水质指标为《地表水环境质量标准》(GB 3838—2002)Ⅳ类标准。

10.1.2.2　环境空气和声环境

项目区无重大空气污染源和工矿企业,根据薛城区例行空气质量监测点分析,环境质量标准满足《环境空气质量标准》(GB 3095—2012)二级标准,同时声环境质量满足《声环境质量标准》(GB 3096—2008)的2类标准。

10.1.2.3　生态环境

项目区植被属以平原人工植被为主的生态系统,农田生态系统是评价区内主要的生态系统,呈片状分布在评价区内,形成以农田生态系统为背景的评价区生态景观。工程区没有濒危、珍稀动植物分布。现状河道内水生生物种群数量稀少,沿线未发现洄游通道、上下游亦没有重要的鱼类产卵场、索饵场和越冬场分布。

10.1.2.4　人群健康

工程影响范围内均设有三级医疗机构,其技术力量一般能满足当地需要。近几年当地发病率较高的疾病有病毒性肝炎、肺结核、细菌性痢疾等,说明该地区发病率较高的疾病为肠道传染病和呼吸道疾病。

10.1.3　环境影响复核

由于工程前期未编制环境影响报告书(表)和章节,无法进行环境影响复核,本节对环境影响进行分析预测。

10.1.3.1　水环境影响

工程运行期无污染源,对水质无影响,运行期合理调度生态下泄流量,满足水环境需求。对水环境的影响主要是施工期排放的生产废水和生活污水对受纳水体的影响。

1. 基坑排水

基坑排水包括基坑内明水排除(初期排水)和施工期内围堰及基坑底部渗透水的排除

(经常性排水)。初期排水使用2.2 kW潜水泵进行抽排,排入下游河道。经常性排水沿围堰背水侧堰脚开挖一圈截渗沟集水,间隔30 m布置集水坑,坑内设2.2 kW潜水泵,将截渗沟内渗水抽排至基坑外河道内。

本工程基坑排水主要为明渠原水和地下渗水,水质相对较好,稍作水力停留后排放,不会对地表水环境造成污染。

2. 生产废水

生产废水包括混凝土浇筑养护废水。废水主要污染指标为悬浮物,且呈碱性,其pH值可达9~12。本工程混凝土浇筑总方量为27 784 m^3,按每立方米混凝土浇筑养护约产生废水0.35 m^3算,本工程共产生混凝土施工废水9 724 m^3。

3. 含油废水

施工机械、车辆的检修、冲洗等环节,会产生一定量的油性废水(洗车污水石油类浓度1~6 mg/L),如果不进行处理就排入(或随雨水流入)河道,将会污染河道水质,增加水体中的石油类污染物含量。

4. 生活污水

生活污水主要来源于施工进场的管理人员和施工人员的生活排水,主要污染物来源于排泄物、食物残渣、洗涤剂等有机物,污水中BOD_5、COD及大肠杆菌含量较高。本工程高峰期施工人数为247人,施工人员生活污水按80 L/(人·d)计,排放系数按0.8计,其中COD按40 g/(人·d)计,BOD_5按30 g/(人·d)计,高峰期污水排放量为15.81 t/d;高峰期COD污染物排放量为9.88 kg/d;高峰期BOD_5污染物排放量为7.41 kg/d。如果生活污水直接排放将影响施工区域环境,因此对生活污水应当进行处理后排放。

10.1.3.2　大气环境影响

建设项目属于非污染项目,工程运行期间无大气污染物排放,对工程周围地区的环境空气没有不利的影响。建设项目对环境的影响是施工期对环境的影响。施工活动产生的废气主要来自机动车辆和机械燃油、施工扬尘和粉尘。主要污染物有总悬浮微粒(TSP)、二氧化硫(SO_2)、二氧化氮(NO_2)、一氧化碳(CO)等。

施工机械和运输车辆运行时会产生道路扬尘并排放汽车尾气,会对局部空气产生不利影响,根据类比工程分析,在最不利气象条件下,燃油废气在下风向100 m处的SO_2、NO_2、TSP的扩散浓度分别为0.003 1 mg/(N·m^3)、0.018 1 mg/(N·m^3)、0.007 8 mg/(N·m^3),说明工程施工机械排放尾气对大气环境影响很小。施工区目前的空气环境质量较好,大气稀释能力和环境容量都比较大,不会对当地的大气环境产生明显的影响。

施工扬尘最大产生时间将出现在土方开挖阶段,另外在工程区内和道路上易带起扬尘,污染环境。施工产生的粉尘对现场施工人员健康产生不利影响,应注意加强劳动保护。

10.1.3.3　声环境影响

施工期噪声源分为固定噪声源和流动噪声源两种。固定噪声源为综合加工厂;流动源噪声源主要为车辆运输,主要为挖掘机、推土机、汽车等,在露天施工,均无法防护,噪声随着距离衰减。经计算,固定噪声源随距离的衰减见表3-10-1。

表 3-10-1 工程施工主要机械噪声

声源	源强/dB	离声源不同距离的噪声预测值/dB								达标距离/m		声环境质量标准/dB	
		20 m	50 m	60 m	80 m	100 m	200 m	300 m	500 m	昼间	夜间	昼间	夜间
综合加工厂	97	71	63	61.4	58.9	57	51	47.5	43	70	125	60	55

根据噪声衰减计算,距离施工厂界 70 m 处可满足根据《声环境质量标准》(GB 3096—2008)昼间 2 类标准,125 m 处满足夜间 2 类标准。同理,距离施工场地 25 m 外噪声值可满足《建筑施工场界环境噪声排放标准》(GB 12523—2011)昼间 70 dB(A)限值要求,125 m 处噪声值可满足《建筑施工场界环境噪声排放标准》(GB 12523—2011)夜间 55 dB(A)限值要求。

根据同类工程类比,各种流动声源的运输车辆和推土机施工时产生的噪声会对施工区周围 20 m 范围内的野生动物产生不利影响,其噪声影响范围不大。流动源产生的噪声主要影响对象是施工人员,影响范围和时间也是有限的。

10.1.3.4 **固体废弃物**

固体废弃物主要包括施工中建筑物拆除弃渣、建筑过程中产生的建筑垃圾和施工人员产生的生活垃圾。根据施工组织设计,工程拆除建筑垃圾主要为工程剩余的土石方量,由业主处理,不再单独处置;建筑房屋多为板房,工程结束后可回收进行重复利用,本工程固体废弃物主要为施工期产生的生活垃圾,施工期间共将产生生活垃圾约 61.0 t。

10.1.3.5 **生态环境影响**

工程施工和临时设施布设会使施工占地范围内的一些植被数量和类型受到破坏,使野生动植物受到一定程度的干扰;弃土、渣的堆放会产生水土流失现象。

工程施工区野生动物种类较少,物种较普及,施工期间,施工噪声会对这些野生动物产生惊吓,施工占地也会侵占一些野生动物的栖息地,但由于占地面积相对较小,而且动物都具有较强的移动能力,它们会迅速转移到较远的地方,工程结束后,它们又会回到原来的栖息地。因此,工程对其影响是轻微的。

工程施工时,扰动河水使底泥浮起,造成局部河段悬浮物增加,河水浑浊。在短时间内使得河道的水质变浑,会在一定程度上导致水质下降。另外,在岸边打桩、土石填筑等施工作业中,水体被搅浑,影响水生生物的栖息环境,或者将鱼虾吓跑,影响正常的活动路线;对河岸的开挖和围堰会破坏河漫滩地的水生植物群落,从而影响植食性水生动物的觅食。

工程运行期,节制闸拦蓄了上游来水,为满足下游生态需水量,下泄生态流量按多年平均径流量的 10%计列,满足下游生态需水要求。

10.1.3.6 **人群健康影响**

本工程施工影响范围内,主要的传染疾病有病毒性肝炎、痢疾、出血热、麻疹、乙脑等。

施工期间人员集中,场区卫生和生活条件差,加之施工人员流动性大,外来人员可能带来新疫情,若卫生防疫措施不力,易造成传染性疾病特别是病毒性肝炎和痢疾等传染病在施工人员中的暴发和流行。但根据近年来水利工程的实践经验,只要落实好各项卫生防疫措施,注意环境卫生、个人卫生和食品卫生,施工人员中各种疾病的暴发和流行就可得到有效控制。

10.1.4　环境保护对象及保护标准

10.1.4.1　环境保护目标

根据工程建设区和工程影响区的环境现状，确定施工期环境质量、生态环境、人群健康作为环境保护的主要目标。

1. 施工期环境质量

在工程施工期内控制废污水、噪声、固体废弃物、粉尘等对环境的不利影响，加强施工期环境监测，有针对性地采取环保措施。

2. 生态环境

保护工程影响范围内现有林地和农田，尽量减少占用耕地的数量并减少对植被的破坏；结合本工程的水土保持设计，采取必要的工程措施、植物措施和临时防护措施，预防和治理因工程建设所导致的水土流失。

3. 人群健康

加强工程施工期间的医疗卫生管理，控制传染病媒介生物，加强施工人员的防疫检疫，防止各类传染病的暴发，保护施工人员和工程施工区域内居民的身体健康，加强工程施工期间的环境监测。

10.1.4.2　环境敏感点

闸址附近无自然保护区、风景名胜区、文物古迹等敏感目标，项目区 200 m 范围内亦无村庄分布。

10.1.4.3　环境保护标准

评价执行的环境质量标准和污染物排放标准见表 3-10-2。

表 3-10-2　环境保护标准

环境要素		标准名称及级(类)别
环境质量标准	地表水环境	《地表水环境质量标准》(GB 3838—2002)Ⅳ类标准
	声环境	《声环境质量标准》(GB 3096—2008)2 类标准
	环境空气	《环境空气质量标准》(GB 3095—2012)二级标准
	土壤环境	《土壤环境质量 农用地土壤污染风险管控标准(试行)》(GB 15618—2018)
污染物排放标准	废气	《大气污染物综合排放标准》(GB 16297—1996)二级标准及各项有关污染物的无组织排放监控浓度限值
	噪声	《建筑施工场界环境噪声排放标准》(GB 12523—2011) 中相应时段的标准
	固废	《一般工业固体废物贮存、处置场污染控制标准》(GB 18599—2001)及其修改单标准

10.1.5　环境保护设计依据

(1)《建设项目环境保护管理条例》，国务院 2017 年第 682 号令。

(2)《水利水电工程初步设计报告编制规程》(SL 619—2013)。

(3)《水利水电工程环境保护设计规范》(SL 492—2011)。

(4)《水利水电工程环境保护概估算编制规程》(SL 359—2006)。

10.2　水环境保护

10.2.1　工程调度方案及环境用水需求

匡山头闸下游河道生态用水为现状工程条件下多年平均来水量的 10%,满足生态供水基本要求。工程建设只拦蓄了部分灌溉用水量,工程弃水全部排入河道下游,工程建设前后河道下泄水量变化不大,拦蓄闸的建设对水环境影响不大。

10.2.2　水域保护措施

(1)加强对水体的保护,严禁随意向水体倾倒垃圾和污水。

(2)有害的施工材料尤其是粉尘类材料的堆放要远离水体,降低对河流水质和水生生物的影响。

(3)为保护水域和施工安全,导流时段为 12 月至次年 4 月,避开了汛期,施工导流不会影响水生生物的生境。

10.2.3　施工期废污水处理措施设计

10.2.3.1　混凝土浇筑养护废水

根据水利工程施工经验,每立方米混凝土浇筑养护约产生废水 0.35 m^3,本工程共产生混凝土施工废水 9 724 m^3。一般生产废水偏碱性,水质悬浮物浓度较高,普遍超标,悬浮物的主要成分为土粒和水泥颗粒等无机物。

在施工现场设置简易沉淀池,将混凝土养护废水集中收集后,统一处理。根据浇筑强度分析,沉淀池容积不小于 18 m^3,为砖砌结构,尺寸为 4 m×3 m×1.5 m(长×宽×高)。

10.2.3.2　含油废水

在机械修配厂内维修将会产生机械车辆维修、冲洗废水,废水中主要污染物为石油类和悬浮物,石油类浓度一般为 50~80 mg/L,每辆车维修约产生含油废水 1.2 m^3/d。含油废水处理后回用于施工场地洒水抑尘,禁止排入干渠及附近地表水体,隔油池约 15 d 清理一次,由于清除的油污数量较少,可集中焚烧处理。

隔油池设计尺寸、材料及设计平面图、剖面图见《建筑给水与排水设备安装图集(上):建筑排水》(L03S002)中乙型砖砌隔油池。

10.2.3.3　生活污水

在施工区设置冲厕和化粪池,化粪池采用《建筑给水与排水设备安装图集(上):建筑排水》(L03S002-114)中 5 号化粪池,有效容积为 12 m^3。化粪池的污水停留时间均为 24 h,污水处理后可用于农灌。污泥清除期约为 90 d,污泥清除后可与弃土一并处理或作为农肥用于农田。根据施工布置,本工程共设置化粪池 1 个,旱厕 2 个。

10.3 生态保护

10.3.1 陆生生态保护措施

(1)施工期应该严格按照设计施工,尽量避开农田和林地。

(2)为了减少农业损失,施工过程中应尽量保护好表层土,施工还应尽量避开农作物生长季节。

(3)在保证顺利施工的前提下,严格控制施工车辆、机械及施工人员活动范围,尽可能缩小施工作业带宽度,以减少对地表的碾压;在施工作业带以外,不准随意砍伐、破坏树木和植被,不准乱挖植被,减少对生态环境的影响。

(4)根据不同水土流失防治区可能造成水土流失的初步分析,结合主体工程已有水土保持功能的工程布局,按照与主体工程相衔接的原则,对新增水土流失重点区域和重点工程进行因地制宜、重点设防,建立工程措施、植物措施和临时措施相结合的防治措施体系,有效防治项目区原有水土流失和工程建设造成的新增水土流失,促进项目区地表修复和生态建设。

(5)注意施工后对临时占用农田的恢复,使之尽量恢复原状,将施工期对临时占地的影响降到尽可能低的程度。

10.3.2 水生生态保护措施

(1)施工时生活污水不宜直接排入河道;禁止将生产污水、垃圾及其他施工机械的废弃物,尤其是油污类严重影响水体质量,威胁鱼类生存的污染物抛入水体,应收集后处理;有害的施工材料尤其是粉尘类材料的堆放要远离水体;降低对河流水质和水生生物的影响。

(2)施工活动应尽量减少对河岸带植被的破坏,施工完成后,应及时对破坏的河岸带植被进行修复,维护近岸的水生生态环境。

10.4 土壤环境保护

施工中应采取严格的措施来保护土地,否则会对土壤质量产生较大的不利影响。由于本工程设计中已考虑在施工开挖时,将表层土单独收集堆放,并采取严格的水土流失防治措施;而且对施工中临时踏压的土地,在施工结束后应立即翻耕,恢复其疏松状态,因此施工对土壤环境质量的影响不大。

10.5 人群健康保护

10.5.1 卫生清理

本工程卫生清理工作主要包括施工场地的厕所、垃圾场和油污地面等临建设施拆除、污染物清理等工作。

(1)在工程动工以前,结合场地平整工作,对施工区进行一次清理消毒。

(2)工程施工结束后,需要及时拆除施工区临建设施,清理建筑垃圾及各种杂物,对其周围的生活垃圾、厕所、污水坑进行填埋处理,并用生石灰、石炭酸进行消毒,避免滋生蚊蝇,成为传染病的疫源地,同时做好施工迹地恢复工作。

10.5.2　疾病防治

(1)对工地炊事人员进行全面体检和卫生防疫知识培训,严格持证上岗制度。广泛宣传多发病、常见病(如流行性出血热、肝炎、食物中毒等)的预防治疗知识,加强群体防抗病意识。

(2)定期对饮用水质和工人食品进行卫生检查,保护水源,消除污染,切断污染饮用水的任何途径。

(3)妥善处理各种废水和生活垃圾,定期进行现场消毒。

(4)为了避免鼠疫的发生,每个月要在施工场地投放毒鼠强和敌嗅灵等灭鼠药物,重点投放区域为食堂、仓库和垃圾堆放地。

10.5.3　卫生检疫和监测

(1)对新进入工区的炊事人员进行卫生检疫。检疫项目为非典型性肺炎和病毒性肝炎、疟疾等虫媒传染性疾病。

(2)工程指挥部门应加强疫情监测,对所有施工人员做定期健康观察,严格执行疫情报告制度。

10.6　大气及声环境保护

10.6.1　大气环境保护措施

为了保护空气环境质量,施工期间严格按照《山东省扬尘污染防治管理办法》,采取如下保护措施:

(1)施工原材料场地堆放整齐,水泥、石灰、砂土等尽可能不露天堆放,如不得不敞开堆放,应对其在临时存放场所采取防风遮盖措施。在大风天气或空气干燥易产生扬尘的天气条件下,采取洒水等措施保持一定湿度,提高表面含水率,也能起到抑尘的效果,减少扬尘污染。

(2)施工场地、施工道路的扬尘可采取洒水和清扫措施予以防治。施工区段配备1台洒水设备,注意洒水降尘。

(3)选择具有一定实力的施工单位,采用商品化的厂拌水泥及封闭式的运输车辆。

(4)对于临时、零星的水泥搅拌场地,在厂址选择时,尽量远离居民住宅。

(5)加强运输车辆的管理,车辆出工地前尽可能清除表面黏附的泥土等。

(6)土方和水泥等易产生扬尘的材料在运输过程中要用挡板和篷布封闭,车辆不应装载过满,以免在运输途中震动洒落。

燃油机械和车辆必须保证在正常状态下使用,安装尾气净化和消烟除尘装置,保证废气达标排放,定期对尾气净化器和消烟除尘等装置进行检测与维护。

10.6.2 声环境保护措施

10.6.2.1 噪声源控制

施工过程中要尽量选用低噪声设备,对机械设备精心养护,保持良好的运行工况,降低设备运行噪声;加强设备的维护和管理,以减少运行噪声。

在施工布置上力求固定声源远离临时生活区及附近居民区,将仓库等低噪声的临时建筑物布置在生活区和噪声源之间,起隔音作用。合理安排施工计划,最好避免同一地点集中使用大量机动设备。

10.6.2.2 施工人员防护

混凝土拌和综合加工厂操作人员应实行轮班制,每天工作时间不超过 6 h。

10.7 其他环境保护

在施工营地设置垃圾箱,垃圾箱需经常喷洒灭害灵等药水,防止苍蝇等传染媒介滋生;设专人定时进行卫生清理工作,委托当地环卫部门进行定期清运,集中将施工生活垃圾就近运往各工程区附近的垃圾转运站或者填埋场进行收集填埋处理。工程施工工日为 6.10 万工日,按人均每日产生生活垃圾 1.0 kg 预测,工程共产生施工生活垃圾 61.0 t。

施工结束后,对混凝土拌和系统、施工机械停放场、综合仓库等施工用地及时进行清理,清理建筑垃圾及各种杂物,对其周围的生活垃圾、厕所、污水坑进行场地清理,并用生石灰、石炭酸进行消毒,做好施工迹地恢复工作。

10.8 环境管理及监测

10.8.1 环境管理

10.8.1.1 环境管理体系

本项目环境保护工作的相关机构见表 3-10-3。

表 3-10-3 拟建项目环境管理体系

项目阶段	环境保护内容	环境保护措施执行单位	环境保护管理部门
施工期	实施环保措施处理突发性环境问题	施工单位	监理工程师

10.8.1.2 管理机构

本工程不设单独的环境管理机构,但配备专职的环保管理人员,在当地环境保护部门的监督管理下,负责工程施工的环境管理、环境监测和污染事故应急处理,并协调工程管理与环境管理的关系。机构的具体职责如下:

(1)根据各施工段的施工内容和当地环境保护要求,制定本工程环境管理制度和章程,制订详细的施工期污染防治措施计划和应急计划。

(2)负责对施工人员进行环境保护培训,明确施工应采取的环境保护措施及注意事项。

(3)施工中全过程跟踪检查、监督环境管理制度和环保措施执行情况,是否符合当地环境保护的要求,及时反馈当地环保部门意见和要求。

(4)负责开展施工期环境监测工作,统计整理有关环境监测资料并上报地方环保部门。

(5)及时发现施工中可能出现的各类生态破坏和环境污染问题,负责处理各类污染事故和善后处理等。

10.8.2　环境监理

本工程配备环境监理人员1名,其主要职责如下:

(1)监督承包商环保合同条款的执行情况,并负责解释环保条款,对重大环境问题提出处理意见。

(2)发现施工中的环境问题,下达监测指令,并对监测结果进行分析,反馈给环保设计单位,提出环境保护改善方案,监督各项环保措施的实施情况。

(3)参加承包商提出的施工技术方案和施工进度计划会议,就环保问题提出改进意见,审查承包商提出的可能造成污染的施工材料、设备清单。监督施工单位在施工过程中的施工行为及环保措施的执行情况。

(4)处理合同中有关环保部分的违约事件,根据合同规定,按索赔程序公正地处理好环保方面的双向索赔。

(5)对施工现场出现的环境问题及处理结果做出记录,定期向环境管理机构提交报表,整编环境监理档案,每季度提交一份环境监理评估报告。

(6)参加工程的竣工验收工作,并为项目建设提供验收依据。

10.8.3　环境监测

环境监测是建设项目环境保护管理的基本手段和基础,为保证各项环保措施的落实,环境监测应委托具有环境监测资质的单位实施。

10.8.3.1　水质监测

1.生产废水监测

监测位置:沉淀池排放口。

监测项目:pH、SS。

监测频次:施工期每月监测1次,控制出水口水质。共监测6次。

2.含油废水监测

监测位置:隔油池排放口。

监测项目: pH、COD、石油类。

监测频次:施工期每月监测1次,控制出水口水质。共监测12次。

3.生活污水监测

监测位置:每个施工工区污水排放口。

监测项目:选择生活污水中的主要污染指标作为监测项目,主要有pH、五日生化需氧量BOD_5、化学需氧量COD、氨氮、总磷、悬浮物SS等。

监测频次:工程施工期每季度监测1次,施工期12个月,共4次。

10.8.3.2　**噪声监测**

为防止和减小工程施工对临时生活区及周边声环境质量的影响,对施工场界及临时生活区分别进行监测。

监测位置:施工场界和临时生活区设监测点。

监测项目:昼间和夜间等效声级 dB(A)。

监测频次:施工高峰期监测 2 次,共计 4 点 · 次。

10.8.3.3　**大气监测**

工程施工作业区粉尘、飘尘浓度较高,对施工人员健康有影响,需要对相应点位进行空气质量监测。

监测位置:施工场界和临时生活区。

监测项目:PM2.5、PM10、SO_2、NO_2。

监测频率:施工期的废气监测采用非连续性监测,施工进场前监测 1 次,施工高峰期监测 2 次,共计 6 点 · 次。

10.8.3.4　**人群健康监测**

由地方卫生防疫部门按卫生部门有关要求对施工人员进行健康监测。对施工人员按不低于 20%的比例进行抽检,对各种污染病和自然疫源性疾病每季度进行统计。建立疫情报告制度,发现有关传染病时,除及时上报外,应立即采取相应措施,控制疾病发展。

10.9　环境保护投资

10.9.1　编制依据

《水利水电工程环境保护概估算编制规程》(SL 359—2006)。

10.9.2　投资概算

根据该项工程内容、环境影响情况,依据国家有关规范,本工程总体环境保护投资为 29.55 万元,见表 3-10-4。

表 3-10-4　环境保护投资概算

编号	工程和费用名称	单位	数量	平均单价/元	投资/万元
第一部分　环境监测费					5.32
二	生产废水监测	点 · 次	6	1 000	0.60
三	生活污水水质监测	点 · 次	4	1 800	0.72
四	含油废水监测	点 · 次	12	1 000	1.20
五	大气监测	点 · 次	6	2 500	1.50
六	噪声监测	点 · 次	4	1 000	0.40
七	卫生防疫监测	人 · 次	50	180	0.90
第二部分　环境保护临时措施					14.45
一	生产废水处理				4.6

续表 3-10-4

编号	工程和费用名称	单位	数量	平均单价/元	投资/万元
1	沉淀池		1	10 000	1
2	隔油池	座	1	12 000	1.2
二	生活污水处理				2.4
1	旱厕	座	2	2 000	0.4
2	化粪池	座	1	20 000	2
三	环境空气质量保护				6.00
1	洒水车运行费	元/(台·月)	12	5 000	6.00
四	固体废弃物处理				0.65
1	垃圾桶	个	2	200	0.04
2	生活垃圾清运费	t	61	100	0.61
五	人群健康				0.80
1	施工区清理和消毒	元/次	1	2 000	0.2
2	卫生防疫	元/m^2	2001	2	0.40
3	施工完毕后迹地卫生清理	元/次	1	2 000	0.2
一至二部分合计					19.77
第三部分　独立费用					8.37
一	环境管理费				3.79
1	环境管理人员经常费		2%		0.40
2	环保设施竣工验收费				3.00
3	环保宣传及技术培训费		2%		0.40
二	监理费	人·年	1	30 000	3
三	科研勘测设计咨询费				1.58
1	环境影响评价费				
2	环境保护勘测设计费		8%		1.58
第一至三部分合计					28.14
基本预备费			5%		1.41
环境保护专项投资					29.55

第 11 章　水土保持设计

11.1　水土保持工作前期进展

本工程初始设计阶段为初步设计阶段,前期未编写水土保持专章和水土保持方案报告书。

枣庄市薛城区地处鲁中南中低山丘陵区,土壤侵蚀类型主要为水力侵蚀,水力侵蚀形式主要为面蚀和沟蚀。根据《全国水土保持规划》(2016—2030 年),项目区属北方土石山区泰沂及胶东山地丘陵区鲁中南低山丘陵土壤保持区。根据山东省水利厅发布的《关于发布省级水土流失重点预防区和重点治理区的通告》(鲁水保字〔2016〕1 号),项目区属于尼山南麓省级水土流失重点治理区。项目区域土壤侵蚀强度以中度为主,现状平均土壤侵蚀模数约为 2 800 t/(km^2 · a)。根据《土壤侵蚀分类分级标准》(SL 190—2007),项目区地处北方土石山区,土壤容许流失量为 200 t/(km^2 · a)。

11.2　主体工程水土保持评价

11.2.1　主体工程制约性因素分析与水土保持分析评价

(1)根据主体工程设计,本项目工程建设不在全国水土保持监测网络中的水土保持监测站点、重点试验区和长期定位观测站范围内。

(2)根据主体设计资料,项目建设区不涉及泥石流易发区、崩塌滑坡危害区。

(3)本项目所在地属于尼山南麓省级水土流失重点治理区,通过实施完善的水土保持措施,可有效防治项目区的水土流失。

项目总体建设环境较好,项目建设将损坏水土保持设施面积,对地表植被有所损坏,但通过优化施工工艺,严格保护植物,实施完善的水土保持措施,能有效防治项目区的水土流失;且通过后期植物措施布设,能基本恢复原有生态环境。

11.2.2　主体工程比选方案的水土保持评价

按照《生产建设项目水土保持技术标准》(GB 50433—2018)、《水利水电工程水土保持技术规范》(SL 575—2012)及《山东省水土保持条例》,经分析评价,本工程避开了生态脆弱区、泥石流易发区等危险区域;项目周边不涉及县级以上人民政府划定的重点试验区和监测站;对城市景观没有影响。通过优化施工工艺,减少地表扰动和植被损坏范围,加强防治措施,降低水土流失危害。因此,工程建设是可行的。

11.2.3　主体工程土石方的水土保持分析评价

根据本工程施工组织设计,工程土石方做到了挖填平衡,从水土保持的角度分析,不仅节约了占地,减少了本工程水土流失,同时节省了投资,是合理可行的,不存在选址的限制性因素,符合水土保持要求。

本项目为各建设工程填筑所需土方设置土料场,施工结束后主体设计对其采取复耕措施,从水土保持角度分析不存在限制性因素。

11.2.4 主体工程设计中水土保持工程的分析评价

主体工程考虑了一些具有水土保持功能的防护措施,这些措施既能够有效防止开挖剥离面的土壤侵蚀和受暴雨冲刷造成的水土流失,对水土保持起到了十分积极的作用。但由于设计角度、设计原则、指导思想不同,只考虑治理对主体工程产生影响的水土流失,在治理力度、治理范围上都不能满足防治目标的需要。因此,需要补充专项水保措施,以全方位、多角度地防治水土流失。

11.2.5 主体工程水土保持评价结论

从水土保持角度分析,主体工程占地符合要求,工程土石方调配合理,施工组织设计先进、合理,绝大部分符合水土保持限制性规定,符合水土保持要求。

主体工程设计了一些具有水土保持功能的工程措施、植物措施和临时措施,对主体工程考虑不足的地方,尤其是排水、临时防治措施等问题,在方案中予以补充完善。

通过上述分析,从水土保持角度看,本工程不存在限制项目建设的水土保持制约因素,符合《中华人民共和国水土保持法》《水利水电工程水土保持技术规范》(SL 575—2012)和《山东省水土保持条例》的相关规定,工程建设是可行的。

11.3 水土流失防治责任范围及分区

根据工程建设特点和水土流失情况,确定本工程水土流失防治责任范围。

本工程项目建设区扰动面积9.44 hm^2,其中永久占地面积1.88 hm^2,临时占地面积7.56 hm^2。因此,本工程水土流失防治责任范围总面积为9.44 hm^2。

水土流失防治分区采用一级划分,划分为主体工程防治区、临时堆土防治区、施工生产生活防治区和施工道路防治区,共4个防治分区。

水土流失防治责任范围及防治分区见表3-11-1。

表3-11-1 水土流失防治责任范围及防治分区

项目组成	项目建设区		合计
	永久占地	临时占地	
主体工程区	1.88		1.88
临时堆土区		6.62	6.62
施工生产生活区		0.70	0.70
施工道路区		0.24	0.24
合计	1.88	7.56	9.44

项目区征(占)地范围内损坏的水土保持设施主要为耕地、林地和水域及水利设施用地,损坏水土保持设施面积 9.44 hm^2。

11.4 水土流失预测

11.4.1 水土流失预测时段与预测单元的划分

11.4.1.1 预测时段

本工程水土流失预测时段分为施工期准备期、施工期和自然恢复期。本工程总工期为 1 年,共计 12 个月,其中施工准备期 1 个月,施工期 11 个月。

11.4.1.2 预测范围

本工程的水土流失预测范围为整个项目建设区。

11.4.2 预测内容和方法

11.4.2.1 预测内容

1. 扰动原地貌、土地及植被损坏情况预测

通过主体工程设计资料,结合现场调查,对工程建设期施工中开挖、占压土地、破坏林草植被的种类、数量与面积进行分类预测。

2. 弃土(渣)量的预测

主要对建设期的弃土、弃渣量进行预测。建设期的弃土、弃渣量通过查阅主体设计资料,统计分析开挖量、回填量与弃置量的关系,计算出各项目区的弃土、弃渣量,结合现场查勘中确定的对不同区域弃土、弃渣量的调配方案,预测可能产生的弃渣量。

3. 损坏水土保持设施预测

对项目建设过程中损坏的水土保持设施的面积、数量,采取收集有关资料和结合外业查勘的方法,列表进行测算统计。

4. 可能造成的水土流失数量预测

造成的水土流失主要来源于两个方面:一是由于扰动地表损坏原地貌植被,形成加速侵蚀区而增加的水土流失量;二是由于临时堆土、排放弃渣而增加的水土流失量。因此,水土流失量的预测应分时段、分区进行。

根据本地区地形地貌的水土流失特点和工程建设特点,建设期造成的水土流失量的预测采用类比分析法和经验公式法进行综合预测。

5. 可能造成的水土流失危害预测

根据工程的实施规模、施工工艺及弃土、弃渣的数量与位置,结合项目区的自然环境条件,预测工程建设引起新的水土流失可能造成的危害,为制订项目区防治措施提供依据。

11.4.2.2 预测方法

本工程水土流失预测方法主要有调查法、实地查勘法、类比分析法和经验公式法等。根据不同的预测内容采取不同的预测方法。

本工程水土流失预测内容和方法情况,见表 3-11-2。

表3-11-2　施工期水土流失预测内容和预测方法一览

序号	预测内容	主要预测工作内容	预测方法
1	扰动原地貌、占压土地和破坏植被情况	工程永久和临时占地开挖扰动原地貌、占压土地和破坏林草地植被类型和面积	查阅设计图纸、技术资料、土地区划并结合实地查勘情况分析
2	损坏水土保持设施情况	工程建设破坏具有水土保持功能的植物措施和工程措施等水土保持设施的面积	依据项目所属地区的有关规定，结合现场调查测量和地形图分析统计确定
3	弃土(渣)量	土方开挖回填量、弃土(渣)量;占地类型、面积	查阅设计资料,现场查勘测量,土石方平衡统计分析
4	造成水土流失量及新增水土流失量	各单元各时段的水土流失量	结合同类工程类比分析和经验公式法进行预测
5	可能造成的水土流失影响及危害	水土流失对工程、土地资源、周边生态环境等方面的影响	依据现状调查及对水土流失量的预测结果进行综合分析

11.4.3　水土流失预测成果

11.4.3.1　扰动原地貌、损坏土地及植被面积

经计算,该工程总计扰动原地貌、占压土地和损坏植被总面积为52.54 hm^2。

11.4.3.2　弃土(渣)量的预测

施工组织设计通过平衡调配,全部用于回填,无弃土(渣)的产生。

11.4.3.3　可能造成的水土流失数量预测

项目区现状土壤侵蚀类型主要以水力侵蚀为主,兼有风力侵蚀。侵蚀强度以轻度为主。由于项目区建设期风力较小,工程建设期风蚀作用下的流失量较小,因此本方案建设期只预测水蚀作用下产生的土壤流失量。

1. 土壤侵蚀模数的确定

根据《山东省水土保持规划》、山东省2004年第二次水土流失普查结果,并通过现场查勘和调查,综合考虑项目区不同地段的地表形态、风速、降雨、土壤、植被等土壤流失因子的特性及预测对象受扰动情况,确定施工扰动前的土壤侵蚀模数背景值为1 200 t/(km^2·a),扰动后土壤侵蚀模数为1 800~4 500 t/(km^2·a)。

根据本工程施工进度安排和施工特点,比较监测时段的水土流失因子,确定不同施工时段、施工地段扰动后的土壤侵蚀模数,根据工程建设情况和其所在地形条件及土壤类型的差异进行修正得出较为合理的类比结果,施工期和自然恢复期土壤侵蚀模数修正系数取1.15。施工期土壤侵蚀模数取3 500 t/(km^2·a),自然恢复期土壤侵蚀模数取2 200 t/(km^2·a)。

2. 水土流失总量预测

水土流失量和新增水土流失量预测采用经验公式法进行。经计算,工程建设期产生土壤流失总量为880 t,新增土壤流失总量为518 t。

11.4.4　预测结论

(1)通过水土流失预测可知,在工程施工过程中,共扰动原地表面积9.44 hm^2,通过水土流失量预测,建设期内如不采取任何防护措施,将产生水土流失总量880 t,新增土壤流失总量518 t。

通过水土流失预测,建设期,闸坝工程建设活动产生的水土流失总量占水土流失总量的约60%,因此主体工程区应重点防治。

(2)根据各工程区域的水土流失特点和施工工艺,提出针对性的防治措施,减少施工过程中产生的水土流失量。首先应做好施工过程中的临时防护措施,减少施工过程中产生的水土流失量;其次应该重视主体完工后的土地恢复等措施。

对于本工程的重点防治区域宜采取综合防治措施进行设计,以达到有效降低工程建设引发的大规模水土流失的可能性。

(3)项目区施工期水土流失主要类型为水蚀,水土流失主要发生在雨季,集中在6—9月,因此在主体工程施工安排时,应尽量避开雨季。对在雨季不得不实施的工程必须做好防护措施,临时堆土前首先进行拦挡措施的布设,使水土保持工程和主体工程在施工时相配套,特别做好临时防护工程,减少施工中水土流失的发生。

(4)根据预测结果,工程建设期监测的重点地段为主体工程防治区边坡和开挖区域。监测重点地段为各防治区临时堆土区和开挖面,监测时间重点放在雨季及大风前后。

综上所述,在工程建设期间,尽管存在扰动地表、产生弃土弃渣等可能造成水土流失的不利因素,但是通过制订科学的水土保持方案,采取相应的对策和措施,对可能造成的水土流失进行积极有效的防治。

11.5　水土流失防治标准

项目区属尼山南麓省级水土流失重点治理区,根据《生产建设项目水土流失防治标准》(GB/T 50434—2018),确定本方案执行建设类项目水土流失防治一级标准。

本工程的水土流失防治目标,见表3-11-3。

表3-11-3　水土流失防治目标修正

防治目标	一级标准	
	施工期	设计水平年
水土流失治理度/%	—	95
土壤流失控制比	—	0.9
渣土防护率/%	95	97
表土保护率/%	95	95
林草植被恢复率/%	—	97
林草覆盖率/%	—	25

11.6 水土保持措施布置和设计

11.6.1 水土保持工程的级别、设计标准及总体布局

11.6.1.1 水土保持工程级别划分

根据《水利水电工程水土保持技术规范》(SL 575—2012),植物恢复与建设工程级别应根据水利水电工程主要建筑物及绿化工程所处位置确定,根据主体设计,本工程植被恢复和建设工程级别取3级。

11.6.1.2 水土保持工程设计标准

本工程植被恢复与建设(3级标准)应满足水土保持和生态保护的要求,执行《生态公益林建设 技术规程》(GB/T 18337.3—2001)。

11.6.1.3 水土保持措施总体布局

根据本工程建设特点及水土保持目标的要求,做到主体工程建设与水土保持方案相结合,工程措施与植物措施相结合,重点治理与综合防护相结合,治理水土流失和恢复、提高土地生产力相结合,对工程新增水土流失重点区域和重点工程进行因地制宜、因害设防的针对性防治,建立建设期工程措施、植物措施和临时措施相结合的水土流失综合防治措施体系。

11.6.2 水土流失防治措施设计

根据项目建设特点和水土流失预测结果,采取的水土流失防治措施包括工程措施和临时措施。工程措施为表土剥离及回填措施,临时措施包括临时堆土、临时拦挡、防尘网防护等措施。

11.6.2.1 主体工程区

管理区绿化措施对水土流失起到了较好的防治效果,已列入主体专项设计中,本设计不再重复计列。

本区域主要为对建筑物工程区临时堆土的临时防护措施。

临时措施:本区域共计开挖土方8万 m^3,由于施工时序的不同,临时堆置于坝区及建筑物附近一侧,本设计拟对存放的临时堆土四周采用编织袋装土进行拦挡,在顶部覆盖防尘网进行防护。经计算,本工程共需编织袋装土填筑与拆除215 m^3,并根据施工时序及调配情况,共需备用防尘网1 500 m^2。

11.6.2.2 临时堆土区

根据施工组织土石方平衡调配方案,本工程基坑开挖后用于回填的土料约2.79万 m^3,临时堆置在钢坝闸堤防附近,堆高3.5 m,边坡1:1.5,占地0.87 hm^2;匡山头钢坝闸施工弃土3.67万 m^3,运至新建闸闸址右岸下游弃置,堆高2.5 m,边坡1:1.5,占地1.73 hm^2,占用期1年;施工围堰导流明渠开挖和临时堆土4.03 hm^2。以上占用期均按1年计。

该区域新增水土流失防治措施主要为临时措施,即临时堆土的临时防护。本方案对临时堆存的回填料采取临时防护措施,以降低水土流失的发生。在临时堆土周边压实编织袋装土进行拦挡,编织袋装土设计堆高为1.0 m,并在临时堆土上部覆盖防尘网进行防护。该区域需设编织袋装土220 m^3,防尘网6 200 m^2。

11.6.2.3 施工生产生活区

施工生产区布置在钢坝闸上下游堤防背水侧的平地上,考虑到方便施工管理及施工场区地形条件的限制,生活区设在钢坝闸址左岸堤防背水侧,紧靠场内交通道路布置。

施工生产生活区临时用地的复垦,在“建设征地与移民安置”章节已列,本设计不再重复计列。

本设计新增水土保持措施主要为工程措施和临时措施。

1. 工程措施

主要为表土剥离及回填。施工前首先剥离 30 cm 表层土,表土剥离面积为 0.70 hm^2,表土剥离量为 2 100 m^3。

2. 临时措施

临时堆土的临时防护:施工生产生活区剥离的表层土临时堆放在施工生产区一侧,临时堆高 2.0 m,施工结束后用于复耕。为防止雨水冲刷和风力侵蚀,本方案在临时堆土四周设置编织袋装土进行拦挡,编织袋装土设计堆高为 1.0 m,并在堆土表面覆盖防尘网进行防护,编织袋装土填筑与拆除共计 32 m^3,防尘网覆盖 1 300 m^2。

临时排水沟:为引导排出施工场地的地面积水,在施工区沿场地道路一侧修筑排水沟,将雨水引导排至附近自然沟道。临时排水沟为简易土渠,断面为梯形,设计底宽 0.5 m,深 0.5 m,边坡 1:1.5。初步估算排水边沟长 340 m,开挖土方 213 m^3。

11.6.2.4 施工道路区

根据施工组织设计,为满足施工要求需在施工临时设施区及主河槽内设置场内交通道路。

一期施工沿钢坝闸上、下游围堰坡脚各设置一条宽 6 m、长 50 m 的场内道路(不计占地),右岸基坑外设置一条宽 6 m、长 200 m 的临时道路,用于物料的场内运输和施工机械的移置;二期施工在钢坝闸上、下游围堰坡脚各设置一条宽 6 m、长 80 m 的基坑道路,左岸基坑外设置一条宽 6 m、长 200 m 的临时道路,用于物料的场内运输和施工机械的移置。

场内临时道路为简易土路,经统计,总长 660 m,除主河槽内临时道路不计占地外,需临时征地 0.24 hm^2。

施工道路区临时用地的复垦,“建设征地与移民安置”章节已列,本设计不再重复计列。

该区域采取的新增水土流失防治措施主要为临时措施。

1. 工程措施

工程措施主要为表土剥离及回填。施工前首先剥离 30 cm 表层土,表土剥离面积为 0.29 hm^2,表土剥离量为 864 m^3。

2. 临时措施

临时排水沟:根据施工组织设计,除主河槽内临时道路,工程建设需修筑的施工临时道路一侧设置临时排水沟,断面为梯形,底宽 0.5 m,深 0.5 m,边坡 1:1.5,临时排水沟总长 400 m,需土方开挖 250 m^3。

临时堆土的临时防护:本区域剥离的表层土临时堆放在施工道路一侧,临时堆高 1.5 m,施工结束后用于复耕。为防止雨水冲刷和风力侵蚀,本方案在临时堆土四周设置编织袋装土进行拦挡,编织袋装土设计堆高为 1.0 m,并在堆土表面覆盖防尘网进行防护,编织袋装土填筑与拆除共计 39 m^3,防尘网覆盖 700 m^2。

11.6.3　防治措施工程量

根据《关于发布<水利工程各阶段水土保持技术文件编制指导意见>的通知》水总局科〔2005〕3号文和《水利水电工程设计工程量计算规定》(SL 328—2005),本项目工程措施、植物措施阶段系数取1.05,临时措施工程量的阶段系数取1.1。

本工程新增水土保持措施设计及工程量见表3-11-4。

表3-11-4　新增水土保持措施工程量

<table>
<tr><th>项目区</th><th>措施分类</th><th colspan="2">措施内容</th><th>单位</th><th>数量</th><th>扩大
工程量</th></tr>
<tr><td rowspan="2">主体工程区</td><td rowspan="2">临时措施</td><td colspan="2">编织袋装土</td><td>m^3</td><td>215</td><td>236.5</td></tr>
<tr><td colspan="2">防尘网</td><td>m^2</td><td>1 500</td><td>1 650</td></tr>
<tr><td rowspan="2">临时堆土区</td><td rowspan="2">临时措施</td><td colspan="2">编织袋装土</td><td>m^3</td><td>220</td><td>242</td></tr>
<tr><td colspan="2">防尘网</td><td>m^2</td><td>6 200</td><td>6 820</td></tr>
<tr><td rowspan="5">施工生产生活区</td><td>工程措施</td><td colspan="2">表土剥离及回填</td><td>m^3</td><td>2 100</td><td>2 310</td></tr>
<tr><td rowspan="4">临时措施</td><td rowspan="2">排水沟</td><td>长度</td><td>m</td><td>340</td><td>340</td></tr>
<tr><td>土方量</td><td>m^3</td><td>122.5</td><td>135</td></tr>
<tr><td colspan="2">编织袋装土</td><td>m^3</td><td>32</td><td>35</td></tr>
<tr><td colspan="2">防尘网</td><td>m^2</td><td>1 300</td><td>1 430</td></tr>
<tr><td rowspan="5">施工道路区</td><td>工程措施</td><td colspan="2">表土剥离及回填</td><td>m^3</td><td>864</td><td>950</td></tr>
<tr><td rowspan="4">临时措施</td><td rowspan="2">排水沟</td><td>长度</td><td>m</td><td>400</td><td>400</td></tr>
<tr><td>土方量</td><td>m^3</td><td>250</td><td>275</td></tr>
<tr><td colspan="2">编织袋装土</td><td>m^3</td><td>39</td><td>43</td></tr>
<tr><td colspan="2">防尘网</td><td>m^2</td><td>700</td><td>770</td></tr>
</table>

11.7　水土保持工程施工组织设计

11.7.1　水土保持施工组织设计

11.7.1.1　施工条件

1. 材料供应

水土保持工程草袋装土所需填充料就近取自项目建设区。

2. 施工供水和供电

水土保持工程所需的水源和电力均与主体工程一致。

11.7.1.2　施工总布置

水土保持施工场地利用主体工程施工场地，不再新增占地。

11.7.1.3　施工方法

1. 工程措施施工

本工程采取的工程措施主要为表土剥离及回填、排水沟的开挖等。清理表土采取74 kW推土机推至临时堆放区域进行堆放，排水沟开挖主要采用反铲挖掘机进行开挖，人工施工为辅，均为常规施工工艺。

2. 临时措施施工

本工程的临时措施为针对临时性堆土采用密目防尘网、草袋装土等防护。临时堆存土按设计边坡堆放成一定形状后，在临时堆土周边码砌草袋装土进行防护，并在临时性堆土的上表面苫盖密目防尘网。草袋分层顺次压实再堆放在临时堆土的外侧，按设计高度进行码放，施工完毕后进行拆除。

11.7.2　水土保持工程施工进度安排

水土保持治理措施的进度安排是建立在主体工程施工基础上的，并与主体工程施工保持一致。按照“三同时”原则，水土保持工程与主体工程同时设计、同时施工、同时投产使用。

11.8　水土保持监测与管理

11.8.1　水土保持监测方案

11.8.1.1　监测时段与范围

本工程施工期存在着土石方开挖回填、运移、土方临时堆存等建设活动造成的水土流失行为。因此，在做好水土流失防治工作的同时，结合主体工程监测设施，加强水土保持监测工作，通过设立典型观测断面、观测点和观测对比小区等，对该项目在建设期和运行期的水土流失及防治效果进行监测。

根据《生产建设项目水土保持监测规程(试行)》(办水保〔2015〕139号)等的要求，结合本工程建设特点，确定本工程监测时段从施工准备期开始至设计水平年结束，划分为施工准备期、施工期和自然恢复期，共3个时段。施工准备期为本底值监测，以便与项目施工、自然恢复期间的监测结果进行对比分析。

本工程水土保持监测范围为全部防治责任范围。

11.8.1.2　监测内容

依据《水利部办公厅关于印发〈生产建设项目水土保持监测规程(试行)〉的通知》(办水保〔2015〕139号文)的规定，结合本项目工程的实际情况，确定本工程水土保持重点监测的内容如下。

1. 扰动土地情况监测

监测内容为主体工程扰动范围、面积、土地利用类型及其变化情况等。

2. 临时堆土情况监测

应对生产建设活动中所有的临时堆放场进行监测,主要监测临时堆放场的数量、位置、方量、表土剥离、防治措施落实情况等内容。

3. 取土(石、料)、弃土(石、渣)监测

监测内容主要包括:取土(石、料)场、弃土(石、渣)场及临时堆放场的数量、位置、方量、表土剥离、防治措施落实情况等。

4. 水土流失情况监测

本工程监测的土壤流失量是指项目建设区的土、石、沙的数量,取土潜在土壤流失量是指项目建设区内未实施防护措施或者未按水土保持方案实施且未履行变更手续的土方临时堆放场数量,水土流失危害是指项目建设引起的基础设施和民用设施的损毁、河道阻塞等危害。

5. 水土保持措施监测

监测内容包括措施类型、开(完)工日期、位置、规格、尺寸、数量、林草覆盖度(郁闭度)、防治效果、运行状况等。

11.8.1.3　监测方法及频次

监测采取实地量测、地面观测和资料分析等方法。

1. 实地量测法

结合工程实际情况,实地量测法主要采用抽样调查和巡查相结合的方法。主要通过定期进行全区域调查的方式,通过现场实地勘测,采用 GPS 定位仪结合 1:5 000 地形图、照相机、标杆、尺子等工具,按不同工程扰动类型分类测定扰动面积。填表记录每个分项工程区的基本特征(特别是开挖面坡长、坡度、岩石类型等)及水土保持措施(工程措施、植物措施、临时措施等)实施效果情况。

1)抽样调查法

首先选择代表性的地块作为样地,样地形状采用方形或长方形,综合考虑各用地类型样地面积标准要求,确定本次监测样地面积约 100 m^2。本期工程样地共设 5~8 个,布设采用在地形图上网点板法,并设置固定标志,便于定期监测和复位。抽样调查法监测内容包括调查扰动地面情况、破坏植被情况、植被恢复状况等。

2)巡查法

可采用手持式 GPS 定位仪(要求可进行实时差分或后差分处理,以确保测量精度)进行。首先对巡查区按扰动类型进行分区,同时记录调查点名称、工程名称、扰动类型和监测数据编号等,然后沿各分区外边界走一圈,在 GPS 手簿上即可记录所测区域的形状(边界坐标),然后将监测结果导入计算机,通过计算机软件进行差分处理后所得监测区域的图形和面积(如果是实时差分 GPS 接收仪,可当场得到面积)。对堆土渣的测量,把堆积物近似看成多面体,通过测量一些特征点的坐标,再模拟原地面形态,即可求出堆积物的面积。

此外,对于项目区水土流失影响因子,建议和当地气象、水利部门合作,以资料收集为主。在项目建设过程中,还要采用询问法向周边群众咨询,掌握本项目对当地及周边地区的影响和危害情况。

2. 地面观测法

水土流失影响因子采用地面观测法,主要采用侵蚀沟量测法。

侵蚀沟量测法:本项目中用于对临时堆土坡面的量测。

本工程是建设类项目,需全程开展监测。

其中,扰动土地情况监测中实地量测监测频次每季度 1 次。临时堆土情况监测中临时堆土面积和水土保持措施监测频次每月 1 次,临时堆放场监测频次每月 1 次。水土流失情况监测中土壤流失面积监测频次每季度 1 次,土壤流失量、取土潜在土壤流失量监测频次每月 1 次,遇到暴雨和大风天气应加测。水土保持措施监测中工程措施、临时措施及措施防治效果监测频次每月 1 次,植物措施生长情况每季度 1 次。

另外,有重大水土流失事件发生时也应适当增加监测频次,并提交季度监测报告和重大水土流失事件监测报告。

11.8.2　工程建设期和运行期水土保持管理要求

11.8.2.1　工程建设期水土保持管理要求

建设单位将本项目水土保持工程纳入主体工程施工招标合同,明确承包商在各承包工程区内的水土保持内容、水土流失防治范围及防治责任。承包商在施工过程中有责任防治项目建设区的水土流失。对外购砂、石、土料,施工单位必须到已编报水土保持方案(表)的合法砂、石、土料场购买,并在供料合同中注明水土流失防治责任由供方负责。监理单位对水土保持工程施工建设各阶段随时进行实施进度、质量、资金落实等情况的监督检查,将出现的问题及时向业主汇报。

11.8.2.2　工程运行期水土保持管理要求

工程运行管理单位应设立专门的人员对水土保持设施进行管理,确保各项水土保持设施运行正常,防止产生新的水土流失危害。

11.9　水土保持投资概算

11.9.1　投资概算的编制原则、依据、方法

11.9.1.1　概述

主体工程设计中具有水土保持功能的投资已计入主体工程投资中,本次不再重复计列,本概算仅计列新增水土保持项目有关费用。

11.9.1.2　编制原则和依据

根据《水利水电工程水土保持技术规范》(SL 575—2012)的规定,为与主体工程设计部分保持一致,水土保持投资概算原则上采用主体工程建设项目编制依据和定额,不足部分采用水土保持投资概算依据。

(1)水利部水总〔2003〕67 号文《关于颁发〈水土保持工程概(估)算编制规定和定额〉的通知》及《开发建设项目水土保持工程概(估)算编制规定》。

(2)水利部办水总〔2016〕132 号文《水利部办公厅关于印发〈水利工程营业税改征增值税计价依据调整办法〉的通知》。

(3)《省物价厅 省财政厅 省水利厅关于降低水土保持补偿费收费标准的通知》(山东省物价厅、山东省财政厅、山东水利厅鲁价费发〔2017〕58 号)。

(4)《水利部办公厅关于调整水利工程计价依据增值税计算标准的通知》(办财务函〔2019〕448号)。

11.9.1.3　**编制方法**

(1)工程估算项目划分:第一部分 工程措施,第二部分 临时工程,第三部分 独立费用,以及基本预备费和水土保持补偿费。

(2)定额及采用指标。水利部水总〔2003〕67号文《水土保持工程概算定额》,定额规定乔、灌木的损耗率为2%。

其他配套单项措施均采用同类工程综合造价指标计列。

(3)本工程作为工程建设的一个重要内容,主要材料价格与主体工程一致。

11.9.1.4　**基础价格**

(1)人工工资:与主体工程一致。

(2)水电价格:参照主体工程施工组织设计提供的资料和投资概算的数据。

(3)主要材料价格:与主体工程一致。

11.9.1.5　**费用构成**

水土保持临时措施由直接工程费、间接费、企业利润和税金组成。

(1)直接工程费:按定额内容计算。

(2)其他直接费:按直接费的1%计算。

(3)现场经费:工程措施费按直接费的3.0%计算,植物措施费按直接费的4.0%计算。

(4)间接费:工程措施费按直接工程费的4.4%计算,植物措施费按直接工程费的3.3%计算。

(5)企业利润:工程措施按直接工程费和间接费之和的7.0%计算,植物措施按直接工程费和间接费之和的5.0%计算。

(6)税金:按(直接工程费+间接费+企业利润)×9%计算。

11.9.1.6　**临时工程**

临时工程包括临时防护工程费和其他临时工程费,前者由临时工程设计方案的工程量乘以单价费计算,后者按工程措施和植物措施投资的1.5%计算。

11.9.1.7　**独立费用标准**

(1)建设管理费:按一至二部分之和的2.0%计算;

(2)工程建设监理费:与主体工程合并监理,监理费共计0.98万元。

(3)水土流失监测费:本工程需要配备专门水土保持监测员1名,监测时间按18个月计算。结合实际需要的工作量计取,共计7.99万元。

11.9.1.8　**基本预备费**

按一至三部分之和的3%计算。

11.9.1.9　**价格水平年**

与主体工程一致。

11.9.1.10　**水土保持补偿费**

依据《省物价厅 省财政厅 省水利厅关于降低水土保持补偿费收费标准的通知》(山东省物价厅、山东省财政厅、山东水利厅鲁价费发〔2017〕58号),工程占地按1.20元/m^2进行补偿,本工程损坏水土保持设施面积9.44 hm^2,经计算,本工程水土保持补偿费为 113 280 元。

11.9.2 水土保持投资概述

本工程新增水土保持工程总投资约为 39.26 万元，其中工程措施费约 1.85 万元，临时措施费约 10.25 万元，独立费用约 15.02 万元；基本预备费约 0.81 万元，水土保持补偿费 11 3280 元，见表 3-11-5。

表 3-11-5 新增水土保持工程投资概算 单位：元

序号	工程或费用名称	单位	数量	单价/元	合价/元
	第一部分 工程措施				18 506
一	主体工程区				0
1	土地整治	hm^2		1 560.60	0
二	施工生产生活区				13 097
1	表土剥离及回填	100 m^3	23.00	569.43	13 097
三	施工道路区				5 410
1	表土剥离及回填	100 m^3	9.50	569.43	5 410
	第二部分 植物措施				0
	第三部分 临时措施				102 454
1	主体工程区				31 129
1.1	编织袋装土与拆除	100 m^3	2.37	10 771.00	25 473
1.2	防尘网防护	100 m^2	16.50	342.78	5 656
2	临时堆土区				49 443
2.1	编织袋装土与拆除	100 m^3	2.42	10 771.00	26 066
2.2	防尘网防护	100 m^2	68.20	342.78	23 377
3	施工生产生活区				12 418
3.1	编织袋装土与拆除	100 m^3	0.35	10 771.00	3 770
3.2	防尘网防护	100 m^2	14.30	342.78	4 902
3.3	临时排水沟土方开挖	100 m^3	1.35	2 775.34	3 747
4	施工道路区				9 186
4.1	编织袋装土与拆除	100 m^3	0.43	10 771.00	4 632
4.2	防尘网防护	100 m^2	7.70	342.78	2 639
4.3	临时排水沟土方开挖	100 m^3	0.69	2 775.34	1 915
5	其他临时工程	%	1.50	18 506	278

续表 3-11-5

序号	工程或费用名称	单位	数量	单价/元	合价/元
第四部分:独立费用					150 186
1	建设管理费	%	2.00	120 961	2 419
2	工程建设监理费				9 785
3	科研勘测设计费				28 103
3.1	勘测费				13 540
3.2	设计费				14 563
4	水土保持监测费				79 879
5	水土保持设施验收费				30 000
一至四部分合计					271 147
基本预备费					8 134
静态总投资					279 281
水土保持补偿费					113 280
水土保持总投资					392 561

第 12 章　劳动安全与工业卫生

12.1　危险与有害因素分析

12.1.1　设计依据及标准

12.1.1.1　主要依据文件

(1)《中华人民共和国劳动法》(2009 年修订版)。

(2)《中华人民共和国消防法》(2008 年修订版)。

(3)《中华人民共和国安全生产法》(2014 年修订版)。

(4)《中华人民共和国职业病防治法》(2016 年修订版)。

(5)《中华人民共和国水污染防治法》(2017 年修订版)。

12.1.1.2　安全生产与工业卫生设计依据的主要规范及标准

(1)《水利水电工程初步设计报告编制规程》(SL 619—2013)。

(2)《水利水电工程劳动安全与工业卫生设计规范》(GB 50706—2011)。

(3)《水利工程设计防火规范》(GB 50987—2014)。

(4)《工业企业设计卫生标准》(GBZ 1—2010)。

(5)《建筑设计防火规范》(2018 年版)(GB 50016—2014)。

(6)《建筑物防雷设计规范》(GB 50057—2010)。

(7)《建筑机械使用安全技术规程》(JGJ 33—2012)。

(8)其他国家现行法律、规范和标准。

12.1.2　危险与有害因素分析

工程内容包含水、机、电等几大部分,存在的危险源多,一旦出现险情,发生事故,将危及人民生命安全和造成财产的巨大损失。所以,对工程的危险与有害因素进行分析,提出相应的防范措施,给工作人员提供一个安全、卫生的工作环境,是十分必要的。

12.1.2.1　火灾、爆炸

本项目包含的电气等设备中存在电器设备使用的绝缘油、油罐储备油等,具有易燃、易爆的特性,如果发生泄漏,与外界明火接触,将迅速燃烧,产生巨大能量,发生火灾、爆炸事故。

电力电缆、电气线路过载、短路、接头接触不良,将形成瞬时高强电流,产生电火花,如果所处场所存在易燃、易爆物质,将发生火灾、爆炸事故。本项目中容易发生火灾、爆炸事故的位置主要是闸管所内电气设备。

12.1.2.2　电气伤害

本项目配电室中存在的高、低压电气设备很多,如果设备带电部位裸露,没有必要的安全防护装置,人员与设备接触,将发生电击、触电伤害。

本工程容易发生伤害的场所主要为高压配电室等。

12.1.2.3　**机械、坠落伤害**

机械伤害是指机械设备运动(静止)部件、工具、加工件直接与人接触引起的夹击、碰撞、剪切、卷入、绞、碾、割、刺等伤害。注意本项目中对人体造成伤害的机械设备是施工现场。

12.1.2.4　**水灾、淹溺**

工程区域位于河道内,当洪水来时,若由于设备故障或人为操作不当,不能及时调洪和泄洪,工程区域防洪设施不完善,将会发生淹没事故,导致人员伤亡和财产损失。

12.1.2.5　**噪声、振动危害**

噪声对人体的危害是多方面的,噪声可以使人耳聋,还可能引起高血压、心脏病、神经功能症等疾病。振动不仅诱发噪声,而且可以直接对人体产生影响,降低工作效率,危害身体健康。

本项目中产生噪声、振动危害的主要有施工期噪声和电气机械设备等。

12.1.2.6　**温度、湿度危害**

温度、湿度危害主要指工程的工作环境中存在气温过高、气温过低、高温高湿、低温高湿对人体产生的危害。

高温除能造成灼伤外,高温高湿环境可影响劳动者的体温调节,体内水盐代谢及循环系统、消化系统、泌尿系统等。低温可以引起冻伤。温度的急剧变化,因热胀冷缩,造成材料变形或热应力过大,会导致材料破坏,低温下金属会发生晶型转变,甚至引起破裂而引发事故。

12.1.2.7　**粉尘、污染、腐蚀、毒物危害**

本工程中,由于机械运行、机械检修、液体泄漏等原因,容易使工作环境产生粉尘、污染、腐蚀、有毒等物质,对人体造成直接或间接伤害。

本项目存在这些危害因素的位置主要是变压器室和柴油发电机室等。

12.1.2.8　**电磁辐射伤害**

辐射主要包括电离辐射(如 α 粒子、β 粒子、γ 粒子和中子、X 粒子)和非电离辐射(如紫外线、射频电磁波、微波等)两类。

电离辐射伤害则由 α 粒子、β 粒子、γ 粒子和中子极高剂量的放射性作用所造成。射频辐射危害主要表现为射频致热效应和非致热效应两方面。

本工程中主要是静电感应场强,共频电磁场及通信微波,对人体产生的生理危害。

12.1.2.9　**气流伤害**

输水建筑物容易对工作人员造成伤害,空气压缩系统的压力释放装置的管口位置对工作人员的伤害。

12.1.2.10　**强风和防雷击伤害**

露天工作的起重机易受到强风的伤害,影响工程质量和进度;雷雨天气时施工也会受到影响,对工作人员、机械设备等伤害大,雷击的伤害后果非常严重。

12.1.2.11　**交通安全**

工程区内的永久性公路出现视距不良、急弯、陡坡时存在安全隐患,此外还要注意路侧的悬崖、深谷、深沟、江河湖泊等路段。

12.1.2.12 **放射性和有害物质**

工程使用的砂、石、砖、水泥、商品混凝土、预制构件和新型墙体材料等无机非金属建筑主体材料都具有一定的放射性,对工作人员存在危害。室内使用的胶合板、细木工板、刨花板、纤维板等人造板材会释放游离甲醛。

12.1.2.13 **饮水安全**

生活饮用水中有时含有多种病原微生物,对工作人员安全造成重大影响。

12.1.2.14 **环境卫生**

生产管理区、生活区产生的垃圾、废水、生活污水影响环境。

12.2 劳动安全措施

12.2.1 防机械伤害、防坠落伤害

(1)在本项目工程中的道路临陡坡段,设置防护栏杆及防护道桩,在交通通道出入口设置安全标志。

(2)凡坠落高度在2 m以上的工作平台、人行通道和检修时形成的孔、坑等,均在坠落面侧设置固定式防护栏杆。

(3)工程中的临空侧、基坑开挖部分等处,在坠落面侧设置固定式防护栏杆。

(4)本工程中建筑物的上人屋面,在屋顶周边设置净高不小于1.05 m的女儿墙或固定式防护栏杆。

(5)本项目中采用的机械设备均要求符合国家安全卫生有关标准。机械上外露的易伤人的活动零部件,装设防护罩或设置安全运行区。

12.2.2 防基坑坍塌

(1)在基坑开挖过程中,应严格按设计要求放坡,并应专人随时检查边坡的稳定状态,如发现异常现象(裂缝或部分坍塌等)应及时进行支撑或放坡,遇边坡不稳、有坍塌危险征兆时,必须立即撤离现场,同时向现场技术人员及项目部领导汇报,并采取安全可靠的排险措施后,方可继续施工。

(2)基础开挖时,应在基坑周围临边不小于1.5 m处及坑边四周设置1.2 m高防护栏和警示灯,人员上下必须走安全梯(要有防滑措施)。严禁攀登固壁支撑上下,或直接从沟、坑边壁上挖洞攀登爬上或跳下。间歇时,不得在坑坡脚下休息。

(3)地表上的挖土机离边坡应有一定的安全距离,以防塌方,造成翻机事故。

(4)重物距土坡的安全距离:汽车不小于3 m,起重机不小于4 m,土方堆放不小于2 m,堆土高度不超过1.5 m。

(5)为防止边坡被雨水冲刷,浸润影响边坡稳定,部分位置采取满铺塑料布措施。基坑上口1.5 m挖排水沟,基坑底部挖一道排水沟和集水坑。

12.2.3 防电气伤害设计

(1)本项目中,各建筑物区均按规范要求设计接地网和避雷系统,可能带电的设备外壳

及铁件保证与接地网连接,且接地电阻满足规范要求;装有避雷针(线)的构架物上,严禁架设通信线、广播线和低压线。

(2)配电装置的电气安全净距符合现行规范的有关规定。当配电装置电气设备外绝缘最低部位距地面小于2.5 m(室内2.3 m)时,应设置固定遮栏。

(3)屋外开敞式电气设备对地距离及对人体的安全距离均大于保证值,防止造成触电危险。

(4)低压电力网采用三相四线制。

(5)用于接零保护的零线上均不得装设熔断器和断路器。

(6)所有配电箱均设进线开关。

(7)误操作可能导致人身触电或伤害事故的设备或回路,设置电气闭锁装置或机械闭锁装置等防护设施。

12.2.4　防火、防爆设计

为防止火灾、爆炸事故的发生,设计考虑以下措施。

(1)严格按照《水利工程设计防火规范》(GB 50987—2014)进行设计,在变压器区、配电室等重要场所设置火灾探测器及自动报警、自动灭火系统。

(2)建筑物设计严格执行《建筑设计防火规范》(2018年版)(GB 50016—2014),对有防火要求的房间,设置防火门,墙面刷防火涂料、涂料或使用耐火砌体,在各生产场所和主要几点设备处配备专用的消防设施,同时设置公用消防系统。

(3)压力容器的选型,符合相关规范的规定。

(4)在容易发生火灾的部位设置事故排烟设施。

(5)除特殊条件要求外,所有设备及材料均采用阻燃型,对特别重要用途的场所可采用不燃型,同时还应具有低有害气体释放特性。

(6)易发生爆炸、火灾造成人身伤亡的场所(建筑物内主要通道、安全出口处)装设应急照明及疏散指示标志。

12.2.5　防洪、防淹设计

所有建筑物的防洪标准均应满足规范要求。建立施工期水情自动测报系统,做好施工期防洪度汛工作。在河道周边及泄洪区设立明显的标志牌,禁止人员在河内游泳和戏水。施工场所配置一定的水上急救设备。

12.2.6　防强风和防雷击

露天工作的起重机应装有显示瞬时风速的风级风速报警仪。

防雷电设计应符合《建筑物防雷设计规范》(GB 50057—2010)、《交流电气装置的过电压保护和绝缘配合设计规范》(GB/T 50064—2014)的有关规定。

12.2.7　防交通事故伤害

施工道路应符合有关规定。根据公路的任务、性质、沿线地形、地质等因素,对视距不良、急弯、陡坡等路段设置路面标线和必需的视线诱导标志。路侧有悬崖、深谷、深沟等路段,设置路侧护栏、防护墩。

12.3 工业卫生措施

12.3.1 防噪声及防振动

(1)水利水电工程各类工作场所的噪声宜符合限制值的要求。

(2)工作场所的噪声测量应符合《工业企业噪声控制设计规范》(GB/T 50087—2013)的有关规定;设备本身的噪声测量应符合相应设备有关标准的规定。

(3)自备柴油发电机组、空压机、高压风机应布置在单独的房间内,必要时应设有减振、消声设施。

(4)噪声水平超过 85 dB,而运行中只需短时巡视的局部场所,运行巡视人员可使用临时隔音的防护用具,瞬间噪声超过 115 dB 的设备,布置时宜避免对重要场所值班人员的影响。

12.3.2 温度与湿度控制

水利水电工程各类工作场所的夏季、冬季室内空气参数应符合《水利水电工程采暖通风与空气调节设计规范》(SL 490—2010)的有关规定。

12.3.3 采光与照明

(1)采光设计以天然采光为主,人工照明为辅。

(2)人工照明应创造良好的视觉作业环境,各类工作场所最低照度标准应符合设计有关标准的规定。

12.3.4 防尘、防污、防腐蚀、防毒

支撑构件、水管、气管、油管和风管应根据不同的环境采取经济合理的防腐蚀措施。除锈、涂漆、镀锌、喷塑等防腐处理工艺应符合国家现行有关标准的规定。

12.3.5 防电磁辐射

由于超高压电场对人体有一定的影响,在配电装置设备周围一般为运行人员巡查和操作地段,工作时间较短,因此本设计规定配电装置设备周围的电场强度不能大于 10 kV/m。

12.3.6 饮用水安全措施

(1)饮用水水源的选择宜远离工程垃圾堆放场、生活污水排放点。

(2)水质的微生物指标、毒理指标、感官性状和一般化学指标、放射性指标等常规指标及限值应符合现行国家标准《生活饮用水卫生标准》(GB 5749—2006)的有关规定。

(3)凡是与生活饮用水接触的输配水设备和防护材料不得污染水质,管网末梢水水质应符合现行国家标准《生活饮用水卫生标准》(GB 5749—2006)的有关规定。

12.3.7　环境卫生措施

(1)工程建设环境卫生设计应符合国家现行有关工业企业设计卫生标准的规定。

(2)生产管理区、生活区、废渣垃圾堆放场、生活污水排放点的选址应在工程总体规划、总体布置中确定。生产管理区和生活区宜保持一定的安全、卫生防护距离,并应进行绿化。

(3)污水及废水的排放应按现行国家标准《室外排水工程规范》(ZBBZH/GJ 14)等的有关规定执行。

12.4　安全卫生管理

12.4.1　辅助用室

管理区建在地势平坦处,避免有害物质、病原体等有害因素的影响,室内通风良好、采暖和排水设施齐全。根据情况在工作区设置公共厕所,厕所内根据人员的数量各设一定数量的男女蹲位,厕所污水应进行处理。

12.4.2　安全卫生管理机构及配置

(1)建立安全责任制,落实责任人。项目负责人是该项目的责任人,控制的重点是施工中人员的不安全行为、设备设施的不安全状态、作业环境的不安全因素及管理上的不安全缺陷。责任人在施工前要进行安全检查,把不安全因素消灭在萌芽状态。

(2)工程中设专职安全员,全面负责施工工程的安全,统筹工程安全生产工作,保证并监督各项措施的实施。

(3)安全卫生需要配置一定数量的安全卫生设备,见表3-12-1。

(4)建议编制抢险救援应急预案。

表3-12-1　劳动安全工业卫生主要工程量

名称	单位	数量
声级计	台	1
温度计	台	1
照度计	台	1
振动测量仪	台	1
摄像机	台	1
大屏幕电视机	台	1
固定电话	台	2
音响设备	台	1

续表 3-12-1

名称	单位	数量
安全标志牌	个	10
急救医药箱	台	1
急救包	套	2
防毒面具	套	2

12.4.3　安全卫生评价

通过对本工程中存在的劳动安全与工业卫生影响因素进行分析,并在工程设计中根据土建、机电等各专业相关的规范采取相应的防范措施,可及时消除隐患,减少职业危害和人身安全事故,有效解决防潮、防火、防爆、防噪声、防振动、防辐射、采光、通风、照明等问题。

通过劳动安全与工业卫生设计,为工作人员创造一个安全、卫生、舒适的工作空间和生活空间,能提高工作效率,改善工作环境。同时对贯彻执行国家“安全第一,预防为主”的方针,确保安全设施与主体工程同时设计、同时施工、同时投入生产和使用有着重要的意义。

第13章　节能设计

13.1　设计依据

(1)《中华人民共和国节约能源法》(2016年修订版)。

(2)《中华人民共和国可再生能源法》(2010年实施修改版)。

(3)《中华人民共和国电力法》(2015年修订版)。

(4)《中华人民共和国建筑法》(2011年修订版)。

(5)《中华人民共和国清洁生产促进法》(2012年修订版)

(6)《固定资产投资项目节能评估和审查暂行办法》(国家发改委2010年6号令)。

(7)《民用建筑节能管理规定》(中华人民共和国建设部令第143号)。

(8)《国家发改委关于加强固定资产投资项目节能评估和审查工作的通知》(发改投资〔2006〕2787号)。

(9)《水利水电工程节能设计规范》(GB/T 50649—2011)。

(10)《公共建筑节能设计标准》(GB 50189—2015)。

(11)《水利水电工程采暖通风与空气调节设计规范》(SL 490—2010)。

(12)《建筑照明设计标准》(GB 50034—2013)。

(13)其他现行国家法律、法规、规范、标准。

13.2　能耗分析

13.2.1　能源需求和供应情况

本项目能源需求主要有柴油、汽油、电能等。项目区能源供应状况较好,施工用电可由施工单位自备柴油发电机供电,也可就近接电网供电。施工用柴油、汽油可由当地供销部门供应。钢坝闸运行管理用电可由当地电网解决,另外为保证运行用电,管理所自备200 kW柴油发电机供电。

13.2.2　能源消耗种类及数量

13.2.2.1　工程施工期

施工期主要是机械、机电设备和施工照明耗能,能源消耗种类主要有柴油、汽油、钢筋和水泥等四种。

13.2.2.2　工程运行期

工程运行期耗能主要是拦河闸工程运行耗能,以及办公、生活用电等。

13.2.3　项目综合能耗指标

匡山头闸除险加固工程是以灌溉、生态景观为主的公益性建设项目，目前没有国家节能标准，本次暂将万元国内生产总值能耗综合指标作为评价标准。即到2015年为0.85 t标准煤/万元GDP；2015—2020年，能耗标准下降10%，到2020年为0.76 t标准煤/万元GDP。

13.2.4　能耗计算

本工程消耗的能源为一次能源和二次能源，在建设期，主要消耗的能源为柴油、汽油和电力；在运行期，主要消耗电力和少量柴油、汽油。

13.2.4.1　建设期能耗计算

建设期消耗一次能源汽油9.1 t、柴油131 t，二次能源电力15.173 4万kW·h。按柴油每千克等价1.457 1 kg标准煤，汽油每千克等价1.471 4 kg标准煤，电力每千瓦时等价0.404 kg标准煤计算，折算成标准煤见表3-13-1。

表3-13-1　计算期内综合能耗总量计算(按运行期50年)

计算期	能耗种类	单位	数量	折标准煤系数	折合标准煤/t
				等价值	等价值
建设期	电力	kW·h	151 734	0.404	61
	汽油	t	9.1	1.471 4	13
	柴油	t	131	1.457 1	191
	小计				266
运行期	电力	kW·h	1 722 750	0.404	696
	柴油	t	7.8	1.4 571	11.36
	汽油	t	221.5	1.471 4	326
	小计				1 033.36
合计					1 299.36

13.2.4.2　运行期能耗分析与计算

1. 工程负荷情况

工程运行期主要耗能为电能，主要包括液压启闭机系统用电、变压器损耗等，线路损耗非常小，可以忽略。

1）液压启闭机系统用电

工程共3台液压泵，总功率165 kW，年运行24次，每次6 min。计算所得年耗电能396 kW·h。

2）日常管理用电

根据《工业与民用配电设计手册》（第四版），计算管理单位年平均负荷，年耗电能27 550 kW·h。

3)变压器损耗

根据《工业与民用配电设计手册》(第四版),计算所得变压器损耗每年耗电能为6 509 kW·h。

依据《水利水电工程节能设计规范》(GB/T 50649—2011),并根据以上计算,每年总计耗电能34 455 kW·h。

4)柴油发电机

柴油发电机为备用电源,按每个月使用1次,每次0.2 h,每小时耗柴油65 L,共计耗柴油156 L。

2.交通运输

工程管理按配备1辆防汛车、2辆工具车和1艘机动船考虑,每辆防汛车按每年行驶里程1.5万km计,油耗按15 L/100 km计,则每年消耗汽油约1.62 t。每辆工具车按每年行驶里程1.0万km计,油耗按12 L/100 km计,则每年消耗汽油约1.73 t。每辆机动船按每年行驶里程1.0万km计,油耗按15 L/100 km计,则每年消耗汽油约1.08 t。交通工具每年耗汽油共4.43 t。

13.2.4.3　能耗总量分析

项目计算期内能耗总量计算表见表3-13-1。

13.3　工程节能设计

13.3.1　工程方案节能设计

设计中对钢坝闸工程进行了工程布置、结构形式等优化比选,选择节能型设计方案,降低了能源消耗。

13.3.2　建筑方案节能设计

该钢坝闸主要采取的建筑节能措施主要是指在节能建筑的选址、体形、体量、布局朝向及日照、间距、密度上考虑节能方法。

13.3.2.1　建筑规划节能

1.总体布局原则

建筑总平面的布置和设计,应充分利用冬季日照并避开冬季主导风向,利用夏季凉爽时段的自然通风。建筑朝向应选择当地最佳朝向。

2.选址

建筑选址应综合考虑整体生态因素,最大限度地利用现有生态资源,使其成为当地生态环境的延续。

3.外部环境设计

在建筑设计中,应对建筑自身所处的具体环境加以利用和改善,以创造满足人们工作生活需要的室内外环境。在建筑外围种植树木、植被等,可有效净化空气,同时起到遮阳、降噪的效果。也可通过垂直绿化、屋面绿化、渗水地面等,改善环境湿度,提高建筑物的室内热舒适度。

4. 规划和形体设计

在建筑设计中应对建筑形体及建筑群体进行合理设计，以适应不同的气候环境。防止因建筑高度、宽度的差异出现不良风环境。

5. 日照环境设计

充分利用环境提供的日照条件，合理确定建筑物的间距、朝向。

13.3.2.2 建筑构造节能

建筑构造节能主要在围护结构上采取措施。围护结构主要包括墙体、屋面及门窗。围护结构的耗热量占建筑采暖热耗的 1/3 以上，对这一部分采取科学的保温设计，节能效果非常显著。

1. 建筑单体空间设计

建筑单体空间设计，在充分满足建筑功能要求的前提下，对建筑空间进行合理分割，以改善建筑室内通风、采光、热环境等。

2. 外门窗

门窗作为节能最薄弱的环节，其保温和隔热作用在节能中最重要，因此门窗的设计和施工直接影响着建筑物的节能效果。玻璃的可见光透射比应不小于 0.40，透明幕墙应具有开启部分或设有通风换气装置。

3. 墙体节能

外墙采用外保温构造，尽量减少混凝土出挑构件及附墙部件，当外墙有出挑部件及附墙部件时应采取隔断热桥或保温措施。外墙外保温的墙体，窗口外侧四周墙面应进行保温处理。

4. 屋面

保温隔热屋面采用板材、块材或整体现喷聚氨酯保温层，屋面的天沟、檐沟应铺设保温层。

13.3.3 电气节能设计

13.3.3.1 供配电系统的节能设计

根据负荷容量、供电距离及分布、用电设备特点等因素合理设计供配电系统，做到系统尽量简单可靠，操作方便。变配电站应尽量靠近负荷中心，以缩短配电半径，减少线路损耗。合理选择变压器的容量和台数，实现经济运行，减少轻载运行造成的不必要的电能损耗。

13.3.3.2 变压器的节能设计

SC13 系列干式电力变压器性能优越，节能效果显著，属于节能型变压器，与 SC11 系列干式电力变压器相比，降低变压器空载损耗 10%～25%，降低空载电流；变压器噪声水平显著降低，减少对城镇噪声的污染。线圈温升低，适用于防火要求较高的场所，器身采用牢固的结构，抗短路能力强。提高了配电网的功率因数，减少了电网的无功损耗，改善了电网的供电品质。

13.3.3.3 减少线路损耗

由于配电线路有电阻，有电流通过时就会产生功率损耗，线路电阻在通过电流不变时，线路长度越长则电阻值越大，造成的电能损耗就越大。

13.3.3.4　**照明的节能设计**

照明节能设计就是在保证不降低作业面视觉要求、不降低照明质量的前提下,力求减少照明系统中光能的损失,从而最大限度地利用光能。

13.3.3.5　**电力节能措施**

(1)推广节能型电光源。夜间施工照明采用高效节能灯及灯具等,尽量不使用白炽灯。

(2)严格执行交流接触器节电器及其应用技术条件的国家标准,禁止使用RTO系列熔断器,JR6、JR16系列热继电器等低压电气产品。

(3)降低线损和配电损失。尽量采用高压输电,减小低压输电线路长度,以减少输电线损。

(4)施工用电计划报电力供应部门备案,以便开展电网经济调度,最大限度地使用无功补偿容量,减少无功损失。

(5)施工用电焊机采用可控弧焊机,禁止使用电机驱动的直流弧焊机。

(6)使用高效节能式变压器等设备,禁止使用能耗高的机电设备。

13.3.4　施工节能设计

本工程施工期间,建材运输、土石方挖填、混凝土加工及浇筑、机电和金属结构加工及运输等均使用较多机械设备,消耗大量油、电能源。汽油和柴油消耗机械设备主要包括运输车辆、土石方施工机械和发电机组;施工期主要用电负荷为混凝土拌和系统、混凝土供水系统、混凝土浇筑施工、综合加工厂等施工工厂及其他生产、生活照明用电,以混凝土拌和系统耗电量最大。

施工节能设计主要从土石方挖填施工、混凝土生产与运输、机械设备配置、施工区交通及办公生活设施等方面入手。施工过程中应加强对施工现场的管理,提高各参建单位的节能降耗意识。

13.3.4.1　**施工组织节能设计**

(1)合理布置施工场地,减少场内运输。进行分区布置时,分析施工工厂及施工项目的能耗中心位置,尽量使为施工项目服务的设施距能耗(负荷)中心最近,工程总能耗值最低。规划施工电源位置尽量缩短与混凝土加工系统的距离,以减少线路损耗,节省能耗。

(2)合理安排施工方案和时序。本工程工程量大,施工点相对较多,应合理安排各工程部位施工方案和施工进度,尽可能减少施工设备和运输设备空载消耗。

(3)优选运输方式。本工程建材和机械设备均采用公路运输,应根据施工进度及强度,合理配置运输机械。根据土石方平衡施工方案合理安排开挖土方临时堆存或弃置,避免二次倒运,回填土料充分利用自身开挖料,减小运距;合理安排施工程序,降低土石方挖运机械空载率。

(4)施工期间加强废旧物资的再生利用,扩大废旧物资加工能力。混凝土浇筑尽量采用钢模板,减少使用木模板量。

13.3.4.2　**施工节电措施**

(1)使用办公及生活节能设施,采用节能型照明电器。根据施工布局和生活区合理布置光源、选择照明方式、光源类型。推广节能型电光源。夜间施工照明采用高效节能灯及灯具等,尽量不使用白炽灯泡。

(2)严格执行交流接触器节电器及应用技术条件国家标准。

(3)降低线损和配电损失。减少接点数量,降低接触电阻;尽量采用高压输电,减小低压输电长度。

(4)施工用电计划报电力供应部门备案,以便开展电网经济调度,最大限度地使用无功补偿容量,减少无功损失。

(5)调整用电负荷,保持均衡用电。调整各施工用电设备运行方式,合理分配负荷,压低电网高峰时段的用电,增加电网低谷时段的用电;改造不合理的局域配电网,保持三相平衡,使各单项工程用电均衡,降低线损。

(6)使用高效节能式变压器、水泵等用电设备,禁止使用能耗高的机电设备。

(7)在提高排水泵运行效率的同时,采取措施减少基坑内渗水量。

13.3.4.3　施工机械节油措施

(1)结合各种设备的选择,合理调整汽车的吨位构成以降低油耗。重型车宜采用节能型车为主导的产品,减少高能耗车辆的使用。

(2)优化施工设备配置,加大柴油车使用比重,提高车辆的实载率和能源利用率。

(3)改善场内外施工道路路况,提高路面质量,亦可减少油耗。

(4)提高施工机械的技术、经济性能,加强维护,确保其高效运行。应定期对施工机械维护、保养,加强施工机械的润滑和管理,以减小摩擦、磨损,提高传动效率。施工中保证车辆轮胎气压正常,并采取增设废气涡轮增压器、采用感温器控制的风扇离合器等措施促使施工机械节能。

13.3.5　工程管理节能设计

(1)加强能源计量、控制、监督和能源科学管理。能源利用的计量、控制、监督和科学管理逐步使用现代化方法,是节能技术进步的基础工作,也是实现工艺、设备最佳运行的必要手段。节能科学管理能够经济、合理有效地利用能源,是现代化生产、推进节能水平提高的标志。

(2)提高用电设备效率。采用新技术和新材料,对用电设备进行技术改造。如提高电动机、风机等设备的效率,减少电能的传输损耗。

(3)提高用电设备的经济运行水平。提高设备利用率(如提高变压器、电动机的负载率等),提高变压器、电动机经济运行水平。

(4)加强用电设备的维修,提高检修质量。

(5)加强照明管理,人走灯灭。

13.4　节能效果评价

本工程计算期内能耗总量为 1 299.36 t 标准煤,国民经济净效益 16 367 万元,计算本工程综合能耗指标为 0.08 t 标准煤/万元,远远低于 2020 年 0.76 t 标准煤/万元 GDP 能耗标准,从能源消耗和产出看,本项目属节能投资项目。

本次设计从理念、工程总体布置、设备选用、施工组织设计等多个方面进行了优化设计,使用符合国家政策的先进节能设备。在施工组织设计中,合理选用了节能型施工机械,并合理安排了工期和施工程序,符合固定资产投资项目节能设计要求,本项目节能效果十分突出。

第14章　工程管理设计

匡山头闸除险加固工程管理包括工程建设期和运行期两个阶段。建设期管理任务，主要是确保工程质量、安全、进度和投资效益；运行期管理任务，主要是保障工程的安全及良性运行。

14.1　工程管理体制和管理机构

14.1.1　工程管理类别及性质

匡山头闸工程于1979年10月开始建设，1980年蓄水运用，建成后由夏庄乡(今陶庄镇)水利站管理，隶属于薛城区水利局，没有设专门的管理房，没有指定专门的管理人员。匡山头闸除险加固完成后，由蟠龙河综合管理处统一管理，隶属枣庄市城乡水务局。

14.1.2　管理体制及人员编制的设置

14.1.2.1　建设与管理体制

根据工程建设与管理的需要，匡山头闸建成后还需要专门人员进行管理。工程建设过程中严格执行项目法人责任制、招标投标制、工程监理制、合同制，严格按照《中华人民共和国招标投标法》《中华人民共和国合同法》进行工程建设和管理工作，提高工程质量，有效控制工程投资和工期。工程建成后由蟠龙河综合管理处经营管理。

14.1.2.2　人员编制

匡山头闸除险加固完成后，根据新的管理任务，按照水利部、财政部联合发布的《水利工程管理单位定岗标准(试点)》(水办〔2004〕307号)的规定进行测算。根据过闸设计流量及孔口尺寸，参照《水利工程管理单位定岗标准(试点)》(水办〔2004〕307号)，确定闸管所定员级别为3级。

工程管理单位岗位定员见表3-14-1。

表3-14-1　工程管理单位岗位定员

岗位类别	岗位名称	G_i	人员数量
运行、观测类及养护修理类	运行负责岗位	S_1	1
	闸门及启门机运行岗位与电气运行岗位	S_2	3
	通信设备运行岗位	S_3	1
	水工观测、水文观测与水质监测岗位	S_4	1
辅助类	辅助岗位	F	2

按照《水利工程管理单位定岗标准(试行)》(水办〔2004〕307号),新增岗位定员8人。

14.1.3　建设期管理机构设置和工程建设招标投标方案

14.1.3.1　建设期管理机构设置

枣庄市城乡水务局具体负责工程建设的组织实施。

14.1.3.2　招标方案

招标方式有公开招标、邀请招标和议标三种。为了充分体现公开、公正、公平竞争的招标原则、提高工程质量、缩短工期、降低造价、节省工程投资,初步拟定采用公开招标方式。

公开招标程序为:招标申请—资格预审文件、招标文件的编制—刊登评审通告、招标通告—资格预审—发售招标文件—投标文件编制与递交—开标—评标—定标—合同谈判及签约。

14.2　工程建设期管理

14.2.1　组织管理

严格实行项目法人制、招标投标制、建设监理制、合同管理制。为搞好该项目工程建设,提高工程质量,加快工程进度,控制工程经费,根据国家及水利部有关建设管理规定,结合本工程实际情况,建设单位应制订切实可行的建设管理办法、质量管理及安全生产管理办法,根据有关基本建设程序办理项目报建申请、监理招标、施工招标申请、开工报告、申请质量监督等相关手续,从编制招标文件、制订标底、划分标段、开标、评标、确定中标单位等各个环节都严格按照国家有关法律、实施办法和细则进行办理。

14.2.2　质量保证

建设期法人负责做好该工程的建设、管理工作,材料设备实行政府采购。全面实行阳光作业,实行市场认证准入,材料设备供应商的产品必须要有“三证”,才能参与政府采购竞标,严格“三无”产品、不合格的产品入场,对砂、卵石、水泥等产品进行严格的抽检,要求按规定必须取样试验后方可使用,混凝土、砂浆拌和用的各种材料必须要严格计量,保证各种原材料符合质量要求。

择优选定施工企业,严格按招标投标的法律法规进行招标投标活动,选择资信度高、业绩好的施工企业,加强本项目的监督管理。按照基本建设项目管理程序,实施严格的质量措施,建立目标管理责任制,明确目标、责任到人,并将工程进度、质量指标等列入考核内容。

建设单位要抽调相关人员常驻工地一线,认真协调各方面的关系,加强计划管理,充分发挥建设管理的主导作用,为工程施工创造良好的建设条件;要授权工程监理,使之真正起到“三控制,两管理,一协调”的作用,要按照“政府监督、项目法人负责、社会监理、企业保障”的要求,建立健全各方面的质量管理体系。

监理单位要根据工程实际,制订切实可行的工程建设监理细则,使监理工作有章可循,各监理工程师必须认真履行监理职责,认真贯彻执行有关施工监理的各项政策、法规,按照工程的合同条件、建设规范,利用合同赋予监理工程师的职责、权利和义务。

施工单位要建立健全质量保证体系,落实质量责任制,对施工过程进行质量检查,坚持班组自检,施工技术人员复检、质检、终检的“三检制”,认真填写工程质量检测评定表,报请现场监理工程师复核认可后,方可进行下一步工序的施工。

设计单位要本着“百年大计,质量第一”的原则,精心设计,精心校核,精心审查,始终贯彻设计为工程建设服务的宗旨,确保实现优质设计工程的目标,施工期间选派设计代表进驻工地,负责设计文件的解答及技术交底工作,及时处理施工中出现的问题。

质量监督、运行管理和各级政府主管部门,要按照“监督、促进、帮助”的原则积极主持、指导各建设、设计和施工单位的质量管理工作,各建设、设计和施工单位要深入推行全面质量管理,完善质量保证体系,主动接受监督机构监督。

工程实施过程中,建设单位会同其他各参建单位要加强质量验收工作,依据有关法律、规章和技术标准、合同文件,进行分部工程、单位工程验收,及时提交竣工验收报告。

14.2.3　进度保证

本工程工期短、任务重,对工程建设中管材等主要建材供应、移民迁占、施工组织设计都提出了极高要求。

建设单位要抽调相关人员常驻工地一线,认真协调各方面关系,加强计划管理,充分发挥建设管理的主导作用,为工程施工创造良好的建设条件,保证工程建设按计划进行实施;同时提高资金使用效率,确保工程资金专款专用和及时足额到位,促使工程项目计划任务的完成。要建立和完善激励机制,对于优先干完的施工企业,要进行通报表扬,同时进行一定的物质奖励,调动施工企业的积极性。

监理单位要严格审核施工单位报送的施工组织设计,要真正起到“三控制,两管理,一协调”的作用,监理单位要定期召开监理例会,随时掌握季度、月度和周施工进度计划及完成情况,以督促施工进度按计划完成,同时认真做好工程计量工作,对施工单位报审的支付款凭证及时审批,避免因资金不到位而影响施工进度,确保工程项目计划任务的完成。

施工单位要合理安排工期,根据工程进度计划要求,合理划分施工阶段,并对各施工阶段进行分解,突出关键、突出控制节点。在施工中针对各施工阶段的重点和有关条件,制订详细的施工方案,安排好施工顺序,实现流水作业,做到连续均衡施工。做好土方、工力、施工机械、材料的综合平衡,确保施工不超期。

14.2.4　资金保证

为规范和加强该项目建设资金管理,保证资金合理有效使用,提高投资效益,根据基本建设资金管理的基本原则,按照合同要求,履行资金拨付手续,对工程资金做到专款专用,真正依照合同条款、按施工进度拨付,对应拨付价款不拖不欠,保证项目工程按期完成。

建立健全财务会计机构,配备具有相应业务水平的专职财会人员,配备会计专用软件,实行会计电算化管理。财务管理资金分为固定资产、流动资金、前期费用、项目管理费用等,前期工作费和项目管理费列入投资分类中的勘察设计管理费。

通过审计,监督项目资金落实和使用情况,保证资金的使用符合财务制度要求。审计的计划是:建设期前,以规划设计费用审计为主;建设期内,以建设费用的审计为主;工程建成后,以运行管理费用的审计为主。

14.3 工程运行管理

14.3.1 运行管理内容和要求

14.3.1.1 加强工程的检查和观测

工程检查和观测的任务是:观测建筑物的运行状态和工作情况;掌握水情、工程运行规律,为管理运用提供科学依据;及时发现异常迹象,分析原因,采取措施,防止事故发生,保证工程安全。

要完成好工程的检查观测任务,水闸管理人员必须熟悉本工程规划、设计、施工的主要情况及工程部位结构等。在此基础上定期检查,一旦发现异常现象,就能准确地分析原因,判断出可能出现的问题,对症下药,及时采取措施并进行养护修理,防患于未然,将事故消除在萌芽状态。水闸的检查和观测主要应着眼于以下几个方面的内容。

1. 启闭系统的检查

(1)机械启动设备的检查:检查闸门有无卡阻,启闭机减速装置及各部位轴承、轴套有无磨损和异常,继电器是否正常工作,机械零件和齿轮咬合部位是否润滑等。

(2)动力检查:检查备用电源并入和切断是否正确,电动机出力是否符合最大安全牵引力的要求,配电柜仪表是否正常,油料配备是否能满足防洪的需要等。

2. 闸门检查

检查闸门的面板有无锈穿,焊缝有无开裂,格梁有无锈蚀、变形。混凝土有无裂缝、闸门槽附近有无阻碍闸门升降的杂物,闸门止水设施是否完好无损等。

3. 观测工作

做好水位、流量、位移、扬压力和绕渗、裂缝、混凝土碳化、伸缩缝、河床变形等观测内容,并及时对资料进行整理,资料整编成果应提交上级主管部门审查。

14.3.1.2 重视养护修理工作

本着“经常养护、随时维修,养重于修、修重于抢”的原则,运行中应重视对管理范围内环境和工程设施的保护,对土工建筑物、石工建筑物、混凝土建筑物、闸门、启闭机、机电设备及防雷设施等进行正常维护、及时修理,并做好详细记录。

14.3.1.3 注意水闸控制运用中的有关问题

(1)要重视对工程诸要素的理性认识。首先要了解本流域的集雨面积、主流长度、水闸泄洪排涝能力、上游水位与下游水位之间的关系、允许的水位差等。对本建筑物的设计蓄水位、洪水位等控制运用要素要熟练掌握。

(2)及时掌握雨情、水情变化。水闸管理对雨情、水情的了解特别重要,一切调度基础来自于雨情、水情的变化。因此,所有管理人员必须每天了解气象情况,及时掌握雨情动态。

(3)重视水位观测工作。运行中对上游水位、下游潮位要根据当时的雨情进行定时和不定时的人工观测,确保防洪安全。

14.3.1.4 管理职责

(1)按照国家有关法律、法规,制订工程管理办法和奖惩条件,执行上级防洪供水调度命令,维护水利工程和人民生命财产的安全。

（2）认真宣传《中华人民共和国水法》《中华人民共和国防洪法》《中华人民共和国环境保护法》《中华人民共和国河道管理条例》，协调处理排水、灌溉各方面的关系，协调河道、堤防、水资源管理与交通、景观绿化的关系，搞好水利工程全面管理。

（3）制订拦河闸的检查观测计划、维修养护计划并认真组织实施。

（4）编制洪水调度计划，优化上下游各闸坝的联合调度方案，做好防汛检查，确保安全行洪，最大限度地发挥工程灌溉、抗旱整体综合效益。

（5）加强对水质的监测，掌握水质动态，协同环保部门对水污染防治实施监督管理，同时做好对水土、泥沙的预测预报，为工程管理、抗旱防汛调度、兴利除害服务。

（6）加强对职工的思想教育工作，搞好管理队伍的自身建设，实施管理目标责任制及干部职工考核制度，以保证做好各项工作。

（7）加强对职工的技术培训，提高管理人员的业务素质，积极开展科学研究和技术革新活动，不断改善劳动条件，提高生产率和管理水平。

14.3.2　工程维修与养护

必须按照有关规范规程，经常、定期地进行检查、维修与养护，保持工程完好，并能正常运行，发挥工程效益。

14.3.3　工程管理办法

蟠龙河综合管理处全权负责拦河闸工程管理工作，作为管理者，将对工程建设、施工管理、水库防汛、供水管理、工程观测、维修及养护承担直接责任。

蟠龙河综合管理处应根据国家水质及水源地保护条例，制订拦河闸管理办法，规定水源保护区。依法对拦河闸进行管理，对水质进行监测，消除污染源，避免水质遭受污染。

在运行期间，对建筑物已设置的渗压、位移和沉陷观测设施及项目，应有专人负责，定时定位进行观测，有问题的认真做好记录，签名存档，并努力做好观测资料的保管和保持资料的连续性，为工程的安全运行发挥效益，提供重要的资料依据。

同时要搞好工程管理，对电气设备要注意维修养护，并严格按规程操作，发现故障及时排除，保证拦河闸安全。

为保证水质，要根据国家饮用水卫生控制标准，建立水质监测制度，有专人负责，定期定时进行取样检测，确保水质符合饮用水标准。

14.3.4　调度运用原则和调度方式

14.3.4.1　**调度运用原则**

（1）局部服从全局，全局照顾局部，兴利服从防洪，统筹兼顾。

（2）在保证工程安全的条件下，合理综合利用水资源，充分发挥工程效益。

（3）按照有关规定和协议合理运用。

（4）与上下游和相邻有关工程密切配合运用。

(5)应研究采取妥善的运用方式防淤、排沙和防冲。

14.3.4.2 调度方式

(1)汛期:汛期开闸泄洪,满足河道泄洪要求,应力求上下游闸坝同时开启行洪,尽量行洪时降低闸前后水位差。两孔分次开启,速度应缓慢,确保下游水位稳定。

(2)非汛期:非汛期关闸蓄水,当上游来水大于正常挡水位时,利用闸门调节。在保证工程安全的前提下,应协调好泄洪和蓄水之间的关系,充分发挥拦河闸的最大综合效益。

(3)闸前及消力池处应及时清淤。

14.3.5 工程运行费用及来源

14.3.5.1 工程运行费用

工程运行费包括工资福利费、管理费、维护修理费及其他费用等。本工程年运行费用为151万元,详细计算见经济评价章节。

14.3.5.2 运行费用来源

运行费用由政府财务收入支付,以维护工程的正常运行,充分发挥工程效益。

14.4 工程管理范围和保护范围

14.4.1 工程管理范围

建筑物工程管理范围为建筑物最外部结构部位边线水闸两侧以外 50 m,水闸上下游300 m。

14.4.2 工程保护范围

根据《水闸设计规范》(SL 265—2016),建筑物工程保护范围为建筑物管理范围以外100 m 以内的区域,在此范围内禁止挖洞、建窖、打井、爆破等危害工程安全的活动。

14.5 工程管理设施

14.5.1 生产、生活区建设

本工程建成后由蟠龙河综合管理处管理,原则上不再增加办公设施,仅在左岸堤外坡处设置 38 m^2 的值班室及配电室等生产用房。

14.5.2 工程观测设施

根据《水利水电工程安全监测设计规范》(SL 725—2016)的规定,节制闸应设置必要的观测设施。工程观测包括水位标尺、水平位移基点、沉陷位移基点、沉陷位移标点、底流测压管等。观测精度应符合规范规定。观测结束后,应及时对资料进行整理、计算和校核。资料整编宜每年进行一次,观测资料整编成果应符合以下要求:考证清楚、项目齐全、数据可靠、方法合理、图表完整、说明完备。

14.5.3　通信设施

配备独立的通信及计算机监控系统,通过计算机监控系统科学化管理以实现工程的经济、安全运行。待有条件时,再根据山东省防汛信息化建设的安排,接入山东省水利信息网络枣庄市节点,实现数据、语音及图像的综合传输。

第 15 章　设计概算

15.1　编制说明

15.1.1　工程概况

本工程主要工程量包括:土石方开挖 92 127 m³,土石方回填 50 500 m³,砌石及抛石 9 705 m³,混凝土及钢筋混凝土 27 783 m³,钢筋制安 1 289.3 t,混凝土及砌石拆除 1 413 m³。

主要材料用量包括:钢筋 1 315 t,木材 11 m³,水泥 1 332 t,汽油 9 t,柴油 104 t,砂 2 985 m³,碎石 1 848 m³,块石及乱石 12 066 m³,商品混凝土 25 317 m³。

人工 6.12 万工日。工程总工期 1 年。

15.1.2　投资主要指标

本工程设计概算按照 2019 年 7—8 月价格水平编制。设计概算中年度价格指数为零。基本预备费按照一至五部分投资合计的 5%计算。

工程静态总投资为 7 379.00 万元,其中工程部分静态投资为 7 197.47 万元,专项部分静态投资为 181.53 万元。

15.1.3　编制原则

本工程按其他水利工程计。

15.1.4　编制依据

15.1.4.1　**文件规定**

(1)山东省水利厅鲁水建字〔2015〕3 号文颁发的《山东省水利水电工程设计概(估)算编制办法》。

(2)山东省水利厅鲁水建字〔2016〕5 号文《关于发布山东省水利水电工程营业税改征增值税计价依据调整办法的通知》。

(3)山东省水利厅鲁水建函〔2019〕33 号文《关于调整山东省水利水电工程计价依据增值税计算标准的通知》。

(4)国家及上级主管部门颁发的有关文件、条例、法规等。

(5)工程设计有关资料和图纸。

15.1.4.2　**定额采用**

(1)山东省水利厅鲁水建字〔2015〕3 号文颁发的《山东省水利水电建筑工程预算定额》(上、下册)。

(2)山东省水利厅鲁水建字〔2015〕3 号文颁发的《山东省水利水电工程施工机械台班

费定额》。

(3)山东省水利厅鲁水建字〔2015〕3号文颁发的《山东省水利水电设备安装工程预算定额》。

15.1.5　基础价格编制

15.1.5.1　人工费

人工预算单价为72元/工日。

15.1.5.2　材料预算价格

按照2019年7—8月价格水平编制。其中砂、碎石、块石和料石按70元/m^3计入单价,钢筋、水泥、汽油、柴油分别按2 600元/t、260元/t、3 100元/t、3 000元/t限价进入工程单价,超过部分计取税金计入相应部分之后。

15.1.5.3　电、风、水预算价格

1.施工用电价格

按电网供电比例90%、自发电供电比例10%计算。基本电价按照山东省发展和改革委员会鲁发改价格〔2019〕510号《山东省发展和改革委员会关于继续降低一般工商业电价的通知》计算。经计算,综合电价为0.91元/(kW·h)。

2.施工用风价格

按9 m^3电动移动式空压机制风计算,为0.14元/m^3。

3.施工用水价格

按2.2 kW潜水泵计算,为0.75元/m^3。

15.1.6　建筑、安装单价编制

(1)费用标准。

山东省水利厅鲁水建字〔2015〕3号文和山东省水利厅鲁水建字〔2016〕5号文确定费用标准如下:

①其他直接费:建筑工程取基本直接费的6.9%,安装工程取基本直接费的7.6%。

②间接费:间接费费率见表3-15-1。

表3-15-1　间接费费率

序号	工程类别	计算基础	间接费费率/%
一	建筑工程		
1	土石方工程	直接费	10.5
2	砌筑工程	直接费	13.5
3	模板及混凝土工程	直接费	11.5
4	钻孔灌浆及锚固工程	直接费	10.5
5	绿化工程	直接费	9.5
6	管道工程	直接费	13
7	其他工程	直接费	10.5
二	机电、金属结构设备及安装工程	人工费	70

③利润:按直接费与间接费之和的7.0%计算。

④税金:按直接费与间接费、利润之和的9%计算。

(2)采用预算定额编制概算时,定额单价乘以1.05的概算扩大系数。

15.1.7 分部工程概算编制

15.1.7.1 建筑工程

(1)主体建筑工程:按设计工程量乘以单价计列。

(2)供电线路工程:按设计提供工程量乘以扩大指标计列。

(3)其他建筑工程:

内外部观测工程:按设计工程量乘以单价计列。

劳动安全与工业卫生设施:按设计工程量乘以单价计列。

其他建筑工程:按设计工程量乘以单价计列。

15.1.7.2 机电、金属结构设备及安装工程

机电设备、钢坝设备价格等按照向生产厂家或市场询价作为设备原价,另按设备原价的4%计取运杂费,按设备原价、运杂费之和的0.7%计取采购及保管费。安装费按鲁水建字〔2015〕3号文颁发的《山东省水利水电设备安装工程预算定额》计算。

15.1.7.3 临时工程

1.施工导流工程

按照施工组织设计确定的工程量乘以单价计算。

2.施工交通工程

按照施工组织设计确定的工程量乘以相应的扩大单位指标计算。

3.临时房屋建筑工程

(1)施工仓库:工程所需的仓库建筑面积按施工组织设计确定数量,综合指标为260元/m^2。

(2)办公、生活及文化福利建筑:按一至四部分建安工作量(不包括办公、生活及文化福利建筑和其他施工临时工程)之和的1.5%计列。

(3)其他施工临时工程:

施工排水:按照施工组织设计确定的工程量乘以单价计算。

其他施工临时工程:按一至四部分建安工作量(不包括其他施工临时工程)之和的1%计列。

15.1.7.4 独立费用

1.建设单位管理费

以一至四部分建安工作量为计算基数,按表3-15-2所列费率,以超额累进方法计算。

表3-15-2　建设单位管理费费率

序号	一至四部分建安工作量/万元	超额累进费率/%	辅助参数/万元
一	其他水利工程		
1	5 000以内	3.00	
2	5 000~10 000	2.80	10
3	10 000~50 000	2.50	40
4	50 000以上	2.30	140

2.项目经济技术服务费

以一至四部分投资作为计算基数,按表3-15-3所列费率,以差额定率累进方法计算。

表3-15-3　项目经济技术服务费费率

序号	一至四部分投资/万元	费率/%
1	5 000以内	1.40
2	5 000~10 000	1.10
3	10 000~50 000	0.90
4	50 000~100 000	0.70
5	100 000以上	0.50

3.工程监理费

参考国家发展和改革委员会、建设部发改价格〔2007〕670号文发布的《关于印发〈建设工程监理与相关服务收费管理规定〉的通知》计算。

4.联合试运转费

无。

5.生产准备费

生产及管理单位提前进厂费:除险加固工程原则上不计列。

生产职工培训费:按工程一至四部分建安工作量的0.3%计取。

管理用具购置费:按工程一至四部分建安工作量的0.06%计取。

工器具及生产家具购置费:按工程一至四部分设备费的0.2%计取。

6.科研勘测设计费

工程科学研究试验费:按工程一至四部分建安工作量的0.3%计取。

工程勘测设计费:参考原国家计委、建设部计价格〔2002〕10号文件颁布的《工程勘察设计收费标准》的规定执行。本工程设计费、勘测费包括初步设计、招标设计、施工图设计阶段的费用。

7.其他

工程保险费:按工程一至四部分投资的4.5‰计算。

工程质量检测费:根据山东省水利厅鲁水建字〔2009〕38号文,按工程一至四部分建安工作量的0.5%计算。

15.1.8　预备费及其他

(1)基本预备费:按一至五部分投资合计的5%计列。
(2)价差预备费:暂不计列。
(3)本次投资按静态投资计列,暂不考虑建设期融资利息。

15.2　设计概算表

(1)工程概算总表,见表3-15-4。
(2)建筑工程概算表。
(3)机电设备及安装工程概算表。
(4)金属结构设备及安装工程概算表。
(5)临时工程概算表。
(6)独立费用概算表。
(7)建筑工程单价汇总表。
(8)安装工程单价汇总表。
(9)主要材料预算价格计算表。
(10)施工机械台班费汇总表。
(11)主体工程主要工程量汇总表。
(12)主要人工工日、材料数量汇总表。

表3-15-4　工程概算总表　　单位:万元

编号	工程或费用名称	设备购置费	独立费用	投资合计
Ⅰ	工程部分投资			7 197.47
	第一部分　建筑工程			4 295.51
一	主体建筑工程			4 137.28
二	供电线路工程			90.00
三	其他建筑工程			68.23
	第二部分　机电设备及安装工程	145.11		190.79
一	匡山头闸(钢坝闸)	127.60		172.80
二	观测设备	15.20		15.20
三	消防设备			0.48
四	劳动安全与工业卫生设备	2.31		2.31
	第三部分　金属结构及设备安装工程	1 115.77		1 212.52
一	匡山头闸(钢坝闸)	1 115.77		1 212.52

续表 3-15-4

编号	工程或费用名称	设备购置费	独立费用	投资合计
	第四部分　施工临时工程			264.67
一	施工导流工程			118.45
二	施工交通工程			2.20
三	房屋建筑工程			72.07
四	其他施工临时工程			71.95
	第五部分　其他费用		891.06	891.06
一	建设单位管理费		141.08	141.08
二	项目经济技术服务费		80.60	80.60
三	工程建设监理费		116.03	116.03
四	联合试运转费			
五	生产准备费		19.45	19.45
六	科研勘测设计费		483.55	483.55
七	其他		50.35	50.35
	一至五部分投资合计	1 260.88	891.06	6 854.55
	基本预备费			342.92
	静态投资			7 197.47
Ⅱ	专项部分投资			181.53
一	建设征地移民补偿投资			112.72
	静态投资			112.72
二	水土保持工程			39.26
	静态投资			39.26
三	环境保护工程			29.55
	静态投资			29.55
	专项部分一至三部分静态投资合计			181.53
Ⅲ	工程投资总计(Ⅰ~Ⅱ合计)			7 379.00
	静态总投资			7 379.00
	总投资			7 379.00

第 16 章　经济评价

16.1　概　述

16.1.1　工程概况

施工工期 1 年,正常运行期取 50 年,则经济计算期 51 年,以工程建设第一年作为折算基准年,并以该年年初作为折算基准点,社会折现率取 8%。本工程为公益性项目,仅进行国民经济评价。

16.1.2　评价依据

(1)《建设项目经济评价方法与参数》(第三版)。

(2)《水利建设项目经济评价规范》(SL 72—2013)。

16.2　费用估算

16.2.1　工程总投资

工程静态总投资为 7 379.00 万元,其中工程部分静态投资为 7 197.47 万元,专项部分静态投资为 181.53 万元。

16.2.2　年运行费

年运行费包括工资福利费、管理费、维护修理费及其他费用等。

16.2.2.1　工资福利费

工资福利费主要包括职工的工资、福利、保险、公积金等费用,工程管理人员按 8 人计,按照目前人员工资、福利收入水平,按每人每年 5 万元计,共计工资福利费 40 万元。

16.2.2.2　管理费

管理费主要包括日常办公、差旅、会务、咨询、招待、诉讼等费用,按照工资福利费的 1.5 倍计,年均管理费用 60 万元。

16.2.2.3　维护修理费

维护修理费包括工程日常维护修理和每年需要计提的大修费基金等,根据本工程特点,按固定资产原值(扣除移民部分)的 0.5%计算,共计年均维护修理费为 37 万元。

16.2.2.4　其他费用

其他费用指工程运行维护过程中发生的除以上费用以外的与生产活动有关的支出,包括工程观测、水质监测、临时设施等费用,按照前三项的 10%计算,为 14 万元。

上述各项合计，本工程年运行费为151万元。

16.2.3　流动资金

流动资金包括维持工程正常运行所需购买燃料、材料、备品、备件和支付职工工资等的周转资金。本项目流动资金从项目正常运行期第一年开始，按年运行费的10%取值，确定该项目流动资金为15万元。

16.3　国民经济评价

16.3.1　投资费用调整

国民经济评价需对工程投资进行调整，经济评价投资是在财务静态总投资的基础上，按《水利建设项目经济评价规范》(SL 72—2013)附录B简化方法进行编制和调整，具体步骤如下：

(1)剔除国民经济内部转移支付的计划利润和税金。

(2)调整主要材料费用。

(3)调整土地费用。

(4)重新计算基本预备费。

经过上述调整后，工程经济评价投资为6 752万元。

16.3.2　工程效益

本工程满足设计灌溉面积0.51万亩农作物的用水需求，灌溉供水量167.9万m^3，生态供水量为470.6万m^3。改善区域生态环境，实现区域内社会、经济和环境的可持续发展。效益主要包括灌溉效益、供水效益，各功能效益分述如下。

16.3.2.1　**灌溉效益**

根据附近灌区的农业灌溉制度，结合多年来项目区作物实际种植情况。该区主要作物以小麦、玉米为主。农作物复种指数为170%，其中小麦70%，玉米70%，蔬菜20%，其他经济作物10%。

灌溉效益计算见表3-16-1。

表3-16-1　灌溉效益计算

作物种类	小麦	玉米	蔬菜	其他经济作物	合计
耕地面积/万亩	0.51				0.51
种植比例	70%	70%	20%	10%	170%
种植面积/万亩	0.36	0.36	0.10	0.05	0.87
工程后亩产值/(kg/亩)	490	500	2 792	500	
工程前亩产值/(kg/亩)	275	280	2 000	290	

续表 3-16-1

作物种类	小麦	玉米	蔬菜	其他经济作物	合计
农作物影子价格/(元/kg)	2.60	2.08	3.50	5.00	
灌溉效益分摊系数	0.45				
灌溉效益/万元	90	74	127	24	315

经计算,本工程灌溉效益年均 315 万元。

16.3.2.2　**供水效益**

本次供水效益统一按工业供水效益计算。

工业供水效益计算采用分摊系数法,即根据水在工业生产中的地位,以工业净产值乘以分摊系数计算供水效益。经计算,年均供水效益为 613 万元。

16.3.3　国民经济盈利能力分析

由上述估算工程费用和效益,编制国民经济效益费用流量表,见表 3-16-2,按社会折现率 8%计算各评价指标。经济内部收益率为 10.94%,经济净现值为 1 799 万元,经济效益费用比为 1.33。由计算的各项指标值可以看出,经济内部收益率大于社会折现率 8%,经济净现值大于零,经济效益费用比大于 1.0。

16.3.4　敏感性分析

考虑到计算期内各种投入物、产出物预测值与实际值可能出现偏差,对评价结果产生一定影响,为评价项目承担风险的能力,分别设定费用增加 10%、效益减少 10%两种情况,进行敏感性分析,计算成果见表 3-16-2。

表 3-16-2　敏感性分析成果

方案	浮动指标/%		效益费用比	内部收益率/%	经济净现值/万元
	费用	效益			
基本方案($i=8\%$)	0	0	1.33	10.94	1 799
敏感性分析Ⅰ($i=8\%$)	10	0	1.23	9.77	1 174
敏感性分析Ⅱ($i=8\%$)	0	−10	1.19	9.39	832

16.3.5　经济合理性评价

根据国民经济盈利能力分析和敏感性分析结果可以看出,工程在经济上是合理可行的。在设定的浮动范围内,各项经济指标仍能满足要求,可见工程具有一定的抗风险能力。由于此项目为公益性项目,根据计算,每年需要 151 万元保证工程正常运转。

16.4　资金筹措

工程投资除申请省级补助资金外,其余由地方自筹。

国民经济效益费用流量表见表 3-16-3。

表3-16-3　国民经济效益费用流量表

序号	项目	建设期	正常运行期														
		1	2	3	4	5	6	7	8	9	10	26	27	28	29	30	31
1	增量效益流量 B		928	928	928	928	928	928	928	928	928	928	928	928	928	928	928
1.1	项目各项功能的增量效益		928	928	928	928	928	928	928	928	928	928	928	928	928	928	928
1.1.1	供水效益		613	613	613	613	613	613	613	613	613	613	613	613	613	613	613
1.1.2	灌溉效益		315	315	315	315	315	315	315	315	315	315	315	315	315	315	315
1.2	回收固定资产余值																
1.3	回收流动资金																
2	增量费用流量 C	6752	166	151	151	151	151	151	151	151	151	151	151	151	151	151	151
2.1	固定资产投资	6 752															
2.2	流动资金		15														
2.3	年运行费		151	151	151	151	151	151	151	151	151	151	151	151	151	151	151
3	净效益流量($B-C$)	-6 752	762	777	777	777	777	777	777	777	777	777	777	777	777	777	777
4	累计净效益流量	-6 752	-5 990	-5 213	-4 436	-3 659	-2 882	-2 105	-1 328	-551	226	12 658	13 435	14 212	14 989	15 766	16 543

第 17 章 社会稳定风险分析

17.1 编制依据

(1)《国家发展改革委重大固定资产投资项目社会稳定风险评估暂行办法》(发改投资〔2012〕2492 号)。

(2)《国家发展改革委办公厅关于印发〈重大固定资产投资项目社会稳定风险分析篇章和评估报告编制大纲(试行)〉的通知》(发改办投资〔2013〕428 号)。

(3)《山东省水利厅关于印发〈水利建设项目社会稳定风险评估办法〉的通知》(鲁水政字〔2014〕1 号)。

17.2 风险调查

17.2.1 调查范围和内容

为完成本工程社会稳定风险分析,成立了由项目法人主要领导任组长、薛城区水利局和山东省水利勘测设计院等相关单位以及涉及镇、村相关人员组成的风险调查工作组,开展社会稳定风险调查分析。

风险调查范围包括项目涉及利益相关者的切身利益,容易引发社会稳定风险的所有因素,涵盖拟建项目建设和运行可能产生负面影响的范围。本项目所涉及区域和可能的影响区域,主要包括项目所在地的村镇及周边地区。

利益相关者是指在工程建设和运行全程阶段受到影响的公民、法人和其他社会组织。主要调查利益相关者对拟建项目建设实施的意见和诉求,充分听取意见,了解真实情况,表达利益相关者的真实意见。社会稳定风险调查内容见表 3-17-1。

17.2.2 风险调查方法

通过初测实地踏勘情况,以会议汇报形式征询市、区(县)及镇的发展改革、规划土地、环保等职能部门的意见,以及问卷调查、走访群众、座谈会等多种方式和方法,以达到广泛调查、充分收集各方意见和诉求的目的。针对社会各界和群众意见、建议,开展风险分析的情况及制订、优化完善预防和化解措施的情况。

表 3-17-1　社会稳定风险调查

序号	类别	分类	解释
1	当地自然条件	自然环境	地理特征如工程地质、水文条件等，现状自然环境噪声、振动是否超标；区域交通状况，沿途村落分布情况
2.1	当地社会条件	人口特征	项目涉及人群的年龄结构、受教育程度、从事行业、收入等对项目的影响
2.2	当地社会条件	社会环境、文化状况	项目所在地经济、文化等方面的情况
2.3		习俗情况	项目所在地人群的风俗习惯
2.4		历史矛盾	项目涉及人群、区域曾发生的风险事件及对项目可能带来的影响
2.5		敏感目标	项目建设对当地公共基础设施的影响(如水源地等)
3.1	利益相关者态度	意愿	对项目的认可度、支持率及反映与接受程度
3.2		诉求	对项目建设及有关方面的意见、建议、诉求
4.1	当地政府、社会组织态度	地方政府态度	地方政府(街道、村委会等)对项目的认可度、支持度、配合度
4.2		职能部门态度	区县、发展改革、规划土地、交通、住房保障、环保、配套、教育、医疗等职能部门对项目的意见和建议
4.3		后勤保障力量	水、电、气、通信、交通灯基础设施和医疗、教育等社会福利及生活设施方面对项目的配合度和保障力量
4.4		其他社会组织态度	其他社会组织、环保组织等对项目的认可度、支持度、配合度
5	时机条件	建设可行性	建设条件是否成熟、经济影响
6	其他	—	是否会导致不均衡

17.2.3　利益相关方诉求

利益相关方主要涉及建设方案、建设临时征地拆迁补偿、既有生态环境保护、文物保护、交通影响、施工措施及对沿线生产生活的其他影响等，通过广泛调查、充分收集各方意见和诉求，针对社会各界和群众意见、建议，开展风险分析。

17.2.3.1　**征求意见情况**

勘测设计过程中，深入地方政府、国土部门征求意见，收集土地总体规划资料、补偿标准及相关法律、法规文件等，沿线详细调查，确认土地类型、范围、权属，作为设计依据。本项目建设取得了地方政府及群众的广泛支持。

17.2.3.2　公众参与调查表结果统计

在此次调查中，共回收公众参与调查表155份，团体调查表10份，结果见表3-17-2。

表3-17-2　调查结果统计一览

序号	主要调查项目	统计结果		
1	您对本工程建设所持的意见	支持	反对	无所谓
		145	0	20
		87.88%	0	12.12%
2	您对该项目的了解程度	了解	听说过	不知道
		48	85	32
		29.09%	51.52%	19.39%
3	您对目前地方经济发展	满意	一般	不满意
		110	40	15
		66.67%	24.24%	9.09%
4	所居住的地区环境现状	好	一般	差
		105	45	15
		63.64%	27.27%	9.09%
5	水库新建对本地环境的影响	很大	一般	轻微
		7	40	118
		4.24%	24.24%	71.52%
6	征地的看法	听从政府安排，配合建设单位	要求经济补偿，不降低生活条件	其他
		70	50	45
		42.42%	30.30%	27.27%
7	如需征用您的土地	合理经济补偿	换地	其他
		80	50	35
		48.48%	30.30%	21.21%
8	若需拆迁您的房屋	自行迁建	听从安排	其他
		120	32	13
		72.73%	19.39%	7.88%
9	您对政府统一组织发放房屋拆迁补偿金的方式、看法	希望政府统一发放	建设单位按国家政策直接发放	谁组织都行，应增加透明度
		78	80	7
		47.27%	48.48%	4.24%

17.2.4　政府、基层组织态度

(1)枣庄市政府、项目区镇政府均表示支持本工程的建设。

(2)本工程涉及的用地等需要地方政府的大力协作。

17.3　风险识别

17.3.1　合法性分析

匡山头闸位于枣庄市薛城区陶庄镇河北庄村东,于 1979 年 10 月 27 日开工建设,1980 年 4 月 30 日竣工,至今已运行 40 余年。

除险加固匡山头闸设计蓄水位 47.8 m,相应蓄水量 62.7 万 m^3,设计灌溉面积 0.51 万亩。匡山头闸的调蓄能力,对薛城区的经济发展起到了非常重要的作用。

匡山头闸区域的农业生产,主要灾害为干旱。尽管河道水资源比较丰富,但缺少有效的拦蓄工程,水资源得不到合理的利用,加上地下水超采得不到有效回灌。水资源供需矛盾成为制约本地经济作物、粮食作物快速发展的瓶颈。匡山头闸工程的建设对水资源的合理利用具有重要作用。

17.3.2　合理性分析

17.3.2.1　土地利用合理性分析

该闸不新增占地,严格按照《中华人民共和国土地管理法》《山东省实施〈中华人民共和国土地管理法〉办法》及有关法规实施,程序合法。根据枣庄市土地利用规划,本工程符合土地利用规划要求,无永久占地。

17.3.2.2　生态环境影响分析

拦河闸位于蟠龙河下游,工程的建设对恢复、改善河道生态环境,获得良好的经济效益、生态效益、社会效益是十分必要的。

本工程建设不存在制约性环境因素,工程对环境的有利影响远大于不利影响,从环境角度分析,本工程是可行的。

17.3.3　可行性分析

17.3.3.1　项目建设条件分析

拦河闸位于蟠龙河下游,水文、地质均具备有利的建设条件。

17.3.3.2　经济费用效益或费用效果分析

从国民经济角度分析工程的盈利能力,根据经济内部收益率、经济净现值及经济效益费用比等评价指标和评价准则进行。由计算的各项指标值可以看出,经济内部收益率大于社会折现率 8%,经济净现值大于零,经济效益费用比大于 1.0。因此,从国民经济盈利能力分析来看,工程在经济上是合理可行的。

17.3.3.3　宏观经济影响分析

本工程宏观国民经济影响较小,经过对该工程的敏感性分析,各评价指标是合理的,工

程具有较强的抗风险能力。通过对项目各功能分别分析计算,也都达到规定要求。

17.4　风险分析

17.4.1　风险因素分析

根据工程特性、建设征地区实物指标、区域社会经济构成和总体发展水平等综合分析,本工程建设的社会稳定风险影响因素相对较少,且在不同的建设阶段,表现为不同的影响因素。经分析,社会稳定风险影响因素主要有群众支持问题、受损补偿问题、工程建设与当地基础设施建设协调问题、社会治安问题及其他不可预见性问题等。

17.4.1.1　群众支持问题

如果工程在实施过程中与居民没有充分沟通和交流,容易发生误会和误解,从而发生群众支持工程建设变为阻碍工程建设的情况。

17.4.1.2　工程建设与当地基础设施建设协调问题

本工程场内施工道路、施工总布局等均有可能与当地已有的基础设施相贯通,在建设过程中,如沟通不畅或协调不合理,将有可能影响当地居民与工程建设之间的相互利用和关系。

17.4.1.3　社会治安问题

与工程有关的社会治安问题表现在三个方面:当地居民与建设单位或施工单位人员发生矛盾引发的社会治安问题、施工单位内部人员产生矛盾引发的社会治安问题、其他社会治安问题波及工程建设等。无论哪种形式的社会治安问题,都会在一定程度上影响或阻碍工程的建设。

17.4.1.4　其他不可预见性问题

诸如少数居民受利益所趋,在无法满足其额外要求时,采取纠缠、取闹和纠集其他不明真相或有同样想法的人员阻碍施工和影响社会稳定。

17.4.2　主要风险因素

经分析,社会稳定风险综合归为如下 5 类:项目合法性及合理性遭质疑的风险、项目可能造成环境破坏的风险、项目可能引发的社会矛盾的风险、群众抵制征地的风险、群众对生活环境变化的不适风险。

17.5　风险估计及初始等级判断

17.5.1　单因素风险估计

要对识别出的主要风险因素,通过采用定性与定量相结合的方法,对每个主要风险因素的风险程度做进一步分析、预测和估计,层层剖析引发风险的直接原因和间接原因,预测和估计可能引发的风险事件,分析其引发风险事件的可能性,判断其风险程度,详见表 3-17-3。

表 3-17-3　本工程主要风险因素及其风险程度

风险类别	发生阶段	风险因素	风险概率	影响程度	风险程度
工程风险	决策	项目合法性、合理性遭质疑的风险	很低	较小	较小
	准备、实施	项目可能造成环境破坏的风险	很低	较小	较小
	准备、实施	群众抵制征地的风险	中等	中等	较大
	准备、实施	群众抵制移民安置的风险	中等	中等	较大
项目与社会互适性风险	准备、实施	项目可能引发的社会矛盾的风险	较小	较小	较小
	准备、实施	群众对生活环境变化的不适风险	较小	中等	中等

注：1. 风险概率 p，按照风险因素发生的可能性可划分为 5 个档次，很高（概率在 81%～100%）、较高（概率在 61%～80%）、中等（概率在 41%～60%）、较低（概率在 21%～40%）、很低（概率在 0～20%），可依据经验或预测进行确定；

2. 影响程度 q，按照风险发生后对项目的影响大小，划分为 5 个影响等级，严重（定量判断标准 81%～100%）、较大（定量判断标准 61%～80%）、中等（定量判断标准 41%～60%）、较小（定量判断标准 21%～40%）、可忽略（定量判断标准 0～20%）；

3. 风险程度 R，可分为重大（定量判断标准为：$R=p\times q>0.64$）、较大（定量判断标准为：$0.64\geqslant R=p\times q>0.36$）、一般（定量判断标准为：$0.36\geqslant R=p\times q>0.16$）、较小（定量判断标准为：$0.16\geqslant R=p\times q>0.04$）和微小（定量判断标准为：$0.04\geqslant R=p\times q>0$）5 个等级，可以参考风险概率-影响矩阵进行估计。

采用定量方法确定各单因素风险在拟建项目整体风险中的权重，采用综合分析指数法、层次分析法等风险分析方法，计算项目的整体风险指数，见表 3-17-4。

表 3-17-4　本工程项目风险综合评价

风险因素	风险权重 W	风险程度 C					风险指数 $W\times C$
		微小	较小	一般	较大	重大	
		>0.04	(0.04,0.16]	(0.16,0.36]	(0.36,0.64]	>0.64	
项目合法性、合理性遭质疑的风险	0.10		√				0.015
项目可能造成环境破坏的风险	0.10		√				0.016
项目可能引发的社会矛盾的风险	0.20		√				0.032
群众抵制征地的风险	0.25				√		0.16
群众抵制移民安置的风险	0.25				√		0.14
群众对生活环境变化的不适风险	0.10			√			0.035
综合风险							0.40

17.5.2 项目初始风险等级判断

根据总体评判标准、预测可能引发的风险事件及可能参与的人数、单因素风险程度和综合风险指数等方面综合评判项目的初始风险等级。项目整体的风险等级依据“就高不就低”的原则和“叠加累积”的原则进行判断,判断结果见表3-17-5。

表3-17-5 本项目社会稳定风险等级评判结果

风险等级	高(重大负面影响)	中(较大负面影响)	低(一般负面影响)
总体评判	—	√	—
可能引发的风险事件	—	集体围堵施工现场,堵塞、阻断交通	个人上访、静坐、拉横幅、喊口号、散发宣传品、散布有害信息等
风险事件参与人数	—	20~200人	20人以下
单因素风险程度评判标准	10个较大单风险因素	—	—
综合风险指数评判标准	—	0.40	—

17.6 风险防范及化解措施

17.6.1 主要风险防范和化解措施

根据本工程的特点,针对主要风险因素,进一步落实风险防范措施,提出实施时段、责任主体及协助单位,见表3-17-6。

表3-17-6 主要风险防范和化解措施汇总

风险类别	发生阶段	风险因素	主要防范及化解措施	实施时间及要求	责任主体	协助单位
工程风险	决策	项目合法性、合理性遭质疑的风险	决策阶段依法、依据进行科学、全面规划	决策规划阶段内解决	水行政主管部门	设计单位、地方政府等
	决策、准备、实施	项目可能造成环境破坏的风险	决策阶段做好规划,准备及施工阶段做好生态保护及监测监督	决策阶段内减小风险,准备、实施阶段内控制并减小风险	项目法人	建设施工、监理单位等
	决策、准备、实施	群众抵制征地及安置的风险	按设定补偿标准进行实额补偿,协同各部门做好防范,并及时处理风险	决策阶段内减小风险准备,实施阶段内控制并减小风险	项目法人	地方政府、建设监理单位等

续表 3-17-6

风险类别	发生阶段	风险因素	主要防范及化解措施	实施时间及要求	责任主体	协助单位
项目与社会互适性风险	决策、准备、实施	项目可能引发的社会矛盾的风险	协同各部门做好防范,并及时处理风险	决策阶段内减小风险,准备、实施阶段内控制并减小风险	项目法人	地方政府等
	准备、实施	群众对生活环境变化的不适风险	协同各部门做好防范,并及时处理风险	准备、实施、运行阶段控制并减小风险	项目法人	地方政府等

对可能出现的问题应加强防范,进行有效化解。根据有关规定和要求,成立维护社会稳定和平安建设工作协调领导工作组,以采取有效措施,制订化解社会稳定风险的措施,维护社会稳定。

17.6.1.1　群众支持问题风险化解措施

在群众总体支持项目建设的前提下,针对群众较为关心和关注的问题,如环境保护、生态破坏等采取相应的措施,作为重要关注点。

(1)针对工程施工造成的自然环境和生态环境的不利影响,严格按照有关规定采取措施,使不利的负面影响最小化。

(2)工程施工用工和建筑材料,尽可能吸纳当地居民和采用当地材料,为地方提供更多的就业机会,提高居民经济收入。

(3)合理进行施工布置和作业程序,减小不利环境影响,减轻噪声扰民和扬(粉)尘对居民的影响。

(4)基础设施建设过程中在满足工程要求的同时,尽可能方便当地居民,改善当地其他基础设施条件。

(5)针对当地特殊贫困人群实施帮扶措施,落实和解决群众较为关心的问题。

17.6.1.2　受损补偿问题风险化解措施

(1)广泛深入宣传国家有关移民政策、法律法规和地方规定。

(2)统一政策、统一补偿支付时间、统一实物补偿标准、准确计算分户居民补偿额。

(3)实物补偿程序公开化和程序化。

(4)对居民存在的疑问进行及时耐心解释和引导工作。

(5)保持居民反映和申诉渠道的畅通。

17.6.1.3　与当地基础设施建设协调问题风险化解措施

(1)各项设施布置和建设前与当地政府和居民积极沟通和交流。

(2)工程基础设施建设时考虑为当地居民提供方便。

(3)工程涉及道路交通时,施工期间交通部门应做好宣传解释。

17.6.1.4　社会治安问题风险化解措施

(1)与当地有关部门配合,加强居民和施工人员的法治教育。

(2)施工单位加强对施工外来人员的教育管理工作,充分尊重当地群众的生活习惯、宗教信仰和风俗特点。

(3)当地公安部门按照有关规定加强对外来人口的管理和社会治安管理工作,打击违法犯罪活动,营造良好环境。

(4)施工单位及时兑现人员工资,若出现拖欠问题,业主在劳动部门的配合下,有权代扣施工单位的工程结算款用于发放施工人员尤其是民工的工资。

(5)开展形式多样、内容丰富的"地企共建"活动,增进了解与友谊,共同构建和谐社会。

17.6.1.5 其他不可预见性问题风险化解措施

针对其他不可预见性的问题,建设单位在日常工作中,除与当地居民多沟通交流外,还应注重与当地党委、政府沟通交流和互通情况,及时分析和预测出现的不确定问题,采取预防或防范措施,注重及时发现和观察细微矛盾的出现,及时制订应对和采取相应措施加以解决,预防矛盾的积累和集中暴发。

预防和解决社会稳定风险问题,建设单位所依靠的主要是当地政府,因此建设单位应与政府有关部门、当地群众及时交流信息,将有可能影响社会稳定和事关群众利益的问题尽可能圆满解决,前期各项工作积极稳妥地推进,尤其是认真做好个人实物的补偿和解决好工程建设与居民的切身利益问题,同时在地方政府的领导下,根据有关规定和要求,组建专门机构,并配备相应人员,处理相关事务,切实维护社会稳定,使工程建设真正起到带动地方经济、造福一方百姓的作用。

17.6.2 应急预案

为了预防和有效处置本工程建设中的群体事件,维护社会稳定,促进经济社会和谐发展,结合本工程建设的实际情况,特制订相关应急预案。

17.6.2.1 工作原则

相关公安机关要在党委、政府的统一领导下,对发生的群体事件应严格依据《关于积极预防和妥善处置群体性事件的工作意见》(中办发〔2004〕33 号)和《公安机关处置群体性治安事件规定》(公发〔2000〕5 号)予以处置。处置突发事件过程中要遵循以下原则:

(1)在党委、政府的领导下,会同有关主管部门处置的原则。群体事件发生后,党政领导要在第一时间亲临现场,指挥处置工作。

(2)公安机关要及时赶赴现场,平息事态,做好维护现场秩序、保护党政机关、企事业单位办公地点、重点部位及现场工作人员的安全工作,做好安全保卫等处置工作。

(3)防止现场矛盾激化原则。对参与群体事件的群众,以教育、疏导为主,力争把问题解决在萌芽或初始状态。

(4)慎用警力和强制措施原则。应根据突发事件的治安性质、起因和规模来决定是否使用、使用多少和如何使用警力,根据事态发展情况确定是否采取强制措施。要防止使用警力和强制措施不慎而激化矛盾、扩大事态。

(5)依法果断处置原则。对围堵、冲击党政机关、企事业单位、重点部位、阻断交通、骚乱及打、砸、抢、烧等违法犯罪活动,要坚持依法果断处置,控制局势,防止事态扩大蔓延。

17.6.2.2 组织领导

成立"匡山头闸除险加固工程处置突发群体事件指挥部",全面负责群体性突发事件的指挥工作。

根据现场工作的特点,分设 6 个工作组,分别是现场处置组、现场周边动态掌握组、现场法治宣传组、现场交通秩序维护组、现场调查取证组和综合组。

17.6.3　工作要求

(1)辖区内发生一般群体性突发事件,由当地派出所负责处置;较大警情以上的群体性突发事件由县公安局统一处置。

(2)民警统一着装,按规定携带警械。

(3)公安机关处置群体性突发事件使用武力,按规定及时向上级公安机关报告;紧急情况下,可边出警处置边请示报告。

(4)民警在处置突发事件中,要服从命令和听从指挥。

(5)民警在处置突发事件中,要密切配合、相互协作,确保处置任务完成。

17.7　落实措施后的预期风险等级

在采取以上可行、有效的风险防范、化解措施后,通过预测落实措施后每一个主要风险因素可能引发风险的变化趋势(包括发生概率、影响程度、风险程度等)综合判断拟建项目落实风险防范、化解措施后的预期风险等级,见表 3-17-7。

表 3-17-7　措施前后各因素风险变化对比

风险类别	发生阶段	风险因素	风险概率		影响程度		风险程度	
工程风险	决策	项目合法性、合理性遭质疑的风险	很低	很低	较小	可忽略	较小	微小
	准备、实施	项目可能造成环境破坏的风险	很低	很低	较小	较小	较小	较小
	准备、实施	群众抵制征地的风险	中等	较低	中等	较小	较大	一般
	准备、实施	群众抵制移民安置的风险	中等	较低	中等	较小	较大	一般
项目与社会互适性风险	准备、实施	项目可能引发的社会矛盾的风险	较小	很低	较小	较小	较小	微小
	准备、实施	群众对生活环境变化的不适风险	较小	很低	中等	较小	中等	较小

从表 3-17-7 可看出,该项目初始风险等级为中等,采取措施后的预期风险等级为低等。

17.8 风险分析结论

17.8.1 主要风险因素

经分析,社会稳定风险影响主要因素有群众支持问题、工程建设对地区生态环境影响问题、工程建设与当地基础设施建设协调问题、社会治安问题及其他不可预见性问题等。综合归为如下5类风险:项目合法性、合理性遭质疑的风险,项目可能造成环境破坏的风险,项目可能引发的社会矛盾的风险,群众抵制征地的风险,群众对生活环境变化的不适风险。

17.8.2 主要的风险防范、化解措施

根据本工程的特点,针对主要风险因素,进一步落实风险防范措施、责任主体及协助单位。

在决策规划阶段,充分考虑各因素,由水行政主管部门协同设计单位、地方政府等部门制订完善的规划方案,力争将风险降到最低;在准备、实施及运行阶段由项目法人协同地方水行政主管部门、地方政府(县、乡镇)部门、施工及监理单位、设计单位等,认真执行规划方案,在满足相关法律、法规及规程的前提下,防范和及时化解风险,保证工程顺利实施并发挥应有的效益。

为了预防和有效处置本工程建设中的群体事件,相关市公安机关要在市委、市政府的统一领导下,制订相关应急预案,维护社会稳定,促进经济社会和谐发展。

17.8.3 风险等级

各级部门对本项目倾注了更多的关注和关心,在共同的努力下,相应对策切实落实到位后,本项目风险的发生频率和影响程度将明显下降。意味着项目实施过程中出现群体性事件的可能性不大,但不排除会发生个体矛盾冲突的可能。综合分析,该项目初始风险等级为中等,采取措施后的预期风险等级为低等。

17.8.4 结论建议

实施匡山头闸除险加固工程,有利于地区经济、社会和环境的协调发展,对促进当地生态文明建设具有重要的意义。

本工程符合地区社会发展规划、流域综合规划、国家产业政策等,符合相关行业准入标准;本工程符合土地利用规划要求、永久占地均为河道滩地且规模合理,征地拆迁安置方案完善,还具有显著的环境效益;本工程设计、实施技术成熟,不存在工程建设的重大技术难题,经济上是合理可行的,且工程效益显著。该建设项目社会稳定风险程度低,拟采取的系列风险防范措施,在一定程度上会起到降低甚至消除社会风险的效果,因此建设项目安全性是可以保障的。